工业和信息化部"十二五"规划教材
"双一流"建设高校立项教材
国家级精品课程教材
国家级精品资源共享课教材
军队级精品课程教材
新一代信息通信技术新兴领域"十四五"高等教育系列教材
新工科电子信息科学与工程类专业一流精品教材

新一代信息通信技术
新兴领域
"十四五"高等教育系列教材

信息论与编码基础

（第3版）

◎雷 菁　主编
◎黄 英　刘 严　刘 伟　舒冰心　黎 灿　编著
◎唐朝京　主审

電子工業出版社
Publishing House of Electronics Industry
北京·BEIJING

内 容 简 介

本书包括信息论、信源压缩编码、信道编码三大部分。在信息论中，以香农信息论为基础，描述了信源与熵、信道与容量等相关问题，并简单阐述了香农三大定理及其指导意义。信源压缩编码主要阐述常用的方法：预测编码、变换编码和统计编码及其应用综述。信道编码部分对基本概念、线性分组码、循环码等内容进行描述，同时加入常用纠错码的性能分析及应用实例，包含编码领域的新技术和科研成果案例。全书共10章，提供微课视频、习题参考答案、拓展阅读资料，知识图谱、电子课件、实验程序代码等。

本书可作为高等学校理工类本科通信工程、信息工程、电子信息工程、人工智能、量子信息科学、计算机科学与技术、信息安全、自动化等专业相关课程的教材，也可作为本科和高职高专相关专业的教材，还可供从事信息科学及系统工程等领域工作的科研和技术人员学习参考。

图书在版编目（CIP）数据

信息论与编码基础 / 雷菁主编. -- 3版. -- 北京 :
电子工业出版社, 2025. 2. -- ISBN 978-7-121-49707-0

Ⅰ. TN911.2

中国国家版本馆CIP数据核字第202561FL38号

责任编辑：王羽佳　　文字编辑：庄　妍
印　　刷：天津千鹤文化传播有限公司
装　　订：天津千鹤文化传播有限公司
出版发行：电子工业出版社
　　　　　北京市海淀区万寿路173信箱　邮编　100036
开　　本：787×1 092　1/16　印张：17.25　字数：498.5千字
版　　次：2005年3月第1版
　　　　　2025年2月第3版
印　　次：2025年2月第1次印刷
定　　价：69.00元

凡所购买电子工业出版社图书有缺损问题，请向购买书店调换。若书店售缺，请与本社发行部联系，联系及邮购电话：（010）88254888，88258888。

质量投诉请发邮件至zlts@phei.com.cn，盗版侵权举报请发邮件至dbqq@phei.com.cn。

本书咨询联系方式：（010）88254535，wyj@phei.com.cn。

序

习近平总书记强调，“要乘势而上，把握新兴领域发展特点规律，推动新质生产力同新质战斗力高效融合、双向拉动。”以新一代信息技术为主要标志的高新技术的迅猛发展，尤其在军事斗争领域的广泛应用，深刻改变着战斗力要素的内涵和战斗力生成模式。

为适应信息化条件下联合作战的发展趋势，以新一代信息技术领域前沿发展为牵引，本系列教材汇聚军地知名高校、相关企业单位的专家和学者，团队成员包括两院院士、全国优秀教师、国家级一流课程负责人，以及来自北斗导航、天基预警等国之重器的一线建设者和工程师，精心打造了“基础前沿贯通、知识结构合理、表现形式灵活、配套资源丰富”的新一代信息通信技术新兴领域“十四五”高等教育系列教材。

总的来说，本系列教材有以下三个明显特色：

（1）注重基础内容与前沿技术的融会贯通。教材体系按照“基础—应用—前沿”来构建，基础部分即“场—路—信号—信息”课程教材，应用部分涵盖卫星通信、通信网络安全、光通信等，前沿部分包括 5G 通信、IPv6、区块链、物联网等。教材团队在信息与通信工程、电子科学与技术、软件工程等相关领域学科优势明显，确保了教学内容经典性、完备性和先进性的统一，为高水平教材建设奠定了坚实的基础。

（2）强调工程实践。课程知识是否管用，是否跟得上产业的发展，一定要靠工程实践来检验。姚富强院士主编的教材《通信抗干扰工程与实践》，系统总结了他几十年来在通信抗干扰方面的装备研发、工程经验和技术前瞻。国防科技大学北斗团队编著的《新一代全球卫星导航系统原理与技术》，着眼我国新一代北斗卫星导航系统建设，将卫星导航的经典理论与工程实践、前沿技术相结合，突出北斗系统的技术特色和发展方向。

（3）广泛使用数字化教学手段。本系列教材依托教育部电子科学课程群虚拟教研室，打通院校、企业和部队之间的协作交流渠道，构建了新一代信息通信领域核心课程的知识图谱，建设了一系列“云端支撑，扫码交互”的新形态教材和数字教材，提供了丰富的动图动画、MOOC、工程案例、虚拟仿真实验等数字化教学资源。

教材是立德树人的基本载体，也是教育教学的基本工具。我们衷心希望以本系列教材建设为契机，全面牵引和带动信息通信领域核心课程和高水平教学团队建设，为加快新质战斗力生成提供有力支撑。

国防科技大学校长
中国科学院院士
新一代信息通信技术新兴领域
“十四五”高等教育系列教材主编

2024 年 6 月

前　言

随着大数据、人工智能、云计算等信息技术的飞速发展，以及通感、通导、通算等多学科的深入交叉融合，信息论与编码的应用领域也越来越广泛。其作为现代信息科学和工程技术的理论基础，有助于学习者开拓信息思维、提高信息素养。Claude Shannon 在 1948 年发表了著名的《通信的数学理论》一文，奠定了信息理论基础。经过众多科技工作者的努力，信息论与编码理论的研究成果颇丰，而且许多思想和方法已广泛渗透至通信、计算机、物理学、生物学、经济学及社会学等各领域。因此，信息论与编码也成为国内外各高等学校电子信息类专业的学科基础或专业基础课程。

本书遵循“经典结合前沿，理论指导实践”的编写思路，紧跟科技前沿，凝练科研成果，充分呈现当前研究热点与新技术应用，形成多项理论与技术的应用案例。针对信息论与编码的经典内容，采用简洁、严谨的语言进行描述；针对科技前沿与现代技术，以实例及案例形式，转换视角，开拓思维。值得一提的是，由于信息论与编码最典型的应用背景是通信领域，因此本书涉及的技术及应用侧重于通信工程应用场景，并且关注了以信息论的观点分析通信技术发展的内涵。作为新形态教材，本书以“打造多元资源助学，突出实践能力培养”新理念建设多元信息化配套资源，将丰富的在线资源（视频、微课、课件、文献等）与立体化形式（动图动画、知识图谱、扫码阅读、参考代码等）结合，方便读者动态交互、按需选读，有助于读者学习理解和应用实践。

本书共 10 章，各章主要内容概括如下。

第 1 章为绪论，讨论信息的概念，介绍信息论与编码技术的发展，以及信息论与信息学科的密切联系。

第 2 章为离散信源，主要讨论离散信源的模型、离散信源熵的表达及性质，并探讨熵的性质对于压缩编码的指导意义。

第 3 章为离散信道，主要针对离散信道，构建信道模型，讨论平均互信息的定义及性质，探索信道容量的概念、计算及应用。

第 4 章为波形信源与波形信道，主要讨论波形信源的信息测度、波形信道的容量等问题，并分析香农公式及其指导意义，拓展介绍保密容量及物理层安全等相关知识。

第 5 章引入香农两大信源编码定理，介绍预测编码、变换编码、统计编码等三大经典信源编码的基本思路与主要方法，以及基于语音、图像、视频的压缩标准。

第 6 章分析信道编码的基本概念，讨论香农的有噪信道编码定理，介绍常用的检错码，为后续信道编码技术的学习奠定基础。

第 7 章主要介绍线性分组码的基本概念和主要参数以及构成码的一般方法，然后探索了汉明码、LDPC 码两类典型的线性分组码及其应用现状。

第 8 章主要介绍循环码的概念及一般性质，分析循环码的编译码方法及电路，讨论 BCH、RS 两种重要的实用循环码。

第 9 章主要介绍纠错码在现代通信中的主要应用，以及近年来出现的一些先进的信道编码技术。

第 10 章为信息论及编码技术的应用案例，是科研成果与教学成果的融合，为教材实施于课堂、技术面向于应用提供借鉴。

在本书的编写过程中，受到了许多信息论与编码领域前辈们的启发，并参阅了他们的著作，其中包括傅祖芸、Shu Lin、Cover、沈连丰、王新梅、田宝玉、白宝明等。同时，感谢国防科技大学唐朝京教授对于本书的审核与指导，为完善本书提供了宝贵建议；感谢舒冰心、赖恪、鲁信金、刘哲铭、彭小洹、万泽含、陈继林等硕士生和博士生在丰富本书前沿性内容、文字格式编辑等方面的付出。

最后，限于作者视野及学术水平，书中疏漏之处难以避免，恳请读者批评指正。

目　录

第 1 章　绪　论

信息论是人们在长期通信工程的实践中，由通信技术与概率论、随机过程和数理统计相结合逐步发展起来的一门新兴科学。信息论的奠基人一般公认是美国科学家香农（C. E. Shannon），他于 1948 年发表的著名论文《通信的数学理论》（*A Mathematical Theory of Communication*）为信息论的诞生和发展奠定了理论基础。在香农信息论的指导下，为提高通信系统信息传输的有效性和可靠性，使系统达到最优化，人们在信源编码、信道编码以及保密编码等领域进行了卓有成效的研究，取得了丰硕的成果。几十年来，随着信息理论的迅猛发展和信息概念的不断深化，信息论所涉及的内容早已超越了通信工程的范畴，它已渗透到许多学科，日益得到众多领域的科学工作者的重视。

本章首先引出信息的概念，然后讨论信息论的研究对象、目的和内容，并分析信息论对信源编码和信道编码研究的指导意义，最后简要回顾信息论与编码的发展历史。

1.1　信息概念

1.1.1　信息的概念及其内涵

我们正处于一个由传统工业驱动向以信息为主导的智能社会转型的关键时期。在这个过程中，与信息相关的新概念和新术语不断涌现，信息产业在社会经济中的比重日益增加，信息基础设施建设与发展速度之快成了我们这个社会的重要特征之一，物质、能源、信息构成了现代社会生存发展的三大基本支柱。那么，如此神通广大、无处不在、无所不能的信息究竟是什么呢？

信息是智能社会的核心，它不仅推动了知识的传播和创新，还促进了经济的增长和社会的进步。信息产业的蓬勃发展，从云计算、大数据、物联网到人工智能，都在不断改变着我们的生活方式和工作模式。信息基础设施，包括高速网络、数据中心和智能终端，正在成为支撑智能社会发展的基石。信息的快速流动和高效利用，使得决策更加科学、管理更加智能、服务更加精准。

在当前的智能社会中，信息无处不在，它充斥在我们生活的每个角落。无论是通过传统的报纸、电台、电视台，还是现代的社交媒体、即时通信和电子邮件，我们都在不断地接收和发送信息。人们通过各种数字平台和在线资源，如电子书、博客、在线课程和互联网搜索引擎，能够有针对性地获取所需的信息。随着科技的飞速发展，虚拟现实、增强现实等前沿技术为我们提供了全新的信息获取方式，它们让我们能够以沉浸式体验获取信息，或将虚拟信息与现实世界相结合，极大地拓展了信息的边界和应用场景。然而，这些只是信息世界的冰山一角，信息的真正含义远远超出了这些。四季交替透露的是自然界的信息，牛顿定律揭示的是物体运动内在规律的信息，信息含义之广几乎可以涵盖整个宇宙，且内容庞杂，层次混叠，不易理清。目前国内外关于信息的各种定义已达近百种，原因就在于此。那么，作为一个科学名词，如何来定义信息呢？

从最本质的意义上说，信息是人们对客观事物运动规律及其存在状态的认识结果。小到一条简单的消息，大到关于宇宙的基本定律都是信息，它们无不是人们对客观事物变化规律或存在方式的认识和描述。

信息的价值在于它赋予了人类改造世界的能力。在当今高度数字化的智能社会中，信息的重要性已经达到了前所未有的高度。信息不仅是知识传播和文化交流的媒介，更是推动科技革新和经济发展的催化剂。它揭示了自然界和社会现象的内在规律，为人类提供了利用这些规律来改善生活和解决复杂问题的能力。随着互联网和通信技术的发展，信息的获取和传播变得更加迅速和便捷，极大地扩展了人类的视野和行动范围。人们能够利用掌握的丰富资源和巨大能量，结合信息的力量，创造出前所未有的成就。信息已成为现代智能社会不可或缺的一部分。

信息运动的一般过程包括信息获取、信息传播和信息利用 3 个阶段。信息在这 3 个阶段分别表现为语义信息、语法信息和语用信息等不同的形态，如图 1.1.1 所示。

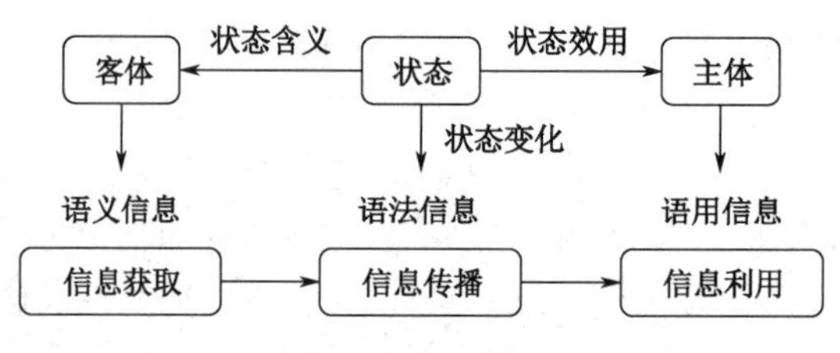

图 1.1.1 信息运动示意图

信息的概念

Concept of information and self-information

探索信息的科学定义

信息获取就是利用各种手段获知事物的运动规律和现存状态，也就是获取信息的语义形态，即语义信息。信息获取的基本手段包括科学研究、调查采访及利用各种传感器等。大量科学定律和重要结论是通过科学研究和实验、利用归纳演绎等科学方法得出的；而新闻报道是通过新闻采访、调查分析、综合整理得到的；还有大量信息是利用各种专用传感器获取的，如水位计可测定水位，温度计可计量温度，摄像机可摄取视频图像等，这些都是获知事物客观状态的有效手段。信息获取过程中还必须克服随机性（“可能是什么”）和模糊性（“好像是什么”），为此原始信息获取后往往要进行相应的信息处理过程，以使语义信息凸显出来。

信息传播是指利用各种传播工具使每条信息能为更多的人所了解，相应地，也是使每个人能获知更多的信息。从古代的烽火报警到现代的信息高速公路，其目标都是借助于传播过程使每个接收者获得尽可能多的语义信息。而语义信息本身是不方便直接传输的，我们往往是通过抽象出的某些适于传输的最基本特征（即语法信息）使其得到传递的。如果将语义信息比作一栋楼房，那么我们可将它分解为图纸、材料、施工技术等符号、代号形式的语法信息，然后将这些语法信息传送到另一个地方重新组织起来，即可恢复原先的语义信息——楼房。信息传播过程主要克服的是随机性因素。因此，传播过程中的语法信息应是指表示信息的各种符号出现的随机性，以及前后符号之间的统计关联性。这种分析方法是与传输信道的噪声效果相匹配的，这也正是香农信息理论取得成功的重要原因之一。

信息利用是信息获取和信息传播的根本目的，它以恢复的语义信息为基础，结合接收者所处的特定环境，“取我所需，为我所用”，具有明显的对象相对性，表现了信息的语用形态，即语用信息。语用信息的这种相对性往往使信息概念表现得主观随意、不易捉摸。例如，甲、乙二人由于不同的知识结构和社会阅历，他们读同一本书所获取的有用信息可能差别甚大。然而信息利用是信息运动过程中最重要的环节，正是对信息的广泛利用，才推动了世界日新月异的发展变化。

信息是承载在各种具体信号上的。以各种声、光、电参量表示的信号可承载语法信息，但需注意，信息与信号在本质上是有根本区别的，信号仅仅是外壳，信息则是内核，两者互相依存，但属于不同的层次。

信息与消息也不完全相同。消息描述了事物的特征和状态，因此它与语义信息有相近之处，但它与语法信息明显不同，与语用信息也不能等价。消息是信息的感觉媒体，而信号又是消息的具体表现形式。

1.1.2 香农信息定义

1948 年，香农在《贝尔系统技术》杂志上发表了名为《通信的数学理论》的著名论文。在这篇论文中，香农用概率测度和数理统计的方法系统地研究了通信的基本问题，给出了信息的定量表示，并得出了带有普遍意义的重要结论，由此奠定了现代信息论的基础。

香农针对通信的特点，主要研究信息传递过程中的语法信息。香农信息反映的是事物的不确定性。

设 q 元信源 X 的概率空间为

$$\begin{bmatrix} X \\ P(x) \end{bmatrix} = \begin{bmatrix} a_1, & a_2, & \cdots, & a_q \\ P(a_1), & P(a_2), & \cdots, & P(a_q) \end{bmatrix}$$

则 X 中符号 a_i 的香农信息定义为

$$I(a_i) = \log_r \frac{1}{P(a_i)} \tag{1.1.1}$$

式中，$I(a_i)$ 称为 a_i 的自信息。由式（1-1）可知，a_i 出现的先验概率 $P(a_i)$ 越大，其自信息 $I(a_i)$ 越小；反之，a_i 出现的先验概率 $P(a_i)$ 越小，其自信息 $I(a_i)$ 越大。因此，自信息 $I(a_i)$ 描述的是随机事件 a_i 出现的先验不确定性。$I(a_i)$ 与 $P(a_i)$ 的关系如图 1.1.2 所示。

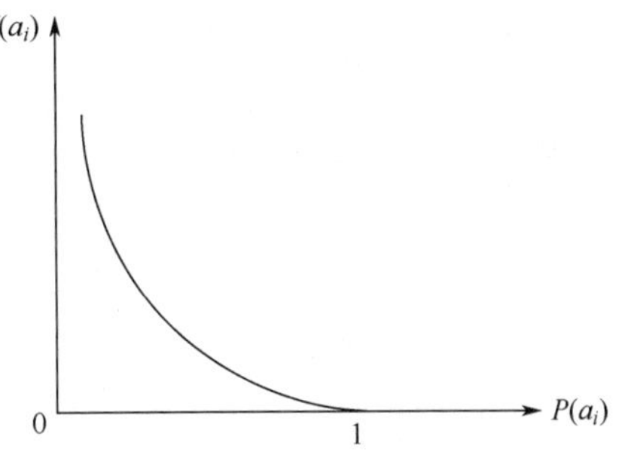

图 1.1.2　$I(a_i)$ 与 $P(a_i)$ 的关系

将 a_i 送上信道后，由于信道中存在干扰，假设收端收到的符号为 b_j，b_j 可能与 a_i 相同，也可能不同。条件概率 $P(a_i \mid b_j)$ 反映了收端收到符号 b_j 而发端发送为 a_i 的概率，称之为后验概率。那么，收端收到 b_j 后，对发端是否发送了 a_i 尚存的不确定性应为 $\log_r \frac{1}{P(a_i \mid b_j)}$。于是，接收者在收到符号 b_j 后消除的不确定性应为 a_i 的先验不确定性减去收到 b_j 后尚存的关于 a_i 的不确定性，即

$$\log_r \frac{1}{P(a_i)} - \log_r \frac{1}{P(a_i \mid b_j)} = \log_r \frac{P(a_i \mid b_j)}{P(a_i)} \stackrel{\Delta}{=} I(a_i;b_j) \tag{1.1.2}$$

$I(a_i;b_j)$ 定义为发送 a_i 与接收 b_j 之间的互信息。

如果信道没有干扰，则后验概率 $P(a_i \mid b_j)$ 必为 1，即 b_j 必等于 a_i，此时尚存在的不确定性 $\log_r \frac{1}{P(a_i \mid b_j)} = 0$，由此可得互信息 $I(a_i;b_j) = I(a_i)$，显然，这样定义的香农信息是合理的。但需要注意：香农信息仅考虑了信息的语法形态，而不涉及语义信息和语用信息，它以事物的不确定性作为信息定义，非常便于利用数学工具进行定量研究，这是香农信息论取得成功的关键。

1.2　信息论研究的基本问题和主要内容

1.2.1　信息论研究的基本问题

香农信息论所研究的通信系统基本模型如图 1.2.1 所示。

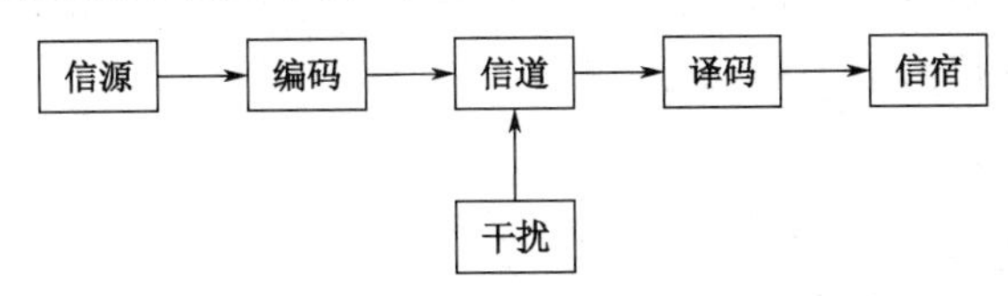

图 1.2.1　通信系统基本模型

这个模型主要包括以下5个部分。

1．信源

信源是信息的发源地，是信息运动的出发点。信源消息有多种形式，可以是离散的或连续的，也可以是时间序列，它们分别可用离散型随机变量、连续型随机变量及随机过程等数学模型表示。

2．编码

编码是对消息符号进行编码处理的过程。编码包括信源编码、信道编码和保密编码三大类，其中，信源编码是对信源输出的消息进行适当的变换和处理，以尽可能提高信息传输的效率，而信道编码是为了提高信息传输的可靠性而对信息进行的变换和处理。香农信息论分别用几个重要的定理给出了编码的理论性能极限，几十年来鼓舞着一批又一批的通信理论工作者为达到这些极限而苦苦求索，从而推动了编码技术研究的空前繁荣。

3．信道

信道是信息的传递媒介。实际的信道有明线、电缆、波导、光纤、无线电波传播空间等。信息的传输不可避免地会引入噪声和干扰，为了分析方便，通常把系统所有其他部分的干扰和噪声都等效地折合成信道干扰，这些干扰被看作是一个噪声源产生，并叠加于所传输的信号上的。这样，信道的输出是已经叠加了干扰的信号。由于干扰和噪声均具有随机性，因此信道的特性同样可以用概率模型来描述，而噪声源的统计特性又是划分信道类型的主要依据。

4．译码

译码是把信道输出的编码信号进行反变换，以尽可能准确地恢复原始的信源符号。与编码器相对应的译码器也有信源译码器和信道译码器之分。

5．信宿

信宿即信息传输的目的地。

香农信息论在解决了信息的度量问题之后，主要致力于研究如何提高图1.2.1所示的通信系统中信息传输的可靠性和有效性。香农编码定理是信源编码和信道编码理论研究的重要指导方针。

信息论解决了通信中的两个基本问题。首先对于信源编码，信息论回答了“达到不失真信源压缩编码的极限（最低）编码速率是多少？”这一问题。香农的答复是这个极限速率等于该信源的熵。事实上香农认为每个随机过程，不管是音乐、语言、图像，都有一个固有的复杂性，该随机过程不能被无失真地压缩到该固有复杂性之下，这里的固有复杂性就等于该随机过程的熵。信息论对通信解决的第二个问题是关于信道编码方面的。它回答了“无差错传输信息的临界传输速率是多少？”这一问题。在香农以前，人们都认为增加信道的信息传输速率总要引起错误概率的增加，若使错误概率为零，则传输速率只能为零。但香农却出人意料地证明，只要信息传输速率小于信道容量，传输的错误概率可以任意地小，反过来如果超过信道容量，则传输错误是不可避免的。

1.2.2 信息论研究的主要内容

信息论研究的内容大致包括以下几个方面。

1．通信统计理论的研究

主要研究利用统计数学工具来分析信息和信息传输的统计规律，其具体内容有信息的度量，如信息速率、熵以及信道的传输能力——信道容量。

2．信源统计特性的研究

主要包括文字、字母的统计特性，语音的参数分析和统计特性，图片及活动图像的统计特性，以及其他信源的统计特性。

3. 收信者接收器官的研究

主要包括人的听觉和视觉器官的特性，人的大脑感受和记忆能力的模拟。这些问题的研究与生物学、生理学、心理学的研究密切相关。

4. 编码理论与技术的研究

主要包括信源编码——用来提高信息传输效率，主要是针对信源的统计特性进行编码，所以有时也被称为有效性编码；信道编码——用来提高信息传输的可靠性，主要是针对信道统计特性进行编码。

5. 提高信息传输效率的研究

主要包括功率的减少、频带的压缩以及传输时间的缩短，即快速传输问题。

6. 抗干扰理论与技术的研究

主要包括各种调制体制的抗干扰特性与理想接收机的实践。

7. 噪声中信号检测理论与技术的研究

主要包括信号检测的最佳准则和信号最佳检测的实践。

8. 语义信息相关研究

语义通信是直接通过对发送信息进行编码来精确表达期望的含义。语义通信基本过程如图 1.2.2 所示。在这个框架下，信息的语义抽取可以等效于一个编码问题，期望语义的推理可以等效于一个解码过程，需要解决的核心问题是信息的语义抽取如何影响语义推理的准确性。需要考虑语义编码器的表达能力、最优编码与网络容量之间的关系，以及解码器与速率之间的关系。

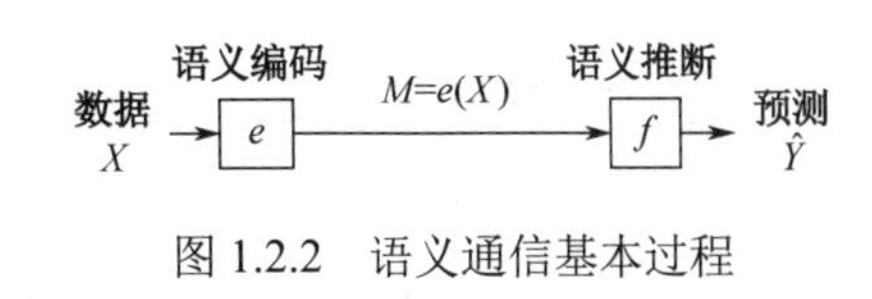

图 1.2.2 语义通信基本过程

9. 电磁信息论相关研究

2004—2008 年期间有学者提出电磁信息论的概念，虽然现阶段在学术界和工业界暂时没有公认的准确定义，但已有相关机构和学者给出了他们对电磁信息论的理解和定义。电磁信息论关注无线通信基础问题和天线工程问题的理论刻画，结合麦克斯韦电磁理论和香农信息论，目前定义了电磁波携带信息在不同物理属性和不同物理尺度上变化规律的统一理论框架。基于电磁理论的信息论分析，立足于科学合理的系统建模，包括符合电磁学和具有明确通信意义的信道和噪声模型、对承载信息的电磁场的建模、基于连续算子理论的信息论分析等，其相关结论还有待进一步论证和充实。

由上述的讨论可以看出，信息论的研究内容极为广泛，是一门新兴的边缘学科。目前，关于信息论研究的内容，一般有以下 3 种理解。

1）狭义信息论

以客观概率信息为研究对象，从通信的信息传输问题中总结和开拓出来的理论。主要研究信息的度量、信道容量以及信源和信道编码理论等问题。这部分内容是信息论的基础理论，又称为香农基本理论。

2）一般信息论

主要是研究信息传输和处理的问题。除了香农理论，还包括噪声理论、信号滤波和预测、统计检测与估计理论、调制理论以及信息处理理论等。后一部分内容的主要贡献者是维纳（N. Wiener）和科尔莫戈罗夫（A. N. Kolmogorv）等人。

维纳和香农等人都是为了使消息传送和接收最优化，运用概率论和统计数学的方法来研究如何准确地或近似地再现消息的问题，但他们之间有一个重要的区别。

维纳研究的重点是在收端，研究消息在传输过程中受到某些因素（如噪声、非线性失真等）干扰后，在收端怎样把它恢复、再现。在此基础上，创立了最佳线性滤波理论（维纳滤波器）、统计检测与估计理论、噪声理论等。

而香农研究的对象则是从信源到信宿之间的全过程，是收、发两端联合最优化问题，其重点是编码。香农指出，只要在传输前后对消息进行适当的编码和译码，就能保证在干扰存在时，最佳地传送消息和准确或近似地再现消息。为此发展了信息度量理论、信道容量理论和编码理论等。

3）广义信息论

广义信息论是一门综合性的新兴学科，它不仅包含上述两方面的内容，还包括所有与信息有关的自然和科学领域，如心理学、遗传学、模式识别、计算机翻译、神经生理学、语言学、语义学等有关信息的问题。概括起来，凡是能够用广义通信系统模型描述的过程或系统，都能用信息基本理论来研究。

综上所述，信息论是一门应用概率论、随机过程、数理统计和高等代数的方法来研究信息传输、提取和处理系统中一般规律的科学；其主要目的是提高信息系统的可靠性、有效性、保密性和认证性，以便达到系统最优化；它的主要内容（或分支）包括香农理论、编码理论、维纳理论、检测和估计理论、信号设计和处理理论、调制理论、随机噪声理论和密码理论等。

1.3 信息论的发展及其在通信系统中的作用

1.3.1 信息论的形成及与其他学科的交叉发展

信息测度基本概念与信息论发展

信息论的发展史

信息论与编码从诞生到今天已有70多年了，现已成为一门独立的理论科学。而编码理论与技术研究也从刚开始时作为信息论的一个组成部分逐步发展成为比较完善的独立体系。回顾它们的发展历史，我们可以清楚地看到理论是如何在实践中经过抽象、概括、提高而逐步形成和发展的。

信息论与编码理论是在长期的通信工程实践和理论研究的基础上发展起来的。一百多年来，物理学中的电磁理论以及后来的电子学理论一旦取得某些突破，很快就会促进电信系统的创造发明或改进。例如，当法拉第于1820—1830年发现电磁感应定律后不久，莫尔斯就建立起人类第一套电报系统（1832—1835年）。1876年贝尔又发明了电话系统，人类由此进入了非常方便的语音通信时代。1864年麦克斯韦预言了电磁波的存在，1888年赫兹用实验证明了这一预言，接着英国的马可尼和俄国的波波夫就发明了无线电通信。1907年福雷斯特发明了能把电信号进行放大的三极管，之后很快就出现了远距离无线电通信系统。20世纪20年代大功率超高频电子管发明以后，人们很快就建立起了电视系统（1925—1927年）。电子在电磁场运动过程中能量相互交换的规律被人们认识后，就出现了微波电子管。接着，在20世纪30年代末和40年代初，微波通信、雷达等系统就迅速发展起来。20世纪60年代发明的激光技术及70年代初光纤传输技术的突破，使人类进入了光纤通信的新时代，光纤通信由于带宽极宽、损耗小、成本低等显著优点，已成为信息高速公路的主干道。

随着工程技术的发展，有关理论问题的研究也在逐步深入。1832年莫尔斯在电报系统中就使用了高效率的编码方法，这对后来香农编码理论的产生具有很大的启发。1885年凯尔文研究了一条电缆的极限传信率问题。1924年奈奎斯特和屈夫缪勒分别独立地指出，如果以一个确定的速度来传输电报信号就需要一定的带宽，并证明了信号传输速率与信道带宽成正比。1928年哈特莱发展了奈奎斯特的工作，并定义信息量等于可能消息数的对数。他们的工作对后来香农的思想有很大影响。1939年达德利发明了声码器，并提出：通信所需要的带宽至少应与所传送消息的带宽相同。达德利和莫尔斯都是研究信源编码的先驱。

但是直到 20 世纪 30 年代末，通信理论研究的一个主要不足之处是将通信看作是一个确定性的过程，这与实际情况是不相符合的。20 世纪 40 年代初，维纳（N. Wiener）在研究防空火炮的控制问题时，将随机过程和数理统计的观点引入通信和控制系统中，揭示了信息传输的统计本质，并对信息系统中的随机过程进行谱分析，这就使通信理论研究产生了质的飞跃。1948 年香农发表了著名的论文《通信的数学理论》，他用概率测度和数理统计的方法系统地讨论了通信的基本问题，得出了无失真信源编码定理和有噪环境下的信道编码定理，由此奠定了现代信息论的基础。1959 年香农又发表了《保真度准则下的离散信源编码定理》，以后发展成为信息率失真理论。这一理论是信源编码的核心问题，至今仍是信息论的研究课题。1961 年，香农的论文《双路通信信道》开拓了多用户信息论的研究。随着卫星通信和通信网络技术的发展，多用户信息理论的研究异常活跃，成为当前信息论研究的重要课题之一。

20 世纪 90 年代末期，贝尔实验室率先提出了多输入多输出（Multi-Input Multi-Output，MIMO）的概念，通过在通信收发两端采用多天线技术来增大无线信道的空间自由度，从而成倍提高信道容量。MIMO 技术在后续 4G、5G 等无线通信系统中得到了广泛的应用，而香农信息论是 MIMO 技术提出和应用的重要理论基础。

随着现代信息技术的发展，香农信息论与电磁学、语义学、密码学、雷达理论等交叉融合的趋势日益明显，衍生出如电磁信息论、空间信息论、语义信息论等多种新的理论形式。电磁信息论整合了经典的麦克斯韦电磁学和香农信息理论，目标是下沉到电磁传播的角度揭示无线通信的信息传输机制，主要集中在电磁通道特性、自由度和系统容量的分析上，试图考虑电磁波在信道、天线和电路之间的联合响应和相关物理约束，以弥补经典信息论中信道建模相对简化等方面的不足。空间信息论关注信息论与雷达之间的关系，试图把雷达信息获取和通信信息传输的理论基础统一起来，解释雷达探测的一系列基本问题，丰富和发展了信息论理论体系。在应用上，空间信息理论提出的熵误差和克拉默-拉奥分辨率（简称 CR 分辨率）指标填补了雷达探测在中低信噪比工作条件的相关理论极限，可为系统设计提供参考依据。语义信息论主要研究信息交流中被传输的信息符号怎样准确地表达其内在含义。从认识论观点看，信息分为语法、语义和语用 3 个层次。语法信息是最简单、最基本的层次，香农信息论只关注语法信息，忽略信息的含义。近年来，人工智能与算力技术的兴起为通信系统处理语义信息提供了技术底座，基于语义信息论的语义通信理论与方法研究取得了进一步发展。

密码学与信息安全概述

对称密码体制

香农信息论源于通信实践，它在通信领域的成功应用使得香农理论被称为通信的数学理论。而香农理论的思想、方法，甚至某些结论已渗透到其他学科中。

量子通信

1．统计数学

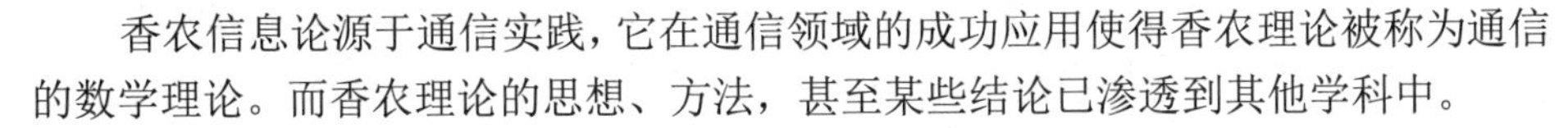

香农理论本身就是一种数学理论，它与随机过程中 Ergodic（各态历经）理论有密切关系。香农编码定理的基本核心——渐近等同分割原理（Assymptotic Equipartition Principle，AEP），实际上就是某种形式的大数定律。因此，利用熵、互信息等概念来研究 Ergodic 系统是非常有效的。另外，用相对熵作为随机分布之间的距离，在假设检验中、大偏离理论中均有很好的应用。利用相对熵可以有效估计差错概率指数。

现代密码技术

2．计算机科学（Kolmogorov 复杂度）

Kolmogorov、Chaitin 和 Solomonoff 指出，一组数据串的复杂度可以定义为计算该数据串所需的最短二进制程序的长度，因此复杂度就是最小描述长度。利用这种方式定义的复杂度是通用的，即与具体的计算机无关，该定义具有相当重要的意义。Kolmogorov 复杂度的定义为复杂度的理论奠定了基础。更令人惊奇的是，如果序列服从熵为 H 的分布，那么该序列的 Kolmogorov 复杂度 K

近似等于 H 。所以，信息论与 Kolmogorov 复杂度二者有着非常紧密的联系。一般的看法认为，Kolmogorov 复杂度比香农熵更为基础。它不仅是数据压缩的临界值，而且可以导出逻辑上一致的推理过程。

3．物理学（热力学）

熵（Entropy）的概念起源于物理学，用于度量一个系统的无序程度。信息熵与热力学熵实际上是同一种概念在不同领域的应用，信息熵用来描述信息的随机性和不确定性，熵越大表示系统出现状态越随机、越不确定；热力学熵用来描述热力学系统的无序程度和不可逆性，熵越大表示系统越无序、越不稳定。对于孤立系统，熵永远增加。热力学第二定理的贡献之一就是促使人们抛弃了存在永动机的幻想。

4．哲学和科学方法论

最大熵准则或最大信息原则是许多科学研究中常用的准则，实践证明这个准则是有效的、合理的。信息论赋予最大熵准则以明确的内涵。最大熵准则和最小描述长度准则都是一种科学的方法论，在信息论中可找到它们的联系。这给予拥有“最简单的解释是最好的”信条的人们一个科学的佐证。

另外，信息论的思想和方法还在经济、生物等方面获得应用，已产生了“信息经济学”“信息生物学”等边缘学科。因此，人们深信信息论的学习有助于对其他学科的研究，同时其他相关学科的研究也会促进信息论的发展。例如，量子力学理论与经典信息论的结合已产生了目前发展迅速、前途不可限量的量子信息论、量子编码理论和量子计算理论等。完全可以相信这些理论是属于 21 世纪的工程科学理论，它们将对 21 世纪新科技产生巨大的推动作用。

1.3.2 编码技术的发展及其在通信系统中的作用

信息传输的可靠性是所有通信系统努力追求的首要目标。要实现高可靠性的传输，可采取如增大发射功率、增加信道带宽、提高天线增益等传统方法，但这些方法往往难度较大，有些场合甚至无法实现。而香农信息论指出，对信息序列进行适当的编码后同样可以提高信道传输的可靠性，这种编码即是信道编码（亦称纠错码）。可以说，信道编码是在香农信道编码定理的指导下发展起来的，并逐步成熟，在各种现代通信系统中发挥着重要作用。早在 20 世纪 50 年代初，汉明（R. W. Hamming）提出了重要的线性分组码——汉明码后，人们把代数方法引入到纠错码的研究，形成了代数编码理论。1957 年普兰奇（Prange）提出了循环码，在随后的十多年里，纠错码理论研究主要是围绕着循环码进行的，并取得了许多重要成果。由于循环码具有性能优良、编译码简单、易于实现等特点，因此目前在实际差错控制系统中所使用的线性分组码几乎都是循环码。1959 年由霍昆格姆（Hocquenghem）、1960 年由博斯（Bose）和查德胡里（Chaudhari）分别提出了 BCH 码，这是一种可纠正多个随机错误的码，是迄今为止所发现的最好的线性分组码之一。1955 年埃莱亚斯（Elias）提出了不同于分组码的卷积码，接着沃曾克拉夫特（Wozencraft）提出了卷积码的序列译码。1967 年维特比（Viterbi）提出了卷积码的最大似然译码法——Viterbi 译码法，这种译码方法效率高、速度快、译码较简单，目前得到了极为广泛的应用。1966 年福尼（Forney）提出级联码概念，用两次或更多次编码的方法组合成很长的分组码，以获得性能优良的码，尽可能接近香农限。例如，20 世纪 80 年代采用的一种以码长 $n=255$ 的 RS 码为外码、以约束长度为 7，码率为 1/2 的卷积码为内码的级联码，且内码采用 Viterbi 译码，即具有非常好的性能，在 10^{-5} 误码率条件下，所需信噪比仅为 0.2dB。

20 世纪 70 年代是纠错码得到广泛应用的年代。美国在 20 世纪 70 年代初发射的“旅行者”号宇宙飞船中成功地应用了纠错码技术，使宇宙飞船在 30 亿公里的遥远距离外向地面传回了天王星、海王星的天文图片，导致了一系列天文学新发现，从而使所有通信工作者大为振奋。20 世纪 80 年代初以来，戈帕（Goppa）等人从几何观点出发，利用代数曲线构造了一类代数几何码。目前代数几何码的研究方兴未艾。20 世纪 80 年代，纠错码技术开始渗透到许多领域，并取得了很大的收获。如纠错与调制技术相结合产生的 TCM（Trellis Code Modulation）技术，已作为国际通信标准技术被推广使用。

1993 年 C. Berrou 提出的 Turbo 码，其编码通过对一组信息序列进行交织后产生两组或两组以上校验序列而形成整个码字，译码采用软输入软输出的迭代译码算法。在采用 64500bit 交织、18 次迭代时，1/2 码率的 Turbo 码的性能距香农限仅 0.7dB。随着 Turbo 码的应用，1995 年 Mackey 和 Neal 重新发现低密度奇偶校验码（Low Density Parity Check，LDPC，由 Gallager 在 20 世纪 60 年代提出），并且引起了广泛的关注。2001 年在 Richandson 的论文中可以看到，组合长度为10^7，码率为 1/2 的性能最好的二进制 LDPC 码，在 AWGN（Additive White Guassian Niose）信道下进行二进制传输，其性能距香农限仅 0.0045dB。这些接近香农限的新型编码技术已经在卫星通信、深空通信、数字电视、无线通信标准中得到广泛应用。2008 年 Erdal Arikan 提出的极化（Polar）码是一种基于信道极化的新型编码方案，是一种在理论上能够证明的可以达到信道容量极限的编码方式，且具有较低的编译码复杂度。Polar 码的这些特性使它在信道编码领域得到广泛的关注和研究，2016 年 Polar 码被 3GPP 确定为 5G eMBB 场景的控制信道编码方案。

信息传输的有效性是通信系统追求的另一重要目标，有效性是指在一定的时间内传输尽可能多的信息量，或者在每个传送符号内携带尽可能多的信息量，这就需要对信源进行高效率的压缩编码，尽量去除信源中的冗余度。信源编码的研究要略早于香农信息论。科尔莫戈罗夫与维纳分别于 1941 年和 1942 年进行了线性预测的开创性工作，他们以均方量化误差最小为准则，建立了最优预测原理，为后来的线性预测压缩编码铺平了道路。

尽管数据压缩的实际研究在香农信息论建立之前已有一些成果，但经典数据压缩的理论基础是香农信息论。香农信息论认为，统计冗余度在各种信源中是普遍存在的，如何在不失真或限定失真的条件下对信源进行高效压缩是信息论研究的重点，香农第一定理和第三定理从理论上分别给出了无失真信源编码和限失真信源编码的压缩极限，对于压缩编码的研究具有重要的理论指导意义。香农信息论对信源统计冗余度的透彻分析为各种具体压缩编码方法的研究提供了明确的思路。

1952 年哈夫曼（Huffman）提出了一种重要的无失真信源编码方法——Huffman 码，这是一种不等长码，它可以很好地达到香农 1948 年证明的无失真信源编码定理所给出的压缩极限，已被证明是平均码长最短的最佳码。为了进一步提高有记忆信源的压缩效率，20 世纪 60 年代至 70 年代人们开始将各种正交变换用于信源压缩编码，先后得到了 DFT（Discrete Fourier Transform）、KLT（Karhunen-Loeve Transform）、DCT（Discrete Cosine Transformation）、WHT（Walsh-Hadamard Transform）、ST（Slant Transform）等多种变换，其中 KLT 为最佳变换。但 KLT 实用性不强，综合性能最好的是离散余弦变换 DCT。DCT 变换现已被确定为多种图像压缩国际标准的主要压缩手段，得到了极为广泛的应用。在连续信源限失真压缩编码研究方面，林特（Linde）、波茹（Buzo）和格雷（Gray）三人于 1980 年提出了矢量量化方法。矢量量化在利用数据相关性、减少量化失真半径、减小均方量化失真等方面均要优于普通的标量量化，是一种很重要的信源编码方法。

除上述几类经典的信源压缩编码方法之外，信源压缩领域，还陆续提出了多种新的压缩原理和方法，以及针对语音、音频、图像、视频等内容的压缩体制。值得关注的无损压缩算法有算术编码、PPM 编码、BWT 编码和基于字典的 LZ 系列编码算法等。算术编码可以取得趋向于信源一阶熵的压缩效果，从理论上来说，可以把不相关信源符号压缩到其理论极限；其实际压缩率，常常优于 Huffman 编码。因此，在许多图像压缩体制中，算术编码被用作取代 Huffman 编码的熵编码算法。PPM 编码方法可以利用信源符号之间的相关性，其压缩目标是信源的条件熵，可突破信源一阶熵，被认为是目前无损压缩最好的算法。BWT 编码采用了非常新颖的思路进行文本符号的压缩；LZ 系列的压缩方法，已经在计算机文件压缩软件中得到广泛应用。这两者的压缩率也可以达到 PPM 的水平。近年来，人工智能技术被应用于无损压缩方法中，如斯坦福大学等使用递归神经网络实现了无损数据压缩。

语音编码体制上，从20世纪90年代开始，制定了一系列语音编码算法。前期主要进行窄带语音编码的标准化工作，到现在，宽带语音编码也出现了不少标准。现代的窄带和宽带语音编码体制的主流是基于CELP算法的。图像视频编码的标准化方面，近十几年以来的成果也蔚为大观。从早期的H.261到H.263和目前应用上成为热点的H.264，ITU-T制定了系列标准。2013年制定的H.265/HEVC（High Efficiency Video Coding，高效视频编码）标准，可支持8K分辨率；H.266/VVC（Versatile Video Coding，多功能视频编码）标准于2020年发布，通用性是它的显著特点，其应用范畴包括4K/8K超高清视频、高动态范围视频、VR视频、360度全景视频及计算机屏幕视频等。尽管VVC视频编码层的结构仍然是传统的基于块的混合视频编码模式，但VVC提供了多项先进的视频编码工具，较先前的HEVC标准，其压缩率大约提高了一倍。与之对应，ISO/IEC也制定了MPEG1、MPEG2和MPEG4等国际标准。编码标准的制定和应用，推动了信源压缩领域的长足发展。限于篇幅，本书无法深入讲解信源编码领域的最新发展，有兴趣的读者可参阅其他著述。

相关小知识——香农生平

香农于1916年4月30日出生于美国密执安州的一个小城镇Gaylord。母亲是城镇高中外语教师兼校长，父亲是商人兼律师。爱迪生是他童年仰慕的英雄，数学和科学是他学习中的爱好。1932年，香农进入密执安大学，1936年获电气工程和数学两个学士学位。同年在MIT任研究助理并成为该校电气工程系研究生，承担用Bush分析器（早期的模拟计算机）解微分方程的工作。1937年，香农在提交的硕士论文《继电器和开关电路的符号分析》中，首次提出了可用于设计和分析逻辑电路的系统方法，是数字程控交换机的里程碑之一。该论文获1940年Afred Noble优秀论文奖。1940年，香农获电气工程硕士学位和数学博士学位，博士论文名为《理论遗传学的代数》（未公开发表）。1941—1956年，他在贝尔实验室工作，1956年成为MIT访问学者，第二年接受MIT永久聘任。1978年退休。2001年2月24日，病逝。

香农平时兴趣广泛，喜欢动手制作各种设备，一生有许多杰出的制作发明，如受控飞碟、会走迷宫的机器鼠等。他具有很强的工程素养又精通数学，得天独厚的知识结构使他能把数学理论自如地运用于工程。大数学家Kolmogrov很好地总结了香农作为一个学者的才华，他说："在我们的时代，当人的知识越来越专业化的时候，香农是科学家的一个卓越的典范。他把深奥而抽象的数学思想和概括而又很具体的对关键技术问题的理解结合起来。他被认为是最近几十年最伟大的工程师之一，同时也被认为是最伟大的数学家之一。"在科学研究方面，他的研究风格是什么问题最吸引他，他就研究什么问题。从1940年到1948年，他进行通信基础理论研究，断断续续地经历8年时间，才写成那篇信息论奠基性的文章，竟无草稿或部分底稿，因为他的脑子里已有了整篇文章的轮廓。

每当有好的问题时，他总是坚持不断地去思考，直到理解并写出来为止。他善于使复杂的问题简单化，在研究问题时善于建立好的近似模型。这是他解决问题的基本方法。香农的研究风格和思维方法可以作为我们行事的参考。

香农创立信息论为世人永远敬仰，正如著名信息论与编码学者Richard Blahut在2000年10月6日香农塑像落成典礼上的题词："在我看来，两三百年后，当人们回顾这个时代的时候，他们可能不记得谁曾是美国的总统，谁曾是影星或摇滚歌手，但他们仍会知道香农的名字，学校里仍然会讲授信息论。"

第 2 章　离散信源

本章首先讨论信源的统计特性和数学模型，给出自信息的表达式及信源的信息熵，并讨论信息熵的基本性质，最后分析信源的相关性和剩余度。

2.1　离散信源的信息熵

信源模型及信息熵

2.1.1　信源模型

信源即信息的产生源。信息本身是比较抽象的，它必须通过消息表达出来。每条特定的信息都具有语义信息、语法信息和语用信息 3 个不同的层面，但如前所述，香农信息论只研究语法信息，这是信息概念中最单纯、最具一般性的特质。

信源模型

语法信息主要指各种信息出现的可能性及相互关系。对信息接收者而言，信源在某一时刻将发出什么样的消息是不确定的。因此，可用随机变量或随机矢量来描述信源输出的消息，也即用概率空间来描述信源。

很多信源可能输出的消息数量是有限的，且每次只输出一个特定的消息。例如，抛硬币这一过程，产生的结果只有两种：正面或反面，并且由经验可知，两种结果是等概出现的。因此，可将抛硬币的过程看作一个信源，用随机变量 X 表示，而将它输出的两种消息看作两个基本事件，分别用 a_1 和 a_2 表示，并分别标上各事件的出现概率，则将该信源抽象得到的数学模型为

游戏中的信息密码

$$\begin{bmatrix} X \\ P(x) \end{bmatrix} = \begin{bmatrix} a_1, & a_2 \\ 0.5, & 0.5 \end{bmatrix}$$

并且各事件的出现概率满足

$$\sum_{i=1}^{2} P(a_i) = 1$$

实际情况中存在着许多这种符号个数有限的信源，如计算机代码、阿拉伯数字码、电报符号等。对于这种信源，可用离散型随机变量来描述，并称之为离散信源。其数学模型就是离散型的概率空间（设该信源可能取的符号有 q 个）

$$\begin{bmatrix} X \\ P(x) \end{bmatrix} = \begin{bmatrix} a_1, & a_2, & \cdots, & a_q \\ P(a_1), & P(a_2), & \cdots, & P(a_q) \end{bmatrix}$$

并且有

$$\sum_{i=1}^{q} P(a_i) = 1$$

离散信源是香农信息论研究的最主要信源，数字通信系统中的信源即为典型的离散信源。

许多信源具有无限多的可能输出状态，如模拟语音或模拟视频信号的输出幅度均为连续的，对于此类信源，可用连续型随机变量来描述，这种信源称为连续信源，其数学模型为

$$\begin{bmatrix} X \\ P(x) \end{bmatrix} = \begin{bmatrix} (a,b) \\ p(x) \end{bmatrix}$$

且满足

$$\int_a^b p(x)\mathrm{d}x = 1$$

式中，(a,b)为变量 X 的取值范围，可取到$(-\infty,+\infty)$；$p(x)$为 X 的概率密度函数。

以上讨论了信源只输出一个消息符号的简单情况，而很多实际信源输出的消息往往是由一系列符号所组成的（不妨假设由 N 个符号组成），此时我们就不能简单地用一维随机变量来描述信源，而应用 N 维随机矢量 $\boldsymbol{X}=(X_1,X_2,\cdots,X_N)$来描述

$$\begin{bmatrix} \boldsymbol{X} \\ P(\boldsymbol{x}) \end{bmatrix} = \begin{bmatrix} (a_1,\cdots,a_1)\triangleq\boldsymbol{\alpha}_1, & (a_2,\cdots,a_2)\triangleq\boldsymbol{\alpha}_2, & \cdots, & (a_q,\cdots,a_q)\triangleq\boldsymbol{\alpha}_{q^N} \\ P(a_1,\cdots,a_1), & P(a_2,\cdots,a_2), & \cdots, & P(a_q,\cdots,a_q) \end{bmatrix}$$

该信源由 q 个符号 $a_1 \sim a_q$ 组成了 q^N 个输出矢量 $\boldsymbol{\alpha}_1 \sim \boldsymbol{\alpha}_{q^N}$，并且有

$$\sum_{i=1}^{q^N} P(\boldsymbol{\alpha}_i)=1$$

当上述信源先后发出的一个个符号彼此统计独立时，该信源称为离散无记忆信源，其 N 维随机矢量的联合概率分布满足

$$P(\boldsymbol{x})=\prod_{i=1}^{N} P(X_i=a_{k_i}), \qquad k_i\in\{1,2,\cdots,q\}$$

一般情况下，信源先后发出的符号之间存在着相关性，这种信源称为有记忆信源。对于有记忆信源的研究需在 N 维随机矢量的联合概率中引入条件概率 $P(x_i|x_{i-1},x_{i-2},\cdots)$来说明它们之间的关联。

实际信源的相关性随符号间隔的增大而减弱，为此我们在分析时可以限制随机序列的记忆长度。当记忆长度为 $m+1$ 时，即信源每次发出的符号只与前面 m 个符号有关，称这种有记忆信源为 m 阶马尔可夫信源。此时描述信源符号之间依赖关系的条件概率为

$$P(x_i \mid x_{i-1},x_{i-2},\cdots,x_{i-m},x_{i-m-1},\cdots)=P(x_i \mid x_{i-1},x_{i-2},\cdots,x_{i-m})$$

当信源输出符号的多维统计特性与时间起点无关时，称为平稳信源。这符合大多数情形。平稳的马尔可夫信源又称为时齐马尔可夫信源。

2.1.2 自信息

对于如下的离散信源

$$\begin{bmatrix} X \\ P(x) \end{bmatrix} = \begin{bmatrix} a_1, & a_2, & \cdots, & a_q \\ P(a_1), & P(a_2), & \cdots, & P(a_q) \end{bmatrix}$$

$$\sum_{i=1}^{q} P(a_i)=1$$

人们会提出这样的问题，该信源中各个消息的出现会携带多少信息？整个信源又能输出多少信息？这实际上要求给出信息的定量度量，第一个问题是关于自信息的定义，第二个问题是关于信源的信息熵。

香农信息描述的是信源中各个事件出现的不确定性及不确定性的变化。若记事件 a_i 的自信息为 $I(a_i)$，则 a_i 的出现概率越大，$I(a_i)$越小；反之亦然。概言之，事件 a_i 的自信息 $I(a_i)$应满足下述 4 个基本条件。

（1）$I(a_i)$应是 $P(a_i)$的单调递减函数。$P(a_i)$越大，$I(a_i)$越小；$P(a_i)$越小，$I(a_i)$越大。

（2）$P(a_i)=1$ 时，应有 $I(a_i)=0$。

（3）$P(a_i)=0$ 时，应有 $I(a_i)=\infty$。

（4）若事件 a，b 独立，应有 $I(ab)=I(a)+I(b)$。

根据泛函分析理论，满足上述条件的自信息 $I(a_i)$的表达式应采取如下的对数形式

$$I(a_i)=\log_r \frac{1}{P(a_i)}, \text{或} I(a_i)=-\log_r P(a_i) \tag{2.1.1}$$

当对数的底取为 2 时，$I(a_i)$的单位为比特（bit）。

当对数的底取为 e 时，$I(a_i)$的单位为奈特（nat）。

当对数的底取为 10 时，$I(a_i)$的单位为哈特（hart）。

根据对数换底关系有

$$\log_a x = \frac{\log_b x}{\log_b a}$$

可得 1 奈特=1.44 比特，1 哈特=3.32 比特。

一般情况下，我们都采用以 2 为底的对数，并将 $\log_2 x$ 简记为 lb$x$。

$I(a_i)$表示事件 a_i 发生以前的先验不确定性，也可理解为 a_i 发生以后所提供的信息量。下面分别介绍联合自信息和条件自信息。

1．联合自信息

联合事件集合 XY 中的事件 $x = a_i, y = b_j$ 的自信息定义为

$$I(a_ib_j) = -\mathrm{lb}P(a_ib_j) \tag{2.1.2}$$

实际上，如果把联合事件 $x = a_i, y = b_j$ 看成一个单一事件，那么联合自信息的含义与自信息的含义相同。

2．条件自信息

事件 $x = a_i$，在事件 $y = b_j$ 给定条件下的自信息定义为

$$I(a_i|b_j) = -\mathrm{lb}P(a_i|b_j) \tag{2.1.3}$$

条件自信息含义与自信息类似，只不过是概率空间的不同。条件自信息表示如下。

（1）在事件 $y = b_j$ 给定条件下，在事件 $x = a_i$ 发生前的不确定性。

（2）在事件 $y = b_j$ 给定条件下，在事件 $x = a_i$ 发生后所得到的信息量。

同样，条件自信息也是随机变量。

关于熵的理解

【例 2.1.1】 有 8×8=64 个方格，甲将一棋子放入方格中，让乙猜。

（1）将方格按顺序编号，让乙猜顺序号的困难程度如何？

（2）将方格按行和列编号，当甲告诉乙方格的行号后，让乙猜列顺序号的困难程度如何？

解　两种情况下的不确定性。

（1）$I(xy) = \mathrm{lb}\,64 = 6$ bit。

（2）$I(x|y) = -\mathrm{lb}P(x|y) = -\mathrm{lb}\frac{1}{8} = 3$ bit。

Self-information and entropy

2.1.3　信息熵

自信息 $I(a_i)$描述了信源中单一事件 a_i 的信息量。更多时候，我们需要知道整个信源的平均自信息，这就需要对信源中所有事件的自信息进行统计平均计算

$$E\left[\mathrm{lb}\frac{1}{P(a_i)}\right] = \sum_{i=1}^{q} P(a_i)\mathrm{lb}\frac{1}{P(a_i)} \triangleq H(X) \tag{2.1.4}$$

信息熵

也可记作

$$H(X) = -\sum_{i=1}^{q} P(a_i)\mathrm{lb}P(a_i) \tag{2.1.5}$$

$H(X)$是信源 X 中每个事件出现的平均信息量。

定义 2.1.1　式（2.1.5）所表示的 $H(X)$称为信源 X 的信息熵。

取熵这个名称是因为表达式（2.1.4）、（2.1.5）与统计物理学中热熵的表达式很相似，且两者在本质上也有某种相似性。

信源 X 的信息熵 $H(X)$表示的是 X 中每个符号的平均信息量，或者说 $H(X)$表示信源 X 中各符号

出现的平均不确定性。一般式（2.1.5）中对数取 2 为底，信息熵的单位为比特/符号，且以 $H(X)$专门表示以 2 为底时的信源信息熵。而当式（2.1.5）中的对数底取为 r 时，则信息熵应取 r 进制单位，记作 $H_r(X)$，且有

$$H_r(X)=\frac{H(X)}{\mathrm{lb}r}$$

对于一个特定的信源 X，其信息熵 $H(X)$不是一个随机变量，而是一个定值，因为它已对整个信源的全部自信息进行了统计平均。

【例 2.1.2】 设有一信源 X 由两个事件 a_1，a_2 组成，其概率空间如下

$$\begin{bmatrix} X \\ P(x) \end{bmatrix}=\begin{bmatrix} a_1, & a_2 \\ 0.99, & 0.01 \end{bmatrix}$$

则其信源熵为

$$\begin{aligned} H(X) &= -0.99\times\mathrm{lb}0.99-0.01\times\mathrm{lb}0.01 \\ &= 0.08\ \mathrm{bit/sign} \end{aligned}$$

【例 2.1.3】 设有另一信源 Y 如下

$$\begin{bmatrix} X \\ P(y) \end{bmatrix}=\begin{bmatrix} b_1, & b_2 \\ 0.5, & 0.5 \end{bmatrix}$$

则

$$H(Y)=-0.5\times\mathrm{lb}0.5-0.5\times\mathrm{lb}0.5=1\mathrm{bit/sign}$$

基于上述两个例子，可得 $H(Y) > H(X)$，即信源 Y 的平均不确定性要大于信源 X 的平均不确定性。直观的分析也可得出这一结论：若信源中各事件的出现概率越接近，则事先猜测某一事件发生的把握越小，即不确定性越大。从后述信息熵的极值性质，我们可知，当信源各事件等概出现时具有最大的信源熵，也即信源的平均不确定性最大。

2.1.4　联合熵与条件熵

联合熵与条件熵

1．条件熵

联合集 XY 上，条件自信息 $I(a_i|b_j)$的平均值定义为条件熵，即

$$\begin{aligned} H(X\mid Y) &= E[I(a_i\mid b_j)] \\ &= -\sum_{i=1}^{q}\sum_{j=1}^{s}P(a_ib_j)\mathrm{lb}P(a_i\mid b_j) \end{aligned} \tag{2.1.6}$$

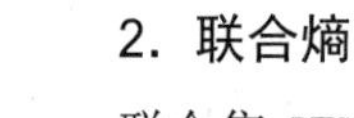

条件熵与联合熵

2．联合熵

联合集 XY 上，联合自信息 $I(a_ib_j)$的平均值称为联合熵，即

$$\begin{aligned} H(XY) &= E[I(a_ib_j)] \\ &= -\sum_{i=0}^{q}\sum_{j=0}^{s}P(a_ib_j)\mathrm{lb}P(a_ib_j) \end{aligned} \tag{2.1.7}$$

【例 2.1.4】 设箱中有 n 个球，其中，m（$m<n$）个黑球，剩下的为白球。先从箱子做不放回取球，用 X 表示取出第一个球的颜色，Y 表示取出第二个球的颜色。求 $H(Y|X)$。

解 在已知第一次取出小球颜色为黑色的条件下，关于第二次小球颜色 Y 的不确定性为

$$H(Y|X=\text{黑})=-\frac{m-1}{n-1}\mathrm{lb}\frac{m-1}{n-1}-\frac{n-m}{n-1}\mathrm{lb}\frac{n-m}{n-1}$$

在已知第一次取出小球颜色为白色的条件下，关于第二次小球颜色 Y 的不确定性为

$$H(Y|X=\text{白})=-\frac{m}{n-1}\mathrm{lb}\frac{m}{n-1}-\frac{n-m-1}{n-1}\mathrm{lb}\frac{n-m-1}{n-1}$$

所以

$$
\begin{aligned}
H(Y|X) &= P(X{=}\text{黑})H(Y|\,X{=}\text{黑}) + P(X{=}\text{白})H(Y|\,X{=}\text{白}) \\
&= \frac{m}{n}\left[-\frac{m-1}{n-1}\text{lb}\frac{m-1}{n-1}-\frac{n-m}{n-1}\text{lb}\frac{n-m}{n-1}\right]+ \\
&\quad \frac{n-m}{n}\left[-\frac{m}{n-1}\text{lb}\frac{m}{n-1}-\frac{n-m-1}{n-1}\text{lb}\frac{n-m-1}{n-1}\right]
\end{aligned}
$$

熵的基本性质

Entropy and its properties

熵的性质 1

熵的性质 2

2.2　熵的基本性质

由式（2.1.5）可知，信源

$$\begin{bmatrix} X \\ P(x) \end{bmatrix} = \begin{bmatrix} a_1, & a_2, & \cdots, & a_q \\ p_1, & p_2, & \cdots, & p_q \end{bmatrix}$$

且

$$\sum_{i=1}^{q} p_i = 1$$

的信息熵为

$$H(X) = -\sum_{i=1}^{q} p_i \text{lb} p_i$$

它仅是概率矢量 $\boldsymbol{P} = (p_1, p_2, \cdots, p_q)$ 的函数，且具有如下重要性质。

2.2.1　非负性

非负性即

$$H(X) \geqslant 0 \tag{2.2.1}$$

由 $H(X)$的计算式可知

$$H(X) = -\sum_{i=1}^{q} p_i \text{lb} p_i$$

其中 p_i 为随机变量 X 的概率分布，通常取 $0<p_i<1$。对于大于 1 的对数底，显然有 $\text{lb}p_i<0$，$-p_i\text{lb}p_i>0$，故有 $H(X)>0$，只有当信源 X 为确定事件，即某一事件 a_i 出现概率为 1 时等号才成立。

2.2.2　确定性

确定性即

$$H(1,0)=H(1,0,0)=H(1,0,\cdots,0) = 0 \tag{2.2.2}$$

式（2.2.2）表明当信源 X 中某一事件为确定事件时，其熵为 0，这是由于对于 $p_i = 1$，$p_i\text{lb}p_i=0$，而对于 $p_j=0$ ($j \neq i$)有 $\lim\limits_{p_j \to 0} p_j \text{lb} p_j = 0$，故式（2.2.2）成立。此性质说明信源的熵 $H(X)$反映的是信源的总体不确定性，若信源的确定性很大，则其熵值就非常小。

2.2.3　对称性

对称性即

$$H(p_1, p_2, \cdots, p_q) = H(p_{i_1}, p_{i_2}, \cdots, p_{i_q}) \tag{2.2.3}$$

其中 $i_1, i_2, \cdots, i_q$ 为$\{1, 2, \cdots, q\}$的一个任意排列，式（2.2.3）即当将 $p_1, \cdots, p_q$ 顺序任意互换时，熵函数的值不变。由式（2.1.5）定义，此结论显然成立。此性质说明熵只与随机变量的总体结构有关。

【例 2.2.1】设有 X、Y、Z 3 个信源。

$X=[a_1,a_2,a_3]$，分别表示取红、黄、蓝三色球。

$Y=[b_1,b_2,b_3]$，分别表示天气的阴、晴、雨。

$Z=[c_1,c_2,c_3]$，分别表示南、北、东方位。

它们的概率空间分别为

$$\begin{bmatrix} X \\ P(x) \end{bmatrix} = \begin{bmatrix} a_1, & a_2, & a_3 \\ \frac{1}{2} & \frac{1}{6} & \frac{1}{3} \end{bmatrix}$$

$$\begin{bmatrix} Y \\ P(y) \end{bmatrix} = \begin{bmatrix} b_1, & b_2, & b_3 \\ \frac{1}{6} & \frac{1}{2} & \frac{1}{3} \end{bmatrix}$$

$$\begin{bmatrix} Z \\ P(z) \end{bmatrix} = \begin{bmatrix} c_1, & c_2, & c_3 \\ \frac{1}{3} & \frac{1}{2} & \frac{1}{6} \end{bmatrix}$$

三者反映的内容及可能产生的影响均大相径庭，但显然它们的信息熵是相等的。这正说明香农信息论关心的只是语法信息，而不涉及语义信息和语用信息。

2.2.4 熵的链式法则

设两个信源 X 和 Y，其信源空间定义如下

$$\begin{bmatrix} X \\ P(x) \end{bmatrix} = \begin{bmatrix} a_1, & a_2, & \cdots, & a_m \\ p_1, & p_2, & \cdots, & p_m \end{bmatrix} \quad \sum_{i=1}^{m} p_i = 1$$

$$\begin{bmatrix} Y \\ P(y) \end{bmatrix} = \begin{bmatrix} b_1, & b_2, & \cdots, & b_n \\ p'_1, & p'_2, & \cdots, & p'_n \end{bmatrix} \quad \sum_{i=1}^{n} p'_i = 1$$

其联合信源的概率空间为

$$\begin{bmatrix} XY \\ P(xy) \end{bmatrix} = \begin{bmatrix} a_1b_1, & a_1b_2, & \cdots, & a_mb_n \\ P(a_1b_1), & P(a_1b_2), & \cdots, & P(a_mb_n) \end{bmatrix} \quad \sum_{i=1}^{m}\sum_{j=1}^{n} P(a_ib_j) = 1$$

且

$$P(a_ib_j) = P(a_i)P(b_j \mid a_i)$$

则

$$\begin{aligned} H(XY) &= -\sum_{ij} P(a_ib_j)\mathrm{lb}P(a_ib_j) \\ &= -\sum_{ij} P(a_ib_j)\mathrm{lb}[P(a_i)P(b_j \mid a_i)] \\ &= -\sum_{ij} P(a_ib_j)[\mathrm{lb}P(a_i) + \mathrm{lb}P(b_j \mid a_i)] \\ &= -[\sum_{ij} P(a_ib_j)\mathrm{lb}P(a_i) + \sum_{ij} P(a_ib_j)\mathrm{lb}P(b_j \mid a_i)] \\ &= -\sum_{i} P(a_i)\mathrm{lb}P(a_i) - \sum_{ij} P(a_ib_j)\mathrm{lb}P(b_j \mid a_i) \\ &= H(X) + H(Y \mid X) \end{aligned} \tag{2.2.4}$$

式（2.2.4）表明信源 X 和 Y 的联合信源的熵等于信源 X 的熵加上在 X 已知条件下信源 Y 的条件熵，这条性质被称为熵的链式法则（Chain Rule），也称为熵的强可加性。

若信源 X 和 Y 统计独立，$H(Y|X) = H(Y)$，式（2.2.4）变为

$$H(XY) = H(X) + H(Y) \tag{2.2.5}$$

这称为熵的可加性。

针对 N 维联合信源，熵的链式法则如下

$$H(X_1, X_2, \cdots, X_N) = \sum_{i=1}^{N} H(X_i \mid X_{i-1}, \cdots, X_1) \tag{2.2.6}$$

2.2.5　极值性

$$H(p_1,p_2,\cdots,p_q)\leqslant H(\frac{1}{q},\frac{1}{q},\cdots,\frac{1}{q})=\text{lb}q \tag{2.2.7}$$

这一性质说明当信源中各事件的出现概率趋于均等时，即没有任何事件占有更大的确定性时，信源具有最大熵，即其平均不确定性最大。式（2.2.7）的证明需用到凸函数和詹森不等式的概念和结论。现证明式（2.2.7）。

设概率矢量 $\boldsymbol{P}=\left(p_1,p_2,\cdots,p_q\right)$，且 $0<p_i<1$，$\sum_{i=1}^{q}p_i=1$，另设随机变量 $Y=1/\boldsymbol{P}$，即 $y_i=1/p_i$，则 $1<y_i<\infty$。

由于 $\log Y$ 在 $[1,\infty)$ 上为∩型凸函数[①]，因此根据詹森不等式[②]有

$$E[\,\text{lb}Y\,]\leqslant \text{lb}[E(\,Y\,)]$$

即
$$\sum_{i=1}^{q}p_i\text{lb}y_i\leqslant \text{lb}\sum_{i=1}^{q}p_iy_i$$

或
$$\sum_{i=1}^{q}p_i\text{lb}\frac{1}{p_i}\leqslant \text{lb}\sum_{i=1}^{q}p_i\frac{1}{p_i}=\text{lb}q$$

所以
$$H(\,X\,)\leqslant \text{lb}q$$

并且只有当 $p_i=1/q$ 时等号才成立。

对于 p_i 取 0 或 1 的情况，由前述性质可知式（2.2.7）仍然成立。

这一结论称为最大离散熵定理，它说明当信源中各事件的出现概率趋于均匀时，信源的平均不确定性最大，即具有最大熵。而只要信源中某一事件的发生占有较大的确定性时，必然引起整个信源的平均不确定性的下降。

二元信源是离散信源的一个很重要的特例。设二元信源 X 具有 0 和 1 两个信源符号，其概率空间如下

$$\begin{bmatrix}X\\P(x)\end{bmatrix}=\begin{bmatrix}0, & 1\\ \omega, & 1-\omega\end{bmatrix}$$

则其熵为
$$H(X)=-[\omega\text{lb}\omega+(1-\omega)\text{lb}(1-\omega)]$$

由于 $H(\,X\,)$ 仅仅是概率值 ω 的函数，因此可记作

$$H(X)=-[\omega\text{lb}\omega+(1-\omega)\text{lb}(1-\omega)]\triangleq H(\omega)$$

$H(\omega)$ 与 ω 关系曲线如图 2.2.1 所示。

可以看出这是一个上凸函数，当 $\omega=0.5$ 时，$H(\omega)$ 取极大值 1（单位为比特/符号），而当 $\omega=0$ 或 $\omega=1$ 时，$H(\omega)$ 均为 0，这就分别验证了信源熵的极值性与确定性。

图 2.2.1 同时说明，对于等概分布的二元序列，每一个二元符号将提供 1 比特的信息量。若输出符号不等概，则每一个二元符号所提供的平均信息量将小于 1 比特。

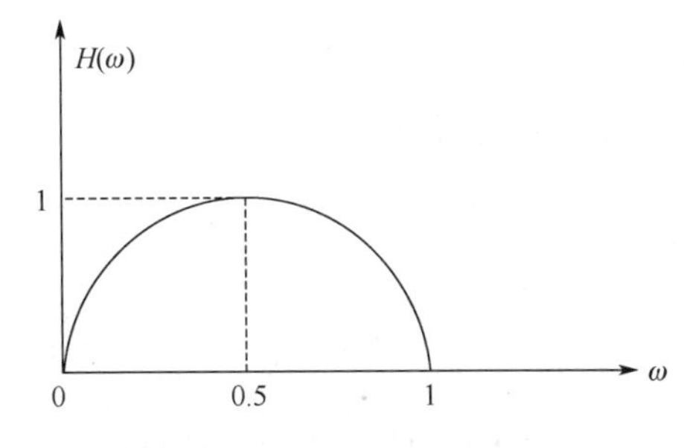

图 2.2.1　$H(\omega)$ 与 ω 关系曲线图

---

① 凸函数：设函数 $f(x)$ 定义在 R 域上，若 $f(x)$ 上任意两点 a 与 b 间的曲线全部位于 a，b 两点组成的弦之下，则称 $f(x)$ 为 $\boldsymbol{R}$ 上的∪型凸函数，或者称为下凸函数；若 $f(x)$ 上 a、b 间的曲线全部位于 a、b 两点组成的弦之上，则 $f(x)$ 为 $\boldsymbol{R}$ 上的∩型凸函数，或者称为上凸函数。

② 詹森不等式：设 $f(x)$ 为 $[a,b]$ 上的∩型凸函数，X 为随机矢量，若 X 的数学期望 $E[\,X\,]$ 存在，则有 $E[f(x)]\leqslant f[E(\,X\,)]$ 成立；反之，若 $f(x)$ 为 $[a,b]$ 上的∪型凸函数，则有 $E[f(x)]\geqslant f[E(\,X\,)]$。

2.2.6 熵的独立界

定理 2.2.1 条件作用使熵减小，即

$$H(X|Y) \leqslant H(X)$$

等号成立当且仅当 X 与 Y 相互独立。

从直观上讲，定理 2.2.1 说明的是知道另一个随机变量 Y 的信息，会降低 X 的不确定度。注意，这仅在平均意义下是成立的。例如，在法庭上，特定的新证据可能会增加不确定度，但在一般情况下，证据是降低不确定度的。

由定理 2.2.1 进一步拓展可以得到：条件熵 $H(X_N | X_1 \cdots X_{N-1})$ 随 N 的增加而非递增，即条件多的熵小于等于条件少的熵，在平均意义上，增加条件会降低一定的不确定性，那么序列 $\boldsymbol{X} = (X_1, X_2, \cdots, X_N)$的熵随 N 将如何增长？这就是熵的增长率，即为熵率。

定义 2.2.1 当极限存在时，随机过程$\{X_i\}$的熵率定义为

$$H_\infty = \lim_{N\to\infty} \frac{1}{N} H(X_1, X_2, \cdots, X_N)$$

熵率也称为极限熵。下面考虑几个简单的随机过程例子及其相应熵率。

【例 2.2.2】打字机。假定有一台打字机，可输出 M 个等可能的字母。由此该打字机可产生长度为 N 的序列 M^N 个，且均等可能出现，因此 $H(X_1, X_2, \cdots, X_N) = \mathrm{lb} M^N$，从而每字符熵率为 $H_\infty = \mathrm{lb} M$ 比特。

【例 2.2.3】设 $X_1, X_2, \cdots, X_N$ 为独立同分布（i.i.d.）随机变量序列，则有

$$H_\infty = \lim_{N\to\infty} \frac{H(X_1, X_2, \cdots, X_N)}{N} = \lim_{N\to\infty} \frac{NH(X_1)}{N} = H(X_1)$$

这正是原来所期望的每字符熵率。

若 $X_1, X_2, \cdots, X_N$ 为独立但非同分布的随机变量序列，则

$$H(X_1, X_2, \cdots, X_N) = \sum_{i=1}^{N} H(X_i)$$

此时 $H(X_i)$不全相等。若出现 $\frac{1}{N}\sum_{i=1}^{N} H(X_i)$ 极限不存在的情况，则 H_∞ 无定义。

更一般的情况，如定理 2.2.2 中所描述。

定理 2.2.2 设 $X_1, X_2, \cdots, X_N$ 服从 $p(x_1, x_2, \cdots, x_N)$，则

$$H(X_1, X_2, \cdots, X_N) \leqslant \sum_{i=1}^{N} H(X_i)$$

等号成立当且仅当 $X_1, X_2, \cdots, X_N$ 相互独立。这就是熵的独立界。

证明 由熵的链式法则和定理 2.2.1

$$\begin{aligned} H(X_1, X_2, \cdots, X_N) &= \sum_{i=1}^{N} H(X_i | X_{i-1}, \cdots, X_1) \\ &\leqslant \sum_{i=1}^{N} H(X_i) \end{aligned}$$

等号成立当且仅当对所有的 i，X_i 与 $X_{i-1}, \cdots, X_1$ 独立，即当且仅当 $X_1, X_2, \cdots, X_N$ 相互独立。

2.3 信源的剩余度

前面讨论了信源的信息熵。信源的熵表示了信源每输出一个符号所携带的信息量。熵值越大，表示信源符号携带信息的效率就越高。对于一个具体的信源而言，它所具有的总信息量是一定的。

例如，一本书或一个数据文件，所包含的信息量便是确定的。因此，信源的熵越大，即每个信源符号所承载的信息量越大，则输出全部信源信息所需传送的符号就越少，通信效率就越高，这正是研究信源熵的目的。

各类信源中最简单的是离散无记忆信源，而 m 阶马尔可夫信源、离散平稳信源、一般有记忆信源等的复杂性依次增加。

信源的相关性与剩余度

对有记忆信源而言，输出符号间的相关长度越长，信源熵就越小。若无记忆信源的熵为 H_1，则当它的 q 个符号等概分布时，信源熵取最大值 $\mathrm{lb}q \triangleq H_0$；若信源输出序列只是前后两个符号相关，则信源的熵为 H_2；更一般地，若有记忆信源的记忆长度为 m+1，则其熵表示为 H_{m+1}。那么我们可得到如下关系式

$$\mathrm{lb}q = H_0 \geqslant H_1 \geqslant H_2 \geqslant \cdots \geqslant H_{m+1} \geqslant \cdots \geqslant H_\infty \tag{2.3.1}$$

信源剩余度

式（2.3.1）说明等概分布的离散无记忆信源的熵 H_0 是所有信源熵中最大的，携带信息的效率最高，而其他信源的熵都不会超过这个值。实际上所有真正的有记忆信源及非等概离散无记忆信源的熵均小于 H_0。为此，我们以 H_0 为参照，提出信源剩余度的概念，来表征各种信源的有效性。

定义 2.3.1　设某 q 元信源的极限熵为 H_∞（即实际熵），则定义

$$r = 1 - \frac{H_\infty}{H_0} = 1 - \frac{H_\infty}{\mathrm{lb}q} \tag{2.3.2}$$

为它的**信源剩余度**。

由上述定义可知，若信源的实际熵 H_∞ 与理想熵 H_0 相差越大，则它的信源剩余度越大，信源的效率也越低，而 H_∞ 不仅取决于信源符号之间的相关程度与相关长度，还取决于各信源符号出现概率的均等程度。

以英文字母组成的信源为例，26 个英文字母加上空格符即可构成有意义的文本，因此其可能的最大熵为 H_0=lb27=4.76 比特/符号。这一信息熵只有当信源的 27 个符号等概出现时才能取到。实际上英文符号的出现概率是很不均匀的，如表 2.3.1 所示。

表 2.3.1　英文符号的出现概率表

字　母	概　率	字　母	概　率
空　格	0.1859	N	0.0574
A	0.0642	O	0.0632
B	0.0127	P	0.0152
C	0.0218	Q	0.0008
D	0.0317	R	0.0484
E	0.1031	S	0.0514
F	0.0208	T	0.0796
G	0.0152	U	0.0228
H	0.0467	V	0.0083
I	0.0575	W	0.0175
J	0.0008	X	0.0013
K	0.0049	Y	0.0164
L	0.0321	Z	0.0005
M	0.0198		

由此可得到该信源近似为无记忆信源时的信源熵为

$$H_1 = -\sum_{i=1}^{27} P_i \mathrm{lb} P_i = 4.03\ \text{bit/sign}$$

显然有 $H_1<H_0$。

而实际上英文字母之间还存在着较强的相关性，不能简单地当作无记忆信源来处理。例如，在英文文本中，某些双字母组与三字母组的出现频度明显高于其他字母组。

出现频度最高的20个双字母组为

th，he，in，er，an，re，ed，on，es，st，en，at，to，nt，ha，nd，ou，ea，ng，as

出现频度最高的20个三字母组为

the，ing，and，her，ere，tha，nth，was，eth，for，dth，hat，she，ion，int，his，sth，ers，ver，ent

跨度更大的字母组中仍然存在相关性，因此英文信源应当作二阶、三阶直至高阶平稳信源来对待。根据有关研究可知

$$H_2=3.32\text{bit/sign}$$

$$H_3=3.10\text{bit/sign}$$

一般认为，选取合适的样本书并采用合适的统计逼近方法后，英文字母信源的实际熵为 $H_\infty=$ 1.40 bit/sign。这一实际熵比理想值 H_0 低得多，其信源剩余度为

$$r = 1-\frac{H_\infty}{H_0} = 1-\frac{1.40}{4.76} = 0.71$$

这说明英文文本中的冗余度高达71%，若能找到合适的压缩方法，则只需29%的输出符号即能表达出全部信息量。

【例2.3.1】香农猜字游戏。

这是一种英文熵的估算方法。此时忽略英语中的标点和字母的大小写，将英语文本视为由27个字符组成的序列（26个字母和空格）。在此游戏中，主持人给嘉宾一篇英文文章并在文章中随意指定一个字母，要求嘉宾猜测紧随该字母的下一个字母是什么。一个优秀的嘉宾应先估计下一个可能出现的字母的概率，然后依照概率大小从大到小依次猜测，先猜概率最大的，再猜概率次大的，依次类推。主持人记录猜中下一个字母所需要的次数。继续此游戏，当获得相当大数量的实验记录之后，我们就可以计算出猜测下一个字母所需要的猜测次数的经验频率分布。许多字母仅需要一次就可以猜中，但单词的第一个字母或句子的开头字母往往需要反复很多次才能猜中。

现在假定将嘉宾模拟成一台计算机，它可以根据指定的文章确定猜测选择。此时利用该机器以及猜测次数的序列，可以重构一个英文文本。只要将该计算机启动，并假设在任何位置上所需的猜测次数均为 k，选取计算机的第 k 次猜测的字母作为下一个出现的字母即可。于是，猜测次数的信息量正好就是英文文本的信息量，猜测序列的熵也正好就是英文文本的熵。只要假设所选取的样本是独立的，就可以界定猜测次数序列的熵。从而，该实验数中的直方图的熵就为猜测序列的熵的上界。

该实验是香农于1950年给出的。他获得的结果是英文熵为1.3比特/字符。

从提高信息传输效率的角度出发，总是希望减少甚至完全去除信息剩余度。在实践中，可通过信源压缩编码方法使编码后的等价信源获得较高的信息熵，从而达到减少信源剩余度、提高信息传输效率的目的。第5章将从理论和实践两方面进一步阐述信息的有效性传输问题。

本章小结

本章重点介绍了信源的信息测度——自信息、信息熵。从定义、表达式、单位及物理意义等方面来描述自信息、信息熵的基本概念；针对熵函数的数学特性，讨论分析了熵的基本性质及本质含

义；根据信源特性，基于信源剩余度的概念，引出信源压缩的实质。

习题

2.1 同时抛掷一对质地均匀的骰子，也就是各面朝上发生的概率为 1/6，试求

（1）“3 和 5 同时发生”这事件的自信息量。

（2）“两个 1 同时发生”这事件的自信息量。

（3）“两个点数中至少有一个是 1”这事件的自信息量。

2.2 居住某地区的女孩中有 25%是大学生，在女大学生中有 75%是身高 1.6 米以上的，而女孩中身高 1.6 米以上的占总数的一半。假如我们得知“身高 1.6 米以上的某女孩是大学生”的消息，问包含多少信息量？

2.3 掷两颗骰子，当其向上的面的小圆点之和是 3 时，该消息所包含的信息量是多少？当小圆点数之和是 7 时，该消息所包含的信息量又是多少？

2.4 从大量统计资料可知，男性中红绿色盲的发病率为 7%，女性发病率为 0.5%，如果你问一位男同志：“你是否是红绿色盲？”他回答“是”或“否”时，所含的信息量各为多少？平均每个回答中含有多少信息量？如果你问一位女同志，则答案中含有的平均自信息量是多少？

2.5 黑白传真机的消息元只有黑色和白色两种，即 X= [黑，白]，一般气象图上，黑色的出现概率 P(黑)=0.3，白色出现概率 P(白)=0.7。假设黑白消息视为前后无关，求信息熵 $H(X)$。

2.6 有两个离散随机变量 X 和 Y，其和为 $Z=X+Y$，若 X 和 Y 相互独立，试证

（1）$H(X) \leqslant H(Z)$。

（2）$H(Y) \leqslant H(Z)$。

2.7 消息源以概率 $p_1=1/2$，$p_2=1/4$，$p_3=1/8$，$p_4=1/16$，$p_5=1/16$ 发送 5 种消息符号 m_1,m_2,m_3,m_4,m_5。

（1）若每个消息符号出现是独立的，求每个消息符号的信息量。

（2）求该符号集的平均信息量。

2.8 设有一离散无记忆信源，其概率空间为

$$\begin{bmatrix} X \\ P(x) \end{bmatrix} = \begin{bmatrix} a_1=0, & a_2=1, & a_3=2, & a_4=3 \\ \dfrac{3}{8} & \dfrac{1}{4} & \dfrac{1}{4} & \dfrac{1}{8} \end{bmatrix}$$

该信源发出的消息符号序列为

$\{202\quad 120\quad 130\quad 213\quad 001\quad 203\quad 210\quad 110\quad 321\quad 010\quad 021\quad 032\quad 011\quad 223\quad 210\}$

试求：

（1）此消息的自信息是多少？

（2）在此消息中平均每个符号携带的信息量是多少？

2.9 汉字电报中每位十进制数字代码的出现概率如题 2.9 表所示，求该离散信源的熵。

题 2.9 表

数字	0	1	2	3	4	5	6	7	8	9
概率	0.26	0.16	0.08	0.06	0.06	0.063	0.155	0.062	0.048	0.052

2.10 设离散无记忆信源为

$$\begin{bmatrix} X \\ P(x) \end{bmatrix} = \begin{bmatrix} a_1 & a_2 & a_3 & a_4 & a_5 & a_6 \\ 0.2 & 0.19 & 0.18 & 0.17 & 0.16 & 0.17 \end{bmatrix}$$

求此信源熵，并解释为什么 $H(X) > \text{lb}6$ 不能满足熵的极值性？

2.11 每帧电视图像可以认为是由 3×10^5 个像素组成的，所有像素均是独立变化的，且每像素又取 128 个不同的亮度电平，并设亮度电平等概率出现。问每帧图像含有多少信息量？若现有一广播员在约 10 000 个汉字的字汇中选 1 000 个字来口述此电视图像，试问广播员描述此图像所广播的信息量是多少（假设汉字字汇是等概分布，并彼此无依赖）？若要恰当描述此图像，广播员在口述中至少需用多少汉字？

2.12 证明条件熵的链式法则

$$H(X,Y\mid Z)=H(X\mid Z)+H(Y\mid X,Z)$$

2.13 设信源发出二重延长消息 x_iy_j，其中第一个符号为 A、B、C 三种消息，第二个符号为 D、E、F、G 四种消息，概率 $P(x_i)$ 和 $P(y_i\mid x_i)$ 如题 2.13 表所示，求该联合信源的熵 $H(XY)$。

2.14 设有一概率空间，其概率分布为 $p_1,p_2,\cdots,p_q$。若取 $p_1'=p_1-\varepsilon, p_2'=p_2+\varepsilon$，其中 $0<2\varepsilon\leqslant p_1-p_2$，而其他概率值不变，试证明由此所得的新概率空间的熵是增加的，并用熵的物理意义予以解释。

题 2.13 表

$P(x_i)$		A	B	C
		1/2	1/3	1/6
$P(y_j/x_i)$	D	1/4	3/10	1/6
	E	1/4	1/5	1/2
	F	1/4	1/5	1/6
	G	1/4	3/10	1/6

2.15 设 X 是取有限个值的随机变量。如果

（1）$Y=2^X$,

（2）$Y=\sin X$,

那么 $H(X)$和 $H(Y)$的不等关系（或一般关系）是什么？

2.16 假定有 n 枚硬币，它们中间可能有一枚是假币也可能没有假币。如果存在一枚是假币，那么它的质量要么大于其他硬币，要么小于其他硬币。用天平对硬币进行称重。

（1）试求 n 枚硬币时所需要称量的次数 k 的上界，使得此时必能发现假币（如果有）且能正确判断出该假币是重于还是轻于其他硬币。

（2）试给出关于 12 枚硬币，仅称 k=3 次的测试策略。

2.17 设 X 为离散型随机变量，证明 X 的函数的熵必小于或等于 X 的熵。

2.18 请阅读 Shannon 著作《*A Mathematical Theory of Communication*》*Part I: DISCRETE NOISELESS SYSTEMS* 中的第 2, 3, 6 部分，了解信源及熵的基本描述；并结合熵在其他领域的应用与发展，完成一篇介绍熵的概念、应用及发展的综述文章。

2.19 引入通信中的实例，对熵的基本性质进行解释说明。

相关小知识——熵的由来

1867 年，德国物理学家鲁道夫·克劳修斯（1822—1888 年，如图所示）在法兰克福举行的第 41 届德国自然科学家和医生代表大会上，首次提出熵的概念，用以表示任何一种能量在空间中分布的均匀程度，能量分布得越均匀，熵就越大。一个体系的能量完全均匀分布时，这个系统的熵就达到最大值。在克劳修斯看来，在一个系统中，如果任它自然发展，那么能量差总是倾向于消除的。让一个热物体同一个冷物体相接触，热就会以下面所说的方式流动：热物体将冷却，冷物体将变热，

直到两个物体达到相同的温度为止。克劳修斯在研究卡诺热机时，根据卡诺定理得出了对任意循环过程都适用的一个公式：$dS = d(Q)/T$。

对于绝热过程 $Q = 0$，故 $S \geqslant 0$，即系统的熵在可逆绝热过程中不变，在不可逆绝热过程中单调增大。这就是熵增加原理。由于孤立系统内部的一切变化与外界无关，必然是绝热过程，因此熵增加原理也可表示为一个孤立系统的熵永远不会减少。它表明随着孤立系统由非平衡态趋于平衡态，其熵单调增大，当系统达到平衡态时，熵达到最大值。熵的变化和最大值确定了孤立系统过程进行的方向和限度，熵增加原理就是热力学第二定律。

1923 年，德国科学家普朗克来中国讲学用到 entropy（熵）这个词，胡刚复教授翻译时灵机一动，把“商”字加火字旁来意译 entropy，创造了“熵”字，发音同“商”。

1948 年，香农在 Bell System Technical Journal 上发表了《通信的数学原理》（*A Mathematical Theory of Communication*）一文，将熵的概念引入信息论中。

自克劳修斯提出熵这一概念后，100 多年来，熵的讨论已波及信息论、控制论、概率论、数论、天体物理、宇宙论和生命及社会等多个领域。

第3章　离散信道

信道是通信系统最重要的组成部分。通信的本质含义就是信息通过信道得以传输，实现异地间的信息交流。研究信道的目的在于研究信道中能传输的最大信息量，即信道容量。

本章首先讨论信道的分类及离散信道的统计特性和数学模型，然后定量研究信道传输的平均互信息及其重要性质，引出信道容量概念及其计算方法。

在一个典型的通信系统中，信源发出携带着一定信息量的消息，并转换成适于在信道中传输的信号，然后通过信道传送到收端。信道在传送信号的同时，会引入各种干扰和随机噪声，使得信号产生失真，从而导致接收错误。由于存在干扰和噪声，因此信道的输入输出信号之间是一种统计依赖关系，而不再是确定的函数关系。只要知道了信道的输入信号、输出信号的特性，以及它们之间的统计依赖关系，则信道的全部特性就可以确定了。

实际的通信系统有很多种，如移动通信系统、卫星通信系统、微波通信系统、光纤通信系统等，相应的信道形态也是多种多样的，但从信息传输的角度来考虑，可以根据输入和输出信号的形式、信道的统计特性及信道用户数等方面来对信道进行分类。

（1）根据输入、输出信号的时间特性和取值特性，可将信道划分为离散信道、连续信道、半离散信道和波形信道。

离散信道，是指输入、输出随机变量取值均为离散的信道。

连续信道，是指输入、输出随机变量取值均为连续的信道。

半离散信道，是指输入与输出中一个为离散型随机变量，而另一个为连续型随机变量的信道。

波形信道，这种信道的输入和输出是时间上连续的随机信号$\{x(t)\}$与$\{y(t)\}$，即信道输入和输出随机变量取值均为连续，且随时间连续变化，因此可用随机过程来描述。

（2）根据信道的统计特性，可将信道分为恒参信道和随参信道。

恒参信道，即信道的统计特性不随时间而变化，如卫星信道一般可视作恒参信道。

随参信道，信道的统计特性随时间而变化，如短波信道即是一种典型的随参信道。

（3）根据信道用户数量的不同，可将信道分为两端（单用户）信道和多端（多用户）信道。

两端（单用户）信道，这是只有一个输入端和一个输出端的单向通信的信道。

多端（多用户）信道，这是在输入端或输出端中至少有一端有两个以上的用户，并且还可以双向通信的信道。目前实际的通信信道绝大多数都是多端信道。多端信道又可分为多元接入信道与广播信道。

（4）根据信道的记忆特性，可将信道分为无记忆信道和有记忆信道。

无记忆信道，此种信道的输出仅与当前的输入有关，而与过去的输入和输出无关。

有记忆信道，此种信道的输出不仅与当前输入有关，而且与过去的输入和输出有关。

本章所讨论的信道仅限于无记忆、恒参、单用户的离散信道。它是进一步研究其他各种类型信道的基础。

3.1　平均互信息

3.1.1　信道模型

离散信道的数学模型如图3.1.1所示。

考虑到一般性，图3.1.1中输入与输出信号均用随机矢量表示，输入$\boldsymbol{X}=(X_1, \cdots, X_N)$，输出$\boldsymbol{Y}=$

$(Y_1, \cdots, Y_N)$，$\boldsymbol{X}$ 或 $\boldsymbol{Y}$ 中每个随机变量 X_i 或 Y_j 的取值 x_i 与 y_j 分别取自于输入、输出符号集 $A=(a_1,\cdots,a_r)$ 与 $B=(b_1,\cdots,b_s)$，而输入信号与输出信号之间的统计依赖关系则由条件概率 $P(\boldsymbol{y}\,|\,\boldsymbol{x})$反映。信道噪声与干扰的影响也包含在 $P(\boldsymbol{y}\,|\,\boldsymbol{x})$之中。同时离散信道的数学模型可表示为

$$\{\boldsymbol{X}, P(\boldsymbol{y}\,|\,\boldsymbol{x}),\ \boldsymbol{Y}\}$$

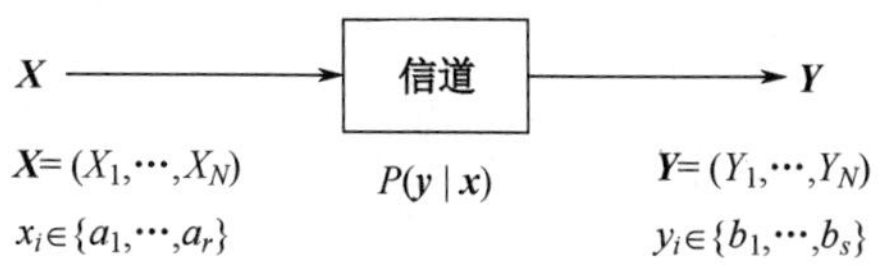

$\boldsymbol{X}$ → 信道 → $\boldsymbol{Y}$

$\boldsymbol{X}=(X_1,\cdots,X_N)$　$P(\boldsymbol{y}\,|\,\boldsymbol{x})$　$\boldsymbol{Y}=(Y_1,\cdots,Y_N)$

$x_i\in\{a_1,\cdots,a_r\}$　$y_i\in\{b_1,\cdots,b_s\}$

图 3.1.1　离散信道的数学模型

根据信道的统计特性（即条件概率）的不同，离散信道又可分成如下 3 种情况。

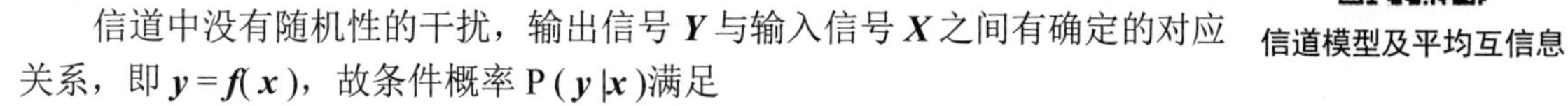

信道模型及平均互信息

1．无干扰（无噪）信道

信道中没有随机性的干扰，输出信号 $\boldsymbol{Y}$ 与输入信号 $\boldsymbol{X}$ 之间有确定的对应关系，即 $\boldsymbol{y}=\boldsymbol{f}(\boldsymbol{x})$，故条件概率 $\mathrm{P}(\boldsymbol{y}\,|\boldsymbol{x})$满足

$$P(y\,|\,x)=\begin{cases}1 & y=f(x)\\ 0 & y\neq f(x)\end{cases} \tag{3.1.1}$$

2．有干扰无记忆信道

这种信道存在干扰，为实际中常见的信道类型，其输出符号与输入符号之间不存在确定的对应关系，且其条件概率不再具有式（3.1.1）的形式，但信道任一时刻的输出符号仅依赖于同一时刻的输入符号，是无记忆信道。利用概率关系转换的方法可以证明无记忆信道的条件概率满足

$$P(y\,|\,x)=P(y_1\cdots y_N\,|\,x_1\cdots x_N)=\prod_{i=1}^{N}P(y_i\,|\,x_i) \tag{3.1.2}$$

3．有干扰有记忆信道

这种信道某一时刻的输出不仅与当时的输入有关，还与其他时刻的输入及输出有关，其条件概率不再满足式（3.1.2），对它的分析也更复杂。

如果信道的输入与输出均是单个符号，而不是矢量形式，那么这称为单符号信道。下面通过例子介绍两种重要的单符号信道。

【例 3.1.1】二元对称信道，简记为 BSC（Binary Symmetric Channel）。

这是很重要的一种信道，其输入输出符号均取之于{0,1}。记 $a_1=b_1=0, a_2=b_2=1$，其转移概率为

$$P(b_1\,|\,a_1)=1-p$$
$$P(b_2\,|\,a_2)=1-p$$
$$P(b_1\,|\,a_2)=p$$
$$P(b_2\,|\,a_1)=p$$

可得 BSC 的信道转移矩阵 $\boldsymbol{P}$ 为

$$\boldsymbol{P}=\begin{bmatrix}1-p & p\\ p & 1-p\end{bmatrix}$$

也可将转移概率用图 3.1.2 表示。

不难得出，该信道的误码率等于

$$P_E=P(a_2)P(b_1\,|\,a_2)+P(a_1)P(b_2\,|\,a_1)=p$$

若采用纠错编码技术，将可有效地降低信道误码率。

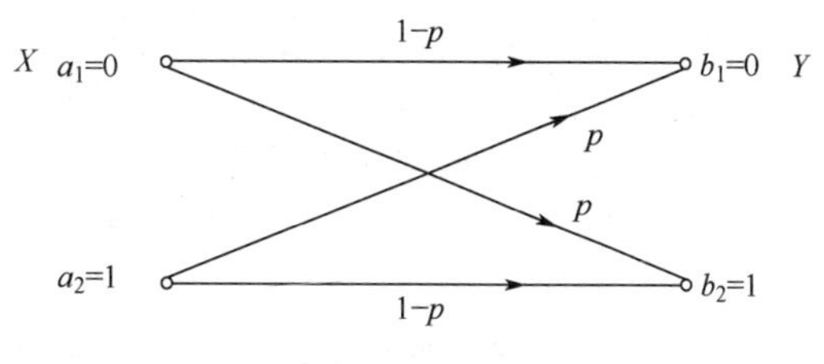

图 3.1.2　二元对称信道

【例 3.1.2】二元删除信道，简记为 BEC（Binary Eraser Channel）。

它的输入 X 取值于{0,1}，输出 Y 取值于{0,1,2}，且信道转移矩阵为

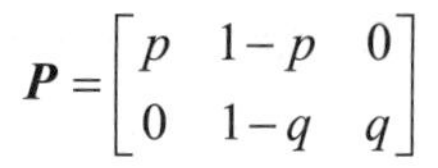

$$\boldsymbol{P}=\begin{bmatrix} p & 1-p & 0 \\ 0 & 1-q & q \end{bmatrix}$$

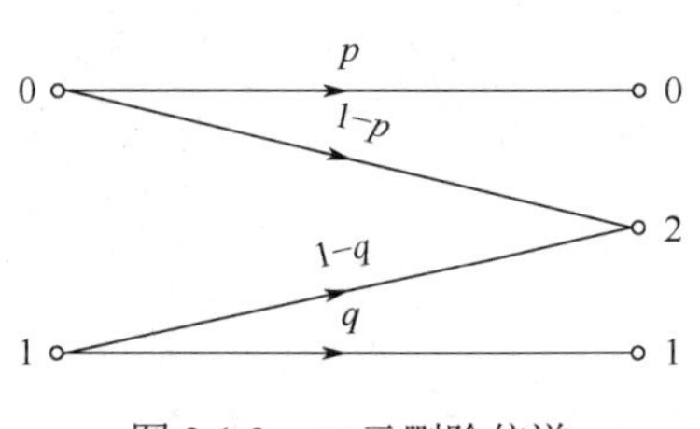

图 3.1.3　二元删除信道

信道转移图如图 3.1.3 所示。

这种信道在下述情况下存在：当信号波形传输中失真较大时，在收端不是对接收信号硬性判为 0 或 1，而是根据最佳接收机额外给出的信道失真信息增加一个中间状态 2（称为删除符号），采用特定的纠删编码，可有效地恢复出这个中间状态的正确取值。

平均互信息的性质

平均互信息

Discrete memoryless channel and mutual information

3.1.2　信道疑义度

信源 X 的熵为

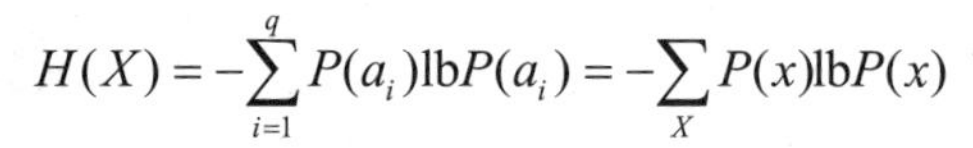

$$H(X)=-\sum_{i=1}^{q}P(a_i)\mathrm{lb}P(a_i)=-\sum_{X}P(x)\mathrm{lb}P(x)$$

它表示信源 X 中各符号的平均不确定性，或称为先验熵。

信源 X 发出一个符号 a_i 后，通过信道到达收端，设收端接收到的符号为 b_j。若信道中没有干扰，则信道的输入与输出符号一一对应，发端发出的信息量全部被收端接收到，也即发送符号的先验不确定性全部消除。

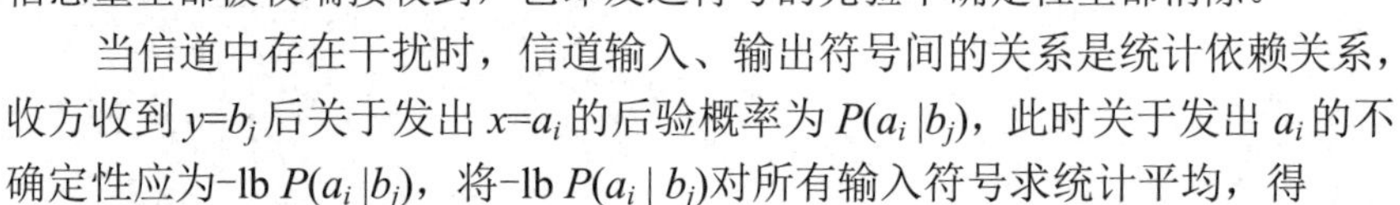

当信道中存在干扰时，信道输入、输出符号间的关系是统计依赖关系，收方收到 $y=b_j$ 后关于发出 $x=a_i$ 的后验概率为 $P(a_i|b_j)$，此时关于发出 a_i 的不确定性应为 $-\mathrm{lb}\,P(a_i|b_j)$，将 $-\mathrm{lb}\,P(a_i|b_j)$ 对所有输入符号求统计平均，得

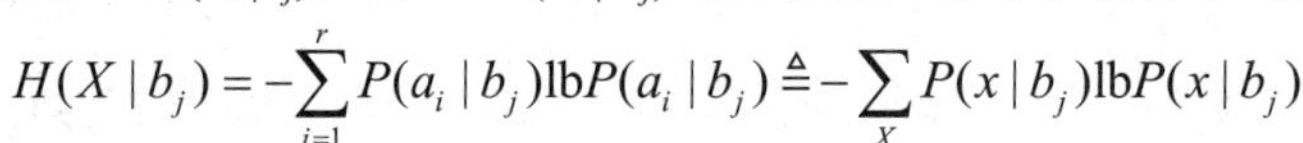

$$H(X|b_j)=-\sum_{i=1}^{r}P(a_i|b_j)\mathrm{lb}P(a_i|b_j)\triangleq-\sum_{X}P(x|b_j)\mathrm{lb}P(x|b_j)$$

这是接收到输出符号为 b_j 后关于输入 X 的后验熵，表示收到 b_j 后关于各输入符号的平均不确定性。

再将 $H(X|b_j)$ 对所有输出符号求统计平均，得

$$\begin{aligned} H(X|Y)&=\sum_{j=1}^{s}P(b_j)H(X|b_j)\\ &=-\sum_{i=1}^{r}\sum_{j=1}^{s}P(b_j)P(a_i|b_j)\mathrm{lb}P(a_i|b_j)\\ &=-\sum_{i=1}^{r}\sum_{j=1}^{s}P(a_ib_j)\mathrm{lb}P(a_i|b_j)\\ &\triangleq-\sum_{X}\sum_{Y}P(xy)\mathrm{lb}P(x|y) \end{aligned} \tag{3.1.3}$$

定义 3.1.1　设离散信道的输入、输出分别为 X 和 Y，信道后验概率为 $P(a_i|b_j)$，$i=1, \cdots, r$；$j=1, \cdots, s$，定义条件熵 $H(X|Y)$ 为该信道的**信道疑义度**。

信道疑义度 $H(X|Y)$ 即为收到输出 Y 的全部符号后关于发出 X 各符号的平均不确定性。这个对 X 尚存的不确定性是由于信道干扰引起的。

如果信道输入、输出是一一对应的，则接收到输出 Y 后对 X 的不确定性将完全消除，即有 $H(X|Y)=0$。一般有干扰情况下有 $H(X|Y)>0$，说明信源符号经过有干扰信道传输后总要残留一部分不确定性。由定理 2.2.1 可知，条件熵总是不大于无条件熵，即

$$H(X|Y)\leqslant H(X) \tag{3.1.4}$$

式（3.1.4）说明收到 Y 后关于 X 的不确定性将会减少，即传输过程结束后总能消除一些关于输入 X 的不确定性，从而获得了一些信息；在 Y 与 X 独立时，有 $H(X|Y)=H(X)$，此时为全损信道。

3.1.3　平均互信息的定义

根据上述讨论，我们知道，$H(X)$代表接收到输出符号以前关于信源 X 的先验不确定性，而 $H(X|Y)$ 代表接收到输出符号后残存的关于 X 的不确定性，两者之差即为传输过程获得的信息量。

定义 3.1.2　令

$$I(X;Y)=H(X)-H(X|Y) \tag{3.1.5}$$

定义 $I(X;Y)$ 为信道输入 X 与输出 Y 之间的**平均互信息**。

平均互信息 $I(X;Y)$ 代表了接收到每个输出符号 Y 后获得的关于 X 的平均信息量，单位为比特/符号。

3.2　平均互信息的性质

平均互信息的性质 1

根据 $I(X;Y)$ 的定义式可得

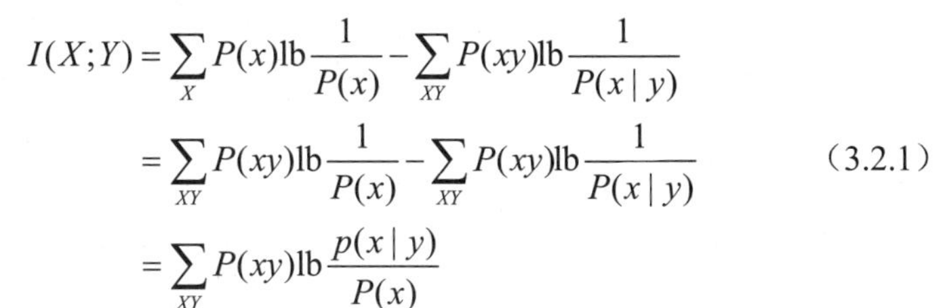

$$\begin{aligned}I(X;Y)&=\sum_{X}P(x)\mathrm{lb}\frac{1}{P(x)}-\sum_{XY}P(xy)\mathrm{lb}\frac{1}{P(x|y)}\\&=\sum_{XY}P(xy)\mathrm{lb}\frac{1}{P(x)}-\sum_{XY}P(xy)\mathrm{lb}\frac{1}{P(x|y)}\\&=\sum_{XY}P(xy)\mathrm{lb}\frac{p(x|y)}{P(x)}\end{aligned} \tag{3.2.1}$$

平均互信息的性质 2

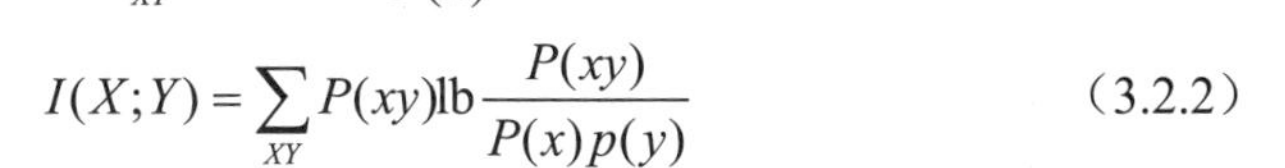

$$I(X;Y)=\sum_{XY}P(xy)\mathrm{lb}\frac{P(xy)}{P(x)p(y)} \tag{3.2.2}$$

Properties of mutual information

$$I(X;Y)=\sum_{XY}P(xy)\mathrm{lb}\frac{P(y|x)}{P(y)} \tag{3.2.3}$$

收端收到某消息 y 后关于发出某事件 x 的信息量为 x 与 y 之间的互信息 $I(x;y)$，且

$$I(x;y)=\mathrm{lb}\frac{1}{P(x)}-\mathrm{lb}\frac{1}{P(x|y)}=\mathrm{lb}\frac{P(x|y)}{P(x)}$$

将上式与式（3.2.1）对比可知，对互信息 $I(x;y)$ 求统计平均后正是平均互信息 $I(X;Y)$，两者分别代表了互信息的局部和整体含义，在本质上是统一的。

互信息 $I(x;y)$ 的值可能取正，也可能取负，这可以通过具体计算验证。但后面将看到，平均互信息 $I(X;Y)$ 的值不可能为负。

从平均互信息 $I(X;Y)$ 的定义中，可以进一步理解：熵只是对不确定性的描述，而不确定性的消除才是收端所获得的信息量。因此，平均互信息又称为信道的**信息传输率**，可记为 R。

平均互信息具有如下重要性质.

3.2.1　非负性

非负性即 $I(X;Y)\geqslant 0$，当 X 与 Y 统计独立时等号成立。

由式（3.1.4）　$H(X)\geqslant H(X|Y)$

可得　$I(X;Y)=H(X)-H(X|Y)\geqslant 0$

而当 X 与 Y 统计独立时，有 $P(xy)=P(x)P(y)$，由式（3.2.2）可得

$$\begin{aligned}I(X;Y)&=\sum_{XY}P(xy)\mathrm{lb}\frac{P(xy)}{P(x)P(y)}\\&=\sum_{XY}P(x)P(y)\mathrm{lb}1=0\end{aligned}$$

平均互信息不会取负值，且一般情况下总大于 0，仅当 X 与 Y 统计独立时才等于 0。这个性质告诉我们：通过一个信道获得的平均信息量不可能是负的，一般总能获得一些信息量，只有在 X 与

Y 统计独立的极端情况下，才接收不到任何信息，即

$$I(X;Y)=0$$

3.2.2　极值性

极值性即　$I(X;Y)\leqslant H(X)$

由信道疑义度的定义式可知

$$H(X\mid Y)=\sum_{XY}P(xy)\mathrm{lb}\frac{1}{P(x\mid y)}$$

由于 $\mathrm{lb}\frac{1}{P(x\mid y)}\geqslant 0$，而 $H(X|Y)$即是对 $\mathrm{lb}\frac{1}{P(x\mid y)}$ 求统计平均，因此有

$$H(X\mid Y)\geqslant 0$$

所以　$I(X;Y)=H(X)-H(X\mid Y)\leqslant H(X)$

这一性质的直观含义为接收者通过信道获得的信息量不可能超过信源本身固有的信息量。只有当信道为无损信道，即信道疑义度 $H(X\mid Y)=0$ 时，才能获得信源中的全部信息量。

综合非负性与极值性，则有

$$0\leqslant I(X;Y)\leqslant H(X) \tag{3.2.4}$$

当信道输入 X 与输出 Y 统计独立时，上式左边的等号成立；而当信道为无损信道时，上式右边的等号成立。

3.2.3　对称性

对称性即　$I(X;Y)=I(Y;X)$

由于　$P(xy)=P(yx)$

故

$$\begin{aligned}I(X;Y)&=\sum_{XY}P(xy)\mathrm{lb}\frac{P(xy)}{P(x)P(y)}\\&=\sum_{XY}P(xy)\mathrm{lb}\frac{P(yx)}{P(y)P(x)}\\&=I(Y;X)\end{aligned}$$

$I(X;Y)$ 表示接收到 Y 后获得的关于 X 的信息量；而 $I(Y;X)$为发出 X 后得到的关于 Y 的信息量。这二者是相等的，当 X 与 Y 统计独立时有

$$I(X;Y)=I(Y;X)=0$$

该式表明此时不可能由一个随机变量获得关于另一个随机变量的信息。而当输入 X 与输出 Y 一一对应时，则有

$$I(X;Y)=I(Y;X)=H(X)=H(Y)$$

即从一个随机变量可获得另一个随机变量的全部信息。

3.2.4　与各类熵的关系

由

$$\begin{aligned}I(X;Y)&=\sum_{XY}P(xy)\mathrm{lb}\frac{P(x\mid y)}{P(x)}\\&=\sum_{XY}P(xy)\mathrm{lb}\frac{P(y\mid x)}{P(y)}\\&=\sum_{XY}P(xy)\mathrm{lb}\frac{P(xy)}{P(x)P(y)}\end{aligned}$$

可得以下三式

$$I(X;Y)=H(X)-H(X\mid Y) \tag{3.2.5}$$

$$I(X;Y)=H(X)-H(Y\mid X) \tag{3.2.6}$$

$$I(X;Y)=H(X)+H(Y)-H(XY) \tag{3.2.7}$$

其中，$H(X\mid Y)$为信道疑义度，表示信道符号通过有噪信道传输后平均损失的信息量；而$H(Y\mid X)$称为噪声熵（或散布度），表示在已知X的条件下，对于随机变量Y存在的平均不确定性。噪声熵完全由信道中的噪声引起，反映了信道中噪声源的不确定性；$H(XY)$为输入X与输出Y的联合熵。

由式（3.2.7）可得

$$\begin{aligned}H(XY)&=H(X)+H(Y)-I(X;Y)\\&=H(X)+H(Y\mid X)\end{aligned} \tag{3.2.8}$$

$$H(XY)=H(Y)+H(X\mid Y) \tag{3.2.9}$$

由式（3.2.5）、（3.2.6）又有

$$H(X\mid Y)=H(X)-I(X;Y) \tag{3.2.10}$$

$$H(Y\mid X)=H(Y)-I(X;Y) \tag{3.2.11}$$

至此我们得到了平均互信息$I(X;Y)$与信源熵$H(X)$、信宿熵$H(Y)$、联合熵$H(XY)$、信道疑义度$H(X\mid Y)$及信道噪声熵$H(Y\mid X)$的一系列关系式。它们之间的相互关系可用图 3.2.1 表示出来。

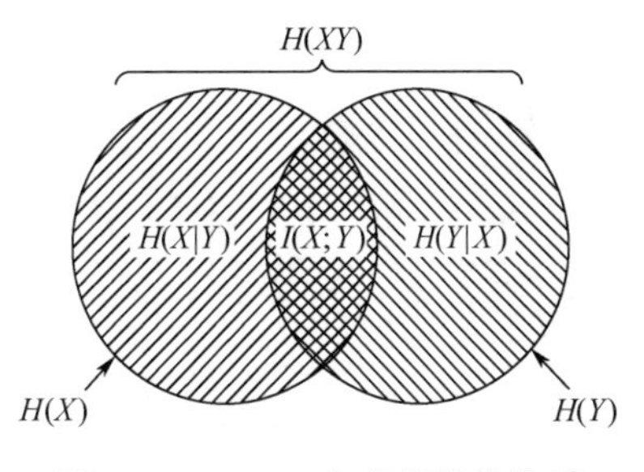

图 3.2.1　$I(X;Y)$与各类熵的关系

图 3.2.1 中圆$H(X)$减去其左边部分$H(X\mid Y)$，即得到中间部分$I(X;Y)$，这正是式（3.2.5）所表达的结果。依次类推，式（3.2.5）～式（3.2.11）描述的所有关系都可用维恩图（Venn diagram）来表示（图 3.2.1）。

3.2.5　凸函数特性

由$I(X;Y)$的定义式可得

$$I(X;Y)=\sum_{XY}P(xy)\mathrm{lb}\frac{P(y\mid x)}{P(y)}$$

又

$$P(xy)=P(x)P(y\mid x)$$

及

$$P(y)=\sum_{X}P(xy)=\sum_{X}P(x)P(y\mid x)$$

所以

$$\begin{aligned}I(X;Y)&=\sum_{XY}P(x)P(y\mid x)\mathrm{lb}\frac{P(y\mid x)}{\sum_{X}P(x)P(y\mid x)}\\&\triangleq f[P(x),P(y\mid x)]\end{aligned} \tag{3.2.12}$$

即$I(X;Y)$完全是信源X的概率分布$P(x)$及信道转移概率$P(y\mid x)$的函数。进一步分析可知，$I(X;Y)$与两个自变量$P(x)$与$P(y\mid x)$分别是∩型凸函数与∪型凸函数的关系。为避免烦琐的证明过程，我们以一个例子加以说明。

【例 3.2.1】设信源 X 的概率空间为

$$\begin{bmatrix}X\\P(x)\end{bmatrix}=\begin{bmatrix}0, & 1\\\omega, & 1-\omega\triangleq\bar{\omega}\end{bmatrix}$$

BSC 信道转移矩阵为

$$\boldsymbol{P}=\begin{bmatrix}\bar{p} & p\\p & \bar{p}\end{bmatrix}$$

而
$$I(X;Y)=H(Y)-H(Y\mid X)$$
首先分析上式中的 $H(Y|X)$项
$$H(Y|X)=\sum_X P(x)\sum_Y P(y|x)\text{lb}\frac{1}{p(y|x)}$$
$$=\sum_X P(x)\left[p\text{lb}\frac{1}{p}+\bar{p}\text{lb}\frac{1}{\bar{p}}\right]$$
由于上式中$\left[p\log\frac{1}{p}+\bar{p}\log\frac{1}{\bar{p}}\right]$与 $P(x)$无关，因此可将 $\sum_X P(x)$ 单独列出，有
$$\sum_X P(x)=1$$
则
$$H(Y\mid X)=p\text{lb}\frac{1}{p}+\bar{p}\text{lb}\frac{1}{\bar{p}}\triangleq H(p)$$
其次分析 $H(Y)$项，可得
$$p(y=0)=\omega\bar{p}+\bar{\omega}p$$
$$p(y=1)=\omega p+\bar{\omega}\bar{p}=1-(\omega\bar{p}+\bar{\omega}p)$$
则有
$$H(Y)=(\omega\bar{p}+\bar{\omega}p)\text{lb}\frac{1}{\omega\bar{p}+\bar{\omega}p}+[1-(\omega\bar{p}+\bar{\omega}p)]\text{lb}\frac{1}{1-(\omega\bar{p}+\bar{\omega}p)}$$
$$\triangleq H(\omega\bar{p}+\bar{\omega}p)$$
由上可得
$$\begin{aligned}I(X;Y)&=H(Y)-H(Y\mid X)\\&=H(\omega\bar{p}+\bar{\omega}p)-H(p)\end{aligned}\tag{3.2.13}$$
下面我们分别阐述 $I(X;Y)$ 的凸函数特性。

（1）$I(X;Y)$ 是信源概率分布 $P(x)$的∩型凸函数。

对于例 3.2.1，$I(X;Y)$ 与信源分布 ω 的关系曲线如图 3.2.2 所示。

由此可见，$I(X;Y)$ 与 $P(x)$确实呈∩型凸函数关系。当信源等概分布，即 $\omega=\bar{\omega}=\frac{1}{2}$ 时，有 $I(X;Y)=H(1/2)-H(p)=1-H(p)$，达到极大值。此时在信道收端平均每个符号获得最大的信息量。而当 $\omega=0$ 或 1 时，有 $I(X;Y)=0$，因为此时信源本身为确定事件，不提供任何信息量。

这一性质表明，当信道固定时，若信源分布不同，则该信道收端获得的单位信息量也不同。在例 3.2.1 中，当两个信源符号等概分布时，$I(X;Y)$ 取极大值。后面我们将看到 $I(X;Y)$ 的这一凸函数特性是导出信道容量概念的依据。

（2）$I(X;Y)$ 是信道转移概率 $P(y\mid x)$的∪型凸函数。

对于例 3.2.1，$I(X;Y)$ 与信道转移概率 $P(y\mid x)$的关系曲线如图 3.2.3 所示。

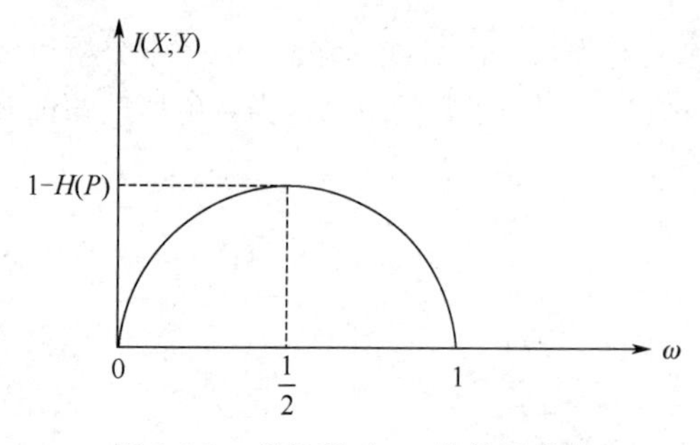

图 3.2.2　$I(X;Y)$ 与 ω 的关系曲线

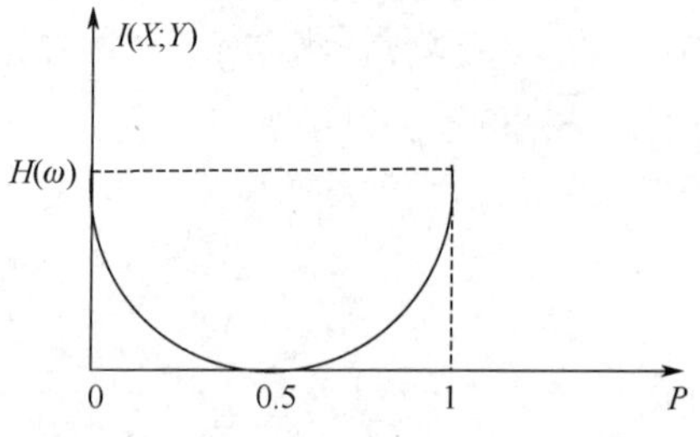

图 3.2.3　$I(X;Y)$ 与 $P(y\mid x)$的关系曲线

由式（3.2.13）可知，当 $p=0$ 时，有
$$I(X;Y)=H(\omega)-H(0)=H(\omega)$$

当 p=1 时，有　$I(X;Y)=H(\bar{\omega})-H(1)=H(\bar{\omega})=H(\omega)$

此时，$I(X;Y)$ 取得极大值 $H(\omega)$。这实际上就是无损信道的情况。注意当 p=1 时，信道的输出正好完全相反，0 变为 1，1 变为 0，此时只要将接收译码规则颠倒一下，仍能无损失地接收到全部信息量，故 $I(X;Y)$ 仍然能取极大值 $H(\omega)$。

当 p=1/2 时，有

$$I(X;Y)=H(\frac{1}{2})-H(\frac{1}{2})=0$$

此时 $I(X;Y)$ 取极小值 0，这说明对任何一种信源，总存在最差的信道，使 $I(X;Y)$=0。

实际上，$I(X;Y)$ 这一凸函数特性也是导出率失真函数概念的重要依据，在此不再赘述。

3.3　信道容量

3.3.1　信道容量的定义

信道容量概念

信道容量

Channel capacity

我们研究各类信道的目的是获得尽可能高的信息传输率，即希望信道中平均每个符号所能传送的信息量尽可能大。

由前面的讨论可知，平均互信息 $I(X;Y)$ 代表了平均每个接收符号获得的关于 X 的信息量，因此信道的信息传输率 R 就是信道的平均互信息 $I(X;Y)$，即

$$R=I(X;Y)=H(X)-H(X\mid Y)$$

信息传输率的概念可扩展到更宽的范围。当对信源进行某种变换（如信源编码或信道编码）后，得到新的信源的熵即可以称为该变换的信息传输率，信源的熵也可直接称为信源的信息传输率。而信源信息经过信道传输后的信息传输率就是平均互信息 $I(X;Y)$。

由于 $I(X;Y)$ 与信源分布 $P(x)$及信道转移概率 $P(y\mid x)$具有确定的函数类系，即

$$I(X;Y)\triangleq f[P(x),P(y\mid x)]$$

而由 $I(X;Y)$ 的凸函数特性可知，$I(X;Y)\sim P(x)$为∩型凸函数关系，当信源分布 $P(x)$变化到某一点时，$I(X;Y)$ 可达到最大值，即此时信道的信息传输率 R 最大，这正是我们希望的。故对某一特定信道，当信源取某种最佳概率分布时，$I(X;Y)$ 能达到最大值，因此有

定义 3.3.1　设某信道的平均互信息为 $I(X;Y)$，而其输入信源的分布为 $P(x)$，则定义

$$\max_{P(x)}\{I(X;Y)\}\triangleq C \tag{3.3.1}$$

为该信道的**信道容量**。

信道容量 C 即为信道的最大信息传输率（单位为比特/符号），而此最大信息传输率必须是在信源取最佳分布时才能获得。对于例 3.2.1 中的 BSC 信道，最佳信源分布为等概分布，而其信道容量则为 C=1−$H(p)$，可见 C 只与信道转移概率 p 有关。

需要注意，对于一个特定的信道，其信道容量 C 是确定的，是不随信源分布而变的，信道容量 C 取值的大小，直接反映了信道质量的高低。但信道的信息传输率 R 只有在信源取最佳分布时，才能达到此极大值 C。

另外，当信源取最佳概率分布时，信道的信息传输率 R 即达到了信道容量。但即便如此，在信息传输过程中，还是会存在差错，这是由信道的转移概率决定的，是信息传输固有的现象。当传输错误大小超过了可靠性容限时，就必须采用信道编码的方法，将特定的冗余码元加入到信源符号中去，以便在收端纠正错误，从而提高传输可靠性。这样做势必降低信道的信息传输率，有效性与可靠性是信息传输的一对基本矛盾。而香农信息理论告诉我们：这个矛盾理论上是可以解决的。本书 6.6 节中所述的有噪信道编码定理将指出，总存在最佳的信道编码，保证在信道的信息传输率不超

过信道容量 C 时能获得任意高的传输可靠性。

有时我们关心的是信道在单位时间内平均每个符号传输的信息量。若传输一个符号需要 t 秒钟，则信道平均每秒钟传输的信息量为

$$R_t = \frac{1}{t} I(X;Y) \tag{3.3.2}$$

我们称 R_t 为信息传输速率，单位为比特/秒，而该信道单位时间内传输的最大信息量为

$$C_t = \frac{1}{t} \max_{P(x)} \{I(X;Y)\} \tag{3.3.3}$$

一般仍称 C_t 为信道容量，但增加一个下标 t，区别于 C。

从数学上说，求信道容量就是对平均互信息 $I(X;Y)$ 求极大值的过程，但对于一般信道，信道容量的计算相当复杂。本书中我们主要讨论一些特殊类型信道的信道容量求法，对于一般离散信道之信道容量的计算请参阅其他信息论著作。

3.3.2　简单离散信道的信道容量

当离散信道的输入输出之间为确定关系或简单的统计依赖关系时，我们可称之为简单离散信道。简单离散信道包括无噪无损信道、有噪无损信道、无噪有损信道。图 3.3.1 所示为这 3 类信道的具体例子。

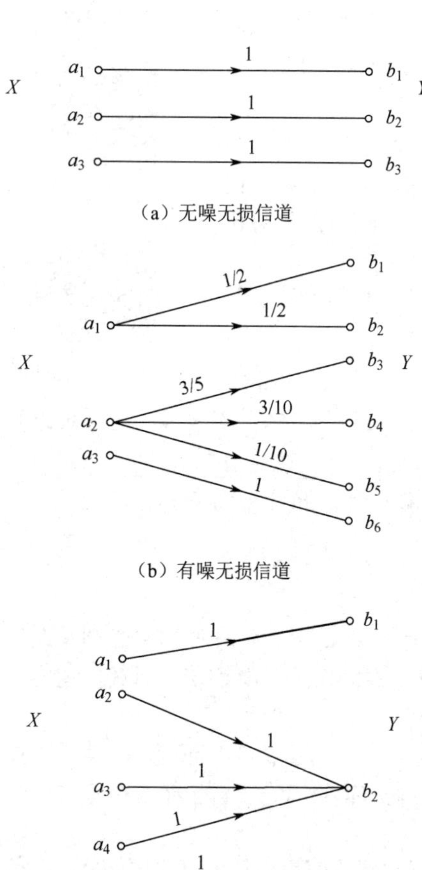

图 3.3.1　3 类简单离散信道

1．无噪无损信道

图 3.3.1（a）所示信道的输入输出符号之间存在确定的一一对应关系，其信道转移概率为

$$P(b_j \mid a_i) = \begin{cases} 0, & i \neq j \\ 1, & i = j \end{cases} \qquad (i, j = 1,2,3)$$

它的信道转移矩阵为单位矩阵

$$\boldsymbol{P} = \begin{bmatrix} 1 & 0 & 0 \\ 0 & 1 & 0 \\ 0 & 0 & 1 \end{bmatrix}$$

对于这种信道，易知其信道疑义度 $H(X|Y)$必为 0，所以平均互信息为

$$I(X;Y) = H(X) = H(Y)$$

它表示收端收到符号 Y 后平均获得的信息量等于信源发出每个符号所包含的平均信息量，信道传输中没有信息损失，且由于噪声熵也等于 0，因此图 3.3.1（a）所示的信道称为无噪无损信道，其信道容量为

$$C = \max_{P(x)} \{I(X;Y)\} = \max_{P(x)} \{H(X)\} = \text{lb}r \text{ bit/sign}$$

2．有噪无损信道

对于图 3.3.1（b）所示的信道，其信道矩阵为

$$\boldsymbol{P} = \begin{bmatrix} \frac{1}{2} & \frac{1}{2} & 0 & 0 & 0 & 0 \\ 0 & 0 & \frac{3}{5} & \frac{3}{10} & \frac{1}{10} & 0 \\ 0 & 0 & 0 & 0 & 0 & 1 \end{bmatrix}$$

每个输入符号通过信道后可能变成几种输出符号，因此其噪声熵 $H(Y|X) \geqslant 0$。但各个输入符号所对应的输出符号不

相重合，这些输出符号可分成不相交的 3 个集合，且这些集合与各输入符号一一对应。这就意味着接收到输出符号 Y 后，对发送 X 的符号可以完全确定，信道疑义度 $H(X|Y)=0$，故其平均互信息为

$$I(X;Y)=H(X)$$

由于噪声熵 $H(Y|X)>0$，而 $I(X;Y)=H(Y)-H(Y|X)$，故 $I(X;Y)<H(Y)$，因此有噪无损信道的信道容量为

$$C=\max_{P(x)}\left\{I(X;Y)\right\}=\max_{P(x)}\left\{H(X)\right\}=\mathrm{lb}r\ \text{bit/sign}$$

由上述两种信道的特点可以看出，若信道转移矩阵中每一列有且仅有一个非零元素（即每个输出符号对应着唯一的一个输入符号），则该信道一定是无损信道。其信息传输率即等于信源熵，信道容量等于 lb$r$。

3．无噪有损信道

图 3.3.1（c）所示的无噪有损信道的转移矩阵为

$$\boldsymbol{P}=\begin{bmatrix}1&0&0\\0&1&0\\0&1&0\\0&1&0\\0&0&1\\0&0&1\end{bmatrix}$$

每个输入符号都确定地转变成某一输出符号，因此其噪声熵 $H(Y|X)=0$，而接收到输出符号却不能确切地判断发出的是什么符号，因此信道疑义度 $H(Y|X)>0$，从而

$$I(X;Y)=H(Y)<H(X)$$

设 Y 有 s 个符号，则 Y 等概分布时其熵 $H(Y)$ 最大。由图 3.3.1（c）所示的信道转移关系容易证明：存在最佳的输入分布使输出 Y 达到等概分布，故这种无噪有损信道的信道容量为

$$C=\max_{P(x)}\left\{I(X;Y)\right\}=\max_{P(x)}\left\{H(Y)\right\}=\mathrm{lb}s\ \text{bit/sign}$$

由上述分析可知，若信道转移矩阵中每行有且仅有一个非零元素，则该信道一定是无噪信道。

至此我们分析了无损的或无噪的简单离散信道及其信道容量的计算方法。更一般的离散信道既是有噪的，又是有损的（后面我们统一称为有噪信道），其信道转移矩阵中至少有一行存在一个以上的非零元素，同时至少有一列存在一个以上的非零元素。这种情况下信道容量计算将十分复杂。下面我们讨论另一个特殊的有噪有损信道——对称离散信道。

3.3.3　对称离散信道的信道容量

离散信道中有一类特殊的信道，其转移矩阵具有很强的对称性，即 $\boldsymbol{P}$ 中每一行都是同一 $\{p'_1,p'_2,\cdots,p'_s\}$ 集合的诸元素排列而成，并且每一列也都是由同一集合 $\{q'_1,q'_2,\cdots,q'_r\}$ 排列而成，具有这种对称性的信道称为**对称离散信道**。例如，信道矩阵

$$\boldsymbol{P}=\begin{bmatrix}\frac{1}{3}&\frac{1}{3}&\frac{1}{6}&\frac{1}{6}\\\frac{1}{6}&\frac{1}{6}&\frac{1}{3}&\frac{1}{3}\end{bmatrix}$$

与

$$\boldsymbol{P}=\begin{bmatrix}\frac{1}{2}&\frac{1}{3}&\frac{1}{6}\\\frac{1}{6}&\frac{1}{2}&\frac{1}{3}\\\frac{1}{3}&\frac{1}{6}&\frac{1}{2}\end{bmatrix}$$

所对应的信道是对称离散信道。而信道矩阵为

$$\boldsymbol{P}=\begin{bmatrix}\frac{1}{3} & \frac{1}{3} & \frac{1}{6} & \frac{1}{6}\\ \frac{1}{6} & \frac{1}{3} & \frac{1}{6} & \frac{1}{3}\end{bmatrix}$$

所代表的就不是对称离散信道，因为其中第 1 列与第 2 列不是由相同元素组成的。同样信道矩阵

$$\boldsymbol{P}=\begin{bmatrix}0.7 & 0.2 & 0.1\\ 0.2 & 0.1 & 0.7\end{bmatrix}$$

也不是对称离散信道的信道矩阵，它的第 1 列、第 2 列及第 3 列的构成元素都不完全相同。而且由于 r=2，s=3，无论怎样调整 $\boldsymbol{P}$ 的元素也不会满足对称性。

下面分析对称离散信道的信道容量。

对称信道的信道容量

由

$$I(X;Y)=H(Y)-H(Y\mid X)$$

而

$$H(Y\mid X)=-\sum_{X}P(x)\sum_{Y}P(y\mid x)\text{lb}P(y\mid x)$$

由于信道的对称性，信道矩阵的每列中的元素均取自同样的集合，因此上式中第 2 个和式 $\sum_{\text{Y}}P(y\mid x)\log P(y\mid x)$ 与 x 无关，仅与各信道转移概率值 p_i' 有关，并且其形式与信源熵计算公式相同，故

对称信道的容量

$$\begin{aligned}H(Y\mid X)&=\left[-\sum_{Y}P(y\mid x)\text{lb}P(y\mid x)\right]\cdot\sum_{X}P(x)\\&=-\sum_{Y}P(y\mid x)\text{lb}P(y\mid x)\\&\triangleq H(p_1',p_2',\cdots,p_s')\end{aligned}$$

因此得

$$I(X;Y)=H(Y)-H(p_1',p_2',\cdots,p_s')$$

信道容量为

$$C=\max_{P(x)}\{H(Y)\}-H(p_1',p_2',\cdots,p_s')\}$$

这就变成求一种输入分布 $P(x)$使 $H(Y)$取最大值的问题了。

输出的符号共有 s 个，故 $H(Y)$的极大值为 log$s$，且只有当输入符号等概分布时 $H(Y)$才达到此最大值。此种情况下，不一定存在一种输入分布 $P(x)$能使输出符号达到等概率分布。但对于对称离散信道，当输入 X 等概分布时，输出 Y 恰好也取等概分布。这是由于

$$P(y)=\sum_{X}P(xy)=\sum_{X}P(x)P(y\mid x)$$

当 X 等概分布时有 $P(x)$=1/r，故

$$P(y)=\sum_{X}\frac{1}{r}P(y\mid x)=\frac{1}{r}\sum_{X}P(y\mid x)$$

由于对称离散信道的 $\boldsymbol{P}$ 矩阵中每列之和为常数，即 $\sum_{X}P(y\mid x)=\sum_{i=1}^{r}q_i'$，因此 $P(y)=\frac{1}{r}\sum_{i=1}^{r}q_i'$ 与 y 无关，故 Y 所有符号必等概分布，由此可得对称离散信道的信道容量为

$$C=\text{lb}s-H(p_1',p_2',\cdots,p_s') \tag{3.3.4}$$

上式是对称离散信道能够传输的最大平均信息量，它只与对称信道矩阵中的行矢量 $\{p_1',p_2',\cdots,p_s'\}$ 有关。

【例 3.3.1】某对称离散信道的信道矩阵为

$$\boldsymbol{P}=\begin{bmatrix}\frac{1}{3} & \frac{1}{3} & \frac{1}{6} & \frac{1}{6}\\ \frac{1}{6} & \frac{1}{6} & \frac{1}{3} & \frac{1}{3}\end{bmatrix}$$

由式（3.3.4）可得其信道容量为

$$\begin{aligned}C&=\mathrm{lb}4-H(\frac{1}{3},\frac{1}{3},\frac{1}{6},\frac{1}{6})\\&=2+\frac{1}{3}\mathrm{lb}\frac{1}{3}+\frac{1}{3}\mathrm{lb}\frac{1}{3}+\frac{1}{6}\mathrm{lb}\frac{1}{6}+\frac{1}{6}\mathrm{lb}\frac{1}{6}\\&=0.0817\ \ \text{bit/sign}\end{aligned}$$

若信道的输入符号与输出符号数都等于 r，且信道矩阵为

$$\boldsymbol{P}=\begin{bmatrix}\overline{p} & \frac{p}{r-1} & \cdots & \frac{p}{r-1}\\ \frac{p}{r-1} & \overline{p} & \cdots & \frac{p}{r-1}\\ \vdots & \vdots & & \vdots\\ \frac{p}{r-1} & \frac{p}{r-1} & \cdots & \overline{p}\end{bmatrix}$$

其中 $\overline{p}=1-p$，此类信道称为强对称信道或均匀信道，它的总错误概率为 p，对称地平均分配给 r-1 个输出符号。它是对称离散信道的一个特例，其信道容量为

$$\begin{aligned}C&=\mathrm{lb}r-H(\overline{p},\frac{p}{r-1},\frac{p}{r-1},\cdots,\frac{p}{r-1})\\&=\mathrm{lb}r+\overline{p}\mathrm{lb}\overline{p}+(r-1)\frac{p}{r-1}\mathrm{lb}\frac{p}{r-1}\\&=\mathrm{lb}r-p\mathrm{lb}(r-1)+\left(\overline{p}\mathrm{lb}\overline{p}+p\mathrm{lb}p\right)\\&=\mathrm{lb}r-p\mathrm{lb}(r-1)-H(p)\end{aligned}\tag{3.3.5}$$

对于 $r=2$ 的二元对称信道，由式（3.3.5）可计算得其信道容量为

$$C=1-H(p)\ \text{bit/sign}\tag{3.3.6}$$

可见结果与前述结论一致。

3.4　组合信道的信道容量

3.4.1　离散无记忆 *N* 次扩展信道

对于一般离散无记忆信道而言，其信道容量的计算需附加许多条件，并通过复杂的迭代运算才能求得。不过一旦我们得到了离散无记忆信道的信道容量后，它的 N 次扩展信道的信道容量就较易求得。

设离散无记忆信道的输入符号取自集合 $\mathrm{A}=\{a_1,\cdots,a_r\}$，输出符号集合为 $\mathrm{B}=\{b_1,\cdots,b_s\}$，信道矩阵为

$$\boldsymbol{P}=\begin{bmatrix}P_{11} & P_{12} & \cdots & P_{1s}\\ P_{21} & P_{22} & \cdots & P_{2s}\\ \vdots & \vdots & & \vdots\\ P_{r1} & P_{r2} & \cdots & P_{rs}\end{bmatrix}$$

且满足

$$\sum_{j=1}^{s}P_{ij}=1\qquad(i=1,2,\cdots,r)$$

则此无记忆信道的N次扩展信道的数学模型可用图3.4.1表示。

$$X^N:\left\{\begin{array}{l}(a_1a_1\cdots a_1)=\boldsymbol{\alpha}_1\\(a_1a_1\cdots a_2)=\boldsymbol{\alpha}_2\\\vdots\\\vdots\\\underbrace{(a_ra_r\cdots a_r)}_{N个}=\boldsymbol{\alpha}_{r^N}\end{array}\right.\quad\boxed{P(\beta_k|\alpha_k)}\quad\left.\begin{array}{l}\boldsymbol{\beta}_1=(b_1\cdots b_1)\\\boldsymbol{\beta}_2=(b_1\cdots b_2)\\\vdots\\\vdots\\\boldsymbol{\beta}_{s^N}=\underbrace{(b_s\cdots b_s)}_{N个}\end{array}\right\}Y^N$$

图3.4.1 离散无记忆N次扩展信道模型

该N次扩展信道的输入矢量X的可能取值有r^N个，而输出矢量Y的可能取值有s^N个。其信道转移矩阵为

$$\boldsymbol{\pi}=\begin{bmatrix}\pi_{11}&\pi_{12}&\cdots&\pi_{1s^N}\\\pi_{21}&\pi_{22}&\cdots&\pi_{2s^N}\\\vdots&\vdots&&\vdots\\\pi_{r^N1}&\pi_{r^N2}&\cdots&\pi_{r^Ns^N}\end{bmatrix}$$

其中

$$\begin{aligned}\pi_{kh}&=P(\boldsymbol{\beta}_h|\boldsymbol{\alpha}_k)\\&=P(b_{h_1}b_{h_2}\cdots b_{h_N}|a_{k_1}a_{k_2}\cdots a_{k_N})\\&=\prod_{i=1}^{N}P(b_{h_i}|a_{k_i}),\ k_i\in\{1,2,\cdots,r^N\},h_i\in\{1,2,\cdots,s^N\}\end{aligned}$$

且满足

$$\sum_{h=1}^{s^N}\pi_{kh}=1\qquad k=1,2,\cdots,r^N$$

离散无记忆N次扩展信道的平均互信息满足

$$I(X;Y)\leqslant\sum_{i=1}^{\mathrm{N}}I(X_i;Y_i)$$

当信源也为离散无记忆时，上式等号成立。故当信源$X=(X_1,\cdots,X_N)$取无记忆信源，且各分信源X_i均取得最佳分布时，可得其信道容量为

$$\begin{aligned}C^{(N)}&=\max_{P(x)}I(X;Y)=\max_{P(x)}\sum_{i=1}^{N}I(X_i;Y_i)\\&=\sum_{i=1}^{N}\max_{P(x_i)}I(X_i;Y_i)=\sum_{i=1}^{N}C_i\end{aligned}\tag{3.4.1}$$

式（3.4.1）中令$C_i=\max\limits_{P(x_i)}I(X_i;Y_i)$，这是输入随机变量$X=(X_1,\cdots,X_N)$中第$i$个随机变量$X_i$通过离散无记忆信道传输的最大信息量。若已求得离散无记忆信道的信道容量C，则由于输入随机序列X中各变量在同一信道中传输，故有$C_i=C$，$i=1,2,\cdots,N$，即任何时刻通过离散无记忆信道传输的最大信息量都相同。

则由式（3.4.1）得

$$C^{(N)}=NC\tag{3.4.2}$$

式（3.4.2）说明离散无记忆N次扩展信道的信道容量等于原单符号离散信道的信道容量的N倍，且只有当输入信源是无记忆的，并且每一输入变量X_i的分布$P(x)$各自达到最佳分布时，才能达到这个信道容量值NC。

3.4.2 并联信道

在实际信息传输中，应用单一信道往往满足不了传输需求，而需将若干个信道组合在一起使用，

并联组合是一类常见形式，具体又可分为 3 种并联方式，如图 3.4.2 所示。

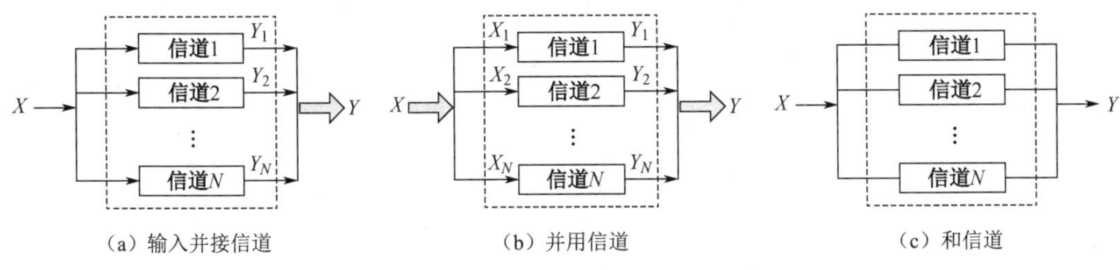

图 3.4.2　并联信道

由图 3.4.2 可见，上述组合电路在结构上都有某种并联的形式，但这 3 种并联信道从其输入/输出符号集表示及其使用方式来看是不一样的。图 3.4.2（a）被称为输入并接信道，因为它的 N 个组成子信道具有相同的输入符号集，且输入被同时使用，而 N 个子信道的输出是各自不同的，它们在一起组成输出符号组，我们用输出矢量 $\boldsymbol{Y}=(Y_1,Y_2,\cdots,Y_N)$ 来表示。图 3.4.2（b）被称为并用信道，因为它的 N 个组成子信道的输入、输出符号彼此独立、各不相同，分别对应着并联信道输入矢量和输出矢量的一个分量，所以并用信道中的各个子成员信道仅在使用上被合并起来。图 3.4.2（c）有独立的 N 个子信道，传输信息时每次只使用其中一个子信道，因此这 N 个子信道既没有在输入端被并接，也没有在使用上被同时使用，它们只是整个被当成一个信道任意选用其子信道，这种信道称为和信道。下面我们分别对其容量进行讨论。

组合信道的容量

1. 输入并接信道

输入并接信道可以看成是一个单输入多输出的信道，即其输入为 X，输出为 $\boldsymbol{Y}=(Y_1,Y_2,\cdots,Y_N)$。通过这一信道传输的信息为

$$
\begin{aligned}
I(X;Y_1,Y_2,\cdots,Y_N)&=I(X;Y_1)+I(X;Y_2\mid Y_1)+\cdots+I(X;Y_N\mid Y_1,Y_2,\cdots,Y_{N-1})\\
&=I(X;Y_2)+I(X;Y_1\mid Y_2)+I(X;Y_3\mid Y_2,Y_1)+\cdots+I(X;Y_N\mid Y_1,Y_2\cdots,Y_{N-1})\\
&=\cdots\\
&=\mathrm{I}(X;Y_N)+I(X;Y_1\mid Y_N)+\cdots+I(X;Y_{N-1}\mid Y_1,Y_2,\cdots,Y_{N-2},Y_N)
\end{aligned}
$$

由此可知，该信道的信道容量一定大于其中任意一个组成信道的信道容量。然而，输入并接信道的信道容量的具体求解比较困难，因为其前向转移概率矩阵非常庞大，所以即使在最简单的情况下，如在由 N 个相同的二元对称信道并接而成的信道中，其输入矢量仍然有 2^N 种，具体计算将会很繁杂。但是，这一输入并接信道的信道容量有一个简单的上界，因为

$$I(X;Y_1,Y_2,\cdots,Y_N)=H(X)-H(X\mid Y_1,Y_2,\cdots,Y_N)\leqslant H(X)$$

所以

$$C\leqslant\max_{p(x)}H(X)$$

例如，在由 N 个相同的二元对称信道并接而成的信道下，其信道容量将不超过 1 bit/sign。

从信道利用的角度来看，输入并接信道的效率很低，但是利用它可以提高信道传输的可靠性。例如，对一个物理量的若干次测量，或者对同一个物理量采用若干不同的测量系统进行测量等。

2. 并用信道

并用信道是许多实际信息传输系统的抽象模型，如时分复用等复用、复接设备，其特点是其所有组成的信道被并联起来使用，但输入并未并接，各组成信道仍有各自的输入和输出，这一特点可表示为

$$P(y_1,y_2,\cdots,y_N\mid x_1,x_2,\cdots,x_N)=\prod_{n=1}^{N}P(y_n\mid x_n)$$

所以通过并用信道传输的互信息为

$$\begin{aligned} I(\boldsymbol{X};\boldsymbol{Y}) &= H(\boldsymbol{Y}) - H(\boldsymbol{Y}\mid\boldsymbol{X}) \\ &= H(\boldsymbol{Y}) - \sum_{n=1}^{N} H(Y_n \mid X_n) \end{aligned}$$

由于

$$\begin{aligned} H(\boldsymbol{Y}) &= H(Y_1) + H(Y_2 \mid Y_1) + \cdots + H(Y_N \mid Y_1 Y_2 \cdots Y_{N-1}) \\ &\leqslant \sum_{n=1}^{N} H(Y_n) \end{aligned}$$

因此有

$$\begin{aligned} I(\boldsymbol{X};\boldsymbol{Y}) &\leqslant \sum_{n=1}^{N} \{H(Y_n) - H(Y_n \mid X_n)\} \\ &= \sum_{n=1}^{N} I(X_n;Y_n) \end{aligned}$$

当且仅当 $X_n (n=1,2,\cdots,N)$ 相互独立时才有

$$H(\boldsymbol{Y}) = \sum_{n=1}^{N} H(Y_n)$$

及

$$I(\boldsymbol{X};\boldsymbol{Y}) = \sum_{n=1}^{N} I(X_n;Y_n)$$

所以并用信道的信道容量为

$$C = \max_{p(x)} I(\boldsymbol{X};\boldsymbol{Y}) = \max \sum_{n=1}^{N} I(X_n;Y_n) = \sum_{n=1}^{N} C_n$$

即并用信道的信道容量为各组成信道的信道容量之和。

3．和信道

在实际消息传递时，有时会将两个以上信道联合起来，以不同的概率使用其中的某个子信道，如切换传输、备份系统等，这时我们可以采用和信道形式来研究。和信道的信道矩阵很容易由其子信道求得。设和信道由 N 个子信道组成，各自的信道矩阵分别为 $\boldsymbol{Q}_1,\boldsymbol{Q}_2,\cdots,\boldsymbol{Q}_N$。假设第 n 个子信道的输入符号总数为 K_n，输出符号总数为 J_n，转移概率为 $q_n(b_{j_n} \mid a_{k_n}), k_n = 1,2,\cdots,K_n, j_n = 1,2,\cdots,J_n$。则和信道的信道矩阵是由 $\boldsymbol{Q}_1,\boldsymbol{Q}_2,\cdots,\boldsymbol{Q}_N$ 组成的分块对角矩阵

$$\boldsymbol{Q} = \begin{bmatrix} \boldsymbol{Q}_1 & & & \\ & \boldsymbol{Q}_2 & & \\ & & \ddots & \\ & & & \boldsymbol{Q}_N \end{bmatrix}$$

设第 n 个信道的使用概率为 $P_n(C)$ 时，则第 n 个信道中输入字母 a_k 与输出的互信息为

$$I_n(a_{k_n};Y) = \sum_{j_n=1}^{J_n} q_n(b_{j_n} \mid a_{k_n}) \mathrm{lb} \frac{q(b_{j_n} \mid a_{k_n})}{p_n(C) \sum_{i=1}^{K_n} p_n(a_i) q(b_{j_n} \mid a_i)}$$

进一步可求得和信道的信道容量为

$$C = \mathrm{lb} \sum_{n=1}^{N} 2^{C_n}$$

此时各组成子信道应处于最佳输入状态，且各子信道最佳信道使用概率为

$$P_n(C) = 2^{(C_n - C)}$$

本章小结

本章在离散信道数学模型的基础上，重点讨论了平均互信息、信道容量两个基本概念，进一步分析离散信道中平均互信息的基本性质，讨论了某些特殊信道，以及扩展信道、并联信道等组合信道的容量计算问题。最后开展了基于 MIMO 信道的容量分析。

习题

3.1 设有一离散无记忆信源，其概率空间为

$$\begin{bmatrix} X \\ P(x) \end{bmatrix} = \begin{bmatrix} 0 & 1 \\ 0.6 & 0.4 \end{bmatrix}$$

它们通过一干扰信道，信道输出端的接收符号集 $Y = [0 \quad 1]$，信道矩阵为

$$\boldsymbol{P} = \begin{bmatrix} p(0/0) & p(1/0) \\ p(0/1) & p(1/1) \end{bmatrix} = \begin{bmatrix} \frac{5}{6} & \frac{1}{6} \\ \frac{3}{4} & \frac{1}{4} \end{bmatrix}$$

求

（1）信源 X 中事件 X_1 和 X_2 分别含有的自信息。

（2）收到消息 $y_j (j=1,2)$ 后，获得的关于 $x_i (i=1,2)$ 的信息量。

（3）输出符号集 Y 的平均信息量 $H(Y)$。

（4）信道疑义度 $H(X|Y)$ 及噪声熵 $H(Y|X)$。

（5）接收到消息 Y 后获得的平均互信息。

3.2 设有扰离散信道的输入端是以等概率出现的 A、B、C、D 4 个字母。该信道的正确传输概率为 1/2，错误传输概率均匀分布在其他 3 个字母上。验证在该信道上每个字母传输的平均信息量为 0.21 比特。

3.3 设有下述消息将通过一个有噪二元对称信道传送，消息为 $M_1 = 00$，$M_2 = 01$，$M_3 = 10$，$M_4 = 11$，这 4 种消息在发端是等概的。试求

（1）输入为 M_1，输出第一个数字为 0 的互信息量是多少？

（2）如果知道第二个数字也是 0，这时又带来多少附加信息？

3.4 通过某二元无损信道传输一个由字母 A、B、C、D 组成的符号集，把每个字母编码成两个二元码脉冲序列，以 00 代表 A，01 代表 B，10 代表 C，11 代表 D，每个二元码元脉冲宽度为 5ms。试求

（1）不同字母等概出现时，计算传输的平均信息速率?

（2）若每个字母出现的概率分别为 $P_A = \frac{1}{5}$，$P_B = \frac{1}{4}$，$P_C = \frac{1}{4}$，$P_D = \frac{3}{10}$。试计算传输的平均信息速率。

3.5 设有一批电阻，按阻值分 70%是 2kΩ，30%是 5kΩ；按瓦数分 64%是 1/8W，其余是 1/4W，现已知 2 kΩ 阻值的电阻中 80%是 1/8W，问通过测量阻值可以平均得到的关于瓦数的信息量是多少？

3.6 设 BSC 信道矩阵为

$$P=\begin{bmatrix}\frac{2}{3} & \frac{1}{3}\\ \frac{1}{3} & \frac{2}{3}\end{bmatrix}$$

（1）若 $P(0)=3/4$，$P(1)=1/4$，求 $H(X), H(X|Y), H(Y|X)$ 及 $I(X;Y)$。

（2）求该信道容量及其最佳输入分布。

3.7 在有扰离散信道上传输符号 0 和 1，在传输过程中每 100 个符号发生一个错误，已知 $P(0)=P(1)=1/2$，信源每秒内发出 1000 个符号。求此信道的信道容量。

3.8 设有扰离散信道如题 3.8 图所示，试求此信道的信道容量及最佳输入分布。

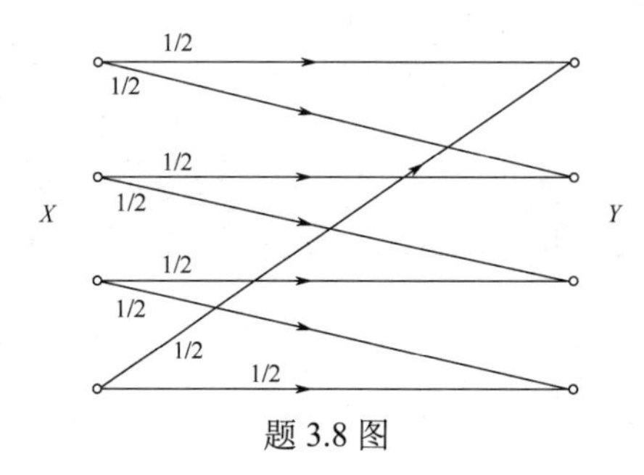

题 3.8 图

3.9 求用题 3.9 图求信道的信道容量及其最佳输入概率分布。

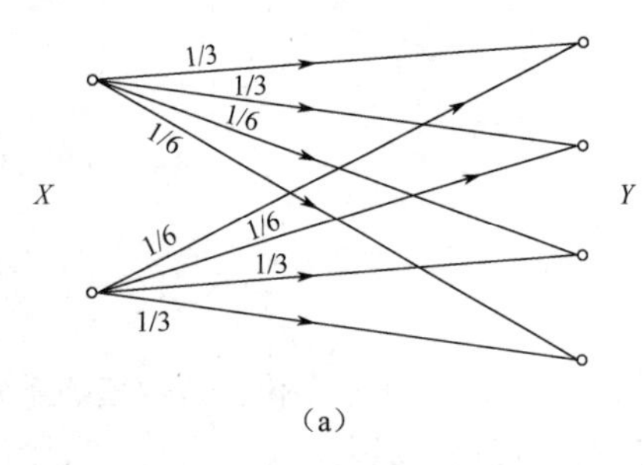

（a）

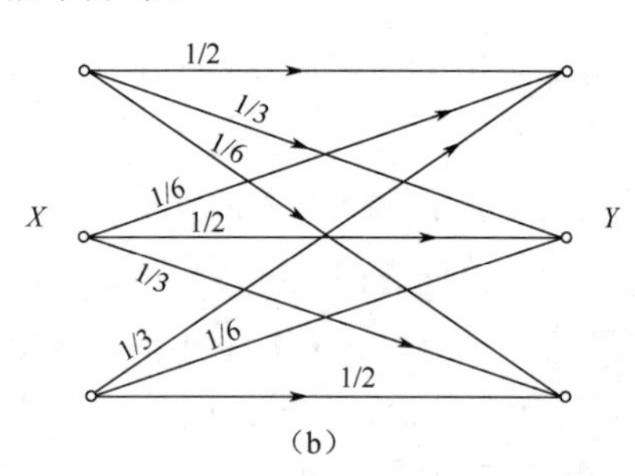

（b）

题 3.9 图

3.10 有一个 BSC，其信道矩阵为

$$P=\begin{bmatrix}0.98 & 0.02\\ 0.02 & 0.98\end{bmatrix}$$

设该信道以 1500 个二元符号/秒的速度传输输入符号，现有一消息序列共有 14 000 个二元符号，并设在这消息中 $P(0)=P(1)=1/2$，问从信息传输的角度来考虑，10 秒钟内能否将这消息序列无失真地传送完。

3.11 设一离散无记忆信道的信道矩阵为

$$P=\begin{bmatrix}\frac{1}{2} & \frac{1}{2} & 0 & 0 & 0\\ 0 & \frac{1}{2} & \frac{1}{2} & 0 & 0\\ 0 & 0 & \frac{1}{2} & \frac{1}{2} & 0\\ 0 & 0 & 0 & \frac{1}{2} & \frac{1}{2}\\ \frac{1}{2} & 0 & 0 & 0 & \frac{1}{2}\end{bmatrix}$$

（1）计算信道容量 C。

（2）找出一个长度为 2 的码，其信息传输率为 $\frac{1}{2}\text{lb}5$（即 5 个码字）如果按最大似然译码规则设计译码器，求译码器输出的平均错误概率 P_E（输入码字等概条件下）。

3.12 如果一个统计学家面对具有转移概率为 $p(y|x)$ 且信道容量 $C=\max\limits_{p(x)} I(X;Y)$ 的通信信道，他会对输出做出很有帮助的预处理：$\hat{Y}=g(Y)$，并且断定这样做能够严格地改进容量。

（1）证明他错了。

（2）在什么条件下他不会严格地减小容量？

3.13 考虑时变离散无记忆信道。设 $Y_1, Y_2, \cdots, Y_N$ 在已知 $X_1, X_2, \cdots, X_N$ 的条件下是条件独立的，并且条件概率分布为 $p(y\,|\,x)=\prod\limits_{i=1}^{N} p(y_i\,|\,x_i)$。

设 $\boldsymbol{X}=(X_1, X_2, \cdots, X_N)$，$\boldsymbol{Y}=(Y_1, Y_2, \cdots, Y_N)$。求 $C=\max\limits_{p(x)} I(X;Y)$

3.14 请阅读Shannon著作《*A Mathematical Theory of Communication*》*PART //: THE DISCRETE CHANNEL WITH NOISE*中的第12、13部分，对照本章讲述的基本原理，以自己的理解写一篇文献学习报告，并结合通信技术，对理论知识进行一定拓展。

3.15 请查阅有关 MIMO 信道容量的文献，并完成一篇综合论述报告。

第4章　波形信源与波形信道

在前几章离散信源与离散信道的基础上，本章将开展波形信源的信息测度、波形信道的容量等问题的讨论，针对香农公式及其指导意义展开分析，并拓展保密容量及物理层安全相关知识。

4.1　波形信源的信息测度

一般来说，实际某些信源的输出常常是时间和取值都是连续的消息。例如，语音信号 $X(t)$、电视信号 $X(x_0,y_0,t)$ 等都是时间连续的波形信号（一般称为模拟信号），且当固定某一时刻 $t=t_0$ 时，它们的可能取值也是连续且随机的。这样的信源称为**随机波形信源**（也称为随机模拟信源）。随机波形信源输出的消息是随机的，因此，可以用随机过程 $\{x(t)\}$ 来描述，它的统计特性一般用 n 维概率密度函数族 $p_n(x_1,x_2\cdots,x_n,t_1,t_2,\cdots,t_n)$ 来描述。

分析一般随机波形信源比较复杂。由采样定理可知，只要是时间上或频率上受限的随机过程，都可以把随机过程用一系列时间（或频率）域上离散的采样值来表示，而每个采样值都是连续型随机变量。这样，就可把随机过程转换成时间（或频率）上离散的随机序列来处理。甚至在某种条件下可以转换成随机变量间统计独立的随机序列。如果随机过程是平稳的随机过程，那么时间离散化后可转换成平稳的随机序列。这样，随机波形信源可以转换成连续平稳信源来处理。如果再对每个采样值（连续型的）经过分层（量化），就可将连续的取值转换成有限的或可数的离散值，也就可把连续信源转换成离散信源来处理。

4.1.1　微分熵

连续性信源的熵

基本连续信源的输出是取值连续的单个随机变量。可用变量的概率密度，变量间的条件概率密度和联合概率密度来描述。其数学模型为

$$X=\begin{bmatrix} R \\ p(x) \end{bmatrix} \qquad 并满足 \int_R p(x)\mathrm{d}x=1$$

其中，R 是全实数集，是连续变量 X 的取值范围。根据离散化原则，连续变量 X 可量化分层后用离散变量描述。量化单位越小，则所得的离散变量和连续变量越接近。因此，连续变量的信息测度可以用离散变量的信息测度来逼近。

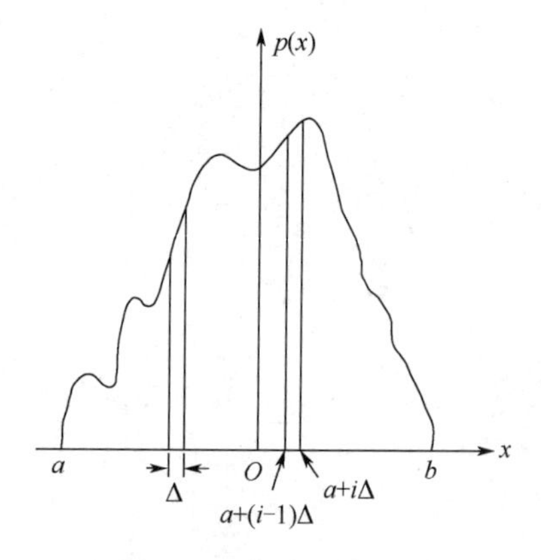

图 4.1.1　概率密度分布

假定连续信源 X 的概率密度函数 $p(x)$ 如图 4.1.1 所示。

将取值区间 $[a,b]$ 分隔成 n 个小区间，各小区间设有等宽 $\Delta=\left(\dfrac{b-a}{n}\right)$，那么 X 处于第 i 区间的概率 P_i 是

$$\begin{aligned} P_i &= P\{a+(i-1)\Delta \leqslant x \leqslant a+i\Delta\} \\ &= \int_{a+(i-1)\Delta}^{a+i\Delta} p(x)\mathrm{d}x = p(x_i)\Delta \qquad (i=1,2,\cdots,n) \end{aligned} \tag{4.1.1}$$

式（4.1.1）中，x_i 是 $a+(i-1)\Delta$ 到 $a+i\Delta$ 之间的某一值。当 $p(x)$ 是 x 的连续函数时，由积分中值定理可知，必存在一个 x_i 值使式（4.1.1）成立。这样，连续变量 X 就可用取值为 $x_i(i=1,2,\cdots,n)$ 的离散变量 X_n 来近似。连续信源 X 就被量化成离散信源。

$$\begin{bmatrix} X_n \\ P \end{bmatrix} = \begin{bmatrix} x_1, & x_2, & \cdots, & x_n \\ p(x_1)\Delta, & p(x_2)\Delta, & \cdots, & p(x_n)\Delta \end{bmatrix}$$

且

$$\sum_{i=1}^{n} p(x_i)\Delta = \sum_{i=1}^{n} \int_{a+(i-1)\Delta}^{a+i\Delta} p(x)\mathrm{d}x = \int_a^b p(x)\mathrm{d}x = 1$$

这时离散信源 X_n 的熵是

$$H(X_n) = -\sum_i P_i \mathrm{lb} P_i = -\sum_i p(x_i)\Delta \mathrm{lb}[p(x_i)\Delta]$$

$$= -\int_a^b p(x)\mathrm{lb}p(x)\mathrm{d}x - \lim_{\Delta \to 0} \mathrm{lb}\Delta$$

一般情况下，上式的第一项是定值。而当 $\Delta \to 0$ 时，第二项是趋于无穷大的常数，所以避开第二项，定义**连续信源的熵**（也称**微分熵**或**差熵**）为

$$h(X) \triangleq -\int_R p(x)\mathrm{lb}p(x)\mathrm{d}x \tag{4.1.2}$$

由式（4.1.2）可知，所定义的连续信源的熵并不是实际信源输出的绝对熵，而连续信源的绝对熵应该还要加上一项无限大常数项。这一点是可以理解的，因为连续信源的可能取值数是无限多个，信源的不确定性为无限大。当确知输出为某值后，所获得的信息量也将为无限大。可见，$h(X)$已不能代表信源的平均不确定性大小，也不能代表连续信源输出的信息量。定义连续信源的熵为式（4.1.2）的原因有两方面：一方面，因为这样定义可与离散信源的熵的形式上统一起来；另一方面，因为在实际问题中常常讨论的是熵之间差值的问题，如平均互信息。在讨论两熵之差时，无限大常数项将有两项，一项为正，一项为负，只要两者离散逼近时所取得间隔 Δ 一致，这两个无限大项将互相抵消。因此，在任何包含有两熵之差的问题中，式（4.1.2）定义的连续信源的熵具有信息的特性。

【例 4.1.1】基本高斯信源是指信源输出的一维随机变量 X 的概率密度分布是正态分布，即

$$p(x) = \frac{1}{\sqrt{2\pi\sigma^2}} \exp\left(-\frac{(x-m)^2}{2\sigma^2}\right)$$

式中，m 是 X 的均值，σ^2 是 X 的方差。这个连续信源的熵为

$$\begin{aligned} h(X) &= -\int_{-\infty}^{\infty} p(x)\mathrm{lb}p(x)\mathrm{d}x = -\int_{-\infty}^{\infty} p(x)\mathrm{lb}\left[\frac{1}{\sqrt{2\pi\sigma^2}} \exp\left(-\frac{(x-m)^2}{2\sigma^2}\right)\right]\mathrm{d}x \\ &= -\int_{-\infty}^{\infty} p(x)(-\mathrm{lb}\sqrt{2\pi\sigma^2})\mathrm{d}x + \int_{-\infty}^{\infty} p(x)\left[\frac{(x-m)^2}{2\sigma^2}\right]\mathrm{d}x \bullet \mathrm{lbe} \\ &= \mathrm{lb}\sqrt{2\pi\sigma^2} + \frac{1}{2}\mathrm{lbe} = \frac{1}{2}\mathrm{lb}2\pi\mathrm{e}\sigma^2 \end{aligned} \tag{4.1.3}$$

可见，正态分布的连续信源的熵与数学期望 m 无关，只与其方差 σ^2 有关。当均值 m=0 时，X 的方差 σ^2 就等于信源输出的平均功率 P。由式（4.1.3）得

$$h(X) = \frac{1}{2}\mathrm{lb}2\pi\mathrm{e}P \tag{4.1.4}$$

4.1.2　微分熵的性质

连续信源的微分熵只具有熵的部分含义和性质，与离散信源的信息熵比较，连续信源的微分熵具有以下性质。

1．可加性

任意两个相互关联的连续信源 X 和 Y，有

$$h(XY) = h(X) + h(Y|X)$$

$$h(XY)=h(Y)+h(X|Y)$$

并类似离散情况可以证得 $h(X|Y)\leqslant h(X)$ 或 $h(Y|X)\leqslant h(Y)$

当且仅当 X 与 Y 统计独立时，上两式等号成立。进而可得

$$h(XY)\leqslant h(X)+h(Y)$$

当且仅当 X 与 Y 统计独立时，等式成立。

2. 上凸性

连续信源的微分熵 $h(X)$ 是输入概率密度函数 $p(x)$ 的$\cap$型凸函数，即对于任意两概率密度函数 $p_1(x)$ 和 $p_2(x)$ 及任意 $0<\theta<1$，则有

$$h[\theta p_1(x)+(1-\theta)p_2(x)]\geqslant \theta h[p_1(x)]+(1-\theta)h[p_2(x)]$$

3. 微分熵可取负值

连续信源的熵在某些情况下，可以得出其值为负值。例如，在 $[a,b]$ 区间内均匀分布的连续信源，其微分熵为

$$h(X)=\mathrm{lb}(b-a)$$

若 $(b-a)<1$，则得熵 $h(X)<0$，为负值。

因为微分熵的定义中去掉了一项无限大的常数项，所以微分熵可取负值，由此性质可看出，微分熵不能表达连续事物所含有的信息量。

4. 变换性

连续信源输出的随机变量（或随机矢量）通过确定的一一对应变换，其微分熵会发生怎样的变化。假设某 N 维随机矢量 $\boldsymbol{X}=(X_1,X_2,\cdots,X_N)$，其联合概率密度函数为 $p_{\boldsymbol{X}}=(x_1,x_2,\cdots,x_N)$，又有另一 N 维随机矢量 $\boldsymbol{Y}=(Y_1,Y_2,\cdots,Y_N)$，它的联合概率密度函数为 $p_{\boldsymbol{Y}}=(y_1,y_2,\cdots,y_N)$。而 $\boldsymbol{Y}$ 与 $\boldsymbol{X}$ 有确定的函数关系为

$$\begin{cases} Y_1=g_1(X_1,X_2,\cdots,X_N) \\ Y_2=g_2(X_1,X_2,\cdots,X_N) \\ \qquad\vdots \\ Y_N=g_N(X_1,X_2,\cdots,X_N) \end{cases}$$

假设新随机变量 $Y_i(i=1,2,\cdots,N)$ 是随机变量 $X_i(i=1,2,\cdots,N)$ 的单值连续函数（具有处处连续的偏导数）。因此，$\boldsymbol{X}$ 也可以表示为新变量 $\boldsymbol{Y}$ 的单值连续函数，即

$$\begin{cases} X_1=f_1(Y_1,Y_2,\cdots,Y_N) \\ X_2=f_2(Y_1,Y_2,\cdots,Y_N) \\ \qquad\vdots \\ X_N=f_N(Y_1,Y_2,\cdots,Y_N) \end{cases}$$

由此可得，X_i 样本空间中的每一点对应于且只对应于 Y_i 样本空间中的一个点。所以，矢量 $\boldsymbol{X}$ 和矢量 $\boldsymbol{Y}$ 之间有一一对应的映射关系，它使 $\boldsymbol{X}$ 的样本空间映射到另一新的 $\boldsymbol{Y}$ 的样本空间。

根据多重积分的变量变换有

$$\frac{\mathrm{d}x_1\mathrm{d}x_2\cdots\mathrm{d}x_N}{\mathrm{d}y_1\mathrm{d}y_2\cdots\mathrm{d}y_N}=\left|J\left(\frac{X_1,X_2,\cdots,X_N}{Y_1,Y_2,\cdots,Y_N}\right)\right|=\left|J\left(\frac{\boldsymbol{X}}{\boldsymbol{Y}}\right)\right| \tag{4.1.5}$$

式中，$J\left(\frac{\boldsymbol{X}}{\boldsymbol{Y}}\right)$ 为雅可比行列式。

新、旧联合概率密度函数有下述关系

$$p_Y(y_1, y_2, \cdots, y_N) = p_X(x_1, x_2, \cdots, x_N)\left|J\left(\frac{\boldsymbol{X}}{\boldsymbol{Y}}\right)\right| \tag{4.1.6}$$

假定积分限的顺序是增加的，所以使用雅可比行列式的绝对值。由此可见，除非雅可比行列式等于 1，否则在一般情况下，随机变量通过变换后其概率密度会发生变化。

变换后连续信源的微分熵为

$$h(\boldsymbol{Y}) = -\int_{\boldsymbol{Y}} p_Y(y_1, y_2, \cdots, y_N)\log p_Y(y_1, y_2, \cdots, y_N)\mathrm{d}y_1\mathrm{d}y_2\cdots\mathrm{d}y_N$$

若$\boldsymbol{Y}$和$\boldsymbol{X}$有对应的变换关系$\boldsymbol{Y} = g(\boldsymbol{X})$和$\boldsymbol{X} = f(\boldsymbol{Y})$，则根据式（4.1.5）和（4.1.6），可得

$$\begin{aligned} h(\boldsymbol{Y}) &= -\int_{\boldsymbol{X}} p_X(x_1, x_2, \cdots, x_N)\cdot\left|J\left(\frac{\boldsymbol{X}}{\boldsymbol{Y}}\right)\right|\cdot \mathrm{lb}\left[p_X(x_1\cdots x_N)\left|J\left(\frac{\boldsymbol{X}}{\boldsymbol{Y}}\right)\right|\right]\left|J\left(\frac{\boldsymbol{Y}}{\boldsymbol{X}}\right)\right|\mathrm{d}x_1\mathrm{d}x_2\cdots\mathrm{d}x_N \\ &= -\int_{\boldsymbol{X}} p_X(x_1\cdots x_N)\mathrm{lb}p_X(x_1\cdots x_N)\mathrm{d}x_1\mathrm{d}x_2\cdots\mathrm{d}x_N - \\ &\quad \int_{\boldsymbol{X}} p_X(x_1\cdots x_N)\mathrm{lb}\left|J\left(\frac{\boldsymbol{X}}{\boldsymbol{Y}}\right)\right|\mathrm{d}x_1\mathrm{d}x_2\cdots\mathrm{d}x_N \\ &= h(\boldsymbol{X}) - E\left[\mathrm{lb}\left|J\left(\frac{\boldsymbol{X}}{\boldsymbol{Y}}\right)\right|\right] \end{aligned} \tag{4.1.7}$$

可见，通过一一对应的变换后连续平稳信源的熵（微分熵）发生了变化。变换器输出信源的熵等于输入信源的熵减去雅可比行列式对数的统计平均值。这正是连续信源的微分熵与离散信源熵的一个不同之处。这说明连续信源的微分熵不具有变换的不变性。

【例 4.1.2】设原连续信源输出的信号X是方差为σ^2，均值为 0 的正态分布随机变量，其概率密度为$p(x) = \dfrac{1}{\sqrt{2\pi\sigma^2}}\mathrm{e}^{-x^2/2\sigma^2}$。经一个放大倍数为$k$，直流分量为$a$的放大器放大输出。这时放大器网络输入与输出的变换关系为$y = kx + a$。由式（4.1.6）得

$$p(y) = p(x)\left|\frac{\mathrm{d}x}{\mathrm{d}y}\right|$$

而现在

$$\left|\frac{\mathrm{d}x}{\mathrm{d}y}\right| = \frac{1}{k},$$

又有$x = \dfrac{y-a}{k}$，所以最后得放大器输出信号的概率密度函数

$$p(y) = \frac{1}{\sqrt{2\pi k^2\sigma^2}}\mathrm{e}^{-(y-a)^2/2k^2\sigma^2}$$

又由式（4.1.7）计算得

$$h(Y) = \frac{1}{2}\mathrm{lb}2\pi\mathrm{e}\sigma^2 + \mathrm{lb}k = \frac{1}{2}\mathrm{lb}2\pi\mathrm{e}k^2\sigma^2$$

由本例可知，一个方差为σ^2的正态分布随机变量，经过一个放大倍数为k、直流分量为a的放大器后，其输出是方差为$k^2\sigma^2$、均值为a的正态分布随机变量。因而，通过线性放大器后，熵值发生变化，增加了 $\mathrm{lb}k$ 比特。

5．极值性（即最大微分熵定理）

连续信源的微分熵存在极大值，但与离散信源不同的是，其在不同的限制条件下，信源的最大熵是不同的。通常我们最感兴趣的是两种情况：一种是信源的输出峰值功率受限；另一种是信源的输出平均功率受限。

（1）峰值功率受限条件下信源的最大熵。

若某信源输出信号的峰值功率受限为$\hat{P}$，即信源输出信号的瞬时电压限定在$\pm\sqrt{\hat{P}}$内。它等价于信源输出的连续随机变量X的取值幅度受限，限于$[a,b]$内取值。所以我们求在约束条件$\int_b^a p(x)\mathrm{d}x=1$下，信源的最大微分熵。

定理 4.1.1 若信源输出的幅度被限定在$[a,b]$区域内，则当输出信号的概率密度是均匀分布时（图4.1.2的形式），信源具有最大熵，其值等于$\mathrm{lb}(b-a)$。

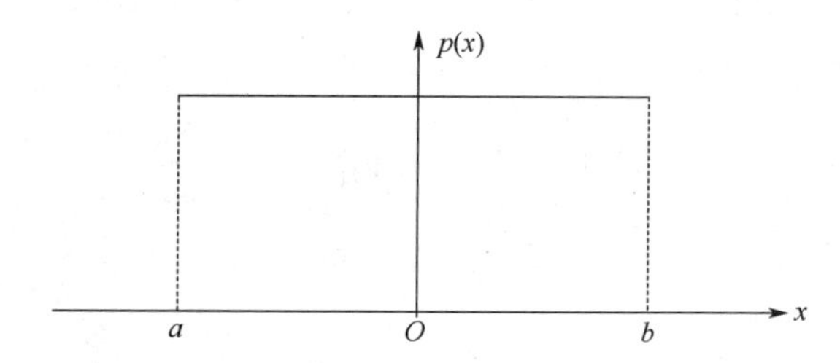

图 4.1.2 输出幅度受限的信源当熵为最大时的概率密度分布

这就是说，在信源输出信号的幅度受限条件下（或峰值功率受限条件下），任何概率密度分布时的熵必小于均匀分布时的熵，即当均匀分布时微分熵达到最大值。

（2）平均功率受限条件下信源的最大熵。

定理 4.1.2 若一个连续信源输出信号的平均功率被限定为P，则其输出信号幅度的概率密度分布是高斯分布时，信源有最大的熵，其值为$\frac{1}{2}\mathrm{lb}2\pi eP$。

这一结论说明，当连续信源输出信号的平均功率受限时，只有信号的统计特性与高斯噪声统计特性一样时，才会有最大熵值。从直观上看这是合理的，因为噪声是一个最不确定的随机过程，而最大的信息量只能从最不确定的事件中获得。

4.2 波形信道的信道容量

4.2.1 信道模型

波形信道的输入是随机过程$\{x(t)\}$，输出也是随机过程$\{y(t)\}$。实际波形信道的带宽总是受限的，所以在有限观测时间内满足限频B、限时T的条件。根据时间采样定理可将波形信道的输入$\{x(t)\}$和输出$\{y(t)\}$的随机过程信号离散化，转换成N维随机序列$\boldsymbol{X}=(X_1, X_2, \cdots, X_N)$和$\boldsymbol{Y}=(Y_1, Y_2, \cdots, Y_N)$，这样波形信道就可转化成多维连续信道描述，如图4.2.1所示。

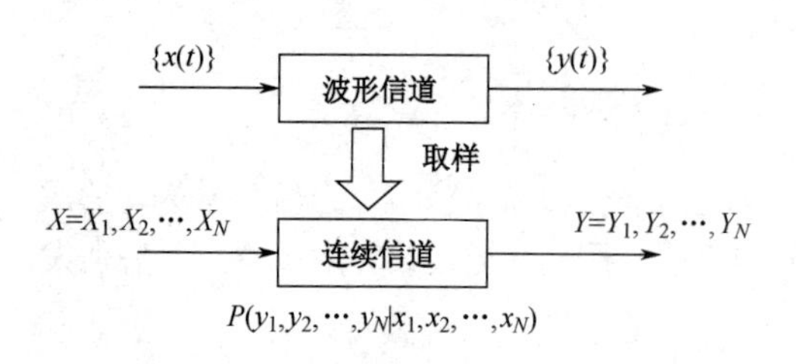

图 4.2.1 波形信道与多维连续信道关系

故而可得波形信道的平均互信息为

$$
\begin{aligned}
I(x(t);y(t)) &= \lim_{N\to\infty} I(\boldsymbol{X};\boldsymbol{Y}) \\
&= \lim_{N\to\infty}\left[h(\boldsymbol{X})-h(\boldsymbol{X}\mid\boldsymbol{Y})\right] \\
&= \lim_{N\to\infty}\left[h(\boldsymbol{Y})-h(\boldsymbol{Y}\mid\boldsymbol{X})\right] \\
&= \lim_{N\to\infty}\left[h(\boldsymbol{X})+h(\boldsymbol{Y})-h(\boldsymbol{XY})\right]
\end{aligned}
$$

一般情况，波形信道都是研究其单位时间内的信息传输率，即信息传输速率R_t。设$\{x(t)\}$和$\{y(t)\}$的持续时间为T，波形信道的信息传输速率和单位时间信道容量为

$$R_t=\frac{1}{T}I(\boldsymbol{X};\boldsymbol{Y})=\frac{1}{T}\lim_{N\to\infty}\left[h(\boldsymbol{Y})-h(\boldsymbol{Y}\mid\boldsymbol{X})\right]\ \text{（b/s）}$$

$$C_t=\max_{p(\mathbf{x})}R_t=\max_{p(\mathbf{x})}\left\{\frac{1}{T}\lim_{N\to\infty}\left[h(\mathbf{Y})-h(\mathbf{Y}\mid\mathbf{X})\right]\right\}\ \text{(b/s)} \tag{4.2.1}$$

式中，$p(\boldsymbol{x})$为输入序列 $\boldsymbol{X}$ 的概率密度函数。

对于加性信道而言，其信道的转移概率密度函数就是噪声的概率密度函数，同时噪声熵为噪声源的微分熵，即 $h(\boldsymbol{Y}\mid\boldsymbol{X})$ 就是噪声源的熵 $h(\boldsymbol{n})$。结合式（4.2.1），可得一般加性波形信道单位时间的信道容量为

$$C_t=\max_{p(\boldsymbol{x})}\left\{\frac{1}{T}\lim_{N\to\infty}\left[h(\boldsymbol{Y})-h(\boldsymbol{n})\right]\right\}\ \text{(b/s)} \tag{4.2.2}$$

由于在不同限制条件下连续随机变量有不同的最大微分熵取值，因此由式（4.2.1）和式（4.2.2）可知，加性信道的信道容量 C 取决于噪声的统计特性和输入随机矢量 $\boldsymbol{X}$ 所受的限制条件。对于一般通信系统，无论输入的是信号还是噪声，它们的平均功率或能量都是有限的。下面将讨论平均功率受限下的高斯信道的信道容量。

4.2.2　高斯信道的信道容量

高斯信道是平均功率受限的信道。设该信道的通信模型如图 4.2.2 所示，类似于离散信道的信道容量，高斯信道的信道容量可定义为

$$C=\max_{P(x):E\{x^2\}\leqslant S} I(\boldsymbol{X};\boldsymbol{Y})$$

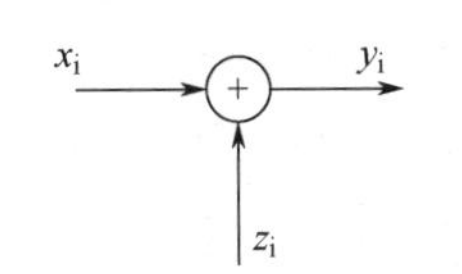

图 4.2.2　高斯信道的通信模型

这里

$$I(\boldsymbol{X};\boldsymbol{Y})=h(y)-h(y|x)=h(y)-h(z)$$

信道的输出功率为

$$\mathrm{E}\{y^2\}=\mathrm{E}\{(x+z)^2\}=\mathrm{E}\{x^2\}+0+\mathrm{E}\{z^2\}=\mathrm{S}+\sigma^2=S+N$$

香农公式

根据平均功率受限的最大熵定理，有

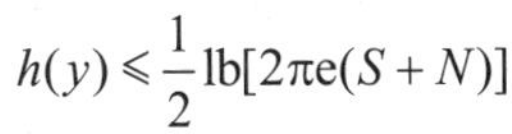

$$h(y)\leqslant\frac{1}{2}\mathrm{lb}[2\pi\mathrm{e}(S+N)]$$

香农公式

而

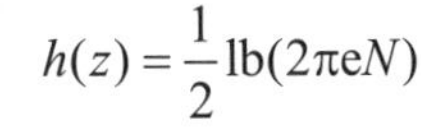

$$h(z)=\frac{1}{2}\mathrm{lb}(2\pi\mathrm{e}N)$$

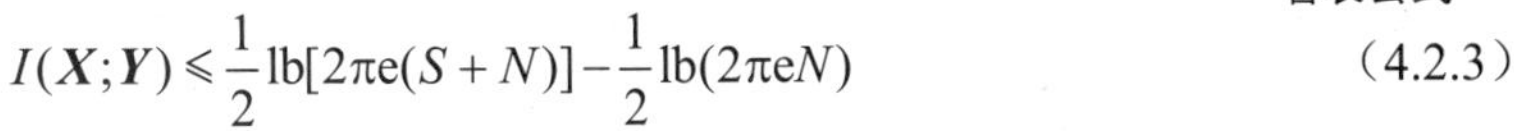

$$I(\boldsymbol{X};\boldsymbol{Y})\leqslant\frac{1}{2}\mathrm{lb}[2\pi\mathrm{e}(S+N)]-\frac{1}{2}\mathrm{lb}(2\pi\mathrm{e}N) \tag{4.2.3}$$

对式（4.2.3）取等号，可得信道容量为

$$C=\frac{1}{2}\mathrm{lb}(1+S/N)\ \text{(bit/sample)} \tag{4.2.4}$$

4.3　香农公式

4.3.1　香农公式基本概念

香农公式研究的是 AWGN 信道的信道容量问题，我们可以在 4.2 节的基础上推导得出。

从时间角度考虑，样值间隔由采样速率决定。对于带限信号，采样定理指出，若信号的有效带宽为 B，采样频率为 f_s，则当 $f_s\geqslant 2B$ 时，样值序列能够保留原连续信号全部的频谱特性，或者说全部的信息量。从传输信息量的角度，既然 $f_s=2B$ 已经保留了原连续消息的全部信息量，那么取每秒钟的样值数目为 $2B$ 已经代表了最大信息量，故式（4.2.4）可变为

$$C_t = 2B \cdot \frac{1}{2} \mathrm{lb}\left(1+\frac{S}{N}\right) \text{（b/s）}$$

即

$$C_t = B\mathrm{lb}\left(1+\frac{S}{N}\right) \text{（b/s）} \tag{4.3.1}$$

通常称式（4.3.1）为香农信道容量公式，简称**香农公式（或 Shannon 公式）**，式中的对数以 2 为底。

香农公式是香农信息论的基本公式之一，这里推出的条件如下。

（1）连续消息是平均功率受限的高斯随机过程，平均功率为 S，被采样后的样值同样呈高斯分布，样值之间彼此独立。

（2）噪声为加性高斯白噪声，平均功率为 N。

（3）信号的有效带宽为 B。

从香农公式可以得出以下结论。

（1）信道容量与所传输信号的有效带宽成正比，信号的有效带宽越宽，信道容量越大。

（2）信道容量与信道上的信噪比有关，信噪比越大，信道容量也越大，但其制约规律呈对数关系。

（3）信道容量 C、有效带宽 B 和信噪比 S/N 可以相互起补偿作用，即可以互换。例如，在保持信道容量不变的情况下，可以用增加信号带宽、减少发射功率（减少信噪比）的办法进行通信。也可以反过来用减少信号带宽、增大发射功率（提高信噪比）的办法进行通信。应用极为广泛的扩频通信、多相位调制等都是以此为理论基础的。

（4）当信道上的信噪比小于 1 时，信道的信道容量并不等于 0，这说明此时信道仍具有传输信息的能力。也就是说，信噪比小于 1 时仍能进行可靠的通信，这对于卫星通信、深空通信等具有特别重要的意义。

（5）香农公式是在噪声为加性高斯白噪声情况下推得的，由于白色高斯噪声是危害最大的信道干扰，对那些不是白色高斯噪声的信道干扰而言，其信道容量应该大于按香农公式计算的结果。

4.3.2 香农限

由香农公式可知，扩展信道带宽 B 就可以降低对信噪比的要求。那么，是否可以用无限制加大信号有效带宽的方法来减小发射功率，或者在任意低的信噪比情况下仍能实现可靠通信呢？尽管从香农公式不能直接看出，但它隐含着否定的回答，说明如下。

设噪声的单边功率谱密度为 N_0，则噪声功率为

$$N = N_0 B$$

当 $B \to \infty$ 时，有

$$\lim_{B\to\infty} C = \frac{S}{N_0}\mathrm{lbe} \approx 1.44\frac{S}{N_0} \tag{4.3.2}$$

这说明此时的信道容量 C 趋于有限值，取决于发射功率和信道白色高斯噪声的功率谱密度之比。尽管这时的 C 仍大于 0，尚可进行通信，但由于信道容量与发射功率成正比，已与加大信号有效带宽的初衷相悖，因此用无限的带宽换取式（4.3.2）的信道容量是否合算，值得推敲，况且物理上不可能提供无限带宽进行通信。

这一结论实际上指出了信号有效带宽与发射功率互换的有效性问题。信道容量是通信系统的最大信息传输速率，通常是系统的设计指标，这时可以根据信道特性来权衡发射功率和信号有效带宽的互换，使系统的设计趋于最佳。

从香农公式中我们还可以找出达到无错误（无失真）通信的传输速率的理论极限值，称为**香农**

极限。

若以最大信息速率即信道容量（$C_t=\max R_t$）来传输信息，又令每传送 1 比特信息所需的能量为 E_b，得总的信号功率为 $S=R_tE_b$（当信息传输速率达最大时 $S=C_tE_b$）。

代入式（4.3.2）得

$$\lim_{W\to\infty} C_t = \frac{S}{N_0}\text{lbe} = \frac{R_tE_b}{N_0}\text{lbe}$$

其中，E_b/N_0 表示单位频带内传输 1bit 信息的信噪比，称为归一化信噪比，

$$\frac{E_b}{N_0} = \frac{\lim\limits_{W\to\infty} C_t}{R_t\text{lbe}}$$

由带宽与信噪比的互换关系可知，E_b/N_0 的最小值发生在带宽趋于无穷大时，且令此时的信息传输速率达最大，即 $R_t=C_t$，则有

$$\left(\frac{E_b}{N_0}\right)_{\min} = \frac{1}{\text{lbe}} = \ln 2 = -1.6\text{dB}$$

这个值称为**香农限**，它表明可靠传输 1bit 信息所需要的最小能量为 $0.693N_0$。香农限（−1.6dB）是在带宽趋于无穷时达到的，是在理论上能实现可靠通信的 E_b/N_0 的最小值。

图 4.3.1 所示为 E_b/N_0 与归一化信息传输速率 R_t/B 之间的关系。所以，在实际通信系统的评估与分析中，常常用此香农限来衡量实际系统的潜力，以及各种纠错编码性能的好坏。如何达到和接近这个理论极限，香农并没有给出具体方案。而这正是通信研究人员所面临和奋斗的任务。

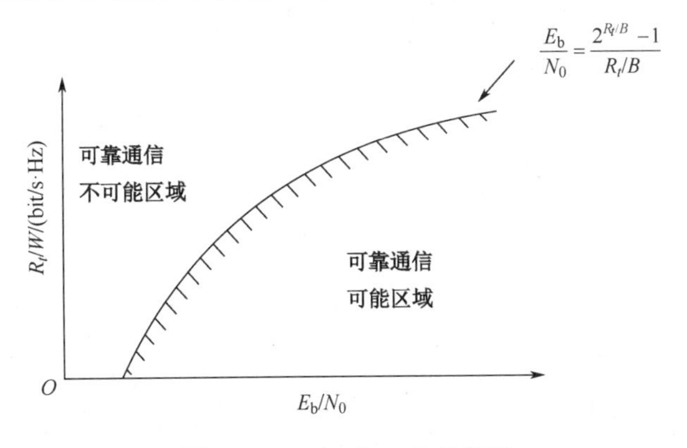

图 4.3.1　E_b/N_0 与 R_t/B 的关系

4.3.3　案例分析：MIMO 信道的容量

在传统的无线通信系统中，发端和收端通常是各使用一根天线，这种单天线系统也称为单输入和单输出（Single Input Single Output，SISO）系统。香农公式确定了在有噪声信道中进行可靠通信的上限速率，即不管采用何种调制技术、编码策略或其他方法，无线信道总是给无线通信做了一个实际的物理限制。这一点对于当前无线通信尤为严峻，因为用户对更高的数据率的需求是非常迫切的，必须进一步提高无线通信系统的容量。通过下面的分析将看到，在无线通信中使用多输入多输出（Multiple Input Multiple Output，MIMO）技术可以显著地提高通信容量，并改善无线通信系统的性能。

MIMO 无线通信系统在通信收端、发端双方都使用一组天线阵列。在发端将一个用户的数据信息分成多路并行信号，并分别由多个天线元同时、同频段发送；收端为了分辨出不同的并行子码流，必须使用数目不少于发送天线数目的天线组进行接收，并依靠特殊的编码方式与信号处理过程实现子信号流的分离。最后将恢复出的子信号流合并成原有的发送串行信号。简单来说，MIMO 技术的

优点主要是通过多条天线来充分利用信号的空间资源，从而达到提高系统容量的目的，是一种将信号的空间域与时域处理相结合的技术方案。它将信道视为若干并行的子信道，在不需要额外带宽的情况下实现近距离的频谱资源重复利用（多个发射天线近距离同频、同时传输），理论上可以极大地扩展频带利用率、提高无线传输速率，同时还增强了通信系统的抗干扰、抗衰落性能。下面我们分析 MIMO 信道模型及其容量，从而体会 MIMO 技术在无线通信系统中的优势。

如图 4.3.2 所示，假定 MIMO 系统发端有 M 根天线，收端有 N 根天线，且发端不知信道状态信息（即发端不能获得信道矩阵，但收端可以获得）。总的发射功率为 P，每根发射天线的功率为 P/M，每根接收天线接收到的总功率等于总的发射功率。当信道受到加性白高斯噪声的干扰，且每根接收天线上的噪声功率为 σ^2 时，每根接收天线上的信噪比为 $\rho = P/\sigma^2$。进一步假定发射信号的带宽足够窄，信道的频率响应可以认为是平坦的，用 $M\times N$ 的复矩阵 $\boldsymbol{H}$ 来表示信道矩阵，其元素 h_{ij} 表示第 i 根发射天线与第 j 根接收天线对的信道增益。则 $N\times 1$ 接收信号 $\boldsymbol{y}$ 可表示为

$$\boldsymbol{y} = \boldsymbol{H}\boldsymbol{x} + \boldsymbol{n}$$

其中，$\boldsymbol{x}$ 表示 $M\times 1$ 的发送矢量；$\boldsymbol{n}$ 表示 $N\times 1$ 的复高斯噪声矢量，具有归一化噪声方差矩阵。

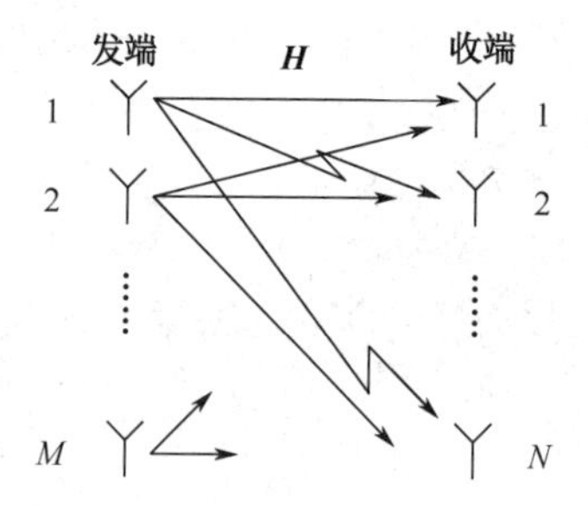

图 4.3.2 具有 M 根发射天线，N 根接收天线的 MIMO 信道

首先假设 MIMO 信道是确定的，此时根据信道容量公式有

$$C = \max_{p(x)} I(X;Y) = \max_{p(x)} H(Y) - H(Y|X)$$

显然，当信道输入给定时，其噪声熵 $H(Y|X)$ 仅为噪声源的熵，因此有

$$C = \max_{p(x)} H(Y) - H(n)$$

因为噪声分量为独立的高斯分布，其每个维度的方差为 1/2，所以 $H(n) = N\mathrm{lb}(\pi\mathrm{e})$。因此，使信宿熵最大化就可以达到该信道的容量。可以证明，在平均功率受限下，输出向量 $\boldsymbol{y}$ 为复高斯分布时，熵达到最大，即

$$H(Y) = \mathrm{lb}[\det(\pi\mathrm{e}\boldsymbol{R}_y)]$$

其中，$\boldsymbol{R}_y$ 代表输出向量 $\boldsymbol{y}$ 的协方差矩阵。

对于加性信道，如果输入向量是复高斯的，输出也是复高斯的，且注意到

$$\boldsymbol{R}_y = E[y^T y] = \rho H^T \boldsymbol{R}_x H + I_N$$

因此可以将信道容量写成

$$C = \max_{\boldsymbol{R}_x} \mathrm{lb}\det(\rho \boldsymbol{H}^T \boldsymbol{R}_x \boldsymbol{H} + I_N)$$

式中，取最大化受到 $E[\boldsymbol{x}\boldsymbol{x}^T] = \mathrm{trance}(\boldsymbol{R}_x) \leqslant 1$ 的限制。

因为假设发射端未知信道状态信息，在给定的迹限制下，选择具有协方差 $\boldsymbol{R}_x = \dfrac{1}{M} I_M$ 的输入，即可达容量的输入向量为每个天线上的等功率独立复高斯向量，所以 MIMO 系统的信道容量为

$$C = \mathrm{lb}\det\left(\frac{\rho}{M}\boldsymbol{H}^T\boldsymbol{H} + I_N\right) \tag{4.3.3}$$

考虑到乘积是半正定的，具有正的特征值（$\lambda_1,\lambda_2,\cdots\lambda_v$）且等于 $\boldsymbol{H}$ 的非零奇异值的平方，可以采用酉矩阵进行对角化，从而式（4.3.3）可等效表示为

$$C=\sum_{i=1}^{v}\mathrm{lb}(1+\frac{\rho}{M}\lambda_i) \tag{4.3.4}$$

与原来的单天线系统相比，信道容量获得了若干倍的增益，这是由于各个天线的子信道之间解耦后的结果。

进一步讨论。

1. MIMO 系统的信道并联化分析

若采用前面给出的等效并用信道特性就很容易理解公式（4.3.4）的结果。根据 MIMO 系统的结构特征不难看出，MIMO 信道实际上可看成一种并用形式的组合信道，该等效信道的总容量小于等于每个子信道独立使用时的容量总和。只有当子信道彼此正交时，组合信道的总容量才等于每个子信道独立使用时的容量总和。通过对信道冲激响应矩阵进行奇异值分解（SVD），找出 MIMO 信道中包含的正交 SISO 信道组，则 MIMO 信道容量等于正交 SISO 信道容量的总和。当发射端未知信道状态信息时，平均功率分配方案为最优功率分配策略。因此，最佳输入选择为 N 个并联信道下的独立复高斯分布（每个具有功率 $1/M$），总的容量为并联子信道容量之和。另外，其信道容量跟收发天线数的最小值成线性增长关系。

上面的讨论是在未知 CSI 的条件下进行的，所以在发端采用的是平均分配功率的方式。而当发端已知 CSI 时，就应该调整输入的概率分布，优化功率分配方式，使得信道的互信息量最大，这时可以采取注水算法求解 MIMO 系统的信道容量，并确定各子信道间的最优化功率分配。

2. 确定性单输入单输出（SISO）系统的信道容量

SISO 系统即单天线发射，单天线接收 $(M=N=1)$ 的情况，这时信道矩阵 H 仅有一个元素 h_{11}。由式（4.3.3）可得其信道容量为

$$C=\mathrm{lb}(1+\rho)$$

其中，ρ 表示信号的信噪比。

3. 确定性多输入单输出（MISO）系统的信道容量

对于多输入单输出（MISO）系统，发端有 M 根天线，收端只有一根天线 $N=1$。信道矩阵 $\boldsymbol{H}$ 变成一个矢量：$\boldsymbol{H}=[h_1,h_2,\cdots,h_M]^{\mathrm{T}}$。其中，$h_i$ 表示从发端的第 i 根天线到收端的信道幅度。如果信道系数的幅度固定，则式（3.4.3）可表示为

$$\begin{aligned}C&=\mathrm{lb}(1+\boldsymbol{H}\boldsymbol{H}^{\mathrm{T}}\rho/M)\\&=\mathrm{lb}(1+\sum_{i=1}^{M}|h_i|^2\rho/M)\\&=\mathrm{lb}(1+\rho)\end{aligned}$$

式中，$\sum_{i}^{M}|h_i|^2=M$，这是由于假定信道的系数固定，且受到归一化的限制，因此该信道容量不会随着发射天线的数目的增加而增大。

4. 确定性单输入多输出（SIMO）系统的信道容量

对于单输入多输出（SIMO）信道，即发端只有一根天线 $M=1$，收端有 N 根天线。信道可以看成是有 N 个不同系数：$\boldsymbol{H}=[h_1,h_2,\cdots,h_N]$。其中，$h_i$ 表示从发端到收端的第 j 根天线的信道系数，如果信道系数的幅度固定，则该信道容量可表示为

$$\begin{aligned}C&=\mathrm{lb}(1+\boldsymbol{H}\boldsymbol{H}^{\mathrm{T}}\rho)\\&=\mathrm{lb}(1+\sum_{j=1}^{N}\left|h_j\right|^2\rho)\\&=\mathrm{lb}(1+N\rho)\end{aligned}$$

式中，$\sum_{j=1}^{N}\left|h_j\right|^2=N$，同样是由于信道系数被归一化。从信道容量的计算公式可以看出，当发送天线数为1时，信道容量随着接收天线数的增加呈对数增长。

5．各态历经MIMO信道

当信道随机变化时，矩阵 $\boldsymbol{H}$ 是一个随机的量，其相关的信道容量也是一个随机变量，可用平均信道容量表示。假设信道是各态历经的，简单地说，采用一个具有非常长的块长度码，在相当长的时间周期内可以观察到信道所有可能的状态，对于每个状态可获得“对数行列式”容量，而总的容量为其数学期望，即

$$C=E\left[\mathrm{lb}\det(\frac{\rho}{M}\boldsymbol{H}^{\mathrm{T}}\boldsymbol{H}+I_N)\right]$$

该容量被称为平均容量或各态历经容量。如果 M、N 固定且 SNR(P)趋于无穷，则容量增长趋势近似为 $C\approx\min(M,N)\mathrm{lb}(P)+O(1)$。各态历经容量拥有 $\min(M,N)$ 倍数的增益。

对于 SISO 系统，如果用 h 表示在观测时刻单位功率的复高斯信道的幅度 $(H=h)$，那么信道容量可表示为

$$C=\mathrm{lb}(1+\rho\left|h\right|^2)$$

对于信道系数的幅度随机变化的 MISO 系统，该信道容量可表示为

$$C=\mathrm{lb}(1+\chi_{2M}^2\rho/M)$$

其中，χ_{2M}^2 是自由度为 $2M$ 的 χ 平方随机变量，且

$$\chi_{2M}^2=\sum_{i=1}^{M}\left|h_i\right|^2$$

对于信道系数的幅度随机变化的 SIMO 系统，该信道容量可表示为

$$C=\mathrm{lb}(1+\chi_{2N}^2\rho/N)$$

其中，χ_{2N}^2 是自由度为 $2N$ 的 χ 平方随机变量，且 $\chi_{2N}^2=\sum_{j=1}^{N}\left|h_j\right|^2$，显然信道容量也是一个随机变量。其信道容量跟接收天线数成对数增长关系，但如果天线数已经很大，这时再增加天线的数量，信道容量的改善不是很大。

图4.3.3给出了1×1、4×4、4×10的MIMO信道下的各态历经容量。从图中可以看出，从10dB开始，容量随SNR的增加呈线性增长趋势。对于1×1系统，斜率为1bit/3dB；对于4×4、4×10系统，斜率均为4bit/3dB。值得注意的是，4×4、4×10系统虽然具有相同的斜率，但其常数分量不同，即相对于4×4系统，4×10系统具有功率增益。

下面我们研究当发送功率固定，发送或接收天线的数目趋于无穷时，各态历经容量的渐进性能。如果在 N 固定，发送天线数目（M）趋于无穷时，容量趋于 $N\mathrm{lb}(1+P)$，这是由于固定的发射功率在越来越多的天线间进行划分。如果 M 保持不变，接收天线数目 N 趋于无穷，容量会趋于无穷且近似为 lb(N)。上述差异的关键在于，增加接收天线数目可以提高接收功率，而增加发送天线数目达不到该效果，因为固定的发射功率会在发送天线间进行划分。如果M和N同时趋于无穷，容量随 $\min(M,N)$ 线性增长，即 $C\approx\min(M,N)\cdot c$，c 是一个取决于 M/N、SNR 的常数。总结起来，增加接收天线数目可使容量呈对数增长，若同时增加收、发天线数目可使容量呈线性增长。

图 4.3.4 给出了容量随着天线数目变化曲线。对于线性变化（linear）的曲线，收、发天线数目均等于横坐标的参数 r；对于第二根曲线，只有接收天线数目增加（即 $N=r$），M 固定为 1，此时曲线呈对数增长；对于最后一根曲线，只有发送天线数目增加（$M=r$）时，N 才固定为 1，此时曲线呈对数增长受限。

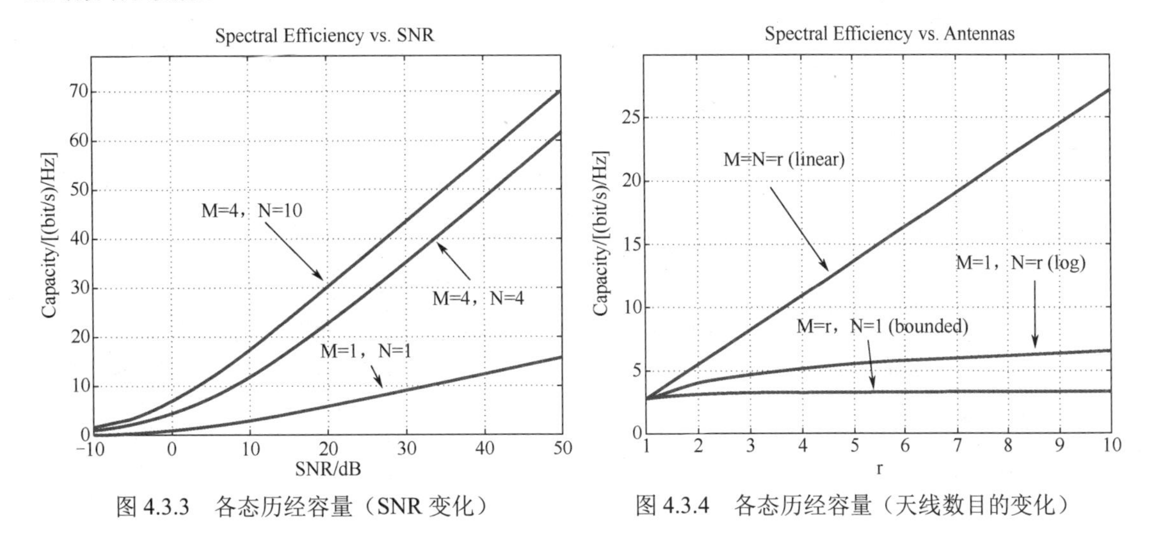

图 4.3.3　各态历经容量（SNR 变化）　　图 4.3.4　各态历经容量（天线数目的变化）

4.4　保密容量与物理层安全

前面我们已提到，研究通信系统的目的就是提高信息传输的有效性、可靠性和安全性。由于电磁波媒介的广播特性，当利用无线通信带来不受地域约束的便利的同时，通信信息也容易被第三方接收，其安全性成为无线通信中的突出问题。传统上，无线通信的安全基本依靠两类方法保障：以密码学为基础的信息加密和采用扩跳技术、超宽带等低截获概率传输技术。然而这些方法都无法从根本上解决信号辐射、参数破解等问题，只有从无线信道的本质和特点出发，寻找解决无线通信开放性问题的办法，才是解决无线安全问题的关键。因此，物理层安全问题在 20 世纪 70 年代被提出，但是由于时变信道估计难度大、可实现性低等问题一度停滞不前。后来因为量子计算机的提出，使得基于密码学的传统安全机制受到严峻挑战，物理层安全重新引起人们的重视，并在各个方面得到一定的发展。

4.4.1　物理层安全的基本概念

1949 年，Claude Shannon 发表了《保密系统的通信理论》，从而奠定了密码学的信息论基础。图 4.4.1 所示为保密系统的一般模型。在 Shannon 的模型中，发射机和期望接收机拥有共同的密钥 K，并利用该密钥对消息 M 进行加密和解密，而窃听者不知道该密钥，保密系统设计的目的是使除授权者之外任何窃听者在即使准确接收信号（密文）情况下，也无法恢复原来的明文消息 M。此模型假设公开信道为无损信道，则 $I(X;Y)=H(X)$，即加密之后的信息 X 能够完全被合法接收者和窃听者接收。Shannon 引入了完全保密条件 $I(M;X)=H(M)-H(M\mid X)=0$，即意味着窃听者的接收信号 X 中不提供任何有关信源消息 M 的信息量，也称为强完全保密。在该模型下，Shannon 证明了达到完全保密容量需要共享密钥 K 的信息熵至少等于发送信息熵，即满足 $H(K)\geqslant H(M)$。由此得到结论在该模型下密钥的信息量必须大于等于所传信息量，由于密钥分配的困难，通过此方法达到完全保密在实际应用中难以实现。

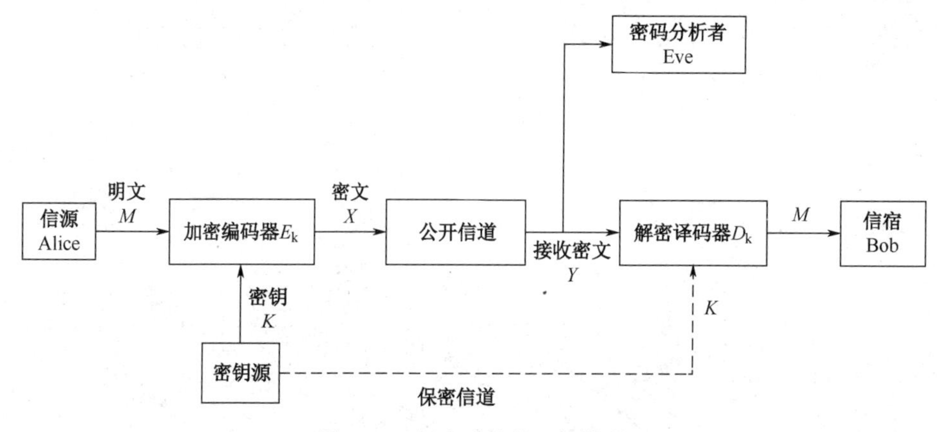

图 4.4.1　保密系统的一般模型

物理层安全的先驱 Wyner 在 1975 年在二元对称信道（BSC）引入窃听（wiretap）信道加密模型，构建了接近理想的安全信源到期望接收机链路（也称为主信道），表明了可以不通过密钥实现保密通信，如图 4.4.2 所示。

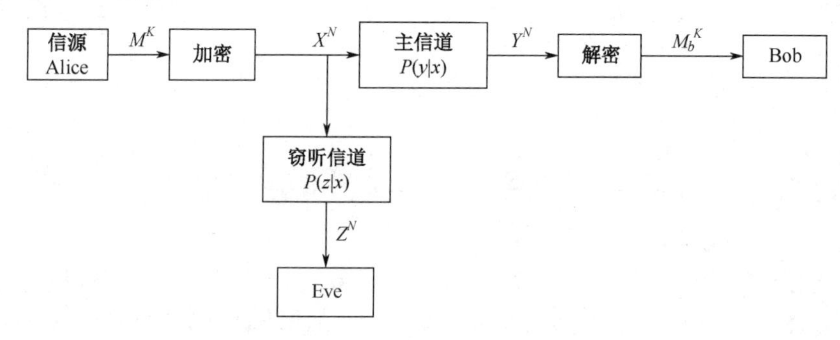

图 4.4.2　窃听（wiretap）信道加密模型

在 wiretap 信道中，窃听者和期望接收机都可以通过有噪信道观测到信源发射的编码信息。与 Shannon 模型类似，假设窃听者具有无穷的计算能力。Wyner 指出当窃听信道是主信道的退化信道时，发射机可以以非零速率发送完全保密的信息到达期望接收机。其主要思想是利用随机编码依照合适的概率分布将每个信息映射到多个码字，从而将信息流隐藏在恶化窃听信道的额外的噪声中，这样窃听者就存在一个最大的条件信息熵。如果能够确保窃听者的条件信息熵任意接近信息速率，则窃听者从其接收信号中几乎获取不到任何信源信息，这样即可称为达到了完全保密。该条件比 Shannon 所定义的完全保密条件要弱，也称为弱完全保密。弱完全保密的条件用公式表示为

$$\Pr\{M^k \neq M_b^k \big| Y^n\} \to 0 \tag{4.4.1}$$

$$\lim_{n\to\infty}\frac{1}{n}I(M^k;Z^n)=0 \tag{4.4.2}$$

其中，式（4.4.1）表示合法接收者 Bob 的误码率趋近于0；（4.4.2）表示窃听者得到的平均码元互信息为0。

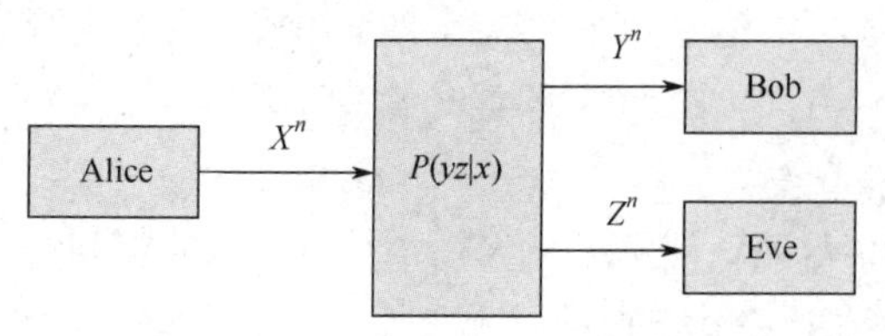

图 4.4.3　离散无记忆广播信道模型

我们的目标是使 $I(X;Z)$足够小的情况下保证 Bob 获得的信息量足够大，在完善保密的密码系统中，不管 Eve 使用多长的时间以及有多大的运算能力，他采用任何破译方法都不会比在未知密文的情况下对明文进行随机猜测强。

而此模型（图 4.4.3）的基础理论是基于信道的

互易性、差异性和唯一性，信道的互易性是能够保证 Bob 正确接收 Alice 发送信息的理论基础；信道的差异性和唯一性是能够保证 Alice 发送信息不被 Eve 窃听的理论基础。

此处的等效信道物理层安全模型具有以下 3 点贡献。

（1）窃听者无法获得信道先验知识，增加了信道估计的难度。模型中，可通过合法接收用户 Bob 发送训练序列，Alice 完成与 Bob 的同步，这与现有通信系统的同步过程相反。由于 Alice 不发送训练序列，Eve 缺少必要的训练数据，增加了对窃听信道特征进行估计的难度。Eve 缺少了对信道的先验知识，即使接收到有效信号，也难以直接完成解调，无法获得发送信息。

（2）利用等效的思想，加密模块与自然信道构成等效信道。模型充分利用信道时域特征设计加密模块，加密模块与主信道形成稳定的信道，便于 Bob 接收；与窃听信道形成随机快变信道，干扰 Eve 接收。

（3）信道时域特征在模型中充分体现。利用慢变情况下信道时域特征的互易性，设计加密模块，保证 Bob 正确接收 Alice 发送的信息。利用信道的差异性和唯一性保证 Alice 发送信息不被 Eve 窃听。

可见，物理层安全的研究对象是寻找一种针对合法用户的安全方法（如加密、认证和人工加扰等技术手段），使得系统的安全性能指标（一般使用保密速率/容量、中断概率，信息截获概率等）最优化。

4.4.2　保密容量的定义

为了评价保密系统的性能，Wyner 首次提出了保密容量的概念，这是上述模型中的一个重要的安全指标。保密容量定义为在满足保密条件时，合法信道所能达到的最大的有用信息传输速率。

Csiszár 和 Koerner 于 1978 年定义了离散无记忆广播信道下的保密容量

$$C_S = \max_{\substack{P(u,x)\\ U-X-YZ}} \left[I(U;Y) - I(U;Z) \right] \tag{4.4.3}$$

表示合法接收者与窃听者所获得平均互信息的差的最大值。其中，U 为引入的辅助变量。

S. K. Leung-Yan-Cheong 等学者进一步推导了高斯信道下的保密容量

$$C_s = \max\left[\mathrm{lb}(1+\gamma_B) - \mathrm{lb}(1+\gamma_E) \right]^+$$

其中，γ_B 和 γ_E 分别表示合法接收者和窃听者的信噪比；$x^+ = \max(x,0)$。

2008 年，Y. Liang 研究了无线衰落信道下的保密通信。在衰落信道下保密容量可以表示为遍历保密容量和中断保密容量两种方式。遍历保密容量由瞬时保密容量求数学期望得到，描述了长期的平均性能，定义为

$$C_S^{avr} = E\left\{ \max\left[\mathrm{lb}(1+\gamma_B) - \mathrm{lb}(1+\gamma_E) \right]^+ \right\}$$

中断保密容量描述了瞬时性能。给定一个概率值 $\varepsilon \in (0,1)$，中断保密容量定义为保密中断概率等于 ε 时的最大传输速率 R_S

$$C_S(\varepsilon) = R_S \left| \Pr\left\{ R_S \geqslant \max\left[\mathrm{lb}(1+\gamma_B) - \mathrm{lb}(1+\gamma_E) \right]^+ \right\} \right| = \varepsilon$$

可以看到，无论是保密容量还是中断保密容量，其计算都需要知道窃听者的信道信息，而在实际应用中窃听者的信道信息往往未知。

Wyner 在窃听信道的研究中，假设了一种随机编码方式以证明存在达到保密容量的安全编码。后续研究表明实际上很多信道编码方式经过适当改变都可以达到保密容量的极限，如 LDPC 码、极化码、格型编码等。不同的编码方式都产生了一个类似的效果，即在确保合法用户通信可靠性的前提下，使得窃听者在比合法接收者信道状况稍差的情况下完全无法获得可辨识的信息。也就是说，只要窃听者的信道质量比主信道差，就一定能找到这样一种编码来进行保密通信。

4.4.3 物理层安全技术的主要研究方向

物理层安全技术的研究是 20 世纪 70 年代就已经提出的课题，从 20 世纪 90 年代初期开始，其研究就步入了迅速发展阶段，成为国内外研究的热点之一，集中出现了大量的研究成果。1993 年，Maurer 在关于密钥协商的研究工作中证明，即使主信道条件差于窃听信道，仍然有可能通过公共反馈信道产生密钥从而获得正的保密容量。这项研究极大地推动了物理层安全技术的发展。20 世纪 90 年代末期，贝尔实验室的 Telatar 与 Foschini 等分别提出了 MIMO 的概念，从此掀起了多天线系统研究的序幕。随着多天线系统的快速发展，物理层安全也取得了重大进展。

就目前的研究情况而言，物理层安全主要从以下 6 个方面进行研究。

（1）通信双方从无线信道特征（信号强度、多径信息等）提取和产生密钥，对收发信号进行加解密处理。

（2）基于无线信道特征的物理层安全通信技术，其使用信道频率响应变化的特性和利用无线信道的衰落特性作为用户认证依据以进行保密通信。

（3）利用物理层的空域传输冗余特性，采用多天线技术设计基于人工加扰和波束成形的物理层安全传输方法（波束成形技术利用窃听者和合法接收者的信道差异，使信号在每个天线上发送之前，乘上经优化的不同成形因子，使得合法接收者的信号能量达到最大，同时窃听者收到的信号能量最小，从而达到增强保密性能的目的；人工噪声技术通过发射经过特殊设计的噪声信号来干扰窃听者达到提升保密容量的效果，人工噪声与合法者的接收信道正交，所以不会对合法者性能构成影响）

（4）通过研究新的信道编码来实现私密信道容量，即研究新的安全编码方法。

（5）通过物理层的网络编码来达到成倍加快信息传输率，执行过程中伪装了数据，并且能有效地承载数据，所以实际上增强了信息的安全性，要比在网络上传输不可破译的算法流的传统加密技术更安全。

（6）物理层鉴权技术，即利用物理层信号的细微特征来识别设备硬件的唯一性，以达到设备鉴权的目的。卫星通信和雷达系统中的射频指纹技术可以应用于无线通信系统的物理层鉴权。

本章小结

本章详细描述了波形信源的信息测度——微分熵，进一步分析了其性质；以高斯信道为重点，讨论了波形信道的信道容量计算问题。推导了香农公式，给出了其对于通信工程的指导意义。最后引入了保密容量与物理层安全进行拓展分析。

习题

4.1 设有一连续随机变量，其概率密度函数为

$$p(x)=\begin{cases} A\cos x, & |x|\leqslant \dfrac{\pi}{2} \\ 0, & 其他 \end{cases}$$

又有 $\int_{-\frac{\pi}{2}}^{\frac{\pi}{2}} p(x)\mathrm{d}x=1$。试求这随机变量的熵。

4.2 计算连续随机变量 X 的微分熵

（1）指数概率密度函数，$p(x)=\lambda \mathrm{e}^{-\lambda x}, x\geqslant 0\ (\lambda>0)$。

（2）拉普拉斯概率密度函数，$p(x)=\frac{1}{2}\lambda e^{-\lambda x}, -\infty<x<\infty\ (\lambda>0)$。

4.3 设有一连续随机变量，其概率密度函数为

$$p(x)=\begin{cases} bx^2, & 0\leqslant x\leqslant a \\ 0, & 其他 \end{cases}$$

试求这随机变量的熵。又若 $Y_1=X+K(K>0)$，$Y_2=2X$，试分别求出 Y_1 和 Y_2 的熵 $h(Y_1)$ 和 $h(Y_2)$。

4.4 有一信源发出恒定宽度，但不同幅度的脉冲，幅度值 x 处在 a_1 和 a_2 之间。此信源连至某信道，信道收端接收脉冲的幅度 y 处在 b_1 和 b_2 之间。已知随机变量 X 和 Y 的联合概率密度函数

$$p(xy)=\frac{1}{(a_2-a_1)(b_2-b_1)}$$

试计算 $h(X)$、$h(Y)$、$h(XY)$ 和 $I(X;Y)$。

4.5 设某连续信道，其特性如下

$$p(y\,|\,x)=\frac{1}{\alpha\sqrt{3\pi}}e^{-(y^2-\frac{1}{2}x)^2/3\alpha^2}\quad(-\infty<x,y<\infty)$$

而信道输入变量 X 的概率密度函数为

$$p(x)=\frac{1}{2\alpha\sqrt{\pi}}e^{-(x^2/4\alpha^2)}$$

试计算

（1）该信源的微分熵 $h(X)$。

（2）平均互信息 $I(X;Y)$。

4.6 设某一信号的信息率为 5.6kbit/s，噪声功率谱为 $N_0=5\times10^{-6}$mW/Hz，在带限 B=4kHz 的高斯信道中传输。求无差错传输需要的最小输入功率 P 是多少？

4.7 一个平均功率受限制的连续信道，其通频带为 1MHz，信道上存在白色高斯噪声。

（1）已知信道上的信号与噪声的平均功率之比为 10，求该信道的信道容量。

（2）若信道上的信号与噪声的平均功率之比降至 5，要达到相同的信道容量，信道通频带应该多大？

（3）若信道通频带减少为 0.5MHz，要保持相同的信道容量，信道上的信号与噪声的平均功率比值应等于多大？

4.8 在图片传输中，每帧约为 2.25×10^6 像素，为了能很好地重现图像，需分 16 个亮度电平，并假设亮度电平等概率分布。试计算每秒钟传送 30 帧图片所需信道的带宽（信噪功率比为 30dB）。

4.9 请查阅相关资料，完成一篇关于香农公式指导通信技术发展的论文。

4.10 请查阅相关资料，进行物理层安全现状分析，并探索其实际的应用场景，完成一篇报告。

相关小知识——Massive MIMO

Massive MIMO（大规模多输入多输出）技术是 5G 网络中的关键技术之一，它是 MIMO 技术的扩展和延伸。MIMO 技术是在发端和收端使用多根天线，在收发之间构成多个信道的天线系统，对于提高信息传输的峰值速率与可靠性、扩展覆盖、抑制干扰、增加系统容量、提升系统吞吐量有着重要作用，MIMO 技术早在 4G 时代就已经被广泛应用。4G 基站中通常具有 4、8 或多至 16 根天线，而 5G 基站通常具有 128、256 甚至更多天线数量因此称为“大规模”的 MIMO。相较于 4G，

5G 的主要需求之一是支持 1000 倍的更大容量，且具有与蜂窝系统相似的成本和能力损耗。容量的增加，需要更多频谱，每个区域更大数量的基站，以及每个小区的频谱效率的提高。在 5G 中，Massive MIMO 技术大大提高了每个小区的频谱效率。

Massive MIMO 技术中的关键在于波束赋形（Beamforming）。波束赋形技术是根据特定场景自适应地调整天线阵列辐射图的一种技术。传统的单天线通信方式是基站与手机间天线到天线的单通道间电磁波传播，在没有物理调节的情况下，其天线辐射方位是固定的，导致同时同频可服务的用户数受限。而在波束赋形技术中，基站侧拥有多根天线，可以自动调节各个天线发射信号的相位，使其在手机接收点形成电磁波的有效叠加，产生更强的信号增益来克服损耗，从而达到提高接收信号强度的目的。通信系统中，天线的数目越多、规模越大，波束赋形能够发挥的作用也就越明显。进入 5G 时代后，随着天线阵列从一维扩展到二维，波束赋形也发展成了立体多面手，能够同时控制天线方向图在水平方向和垂直方向的形状，演进为 3D 波束赋形（3D-Beamforming）。3D 波束赋形使基站针对用户在空间的不同分布，将信号更加精准地指向目标用户，即在同一时间和频率资源上为多个用户提供服务，从而显著提高网络的容量和频谱利用率，也为提升用户通信的安全性提供一定程度的保障。

在追求高速移动通信速率、大信道容量的 5G 时代，Massive MIMO 技术具有以下优点。

（1）更精确的 3D 波束赋形，提升终端接收信号强度。

（2）同时同频服务更多用户，提高网络容量。

（3）有效减少小区间的干扰。

（4）更好地覆盖远、近端小区。

5G Massive MIMO 技术广泛应用于增强移动带宽、海量机器类型通信和低时延高可靠 3 种典型应用场景。例如，通过灵活调整波束实现高层楼宇信号覆盖，通过提高频谱空间利用效率实现音乐会，大型商场等热点区域的信号覆盖等。如今，其在 6GHz 以上及 6GHz 以下的部署场景中有着广泛和不可或缺的应用。

在未来的移动通信发展中，Massive MIMO 技术将得到进一步的提升。日前，工业和信息化部发布了新版《中华人民共和国无线电频率划分规定》（工业和信息化部令第 62 号，以下简称《划分规定》），将于 7 月 1 日起正式施行。率先在全球将 6425～7125MHz 频段划分用于 5G/6G 系统，布局 6G 研发。目前，我国在超大规模多输入多输出（MIMO）、太赫兹通信、通感一体、内生 AI 通信、确定性网络、星地一体化网络等关键技术均已取得了重要进展。

第 5 章　信源压缩编码基础

信源压缩编码是提高传输有效性的重要手段，它通过对信源输出的信息进行有效变换，达到适合信道传输的目的，且使变换后的新信源的冗余度尽量减少。从编码前后信息量是否有损的角度，可将其分为无失真信源编码和限失真信源编码两种，香农信息论中的无失真可变长信源编码定理和保真度准则下的信源编码定理分别给出了这两类信源编码的理论极限。

香农信息论认为，信源的冗余度主要来自两个方面：一是信源样点之间的相关性；二是信源符号概率分布的不均匀性。因此，减少信源冗余度有两种基本途径，一是去除或降低信源样点间的相关性，如预测编码和变换编码都是有效方法，二是去除信源符号概率分布冗余度，统计编码就是一种典型的代表。上述方法现已相当成熟，并已被有关压缩编码的国际标准所采用，在实际中得到了广泛应用。目前，针对各种信源的不同特点，也使用小波变换编码、分形编码、模型编码、语音参数编码等方法，如二维图像的相似特性、人脸图像的框架模型、语音信号的声学特征等进行处理，从而得到了完全不同的结果，也使压缩编码理论和技术的研究呈现出百花齐放的局面。

压缩编码基本理论

信源编码

Fundamentals of source coding

本章引入香农两大信源编码定理，然后介绍三大经典信源编码的基本思路与主要方法，从而便于读者建立起信源压缩编码的基本概念。

5.1　无失真可变长信源编码定理

5.1.1　信源编码器

由第 2 章的讨论可知，一般离散信源中信源符号的概率分布都存在着不同程度的不均匀性，因而信源存在冗余度，从而使信道的信息传输率比较低，难以达到其最大值——信道容量，降低了通信效率。解决这一问题的办法是对信源进行压缩编码。

信源编码的实质是对信源的原始符号按一定规则进行变换，以新的编码符号代替原始信源符号，从而降低原始信源的冗余度。香农第一定理主要研究无失真信源编码。

图 5.1.1 所示为一单符号信源无失真编码器。其中 S 为原始信源，共有 $a_1,\cdots,a_q$ 等 q 个信源符号，X 为编码器所用的编码符号集，包含 r 个码符号 $x_1,\cdots,x_r$，当 r=2 时即为二元码；C 为编码器输出的码字集合，共有 $W_1,\cdots,W_q$ 等 q 个码字，与信源 S 的 q 个信源符号一一对应，且其中每个码字 W_i 是由 l_i 个编码符号 x_{i_j} 组成的序列（$x_{i_j}\in \mathrm{X}$，$j=1,2,\cdots,l_i$），l_i 称为码字 W_i 的码长。全体码字 W_i 的集合 $\boldsymbol{C}$ 称为码，等价地表示一种特定的编码方法。

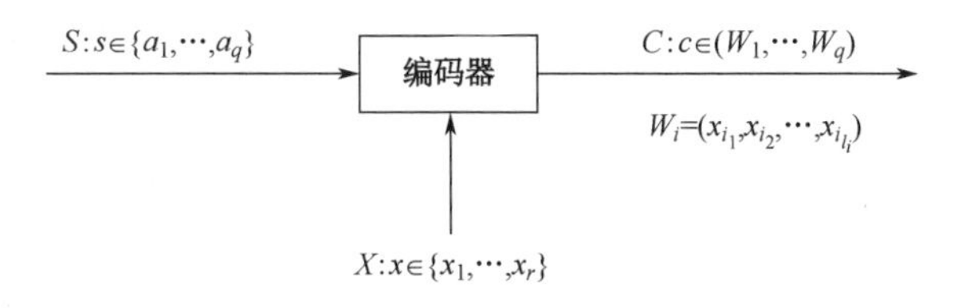

图 5.1.1　单符号信源无失真编码器

编码的过程即是按照一定的规则，将信源的各个原始符号 a_i 表示成码字 W_i 输出，而 W_i 是由若

干个码元 x_{i_j} 组成的序列。因此，编码就是从信源符号到码符号组成的码字之间的一种映射。要实现无失真编码，这种映射必须是一一对应的，故要求码是唯一可译码。

定义 5.1.1 若某一种码的任意一串有限长的符号序列只能被唯一地译成所对应的信源符号，则该码称为**唯一可译码**。

从后面的例子可以看到唯一可译码是存在的。

在图 5.1.1 所示编码器中，各码字 W_i 的码长 l_i 可以相同，也可以不同，前一种情况为等长编码，后一种情况为可变长编码。两种方法都可以压缩信源的冗余度，但在编码效率相同的前提下，等长编码要比可变长编码复杂得多，因此，一般常用的都是可变长编码。

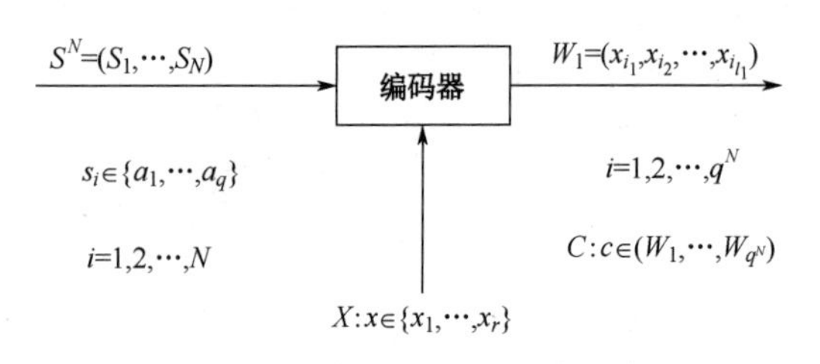

图 5.1.2 N 次扩展信源无失真编码器

以上讨论了单符号的无失真编码，为提高编码效率，可采取对无记忆信源的扩展信源进行编码，通过加大信源的分组长度即增加编码复杂程度为代价，来提高编码的有效性。图 5.1.2 所示为 N 次扩展信源的无失真编码器。

此时信源符号共有 q^N 个，相应的输出码字也有 q^N 个（但码元仍取自 $X=\{x_1,\cdots,x_r\}$），易知其编码复杂程度要大得多。

设对 S^N 中符号 α_i 编码的码长为 l_i，则对 S^N 中所有符号编码的平均码长为 $\overline{L}_N=\sum_{i=1}^{q^N}P(\alpha_i)l_i$，而等价地对原始信源 S 中各符号编码的平均码长为 $\dfrac{\overline{L}_N}{N}$。因此，对 S^N 进行无失真编码后得到一个由码符号组成的新信源 X，由于 $\dfrac{\overline{L}_N}{N}$ 个码符号代表的信息量为 $H(S)$，因此 X 的熵（即信源经编码后信息传输率）为

$$R=H(X)=\frac{H(S)}{\dfrac{\overline{L}_N}{N}}\text{比特 / 码符号} \tag{5.1.1}$$

各种编码方法的有效性以编码效率 η 来表示。由于编码后信源 S 的信息量不变，而 $\dfrac{\overline{L}_N}{N}$ 位 r 元码所能携带的最大信息量为 $\dfrac{\overline{L}_N}{N}\mathrm{lb}r$，因此有

定义 5.1.2 若用 r 元码对信源 S^N 进行编码，设 S 中每个符号所需的平均码长为 $\dfrac{\overline{L}_N}{N}$，则定义

$$\eta=\frac{H(S)}{\dfrac{\overline{L}_N}{N}\mathrm{lb}r} \tag{5.1.2}$$

为该码的**编码效率**。

从下面的例子可以看到，对 N 次扩展信源进行编码可大大提高编码效率。

【例 5.1.1】 对二元离散无记忆信源 S 进行无失真编码

$$\begin{bmatrix}S\\P(s)\end{bmatrix}=\begin{bmatrix}S_1, & S_2\\ \dfrac{3}{4}, & \dfrac{1}{4}\end{bmatrix}$$

其信源熵为

$$H(S)=\frac{1}{4}\text{lb}4+\frac{3}{4}\text{lb}\frac{4}{3}=0.811\ \text{bit/sign}$$

用二元码符号{0,1}对 S 编码，将 S_1 编成 0，S_2 编成 1，则可得

平均码长　　　$\overline{L}_1=1$

编码效率　　　$\eta_1=\dfrac{H(S)}{\overline{L}_1\bullet\text{lb}2}=0.811$

信息传输率　　$R_1=\dfrac{H(S)}{\overline{L}_1}=0.811$　bit/code

若对 S 的二次扩展信源 S^2 进行如表 5.1.1 所示的编码。

表 5.1.1　例 5.1.1 的二次扩展信源编码表

a_i	$P(a_i)$	码 C	l_i
S_1S_1	$\frac{9}{16}$	0	1
S_1S_2	$\frac{3}{16}$	10	2
S_2S_1	$\frac{3}{16}$	110	3
S_2S_2	$\frac{1}{16}$	111	3

此码的平均码长为

$$\overline{L}_2=\frac{9}{16}\times1+\frac{3}{16}\times2+\frac{3}{16}\times3+\frac{1}{16}\times3=1.688$$

等价成信源 S 中每一符号所需的平均码长为

$$\frac{\overline{L}_2}{2}=0.844$$

编码效率为

$$\eta_2=\frac{0.811}{0.844}=0.961$$

信息传输率

$$R_2=0.961\quad\text{bit/code}$$

可见对二次扩展信源 S^2 进行适当的编码后，编码效率与信息传输率均得到了提高。需要注意，表 5.1.1 所示码 C 的特点是对出现概率大的信源符号用短码，对小概率信源符号用长码，这样才能使码 C 的平均码长 $\overline{L}_2$ 最短。否则将得到相反的结果。

进一步提高信源 S 的扩展次数 N，然后编码，可得

N=3：　η_3=0.985，

$$R_3=0.985\quad\text{bit/code}$$

N=4：　η_4=0.991，

$$R_4=0.991\quad\text{bit/code}$$

可见，随着信源扩展次数的增加，编码效率越来越接近 1，信息传输率 R，即新信源 X 的熵 $\boldsymbol{H}(\boldsymbol{X})$ 也越来越接近二元信源的最大熵 H_0=log2=1bit/code。因此，提高信源的扩展次数，可以有效地提高信源编码效率，从而提高通信的有效性。

5.1.2　无失真可变长信源编码定理

定理 5.1.1（**无失真可变长信源编码定理，即香农第一定理**）设 $S^N=\{\alpha_1,\alpha_2,\cdots,\alpha_{q^N}\}$ 为 q 元

离散无记忆信源 S 的 N 次扩展信源，若对 S^N 进行编码，码符号集 $\{x_1,x_2,\cdots,x_r\}=X$，则总可以找到一种编码方法构成唯一可译码，使信源 S 中每个符号所需的平均编码长度 $\frac{\overline{L}_N}{N}$ 满足

Variable-length source coding

$$\frac{H(S)}{\mathrm{lb}r}\leqslant\frac{\overline{L}_N}{N}\leqslant\frac{H(S)}{\mathrm{lb}r}+\frac{1}{N} \tag{5.1.3}$$

且当 $N\to\infty$ 时有

$$\lim_{N\to\infty}\frac{\overline{L}_N}{N}=\frac{H(S)}{\mathrm{lb}r}\triangleq H_r(S) \tag{5.1.4}$$

$\frac{\overline{L}_N}{N}$ 表示信源 S 中每个符号编码所需的平均码长。此处用 $\frac{\overline{L}_N}{N}$ 而不用 $\overline{L}$ 表示，是因为这个平均值不是直接对 S 中的每个信源符号 s_i 进行编码获得的，而是通过对扩展信源 S^N 中的符号 α_i 进行编码获得的（当 N=1 时，则表示对信源 S 直接进行编码）。

定理 5.1.1 是香农信息论的主要定理之一。该定理指出，要实现无失真的信源编码，编码后每个信源符号平均所需的最小 r 元码位数就是原始信源的熵值 $H_r(S)$（以 r 进制表示信息量测度）。而香农第一定理的逆定理指出，若平均编码码长小于信源的熵值，则唯一可译码不存在，在译码时必然要引起失真。因此，要保证信源编码无失真，平均码长的极限值即为信源的熵值。

定理 5.1.1 还表明，通过增加扩展信源的次数 N，即让输入编码器的信源分组长度 N 增大，可使编码平均码长 $\frac{\overline{L}_N}{N}$ 达到下限值。显然，减少平均码长所付出的代价是增加了编码的复杂性。

当平均码长达到极限值 $\frac{H(S)}{\mathrm{lbr}}$ 时，根据式（5.1.2）知此时编码效率

$$\eta=\frac{H(S)}{\frac{\overline{L}_N}{N}\mathrm{lb}r}=1$$

即编码达到了最高效率，编码后得到的新信源 X 的剩余度为 0。同时由式（5.1.1）可知，信源经编码后的信息传输率为 $R=H(X)=\mathrm{lb}r$，此即为 r 元离散无记忆信源 X 中 r 个符号等概分布时的最大信源熵，说明编码后新信源 X 已达到了等概分布，它与信源剩余度为 0 是完全等价的。

设信源 S 共有 q 个符号，则编码前信源的效率为 $\frac{H(S)}{\mathrm{lb}q}$。而实施最佳无失真编码后，编码效率达到 1，因此编码的压缩倍数为 $\frac{1}{\frac{H(S)}{\mathrm{lb}q}}=\frac{\mathrm{lb}q}{H(S)}$。可见原始信源的熵越小，即信源剩余度越大，则最佳编码的压缩倍数越大。又由香农第一定理知，当实现最佳编码时，有 $\frac{\overline{L}_N}{N}=\frac{H(S)}{\mathrm{lb}r}$，故压缩倍数为 $\frac{1}{\frac{\overline{L}_N}{N}}\times\frac{\mathrm{lb}q}{\mathrm{lb}r}$，与平均码长 $\frac{\overline{L}_N}{N}$ 成反比。显然编码的平均码长越短，则压缩倍数越高。

习惯上，我们都以二元码表示编码的码字，此时 r=2，即 X={0,1}，则式（5.1.3）化为

$$H(S)\leqslant\frac{\overline{L}_N}{N}<H(S)+\frac{1}{N} \tag{5.1.5}$$

即平均码长的极限值为 $H(S)$，且达到此极限值时，编码的信息传输率为

$$R=\mathrm{lb}2=1\quad \text{bit/code}$$

定理 5.1.1 的结论可推广到有记忆的平稳信源，此时有

$$\lim_{N\to\infty}\frac{\overline{L}_N}{N}=\frac{H_\infty}{\text{lb}r} \tag{5.1.6}$$

式中，H_∞为有记忆信源的极限熵。

5.2　保真度准则下的信源编码定理

5.2.1　失真度与信息率失真函数

在 5.1 节中，香农无失真可变长信源编码定理告诉我们：采用无失真最佳信源编码可使得用于每个信源符号的编码位数尽可能地少，但它的极限是原始信源的熵值。超过了这一极限就不可能实现无失真的译码。但实际需要传输的信源，其信息传输率往往超过传输信道的信道容量。例如，模拟信号理论上具有无限宽的信号频带与无限高的取值精度，因而具有无限大的信息传输率；即便是数字信号的传输，由于信道资源或经济因素的限制，也往往出现信道容量不能支持信息传输率的情况，因此传输过程的失真与差错是不可避免的。

另外，在实际生活中，人们一般并不要求完全无失真地恢复消息，而只要求在一定保真度的前提下近似地再现原来的消息，也就是允许有一定的失真存在。例如，音频信号的带宽是 20～20 000Hz，但只要取其中一部分即可保留主要的信息。在公用电话网中选取音频带宽中的 300～3 400Hz 即可使通话者较好地获取主要信息；在要求有现场感的语音传输中，取 50～7 000Hz 的频带即可较好地满足要求。在图像通信中情况也是如此。广播式电视中的图像分辨率是 500～600 行；会议电视的图像分辨率有 200～300 行即可满足使用要求；而在可视电话通信中，传输的图像分辨率有 100～150 行就能满足基本要求。可见不同的用途允许不同大小的失真存在。

由综上所述可知，完全不失真的通信既无必要也不可能。

那么在允许一定失真存在的条件下，能够把信源信息压缩到什么程度呢？这是香农信息论研究的又一个重点，香农第三定理即为保真度准则下的信源编码定理。

图 5.2.1 所示为一个典型的信息传输系统，它包含了限失真信源编码、无失真信源编码、信道编码以及各自相应的译码部分。

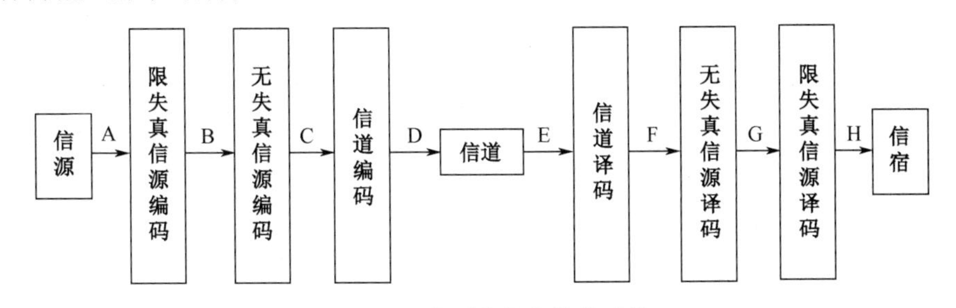

图 5.2.1　典型的信息传输系统

由于现在主要研究信源编码，因此可将图 5.2.1 中 C 点至 F 点看作一个广义信道，可暂不考虑。而本节中我们着重研究限失真信源编码，故图 5.2.1 中从 B 点至 G 点均可略去不考虑，只保留限失真信源编、译码器。

在限失真信源编码的情况下，信源的编译码会引起接收信息的错误，这一点与信道干扰引起的错误可作类比。为了便于讨论，我们将信源的限失真编译码的效果等同于一个“试验信道”。设信源发出符号 U 后，经试验信道得到符号 V，如图 5.2.2 所示。

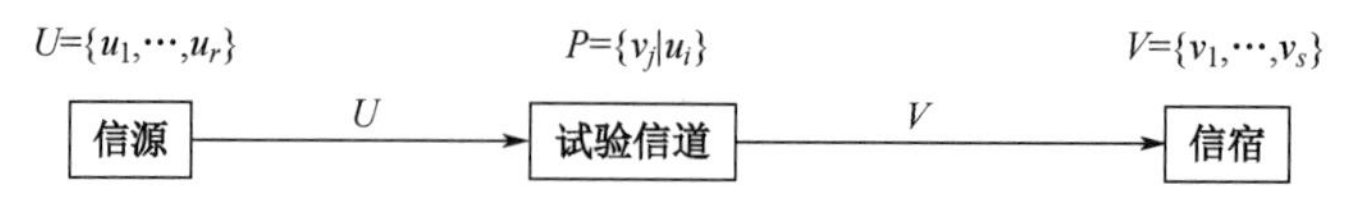

图 5.2.2 限失真信源编译码系统的等效框图

限失真信源编译码引起的错误可看作试验信道的转移概率 $P(v_j \mid u_i)$ 产生的结果。各种不同信源编码方法的失真效果可通过试验信道的不同信道转移矩阵反映出来。

为了描述此试验信道引起的失真大小，对于每一对输入、输出符号(u,v)，可定义相应的单符号失真度

$$d(u_i,v_j)\geqslant 0, \quad i=1,2,\cdots,r; \quad j=1,2,\cdots,s$$

我们用 $d(u_i,v_j)$ 来测度信源发出一个符号 u_i 而在收端再现成接收符号 v_j 时所引起的误差或失真。通常较小的 d 值代表较小的失真，$d=0$ 表示没有失真。

根据评价准则的不同，失真度 $d(u_i,v_j)$ 可有多种不同的定义方法，视具体需要而定，如对二元对称信源$(r=s=2)$，可定义失真度为

$$d(u_i,v_j)=\begin{cases}0, & u_i=v_j\\ 1, & u_i\neq v_j\end{cases}$$

也可定义失真度为

$$d(u_i,v_j)=(u_i-v_j)^2$$

对于所有 i、j，由于信源 U、信宿 V 均为随机变量，因此还必须定义平均失真度，以表示收到信源发出一个符号后引起的平均失真。平均失真度定义如下。

$$\overline{D}=E[d(u_j,v_i)]=E[d(u,v)] \tag{5.2.1}$$

对于给定信源，当规定了允许的失真值 D 以后，我们即可研究限失真信源编码的实质问题了。5.1 节的香农第一定理告诉我们：只要编码后用于每个原始信源符号的编码位数不小于信源的熵值，则总可以找到无失真的信源编码方法。换言之，如果原始信源的熵值越小（信源剩余度越大），我们就可用越少的编码位数来表示信源符号，而译码时仍然能够保证不失真。在图 5.2.1 中即表现为：如果 B 点的信息熵值越小，我们就可用越少的编码位数对信源符号进行无失真编码，使 C 点的信息传输率越大，从而实现尽可能高的通信效率。因此，在图 5.2.1 中，限失真信源编码应使 B 点的信息熵越小越好，也就是使图 5.2.2 中试验信道的信息传输率 $R=I(U;V)$ 应该越小越好。当然这种信息量的压缩必须满足译码平均失真不超过允许失真值的前提条件。

由第 2 章可知，信息传输率 $I(U;V)$ 是信道转移概率 $P(v\mid u)$ 的∪型凸函数（此处 $P(v\mid u)$ 代表各种编码方法的效果），因此我们需要知道满足保真度的条件 $(\overline{D}\leqslant D)$ 下，对于各种 $P(v_j\mid u_i)$ 分布，$I(U;V)$ 所能取到的最小值，故定义

$$R(D)=\min_{\{P(v_j|u_i),\overline{D}\leqslant D\}}\{I(U;V)\} \tag{5.2.2}$$

$R(D)$称为**信息率失真函数**，简称率失真函数，单位为比特/符号。率失真函数表示在满足保真度准则的前提下，相应于所有可能的有失真信源编码方法的信息传输率之下限。根据前面的讨论，我们当然希望存在最佳的有失真编码方法，能使编码后的信息传输率达到此下限值 $R(D)$，而译码的平均失真 $\overline{D}$ 又不超过给定的允许失真值 D。香农的保真度准则下的信源编码定理（即香农第三定理）表明，这样的最佳编码是存在的。

对于给定的信源和允许失真 D 以及相应的失真测度，率失真函数 $R(D)$总是存在的，但 $R(D)$的计算非常复杂，许多情况下往往难以求得精确的解，目前这方面的研究正在进展当中。但作为衡量限定失真条件下信源可压缩程度的指标，它是一种客观的存在。我们注意到率失真函数 $R(D)$的定义式与信道容量 C 的定义式呈现出某种有趣的对称性。

由第 3 章可知，信道容量 C 的定义为

$$C = \max_{P(x)}\{I(X;Y)\}$$

C 是对特定的信道而言的，它以信源分布 $P(x)$为参变量，是在信源取得最佳分布时信道所能传输的最大信息量。信道容量一旦求得，即与具体的信源分布无关了。对于特定的信道，我们希望其信道容量越大越好。图 5.2.3 所示为信道容量 C 与信道信息传输率 $I(X;Y)$ 及信源分布 $P(x)$关系示意图。

而率失真函数 $R(D)$[定义如式（5.2.2）]是对特定信源而言的，它是在满足 $\overline{D} \leqslant D$ 的前提下以试验信道的转移概率 $P(v_j \mid u_i)$ 为参变量，当出现最佳的信道转移特性（最佳编码方法）时信源必须输出的最小信息量。我们希望 $R(D)$的值越小越好，以利于后续的无失真压缩编码。图 5.2.4 所示为率失真函数 $R(D)$与信息传输率 $I(U;V)$ 及转移概率 $P(v \mid u)$ 关系示意图。从图中可以看到，$I(U;V)$ 是关于 $P(v \mid u)$ 的 ∪ 型凸函数，在满足平均失真 $\overline{D} \leqslant D$ 的条件下，$I(U;V)$ 可有较大的取值范围，$R(D)$ 正是其中的最小取值，而此时对应的信道转移概率 $P(v \mid u)$ 则代表着可能的最佳编码方法。

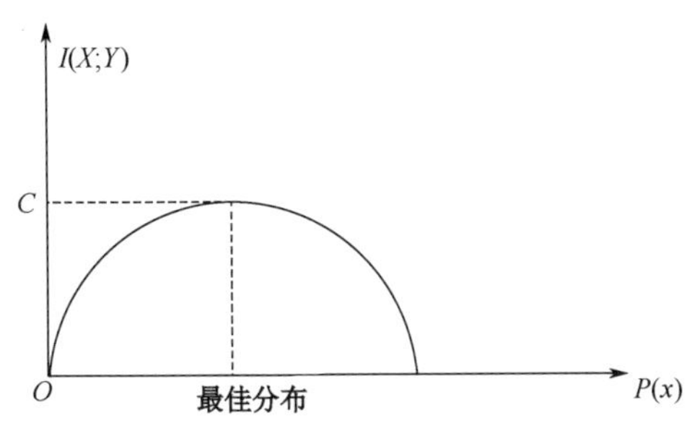

图 5.2.3　C 与 $I(X;Y)$ 、$P(x)$关系示意图

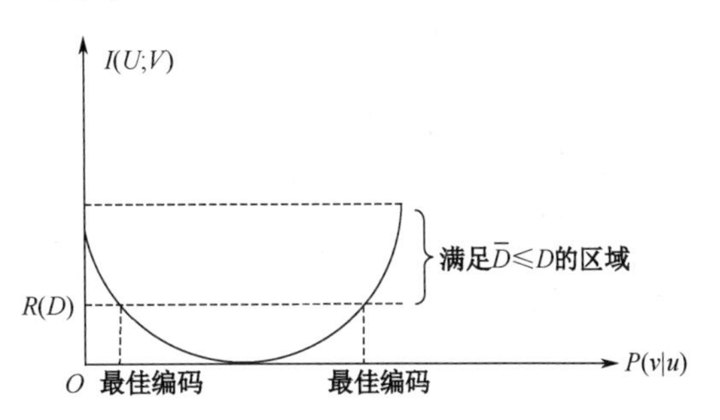

图 5.2.4　$R(D)$与 $I(U;V)$、$P(v_j \mid u_i)$ 关系示意图

5.2.2　保真度准则下的信源编码定理

香农第三定理

定理 5.2.1（**保真度准则下的信源编码定理，即香农第三定理**）设 $R(D)$为一离散无记忆信源的信息率失真函数，并且有有限的失真测度 D，则对于任意 $D \geqslant 0$，$\varepsilon > 0$，以及任意长的码长 k，一定存在一种码字个数为 $M \geqslant 2^{k[R(D)+\varepsilon]}$ 的信源编码，使编码后码的平均失真度 $\overline{D} \leqslant D$ 。

对于长度为 k 的 M 个码字（$M \geqslant 2^{k[R(D)+\varepsilon]}$）组成的码 C，编码后每个符号的信息传输率为

$$R = \frac{\text{lb}M}{k} \geqslant R(D) + \varepsilon$$

即 R 不小于率失真函数 $R(D)$，因此定理 5.2.1 的含义是：只要码长 k 足够长，总可以找到一种信源编码，使编码后的信息传输率略大于（直至无限逼近）率失真函数 $R(D)$，而码的平均失真度不大于给定的允许失真度，即 $\overline{D} \leqslant D$ 。由于 $R(D)$为给定 D 前提下信源编码可能达到的下限，因此香农第三定理表明，达到此下限的最佳信源编码是存在的。

香农第三定理的逆定理指出，如果编码后的信息传输率 $R < R(D)$，那么保真度准则 $\overline{D} \leqslant D$ 不再满足。因此，信源的率失真函数 $R(D)$确实是限定失真条件下信息压缩的极限。

限失真编码是在限定失真的前提下尽可能多地压缩信源的信息量，这一信息量压缩的极限就是信源的率失真函数 $R(D)$，在达到这一极限时信源具有最大的冗余度。显然，此时不能直接将其送上信道，而必须紧跟着做无失真编码，将有失真编码后存在的信源冗余度尽可能多地去除，而仅将其中的有用信息量[$R(D)$]送往信道，使传输效率达到最高。可见两者虽然直接目的正好相反，但实质上它们是相互依赖、相互补充的。

实际的信源编码（无失真编码或限失真编码后无失真编码）的最终目标是尽量接近最佳编码，

使编码信息传输率接近最大值 lb$r$，而同时又保证译码后能无失真地恢复信源的全部信息量 $H(S)$，或限失真条件下的必要信息量 $R(D)$。编码后信息传输率的提高使每个编码符号能携带尽可能多的信息量，从而使得传输同样多的信源总信息量所需的码符号数大大减少，使所需的单位时间信道容量 C_t 大大减少，或者在 C_t 不变的前提下使传输时间大大缩短，从而提高了通信的效率。

香农第三定理仍然只是一个存在性定理，至于最佳编码方法如何寻找，定理中并没有给出，因此有关理论的实际应用有待于进一步研究。如何计算符合实际信源的信息率失真函数 $R(D)$？如何寻找最佳编码方法才能达到信息压缩的极限值 $R(D)$？这是该定理在实际应用中存在的两大问题，它们的彻底解决还有赖于众多科学工作者坚持不懈的努力。尽管如此，香农第三定理毕竟对最佳限失真信源编码方法的存在给出了肯定的回答，为今后人们在该领域的不断深入探索提供了坚定的信心。

5.3 预测编码

5.3.1 预测编码的基本原理及预测模型

预测编码与变换编码

预测编码是用于消除时间序列样点之间相关性的基本方法。

随机的时间序列可用各种特定的统计模型加以描述。利用这些模型，我们就可能用系统在以前若干时刻的状态来预测当前的状态，然后将预测值与真实值相减，得到一个信息传输率大大减小了的新信源，再对其进行无失真编码，即可得到很高的压缩效率。因此，选取合适的时间序列模型和采用合适的预测方法对于信源预测编码是至关重要的。

研究表明：典型的时间序列概率模型如下。

1．自回归过程（AR 过程，Auto-Regressive process）

定义 5.3.1 设$\{Z_t\}$是均值为 0，方差为 σ^2 的白噪声过程，若随机过程$\{X_t\}$满足

$$X_t = a_1 X_{t-1} + a_2 X_{t-2} + \cdots + a_p X_{t-p} + Z_t \tag{5.3.1}$$

则称$\{X_t\}$为 p 阶**自回归过程**。

2．动平均过程（MA 过程，Moving-Average process）

定义 5.3.2 设$\{Z_t\}$是均值为 0，方差为 σ^2 的白噪声过程，若随机过程$\{X_t\}$满足

$$X_t = b_0 Z_t + b_1 Z_{t-1} + \cdots + b_q Z_{t-q} \tag{5.3.2}$$

则称$\{X_t\}$为 q **阶动平均过程**。

3．混合模型（ARMA 模型）

定义 5.3.3 MA 过程与 AR 过程的联合即为**混合模型**

$$X_t = a_1 X_{t-1} + \cdots + a_p X_{t-p} + Z_t + b_1 Z_{t-1} + \cdots + b_q Z_{t-q} \tag{5.3.3}$$

4．遍历平稳过程

若随机过程$\{X_t\}$在各时刻状态 $X_{t_1}, X_{t_2}, \cdots, X_{t_N}$ 的联合分布不随时间轴的平移而改变，则称为**强平稳过程**；若$\{X_t\}$仅满足均值与方差不随时间而改变，则称为**弱平稳过程**。

预测编码中常讨论遍历的平稳过程。

定义 5.3.4 平稳过程$\{X_t\}$称为**遍历过程**，是指$\{X_t\}$的任一样本 X_t' 的时间平均 $\overline{X_t}'$ 与任一 t_i 时刻变量 X_{t_i} 的集合平均 $E[X_{t_i}]$ 相等，即

$$\overline{X_t}' = \lim_{N\to\infty} \frac{1}{N} \sum_{n=0}^{N-1} X_n{}' = \int_{-\infty}^{\infty} p(x_{t_i}) x_{t_i} \mathrm{d}x_{t_i} = E[X_{t_i}] \tag{5.3.4}$$

实际的有记忆信源如语音、图像等常用 p 阶模型进行预测，而对语音信号进行预测编码时，一般将语音信号作为短时平稳遍历过程。

5.3.2　信源的线性预测编码

AR 模型的预测编码框图如图 5.3.1 所示。

压缩编码方法小结

在图 5.3.1 中，预测器根据 n 时刻之前 p 个时刻的输入值预测出 n 时刻的输入 x_n 的估计值 $\hat{x}_n$，$\hat{x}_n=\sum_{k=1}^{p}a_k x_{n-k}$，然后求出预测误差 $e_n=x_n-\hat{x}_n$，再对误差信号 e_n 进行量化及无失真编码。其中，量化器的作用是将精度较高的误差信号 e_n 用少数几个量化电平来表示，以减少 e_n 可能取的状态数，利于后续无失真编码过程提高压缩效率。

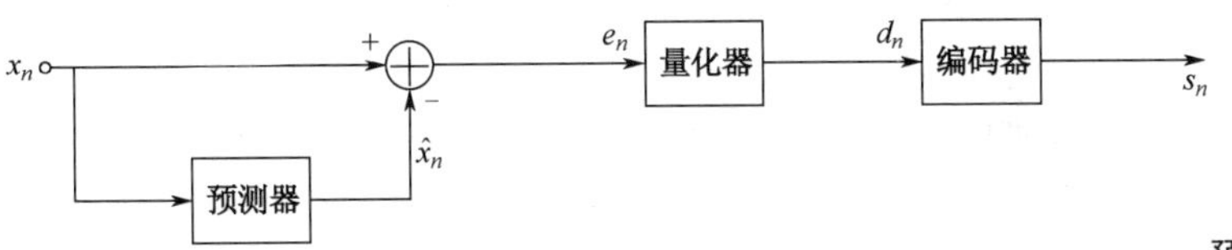

预测编码基本理论

图 5.3.1　AR 模型的预测编码框图

根据 AR 模型所做的预测是线性处理，故称为**线性预测**，记作 LPC（Linear Prediction Coding），显然，预测器的精确度越高，e_n 的平均幅度与平均功率就越小，则在同样的编码质量要求下，量化器就可以用更少的量化电平进行量化，编码效率相应也就越高。

由于量化器会引入量化误差，为使预测编码的系统性能最佳，需将图 5.3.1 中的量化器纳入预测环路中，这样得到图 5.3.2。

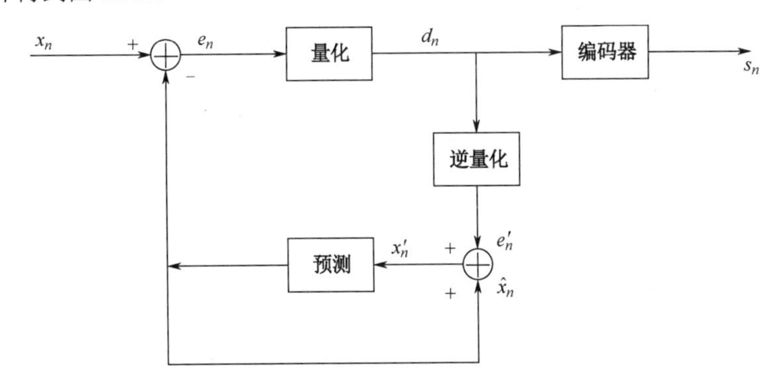

图 5.3.2　预测编码的改进框图

图 5.3.2 中若无量化器，则有 $e_n'=e_n$，从而 $x_n'=e_n'+\hat{x}_n=e_n+\hat{x}_n=x_n$，即预测器的输入就是 x_n，此时与图 5.3.1 框图完全等价。图 5.3.2 所示框图为预测编码原理的标准框图，其对应的收端译码框图如图 5.3.3 所示。其中由于传输差错及量化误差的影响，相应的变量将与发端有所区别。

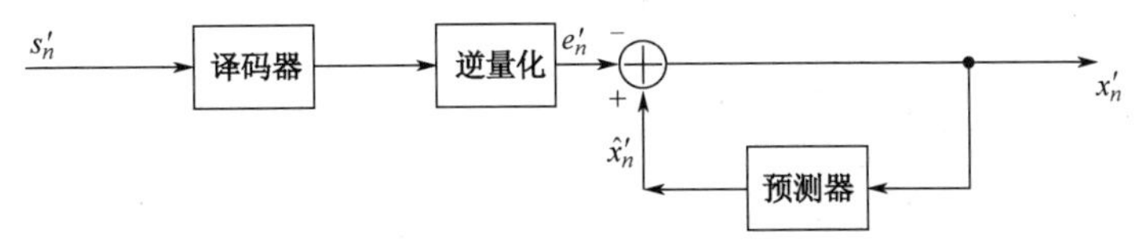

图 5.3.3　预测译码框图

根据 p 阶 AR 模型导出的线性预测编码有关变量表示式如下。

$$\hat{x}_n=\sum_{k=1}^{p}a_k x_{n-k} \tag{5.3.5}$$

$$e_n = x_n - \hat{x}_n = x_n - \sum_{k=1}^{p} a_k x_{n-k} \tag{5.3.6}$$

$$x_n = \sum_{k=1}^{p} a_k x_{n-k} + e_n \tag{5.3.7}$$

式（5.3.7）的 z 变换为

$$X(z) = \sum_{k=1}^{p} a_k X(z) z^{-k} + E(z)$$

所以

$$\frac{X(z)}{E(z)} = \frac{1}{1-\sum_{k=1}^{p} a_k z^{-k}} \stackrel{\Delta}{=} H(z) \tag{5.3.8}$$

此为等效的预测编码器的传递函数，它表示 AR 模型是一个全极点模型。而 MA 模型与 ARMA 模型相应地为全零点模型与极-零点模型。

进行线性预测编码必须确定预测阶数 p 和预测系数 $a_1, a_2, \cdots, a_p$。预测阶数 p 通常由实验得出（如语音线性预测编码大都取 p=12～16），而 p 个预测系数 $a_1 \cdots a_p$ 一般根据最小均方误差准则得出。

设 x_n 为确定信号，则对其进行线性预测的均方误差为

$$E = \lim_{N\to\infty} \frac{1}{N} \sum_{n=0}^{N-1} e_n^2 = \lim_{N\to\infty} \frac{1}{N} \sum_{n=0}^{N-1} (x_n - \sum_{k=1}^{p} a_k x_{n-k})^2 \tag{5.3.9}$$

为了书写简单，一般记作

$$E = \sum_n e_n^2 = \sum_n (x_n - \sum_{k=1}^{p} a_k x_{n-k})^2 \tag{5.3.10}$$

根据最小均方误差准则，对式（5.3.10）求偏导，并令 $\frac{\partial E}{\partial a_i} = 0 (i = 1, 2, \cdots, p)$

即

$$\frac{\partial E}{\partial a_i} = \sum_n 2(x_n - \sum_{k=1}^{p} a_k x_{n-k})(-x_{n-i}) = 0$$

或

$$\sum_n x_n x_{n-i} - \sum_n x_{n-i} \sum_{k=1}^{p} a_k x_{n-k} = 0$$

即

$$\sum_{k=1}^{p} a_k \sum_n x_{n-k} x_{n-i} = \sum_n x_n x_{n-i} \qquad (i = 1, 2, \cdots, p) \tag{5.3.11}$$

上式即为最佳预测系数必须满足的条件，称为**线性预测标准方程**。此时相应的最小预测误差功率为

$$\begin{aligned} E_P &= \sum_n (x_n - \sum_{k=1}^{p} a_k x_{n-k})^2 \\ &= \sum_n [x_n^2 - 2x_n \sum_{k=1}^{p} a_k x_{n-k} + \sum_{k=1}^{p} a_k x_{n-k} \sum_{l=1}^{p} a_l x_{n-l}] \\ &= \sum_n x_n^2 - 2\sum_{k=1}^{p} a_k \sum_n x_n x_{n-k} + \sum_{k=1}^{p} a_k [\sum_{l=1}^{p} a_l \sum_n x_{n-k} x_{n-l}] \\ &= \sum_n x_n^2 - 2\sum_{k=1}^{p} a_k \sum_n x_n x_{n-k} + \sum_{k=1}^{p} a_k \sum_n x_n x_{n-k} \\ &= \sum_n x_n^2 - \sum_{k=1}^{p} a_k \sum_n x_n x_{n-k} \end{aligned} \tag{5.3.12}$$

此处第 4 个等号引用了式（5.3.11）的结果。

式（5.3.11）与式（5.3.12）是求最佳预测系数及最小预测误差能量的重要方程。

x_n的定义范围及误差能量E极小化的求和范围可有两种不同的情况，分别可得到不同的结果。

（1）若 x_n 定义区间为$(-\infty,\infty)$，E 最小化的求和区间也为$(-\infty,\infty)$，则利用$\{x_n\}$的相关函数$R_i=\sum_{n=-\infty}^{\infty}x_n x_{n-i}$，式（5.3.11）可转化为

$$\sum_{k=1}^{p}a_k R_{i-k}=R_i \qquad (i=1,2,\cdots,p) \tag{5.3.13}$$

而式（5.3.12）为

$$E_p=R_0-\sum_{k=1}^{p}a_k R_k \tag{5.3.14}$$

由式（5.3.13）可知，此时a_k系数取决于信源序列的自相关函数，故此种条件下求解a_k的方法称为**自相关法**。

实际的求解过程不可能在$(-\infty,\infty)$区间上进行，故常对$\{x_n\}$做加窗预处理。

$$x_n'=\begin{cases}x_n W_n, & 0\leqslant n\leqslant N-1\\0, & 其他\end{cases}$$

式中，W_n为窗函数，常用的有矩形窗、汉明窗等。加窗使x_n限制在$[0,N-1]$范围内，

故此时有

$$R_i=\sum_{n=0}^{N-1-i}x_{n+i}x_n$$

已知$\{x_n\}$的相关函数R_i后，利用（5.3.13）式列出关于预测系数a_k的线性方程组，即可求得a_k了。

【例 5.3.1】 已知输入序列$\{x_n\}$的相关函数值$R_0=1$，$R_1=0.8$，$R_2=0.6$，预测阶数$p=2$，求线性预测系数a_1,a_2及最小误差能量E_p。

解　根据式（5.3.13）有

$$\begin{cases}a_1R_0+a_2R_{-1}=R_1\\a_1R_1+a_2R_0=R_2\end{cases}$$

由相关函数的偶对称性，$R_{-1}=R_1$，故得

$$\begin{cases}a_1+0.8a_2=0.8\\0.8a_1+a_2=0.6\end{cases} \tag{5.3.15}$$

解式（5.3.15）得　$a_1=0.89$，$a_2=-0.11$

再由式（5.3.14）得

$$E_p=R_0-(a_1R_1+a_2R_2)=0.35$$

（2）若令x_n定义区间为$(-\infty,\infty)$，而E极小化区间为$[0,N-1]$，由于$\sum_{n=0}^{N-1}x_{n-i}x_{n-k}\triangleq\varphi_{ik}$为$x_n$在$[0,N-1]$区间上的协方差函数，则式（5.3.11）、（5.3.12）可转化为

$$\sum_{k=0}^{p}a_k\varphi_{ik}\triangleq\varphi_{oi}(1\leqslant i\leqslant p) \tag{5.3.16}$$

和

$$E_p=\varphi_{00}-\sum_{k=1}^{p}a_k\varphi_{0k} \tag{5.3.17}$$

此为**协方差法**求解预测系数的方程式。

注意： 协方差法与加窗后的自相关法的区别在于协方差法在$(-\infty,\infty)$区域内都有值，而加窗自相关法在$(-\infty,-1]$及$[N,\infty)$上取值为 0，当求和区间趋向于$(-\infty,\infty)$时，两者趋于一致。

以上是假定$\{x_n\}$为确定性信号序列得到的结果。一般$\{x_n\}$都为随机过程，则预测误差能量应为

$$E = E[e_n^2] = E[(x_n - \sum_{k=1}^{p} a_k x_{n-k})^2] \tag{5.3.18}$$

同样有

$$\sum_{k=1}^{p} a_k E[x_{n-k} x_{n-i}] = E[x_n x_{n-i}] \tag{5.3.19}$$

$$E_p = E[x_n^2] - \sum_{k=1}^{p} a_k E[x_n x_{n-k}] \tag{5.3.20}$$

若$\{x_n\}$为遍历的平稳过程，由于其集平均等于时间平均，则

$$E[x_{n-k} x_{n-i}] = \sum_{n=-\infty}^{\infty} x_{n-k} x_{n-i} = R_{i-k}$$

线性预测编码（LPC）

此即为确定信号的自相关函数，故（5.3.19）式与（5.3.20）式分别等价于式（5.3.13）与式（5.3.14），此时自相关法适用。

但有些信源如语音并不是平稳过程，只能看作在短时间内（如一个音节长度内）为遍历平稳过程。对于这种近似的短时平稳过程，可令 $n=0$（表示在小范围内考虑遍历平稳性），则

$$E[x_{n-k} x_{n-i}] = E[x_{-k} x_{-i}] = \sum_{n=0}^{N-1} x_{n-k} x_{n-i} = \varphi_{ki}$$

这是协方差函数的定义式，故式（5.3.19）、（5.3.20）等价于式（5.3.16）、（5.3.17），说明此时协方差法适用。

表 5.3.1 列出了上述两种线性预测分析方法的性能比较。表中 p 是线性预测阶数，N 是分析帧的长度。从运算量来看，协方差法略高于自相关法。在大多数语音信号线性预测分析中，阶数 p 远小于帧长 N，即计算相关函数所需的乘法次数远远超过解矩阵方程所需的乘法次数。这样，两种方法的实际计算时间就十分接近了。在稳定性方面，从理论上讲，自相关法是能够保证稳定性的，但是在实际计算中，由于有限字长的影响，自相关函数计算精度不够，会造成病态的自相关矩阵，从而系统的稳定性就得不到保证。研究表明，如果对语音信号先进行预加重，使它的谱尽可能平滑，就可以使这种有限字长的影响减至最小。

表 5.3.1 两种线性预测分析方法的性能比较

性能	窗口函数	稳定性	有限字长时的稳定性	乘法运算量	参数精度
自相关法	需要	可以保证	不能保证	$pN+p^2$	最差
协方差法	不需要	不能保证	不能保证	$pN+3p^2/2+p^3/6$	最好

当预测阶数 p 较大，通过解方程组求预测系数的过程将会很复杂，此时可利用迭代法逐步求解出所有预测系数 $a_1 \sim a_p$。下面给出基于自相关函数求解预测系数的 Levinson-Durbin 迭代法的基本步骤。

①令 p=1，计算 $a_1^{(p)} = a_1^{(1)} = \dfrac{R_1}{R_0}$。

②令 p=p+1，计算

$$a_p^{(p)} = \frac{R_p - \sum_{k=1}^{p-1} a_k^{(p-1)} R_{p-k}}{R_0 - \sum_{k=1}^{p-1} a_k^{(p-1)} R_k} \stackrel{\Delta}{=} K_p \tag{5.3.21}$$

再利用

$$a_k^{(p)} = a_k^{(p-1)} - K_p a_{p-k}^{(p-1)} \tag{5.3.22}$$

计算所有 $a_k^{(p)}(k=1,2,\cdots,p-1)$，$K_p$ 称为反射系数。

③重复步骤②直到所需要的 p 值，即可获得所有预测系数 $a_1,\cdots,a_p$。

④利用式（5.3.14）求得 E_p。

$$E_p = R_0 - \sum_{k=1}^{p} a_k R_k$$

【例 5.3.2】 已知条件同例 5.3.1，利用 Levinson-Durbin 迭代法求解 $a_1,\cdots,a_p(p=2)$。

解　由迭代方程

令　p=1，$a_1^{(1)} = \dfrac{R_1}{R_0} = 0.8 \triangleq K_1$

令　p=2，$a_2^{(2)} = K_2 = \dfrac{R_2 - a_1^{(1)}R_1}{R_0 - a_1^{(1)}R_1} = -0.11$

$$a_1^{(2)} = a_1^{(1)} - K_2 a_1^{(1)} = (1-K_2)a_1^{(1)} = 0.89$$

所以　a_1=0.89，a_2=−0.11

可见结果与例 5.3.1 完全相同。

5.3.3　语音的线性预测编码

前面已对线性预测模型的类型和建模方法进行了介绍。下面进一步介绍语音的线性预测编码方法。

1．语音信号产生模型

线性预测分析方法是最有效的语音分析技术之一，其特点是既能极为精确地估计语音参数，又有比较快的计算速度。

语音的生成机构大致可分为声源、共鸣机构和放射机构三部分。其中，人的声带就是一种常见的声源。按其激励形式的不同可将声源产生的语音分为三类：①当气流通过声门时，如果声带的张力刚好使声带产生张弛振荡式振动，产生一股准周期脉冲气流，这一气流激励声道产生浊音或称有声语音；②如果声带不振动，而在某处收缩，迫使气流以高速通过这一收缩部分而产生湍流即产生清音或摩擦音，或者称无声语音；③如果声道在完全闭合的情况下突然释放会产生爆破音。共鸣机构由鼻腔、口腔与舌头组成，有时也称声道。放射机构由嘴唇或鼻孔发出声音并向空间传播出去。对于这样的一种人类发声机能，可用多种模型来模拟。图 5.3.4 给出了实现上述发生机能的一种数字模型。

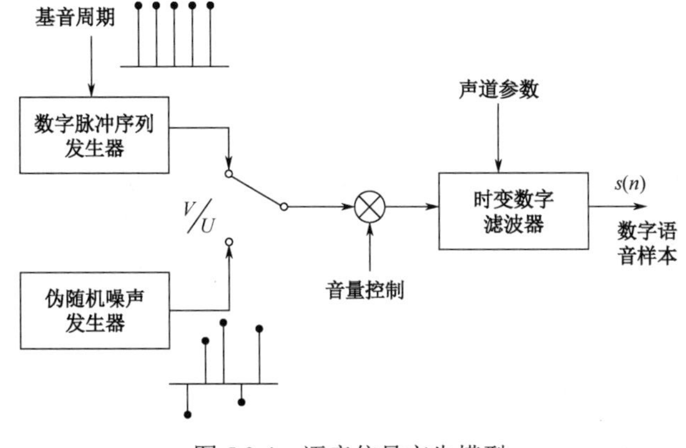

图 5.3.4　语音信号产生模型

图 5.3.4 中给出的模型是发音激励模型的一种特殊形式，它把该图中的放射、声道以及声门激励的全部谱效应简化为一个时变的数字滤波器来表示，其稳态系统函数为

$$H(z)=\frac{S(z)}{U(z)}=\frac{G}{1-\sum_{i=1}^{p}a_i z^{-i}}$$

从而把 $s(n)$模型转化成一个 p 阶的 AR 过程序列。对于浊音语音，这个系统受冲激序列的激励，基音是指发浊音时声带振动所引起的周期性特征，基音周期值是声带振动频率的倒数；对于清音语音，则受白噪声序列激励，它可简单地由一个随机数发生器完成。因为图 5.3.4 的模型常用来产生合成语音，所以滤波器 $H(z)$亦称为合成滤波器。这个模型的参数有浊音/清音判决、浊音语音的基音周期、增益常数 G 及数字滤波器参数 a_i。当然，这些参数都是随时间缓慢变化的。采用这样一种简化的模型，其主要优点在于能够用线性预测分析方法对滤波器参数 a_i 和增益常数 G 进行非常直接和高效的计算。

如果语音信号 $s(n)$确实是一个 p 阶的 AR 过程，那么用线性预测分析求得的预测系数正好等于模型 $H(z)$的参数，则有

$$|H(\mathrm{e}^{j\omega})|^2=|S(\mathrm{e}^{j\omega})|^2$$

式中，$H(\mathrm{e}^{j\omega})$ 是模型 $H(z)$的频率响应，可简称为 LPC 谱；$S(\mathrm{e}^{j\omega})$ 是语音信号 $s(n)$的傅里叶变换，即信号谱。然而事实上，语音信号并非是 p 阶的 AR 过程，因此 $|H(\mathrm{e}^{j\omega})|^2$ 只能理解成 $|S(\mathrm{e}^{j\omega})|^2$ 的一个估计。对于大多数辅音（清音）和鼻音来说，声道响应应该用极零点模型来表示。而极零点模型可以用无穷高阶的全极点模型来逼近。因此，可以认为，尽管语音信号应看成 ARMA 过程，但只要全极点模型 $H(z)$的阶数足够大，总能使全极点模型谱以任意小的误差逼近语音信号谱，即有

$$\lim_{p\to\infty}|H(\mathrm{e}^{j\omega})|^2=|S(\mathrm{e}^{j\omega})|^2 \tag{5.3.23}$$

LPC 模型阶数 p 的选择，应该从频谱估计精度、计算量、存储量等多方面综合进行考虑，而与线性预测求解方法无关。尽管 p 取很大值时，可以使 $|H(\mathrm{e}^{j\omega})|$ 精确匹配于 $|S(\mathrm{e}^{j\omega})|$，但增加的计算量和存储量代价太大，因此选择模型阶数 p 的一般原则是，首先保证有足够的极点来模型化声道响应的谐振结构。根据对发声过程机理的分析，语音谱需要用每 kHz 两个极点（可以是一对共轭极点）来表征声道响应，这就是说，在取样频率为 10kHz 时，为了反映声道响应需要 10 个极点，此外需要 3～4 个极点逼近频谱中可能出现的零点以及声门激励和辐射的组合效应。因此，在 10kHz 取样率的情况下，需要阶数 p 约为 12～14。图 5.3.5 给出了归一化预测误差与 LPC 阶数的变化关系。图中分浊音和清音两种情况，取样频率为 10kHz 时。从图 5.3.5 中可以看到，虽然 p 增加时预测误差总是趋于下降的，但当 p 达 12～14 时，误差变化基本趋于平缓，这说明 p 值再进一步增加时，误差减小变得甚微。在此图中还可以注意到，清音语音的归一化预测误差要比浊音语音高得多，可见全极点的模型对清音语音来说远没有像浊音语音那样精确，此外随着 p 值的增加，LPC 谱中将会保留更多的信号谱细节，所以阶数 p 还有效地控制着谱的平滑度。如果我们进行谱估计的目的主要是关心声道的谐振特性，那么阶数 p 取 12～14 仍是比较合适的，因为这时信号谱的谐振特性和一般形状能得到保持。

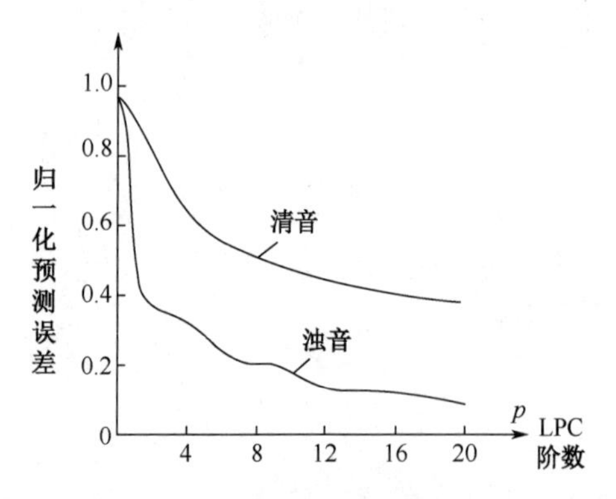

图 5.3.5　归一化预测误差与 LPC 阶数的变化关系

2. LPC 声码器的基本原理

声码器是一种对语音进行分析和合成的编译码器，也称语音分析合成系统。它主要用于数字电话通信，特别是保密电话通信。在语音信号产生模型中，如果所有的控制信号都由真实的语言信号分析所得，那么该滤波器的输出便接近于原始语音信号序列，可以恢复语音。利用线性预测方法提

取语音参数而组成的声码器称为 LPC 声码器。它基于全极点声道模型的假定，采用线性预测分析合成原理，对模型参数和激励参数进行编码传输。由于语音信号为非平稳的随机过程，我们用短时相关系数来进行语音参数的估计。除了模型参数的估计，由图 5.3.4 的模型可知，还需估计出基音周期 τ 及激励信号。此外，为了传输连续变化的语音信号，先要将语音信号分帧，一般以每 10~30ms 数据作为一帧。在收端再逐帧地进行合成并连接起来组成连续语音输出。图 5.3.6 是 LPC 声码器的原理框图。利用这样的声码器来传输语音信号便可达到压缩数据率的目的。

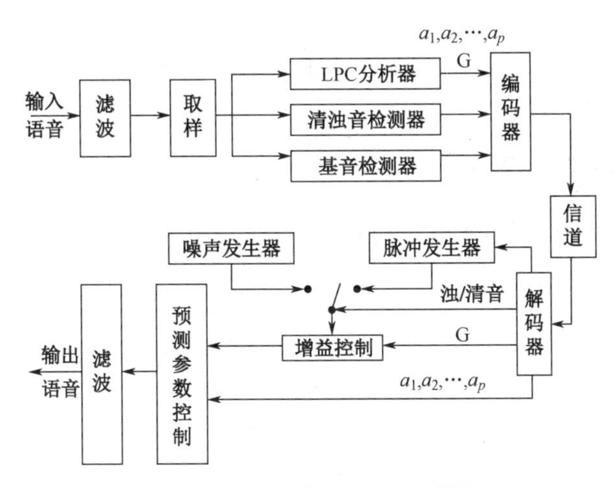

图 5.3.6　LPC 声码器的原理框图

LPC 声码器工作过程：输入语音信号先经过滤波、取样步骤将语音信号进行时间离散化。然后利用语音信号的波形样值进行 LPC 分析，获取参数 G、$a_1, a_2, \cdots, a_p$；并对清浊音进行检测，得到浊/清音标志；利用基音检测器获取基音周期参数 τ。这些获取的参数均为模拟量（τ 除外），必须先量化再编码。各种参数的范围及影响不尽相同，实用中还希望总码率尽量靠近 150×2^n（n=0,1,2⋯）b/s 的典型数传码率。信道中传输的是数字化的参数。在收端，解码器先译出各参数值，再利用 G 控制增益，浊/清音标志选择激励类型，LPC 参数 $a_1, a_2, \cdots, a_p$ 控制预测器，重构语音模型。最后进行滤波输出，恢复出语音信号。

1976 年，美国确定用 LPC-10 作为在 2.4kb/s 速率上语音通信的标准基数，1981 年，这个算法被官方接受，作为联邦政府标准 FS-1015 颁布。LPC-10 是一个 10 阶线性预测声码器，它所采用的算法简单明了。为了得到质量好的合成语音，它对每个参数的提取和编码都是很考究的。利用这个算法可以合成清晰、可懂的语音，但是抗噪声能力和自然度尚有欠缺。自 1986 年以来，美国第三代保密电话装置（STU-Ⅲ）采用了速率为 2.4kb/s 的 LPC-10e（LPC-10 的增强型）作为语音终端。目前，STU-Ⅲ的语音质量被评为“良好”。

5.4　变换编码

由 5.3 节可以看到，对于有记忆信源，由于信源前后符号之间具有较强相关性，可采用预测编码方法去除大部分相关性，从而达到压缩数据量、提高传输效率的目的。预测编码方法在语音信号的压缩中非常有效。但预测编码的压缩能力有限，对于图像等相关性更强的信源，其压缩效率难以大幅度提高，为此又提出了基于正交变换进行压缩的变换编码方法。

最早将正交变换思想用于数据压缩是在 20 世纪 60 年代末期。1968 年人们开始将离散傅里叶变换 DFT 用于图像压缩，1969 年将 Hadamard 变换用于图像压缩，1971 年又用 KLT 变换对图像进行压缩，得到了最佳的变换性能，故 KLT 变换又称为最优变换。但是 KLT 变换需依赖于信源的统计特性，实用性不强，故人们继续寻找新的变换编码方法。1974年，综合性能最佳的离散余弦变换DCT问世，并很快得到了广泛的应用。

随着VLSI技术的发展，DCT得到了越来越广泛的应用。20世纪80年代后期，国际电信联盟（ITU）制定的图像压缩标准H.261即选定DCT作为核心的压缩模块。随后国际标准化组织（ISO）制定的活动图像压缩标准MPEG-1也以DCT作为多媒体计算机视频压缩的基本手段。更新的视频压缩国际标准，如H.264、H.265等也仍是以DCT变换作为主要的压缩手段，由此可见DCT变换的强大生命力。

本节首先介绍变换编码的一般数学模型，然后从DFT变换引出DCT变换，并介绍DCT的主要特点和性能。

5.4.1　变换编码的基本原理

变换编码基本理论

设信源X先后发出的两个样值 x_1 和 x_2 之间存在相关性，又设 x_1 与 x_2 均为3bit量化，即各有8种可能的取值，则 x_1～x_2 的相关特性可用图5.4.1表示。

图中的椭圆表示 x_1 与 x_2 相关程度较高的区域，且此相关区关于 x_1 轴和 x_2 轴对称。显然 x_1 与 x_2 相关性越强，则椭圆越扁长，而变量 x_1 与 x_2 取相等幅度的可能性最大，故二者方差近似相等，即 $\sigma_{x_1}^2=\sigma_{x_2}^2$。

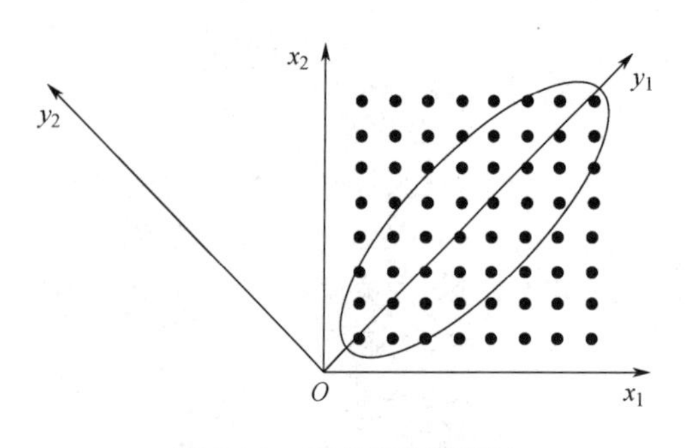

图5.4.1　正交变换原理图

若我们将 x_1Ox_2 坐标逆时针旋转45°变成 y_1Oy_2 平面，则相关区落在 y_2 轴上下区域，此时相关区关于 y_1 轴和 y_2 轴不再对称，当 y_1 取值变动较大时，y_2 所受影响很小，说明 y_1 与 y_2 间相关性大大减弱。由图5.4.1同时可以看出，随机变量 y_1 与 y_2 的能量分布发生了很大的变化，相关区内大部分点上 y_1 的方差均大于 y_2 的方差，即 $\sigma_{y_1}^2 \gg \sigma_{y_2}^2$。而另一方面我们知道，坐标变换不会使总能量发生变化，故坐标变换前后总方差和应保持不变，即 $\sigma_{x_1}^2+\sigma_{x_2}^2=\sigma_{y_1}^2+\sigma_{y_2}^2$。由此可见，上述坐标变换具有两个重要的特点：①变量间独立，即 y_1 与 y_2 之间相关性大大减弱；②能量集中，即 $\sigma_{y_2}^2 \ll \sigma_{y_1}^2$，$\sigma_{y_2}^2$ 小到几乎可忽略。这两个特点正是变换编码可以实现数据压缩的重要依据。

上述坐标旋转对应的变换方程为

$$\begin{bmatrix} y_1 \\ y_2 \end{bmatrix}=\begin{bmatrix} \cos\theta & \sin\theta \\ -\sin\theta & \cos\theta \end{bmatrix}\begin{bmatrix} x_1 \\ x_2 \end{bmatrix}$$

由于

$$\begin{bmatrix} \cos\theta & \sin\theta \\ -\sin\theta & \cos\theta \end{bmatrix}\cdot\begin{bmatrix} \cos\theta & \sin\theta \\ -\sin\theta & \cos\theta \end{bmatrix}^{\mathrm{T}}=\begin{bmatrix} 1 & 0 \\ 0 & 1 \end{bmatrix}=\boldsymbol{I}$$

显然变换矩阵

$$\begin{bmatrix} \cos\theta & \sin\theta \\ -\sin\theta & \cos\theta \end{bmatrix}=\boldsymbol{T}$$

为正交矩阵，即矩阵 $\boldsymbol{T}$ 的转置等于其逆矩阵，由正交矩阵决定的输入 x 与输出 y 间的变换称为正交变换。

以上讨论的是信源相关长度为 N=2 的情形，若 N=3，则图5.4.1需用三维坐标来表示，但基本原理是完全一致的。

下面分析正交变换的特点。一般我们讨论 N 维矢量 $\boldsymbol{x}$ 与 $\boldsymbol{y}$，取 $N\times N$ 正交矩阵 $\boldsymbol{T}$，作变换 $\boldsymbol{y}=\boldsymbol{Tx}$，

$$\boldsymbol{x}=\begin{bmatrix}x_0\\x_1\\\vdots\\x_{N-1}\end{bmatrix},\quad \boldsymbol{y}=\begin{bmatrix}y_0\\y_1\\\vdots\\y_{N-1}\end{bmatrix}$$

则
$$\boldsymbol{x}=\boldsymbol{T}^{-1}\boldsymbol{y}=\boldsymbol{T}^{\mathrm{T}}\boldsymbol{y}$$

可见正交变换求逆非常简单，只需将 $\boldsymbol{T}$ 的转置 $\boldsymbol{T}^{\mathrm{T}}$ 乘上 $\boldsymbol{y}$ 即可恢复 $\boldsymbol{x}$，这是正交变换定义的直接引用。

若信源 X 先后发出的 N 个符号之间存在相关性，或者说矢量 $\boldsymbol{x}$ 的 N 个分量间存在相关性，则反映到 $\boldsymbol{x}$ 的协方差矩阵 $\boldsymbol{\phi}_x$ 中，除了 $\boldsymbol{\phi}_x$ 的对角线元素不为 0，$\boldsymbol{\phi}_x$ 的其他元素也可能不为 0，我们希望通过变换，能使输出 $\boldsymbol{y}$ 的各分量间不相关，即 $\boldsymbol{y}$ 的协方差矩阵 $\boldsymbol{\phi}_y$ 中除对角线元素外都为 0，以消除信源符号间的相关性，变有记忆信源为无记忆信源。

由 $y=\boldsymbol{T}x$ 可知，$\boldsymbol{y}$ 的均值为 $m_y=\boldsymbol{T}m_x$

故
$$\begin{aligned}\boldsymbol{\phi}_y&=\mathbf{E}[(y-m_y)(y-m_y)^{\mathrm{T}}]\\&=\mathbf{E}[\boldsymbol{T}(x-m_x)(x-m_x)^{\mathrm{T}}\boldsymbol{T}^{\mathrm{T}}]\\&=\boldsymbol{T}\mathbf{E}[(\mathrm{x}-m_x)(\mathrm{x}-m_x)^{\mathrm{T}}\boldsymbol{T}^{\mathrm{T}}]\\&=\boldsymbol{T}\boldsymbol{\phi}_x\boldsymbol{T}^{\mathrm{T}}\end{aligned}\tag{5.4.1}$$

若取 $\boldsymbol{T}$ 为正交矩阵，即 $\boldsymbol{T}^{-1}=\boldsymbol{T}^{\mathrm{T}}$，则有
$$\boldsymbol{\phi}_y=\boldsymbol{T}\cdot\boldsymbol{\phi}_x\cdot\boldsymbol{T}^{-1}\tag{5.4.2}$$

我们知道，协方差矩阵 $\boldsymbol{\phi}_x$、$\boldsymbol{\phi}_y$ 必为实对称矩阵，由矩阵代数可知，对于实对称矩阵 $\boldsymbol{\phi}_x$，总存在正交矩阵 $\boldsymbol{T}$，使 $\boldsymbol{T}\boldsymbol{\phi}_x\boldsymbol{T}^{\mathrm{T}}$ 为对角矩阵，即
$$\boldsymbol{T}\boldsymbol{\phi}_x\boldsymbol{T}^{\mathrm{T}}=\boldsymbol{T}\boldsymbol{\phi}_x\boldsymbol{T}^{-1}=\phi_y=\begin{bmatrix}\lambda_0&0&\cdots&0\\0&\lambda_1&\cdots&0\\\vdots&\vdots&&\vdots\\0&0&\cdots&\lambda_{N-1}\end{bmatrix}\tag{5.4.3}$$

即输出 $\boldsymbol{y}$ 的各分量间不相关，这正是我们所希望的，这就是正交变换被用于数据压缩的一个重要理论根据。

需要注意，上述讨论并未保证所有正交矩阵都能使 $\boldsymbol{\phi}_y$ 成对角矩阵，只是说存在这样的正交矩阵。事实上，目前完全满足这一条件的变换只有 KLT 一种，其他准最优变换包括 DCT 变换都不能保证在所有情况下都满足这一特性。

对前面所述的坐标旋转的正交变换，若取 $\theta=45°$，则有
$$\boldsymbol{T}=\begin{bmatrix}\cos\theta&\sin\theta\\-\sin\theta&\cos\theta\end{bmatrix}=\begin{bmatrix}\frac{\sqrt{2}}{2}&\frac{\sqrt{2}}{2}\\-\frac{\sqrt{2}}{2}&\frac{\sqrt{2}}{2}\end{bmatrix}$$

设输入 $\boldsymbol{x}$ 具有很强的相关特性，取 $\boldsymbol{\phi}_x=\begin{bmatrix}a&a\\a&a\end{bmatrix}$

则
$$\boldsymbol{\phi}_y=\boldsymbol{T}\boldsymbol{\phi}_x\boldsymbol{T}^{\mathrm{T}}=\begin{bmatrix}\frac{\sqrt{2}}{2}&\frac{\sqrt{2}}{2}\\-\frac{\sqrt{2}}{2}&\frac{\sqrt{2}}{2}\end{bmatrix}\begin{bmatrix}a&a\\a&a\end{bmatrix}\begin{bmatrix}\frac{\sqrt{2}}{2}&-\frac{\sqrt{2}}{2}\\\frac{\sqrt{2}}{2}&\frac{\sqrt{2}}{2}\end{bmatrix}=\begin{bmatrix}2a&0\\0&0\end{bmatrix}$$

可见 $\boldsymbol{\phi}_y$ 为对角矩阵，即输出 $\boldsymbol{y}$ 的两个分量不相关，这一变换的另一个重要结论是 $\boldsymbol{y}$ 的第二个分

量的方差为 0，即变换后 y_2 轴上的能量分布为 0，这与图 5.4.1 的直观结论一致，故正交变换后 y_2 分量可不传输，从而可达到进一步压缩数据率的目的。变换编码一般框图如图 5.4.2 所示。

$$\bar{x} \rightarrow \boxed{\text{变换}T} \xrightarrow{\bar{y}} \boxed{\text{量化}Q} \xrightarrow{\bar{z}} \boxed{\text{编码}C} \xrightarrow{\bar{s}} \boxed{\text{信道}} \xrightarrow{\bar{s}'} \boxed{C^{-1}} \xrightarrow{\bar{z}'} \boxed{Q^{-1}} \xrightarrow{\bar{y}'} \boxed{T^{-1}} \xrightarrow{\bar{x}'}$$

图 5.4.2 变换编码一般框图

高性能的变换编码方法不仅使输出矢量中各分量间相关性大大减少，而且使能量集中到少数几个分量上，其他分量数值很小，甚至为 0，故图 5.4.2 中对变换后的分量（系数）进行量化再编码，量化后为 0 的系数可舍弃不传，以在一定保真度准则下尽可能压缩数据率。量化参数的选取目前主要根据恢复信号的主要评价效果而定。

最佳的正交变换是 KLT 变换，这一变换的基本思路是 Karhunen 与 Loeve 两人分别于 1947 年与 1948 年提出的。1971 年被用于图像压缩，故称为 KLT（Karhunen-Loeve Transform）。但由于 KLT 变换需事先求得信源 X 的协方差矩阵 $\boldsymbol{\phi}_x$，实用性不强，为此人们又找出了各种实用化程度较高的准最佳变换。其中，最突出的是离散余弦变换 DCT，在某些情况下，DCT 能获得与 KLT 相同的性能。

5.4.2 典型的变换编码方法

离散余弦变换 DCT 是从离散傅氏变换 DFT 衍化出来的，因此我们首先考察 DFT。

DFT 是最常见的正交变换，在数字信号处理中得到广泛应用，并且它有高效的快速算法 FFT，因此最早被人们用来对图像进行压缩编码是很自然的。

DFT 的一般表示式为

$$y_k = \frac{1}{\sqrt{N}}\sum_{m=0}^{N-1} x_m \mathrm{e}^{-\frac{2\pi mk}{N}i} \triangleq \frac{1}{\sqrt{N}}\sum_{m=0}^{N-1} x_m W^{mk} \tag{5.4.4}$$

式中，$W = \mathrm{e}^{-\frac{2\pi}{N}i}$，因子 $\frac{1}{\sqrt{N}}$ 是为了归一化而加上的。

式（5.4.4）表示成矩阵形式为

$$\boldsymbol{y} = \boldsymbol{T}\boldsymbol{x} = \frac{1}{\sqrt{N}}\begin{bmatrix} W^0 & W^0 & W^0 & \cdots & W^0 \\ W^0 & W^1 & W^2 & \cdots & W^{N-1} \\ \vdots & \vdots & \vdots & & \vdots \\ W^0 & W^{N-1} & W^{2(N-1)} & \cdots & W^{(N-1)(N-1)} \end{bmatrix}\boldsymbol{x} \tag{5.4.5}$$

下面证明变换矩阵 $\boldsymbol{T}$ 为正交矩阵，注意到 $\boldsymbol{T}$ 为复数矩阵，若 $\boldsymbol{T}\cdot\boldsymbol{T}^{\mathrm{T^H}} = \boldsymbol{I}_{N\times N}$，则 $\boldsymbol{T}$ 为正交矩阵（$\boldsymbol{T}^{\mathrm{T^H}}$ 为 $\boldsymbol{T}^{\mathrm{T}}$ 的共轭矩阵）。

记
$$\boldsymbol{T}\cdot\boldsymbol{T}^{\mathrm{T^H}} = \left[Z_{lj}\right]_{N\times N}$$

则当 $l=j$ 时

$$Z_{jj} = \sqrt{\frac{1}{N}}\cdot\sqrt{\frac{1}{N}}\sum_{k=0}^{N-1}\boldsymbol{W}^{jk}\cdot\boldsymbol{W}^{-jk} = \sqrt{\frac{1}{N}}\sum_{k=0}^{N-1}1 = 1$$

当 $l\neq j$ 时

$$\begin{aligned} Z_{lj} &= \frac{1}{N}\sum_{k=0}^{N-1}\boldsymbol{W}^{lk}\cdot\boldsymbol{W}^{-jk} \\ &= \frac{1}{N}\sum_{k=0}^{N-1}\boldsymbol{W}^{(l-j)k} \\ &= \frac{1}{N}\sum_{k=0}^{N-1}\mathrm{e}^{-i\frac{2\pi(l-j)k}{N}} \end{aligned}$$

$$=\frac{1}{N}\cdot\frac{1-\mathrm{e}^{-i\frac{2\pi(l-j)(N-1)}{N}}\cdot\mathrm{e}^{-i\frac{2\pi(l-j)}{N}}}{1-\mathrm{e}^{-i\frac{2\pi(l-j)}{N}}}$$

$$=\frac{1}{N}\cdot\frac{1-\mathrm{e}^{-i2\pi(l-j)}}{1-\mathrm{e}^{-i\frac{2\pi(l-j)}{N}}}=0$$

故$\left[Z_{lj}\right]_{N\times N}=\boldsymbol{I}_{N\times N}$，即 $\boldsymbol{T}$ 为正交矩阵，故 DFT 是正交变换。

DFT 变换需进行复数运算，太复杂，通过将信号 x_m 展宽的办法，我们可以得到新的实数运算正交变换，那就是离散余弦变换 DCT。方法如下。

将 $x_m(m=0,1,\cdots,N-1)$ 向负半轴对称展宽 N 点，即为 $x_m(m=-N,-N+1,\cdots,0,1,\cdots,N-1)$，且 $x_m=x_{-m-1}$，对称轴 $m=-1/2$，则 DFT 后 y_k 为

当 k=0 时

$$y_k=\sqrt{\frac{1}{N}}\sum_{m=0}^{N-1}x_m \tag{5.4.6a}$$

当 k>0 时

离散余弦变换（DCT）

$$\begin{aligned}
y_k&=\sqrt{\frac{1}{2N}}\cdot\sum_{m=-N}^{N-1}x_m\mathrm{e}^{-\frac{2\pi k}{2N}(m+\frac{1}{2})i}\\
&=\sqrt{\frac{1}{2N}}[\sum_{m=-N}^{-1}x_m\mathrm{e}^{-\frac{2\pi k}{2N}(m+\frac{1}{2})i}+\sum_{m=0}^{N-1}x_m\mathrm{e}^{-\frac{2\pi k}{2N}(m+\frac{1}{2})i}]\\
&=\sqrt{\frac{1}{2N}}[\sum_{m=0}^{N-1}x_{-m-1}\mathrm{e}^{-\frac{2\pi k}{2N}(-m-\frac{1}{2})i}+\sum_{m=0}^{N-1}x_m\mathrm{e}^{-\frac{2\pi k}{2N}(m+\frac{1}{2})i}]\\
&=\sqrt{\frac{1}{2N}}\sum_{m=0}^{N-1}x_m[\mathrm{e}^{\frac{2\pi k(m+\frac{1}{2})i}{2N}}+\mathrm{e}^{-\frac{2\pi k(m+\frac{1}{2})}{2N}i}]\\
&=\sqrt{\frac{1}{2N}}\sum_{m=0}^{N-1}x_m\cdot 2\cos\frac{\pi k(2m+1)}{2N}\\
&=\sqrt{\frac{2}{N}}\sum_{m=0}^{N-1}x_m\cos\frac{\pi k(2m+1)}{2N}
\end{aligned} \tag{5.4.6b}$$

这就是离散余弦变换 DCT 的显式表达式，转化成矩阵形式为

$$\boldsymbol{y}=\begin{bmatrix}
\sqrt{\frac{1}{N}}, & \sqrt{\frac{1}{N}}, & \cdots, & \sqrt{\frac{1}{N}}\\
\sqrt{\frac{2}{N}}\cos\frac{\pi}{2N}, & \sqrt{\frac{2}{N}}\cos\frac{3\pi}{2N}, & \cdots, & \sqrt{\frac{2}{N}}\cos\frac{(2N-1)\pi}{2N}\\
\vdots & \vdots & & \vdots\\
\sqrt{\frac{2}{N}}\cos\frac{(N-1)\pi}{2N}, & \sqrt{\frac{2}{N}}\cos\frac{(N-1)3\pi}{2N}, & \cdots, & \sqrt{\frac{2}{N}}\cos\frac{(N-1)(2N-1)\pi}{2N},
\end{bmatrix}\cdot\boldsymbol{x}$$

$$\overset{\Delta}{=}\boldsymbol{T}_c(N)\cdot x \tag{5.4.7}$$

可以证明：DCT 的变换矩阵 $\boldsymbol{T}_c(N)$ 是正交矩阵，证明过程较复杂，从略。

已知 DCT 的逆变换为

$$\boldsymbol{x}=\boldsymbol{T}_c^{\mathrm{T}}(N)\cdot\boldsymbol{y}$$

当 N=4，有

$$\boldsymbol{T}_c(4)=\begin{bmatrix} \frac{1}{2} & \frac{1}{2} & \frac{1}{2} & \frac{1}{2} \\ \frac{\cos\frac{\pi}{8}}{\sqrt{2}} & \frac{\sin\frac{\pi}{8}}{\sqrt{2}} & -\frac{\sin\frac{\pi}{8}}{\sqrt{2}} & -\frac{\cos\frac{\pi}{8}}{\sqrt{2}} \\ \frac{1}{2} & -\frac{1}{2} & -\frac{1}{2} & \frac{1}{2} \\ \frac{\sin\frac{\pi}{8}}{\sqrt{2}} & -\frac{\cos\frac{\pi}{8}}{\sqrt{2}} & \frac{\cos\frac{\pi}{8}}{\sqrt{2}} & -\frac{\sin\frac{\pi}{8}}{\sqrt{2}} \end{bmatrix}$$

【例 5.4.1】

①已知信源 X 的协方差矩阵为

$$\boldsymbol{\varphi}_x=\begin{bmatrix} a & b & b & b \\ b & a & b & b \\ b & b & a & b \\ b & b & b & a \end{bmatrix}$$

令

$$\boldsymbol{y}=\boldsymbol{T}_c(4)\boldsymbol{x}$$

则

$$\boldsymbol{\phi}_y=\boldsymbol{T}_c(4)\cdot\boldsymbol{\phi}_x\cdot\boldsymbol{T}_c^{\mathrm{T}}(4)=\begin{bmatrix} a+3b & & & \\ & a-b & & 0 \\ 0 & & a-b & \\ & & & a-b \end{bmatrix}$$

此时 DCT 在去相关方面达到最佳性能。

②若信源 X 的协方差矩阵为

$$\boldsymbol{\phi}_x=\begin{bmatrix} a & b & 0 & b \\ b & a & b & 0 \\ 0 & b & a & b \\ b & 0 & b & a \end{bmatrix}$$

则

$$\boldsymbol{\phi}_y=\boldsymbol{T}_c(4)\cdot\boldsymbol{\phi}_x\cdot\boldsymbol{T}_c^{\mathrm{T}}(4)=\begin{bmatrix} a+2b & 0 & 0 & 0 \\ 0 & a-b+\frac{b}{\sqrt{2}} & 0 & -\frac{b}{\sqrt{2}} \\ 0 & 0 & a & 0 \\ 0 & -\frac{b}{\sqrt{2}} & 0 & a-b-\frac{b}{\sqrt{2}} \end{bmatrix}$$

此时 DCT 并未达到最佳性能。

已经证明，DCT 是所有次最佳变换中综合性能最好的正交变换，它与其他各种变换在去相关及能量集中方面的性能比较可用图 5.4.3 表示，图中 ρ 为相关系数，取 $0<\rho<1$。

DCT 的一般表达式如下。

记

$$\boldsymbol{x}=\begin{bmatrix} f(0) \\ f(1) \\ \vdots \\ f(N-1) \end{bmatrix} \quad \boldsymbol{y}=\begin{bmatrix} F(0) \\ F(1) \\ \vdots \\ F(N-1) \end{bmatrix}$$

$$\boldsymbol{y}=\boldsymbol{T}_c(N)\cdot\boldsymbol{x}$$

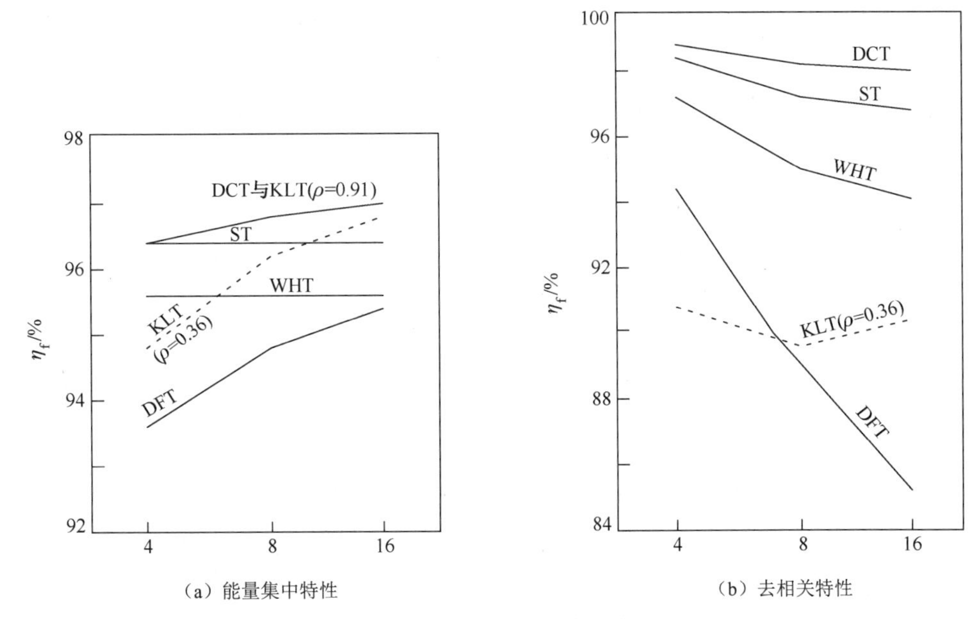

（a）能量集中特性　　（b）去相关特性

图 5.4.3　各种变换性能比较

则

$$\begin{cases} F(u)=\sum_{i=0}^{N-1}C(u)f(i)\cos\dfrac{(2i+1)u\pi}{2N}, & u=0,1,\cdots,N-1 \\ f(i)=\sum_{u=0}^{N-1}C(u)F(u)\cos\dfrac{(2i+1)u\pi}{2N}, & i=0,1,\cdots,N-1 \end{cases} \tag{5.4.8}$$

其中

$$C(u)=\begin{cases} \sqrt{\dfrac{1}{N}}, & u=0 \\ \sqrt{\dfrac{2}{N}}, & u=1,2,\cdots,N-1 \end{cases}$$

这是一维 DCT 的表达式，它对于语音、图像的压缩都是有效的，如北京邮电大学 20 世纪 80 年代研制的数字电视系统即是基于 N=8 的一维 DCT 进行压缩的。但用一维 DCT 对图像信号进行压缩效率较低，为此可将 DCT 扩展成二维形式。

对于 $M\times N$ 的二维图像矩阵

$$\boldsymbol{f}_{M\times N}=\begin{bmatrix} f(0,0), & \cdots, & f(0,N-1) \\ \vdots & & \vdots \\ f(M-1,0), & \cdots, & f(M-1,N-1) \end{bmatrix}$$

则二维 DCT 变换为

$$\boldsymbol{F}_{M\times N}=\boldsymbol{T}_M\cdot\boldsymbol{f}_{M\times N}\cdot\boldsymbol{T}^{\mathrm{T}}{}_N$$

其中，$\boldsymbol{T}_M$、$\boldsymbol{T}_N$ 分别为 $\boldsymbol{T}_c(M)$、$\boldsymbol{T}_c(N)$，其逆变换为

$$\boldsymbol{f}_{M\times N}=\boldsymbol{T}^{\mathrm{T}}{}_M\cdot\boldsymbol{F}_{M\times N}\cdot\boldsymbol{T}_N$$

相应地，变换后得到的结果也是 $M\times N$ 的矩阵

$$\boldsymbol{F}_{M\times N}=\begin{bmatrix} F(0,0), & \cdots, & F(0,N-1) \\ \vdots & & \vdots \\ F(M-1,0), & \cdots, & F(M-1,N-1) \end{bmatrix}$$

我们可写出 $M\times N$ 的二维 DCT 的一般表达式如下。

$$F(u,v)=\sum_{i=0}^{N-1}\sum_{j=0}^{N-1}C(u,v)f(i,j)\cos\frac{(2i+1)u\pi}{2N}\cos\frac{(2j+1)v\pi}{2N}$$

$$f(i,j)=\sum_{u=0}^{N-1}\sum_{v=0}^{N-1}C(u,v)F(u,v)\cos\frac{(2i+1)u\pi}{2N}\cos\frac{(2j+1)v\pi}{2N} \tag{5.4.9}$$

其中

$$C(u,v)=\begin{cases}\dfrac{2}{MN}, & 当u=v=0\\ \dfrac{4}{MN}, & 其他\end{cases}$$

在现行的图像压缩标准中，大多都是采用 8×8 的 DCT，以使压缩效率与运算量取得较好的平衡。

5.4.3 DCT 压缩的特征

我们知道，对于相关性强的信号从频率域的角度观察，信号的能量集中在低频领域。因此，如果将 DCT 系数比喻为信号能量的集中系数，那么意味着存在能量非集中系数。换而言之，对每个 DCT 系数的大小，其分布存在很大的差异。DCT 压缩过程中，利用了以上能量分布的差异。以较长的位数表示能量集中的系数，而以较短的位数表示能量非集中的系数，从而实现信息量整体压缩。

1. 方块效应

由于对 DCT 系数的量化比较粗糙时产生的误差，压缩后的数据再构成时，在视觉上可以发现相邻系数网格的边界，这称为**方块效应**。这种方块效应产生的原因是对原信号进行了以网格为单位的处理，每个网格之间信号的连续性被分割。

方块效应，在图像中表现出令人讨厌和不自然的方块。有时表现为一大块，这属于一种图像的失真，并且是由分块编码结构造成的。当编码达到最大化时，每个像素点阵就会被相当粗糙地取平均，使之看上去像一个大像素。每个像素点阵的计算都不一样，这就造成了各个点阵之间像是有明显的边界一样。当物体或摄像机快速运动的时候该效应更为明显。最佳的例子是图 5.4.4 所示的在美国国家足球联盟转播过程中，抱球飞奔的运动员。

2. 蚊式噪声

DCT 压缩还可能发生明显的像蚊虫飞舞样的噪声，这种噪声称为**蚊式噪声**。其原因通常认为是对相当于高频成分的 DCT 系数进行量化时，它的影响分散于整个复原图像中。如图 5.4.5 所示，在清晰的彩色背景上，围绕突出物体、电脑仿真物体或滚动字符周围的蚊式噪声最为明显。它看起来像某种围绕物体与背景之间高频分界（在前景物体与背景之间形成的尖锐跳变）的朦胧的东西或闪光体，甚至有时它被误认为是环绕物。

图 5.4.4 方块效应的例子

图 5.4.5 蚊式噪声的例子

当重建图像因为使用反余弦变换丢失一些数据时，就会出现蚊式噪声。“蚊子”在一张图像的其他部分也可以找到。例如，在特定的纹理分界处或颗粒状物体处也会出现蚊式噪声。结果就有点类似随机噪声了，噪声看起来似乎与纹理或颗粒物混合在一起，就像画面的原始特征。

因此，DCT 变换中使用的基函数越长，其影响范围越广（如 8 像素×8 像素全部）。为了改善以上问题，有必要对高频成分使用比较短的基函数，而对直接影响压缩率的低频成分使用比较长的基函数。但是对于 DCT 压缩，使用比较短的基函数会导致变换效率的衰减，实际上是不可行的。另外，由 DCT 的性质可知，对信号的每个频率改变基函数的长度也是不可行的。

随着人们对图像质量和灵活度要求的提高，以及 DCT 本身所固有的问题，具有多分辨率特性的小波变换在图像压缩中更具优势。

5.5　统计编码

前面所讲的预测编码与变换编码可消除信源符号间相关性带来的冗余度，从而使有记忆信源变成无记忆信源，提高了信源的信息传输率。而对于无记忆信源，其冗余度主要体现在各个信源符号概率分布的不均匀性上，要消除这种冗余度，可以对信源进行统计编码，也称熵编码。

5.5.1　统计编码的概念

离散信源的统计编码是无失真编码，其原理框图见图 5.1.1。编码器利用码符号集 X 中的若干位组成的码字形 W_i 来代表一个信源符号。统计编码能实现压缩的关键是编码器在编码过程中尽可能均等地使用各个码符号 x_j，从而使原始信源各符号出现概率的不均匀性在编码后得以消除。

由定义 5.1.1 可知，唯一可译码的任意一串有限长的码符号序列只能被唯一地译成所对应的信源符号。要实现无失真译码，就必须采用唯一可译码。

表 5.5.1 所示的 4 种码中除 Code 2 外都是唯一可译码。

表 5.5.1　几种统计编码表

s_i	$P(s_i)$	Code 1	Code 2	Code 3	Code 4
s_1	0.5	00	0	1	1
s_2	0.2	01	01	10	01
s_3	0.2	10	001	100	001
s_4	0.1	11	111	1000	0001

3 种唯一可译码中 Code 1 为等长码，Code 3 与 Code 4 为变长码，而 Code 4 又有一个很有用的特点，即它在译码过程中，每接收一个完整码字的码符号序列，就能立即把它译成相应的信源符号，而无须借助后续的码符号进行判断，这种码称为**即时码**。即时码的一个重要特征是它的任何一个码字都不是其他码字的前缀（码字的最前面若干位码元），容易看出 Code 3 不是即时码。当然，唯一可译的等长码 Code 1 肯定是即时码。

即时码能为译码提供很大的便利，因此我们希望所用的码最好是即时码。构造即时码的一种简单方法是树图法。

树图法即是用码树来描述给定码 C 的全体码字集合 $C=\{W_1,W_2,\cdots,W_q\}$。码树是这样构成的：首先确定一个点 A 作为树根，从树根伸出 r 根树枝（对于 r 元码），分别标以码符号 0,1,⋯,r−1，树枝的端点称为节点。从每个节点再伸出 r 根树枝，依此下去可构成一棵倒着长的树。在树的生长过程中，中间节点生出树枝，终端节点安排码字，即如果指定某个节点为终端节点表示一个信源符号，该节点就不再延伸，相应的码字即为从树根到该终端节点走过路径所对应的码符号组成的序列。这

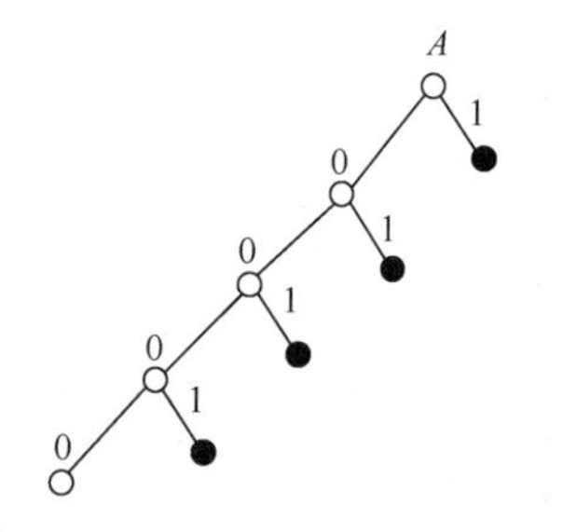

图 5.5.1 表 5.5.1 中 Code 4 的码树结构

样构造的码满足即时码的条件。如表 5.5.1 中的 Code 4 可用图 5.5.1 的码树表示。

在图 5.5.1 中，由于码树中从树根到每个终端节点所走的路径是不同的，而且中间节点都不作为码字。这样，任何码字都不会是其他码字的前缀，所以一定是即时码。

一般唯一可译码的存在条件由下述定理保证。

定理 5.5.1 设对 q 元信源进行 r 元编码，且 q 个码字的码长分别为 $l_1,l_2,\cdots,l_q$，则此种码长结构下存在唯一可译码的充分必要条件为

$$\sum_{i=1}^{q} r^{-l_i} \leqslant 1 \qquad (5.5.1)$$

不等式（5.5.1）又称克拉夫特（Kraft）不等式，其证明过程从略。

【例 5.5.1】①设码长结构为 $l_1=1,l_2=l_3=l_4=2,r=2$，则由于 $\sum_{i=1}^{4} r^{-l_i}=\frac{5}{4}>1$，因此这种码长结构下不存在唯一可译码。

②又设：$l_1=1,l_2=2,l_3=l_4=3,r=2$，由于 $\sum_{i=1}^{4} r^{-l_i}=2^{-1}+2^{-2}+2^{-3}+2^{-3}=1$，因此这种码长结构下必能找到唯一可译码，如 $C_1=\{0,10,110,111\}$ 即为唯一可译码。

但需注意，对于另一种码 $C_2=\{0,00,100,110\}$，虽然其码长结构与 C_1 相同，但它显然不是唯一可译码。故定理 5.5.1 只是关于某一类码长结构下唯一可译码的存在性判定条件。

统计编码包括等长编码和不等长编码两大类。等长编码的基本思想是：对不等概信源 S 进行若干次扩展，则扩展信源中一部分符号序列的出现概率将比其他符号序列的出现概率大得多，整个扩展信源可划分为高概率集和低概率集两大集合，在一定的允许误差条件下，可以舍弃扩展信源中的低概率集，而只对符号数少得多的高概率集进行等长编码，从而达到压缩数据率的目的。但等长编码的效率很低，如对于一个概率分布为 $\{3/4,1/4\}$ 的普通二元信源进行等长编码，在编译码错误率低于 10^{-5} 的前提下，要实现 50%的编码效率，需要将原信源扩展 7 万多次（若要实现 90%的编码效率，则需将信源扩展 580 多万次），而且这种情况下高概率集的划分也是不可能的，因此等长编码没有实际的意义，一般统计编码都采用不等长编码。

5.5.2 统计编码的常用方法

1. Shannon 编码和 Fano 编码

Shannon 码编码步骤如下。

①将信源 S 所有符号按概率从大到小排列：$p_1 \geqslant p_2 \geqslant \cdots \geqslant p_q$。

②对第 i 个信源符号 s_i 取整数码长 $l_i=\left\lceil \mathrm{lb}\frac{1}{p_i}+1 \right\rceil$，⌈ ⌉为取整运算。

③计算累加概率 $R_i, R_1=0, R_i=\sum_{k=1}^{i-1} p_k (i>1)$ 将 R_i 变换成二进制数 R_i，$R_i=\sum_{j=1}^{\infty} x_{i_j}\cdot 2^{-j}$，然后按照步骤②中计算的位数 l_i 值取 R_i 的二进制系数 x_{i_j}，组合起来即为 s_i 的 Shannon 码字 W_i。

【例 5.5.2】对如下信源进行 Shannon 编码。

$$\begin{bmatrix} S \\ P(s_i) \end{bmatrix}=\begin{bmatrix} s_1, & s_2, & s_3, & s_4, & s_5, & s_6, & s_7 \\ 0.2, & 0.19, & 0.18, & 0.17, & 0.15, & 0.10, & 0.01 \end{bmatrix}$$

对于 i=4，由 $-\mathrm{lb}p_4=-\mathrm{lb}0.17=2.56$，

故
$$l_4 = \left\lceil \text{lb}\frac{1}{p_4} \right\rceil = \lceil 2.56 \rceil = 3$$

$$R_4 = \sum_{k=1}^{3} p_k = 0.57 = 1\times 2^{-1} + 0\times 2^{-2} + 0\times 2^{-3} + 1\times 2^{-4} + \cdots$$

取 $l_4 = 3$ 位，得 $W_4 = 100$，此即为信源符号 s_4 的 Shannon 码字，其他符号的码字求法与此相似，最终可得

$$C=\{000,001,011,100,10l,1110,1111110\}$$

平均码长
$$\overline{L} = \sum_{i=1}^{7} p_i l_i = 3.14$$

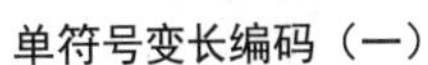
单符号变长编码（一）

单符号变长编码（二）

统计编码

均匀分布的最优码与编码极限的差距问题

Fano 码编码步骤如下。

①将信源符号按概率从大到小依次排列，并分为两大组，使两组的概率之和最接近，然后分别标以码符 0、1。

②将上述每组的信源符号再分成概率之和尽量接近的两组，并分别标以 0、1 码符。

③依次类推，直到每组只剩一个符号，无法继续划分为止。此时将每个信源符号历次分配的码符顺序串起来，就得到了该信源符号的 Fano 码字。

【例 5.5.3】试求如下无记忆信源 S 的 Fano 码。

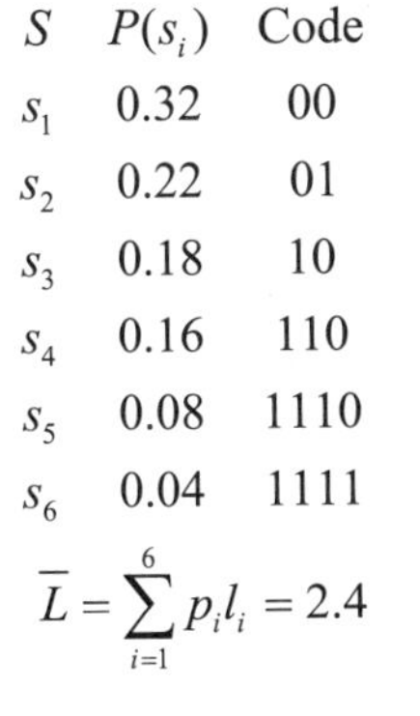

S	$P(s_i)$	Code
s_1	0.32	00
s_2	0.22	01
s_3	0.18	10
s_4	0.16	110
s_5	0.08	1110
s_6	0.04	1111

平均码长
$$\overline{L} = \sum_{i=1}^{6} p_i l_i = 2.4$$

2. Huffman 编码

最好的不等长统计编码方法是 Huffman 编码，可以证明：Huffman 码是平均码长最短的码，这样的码又称为最佳码或紧致码。Huffman 码在数据压缩中得到了大量应用，我们现在讨论 Huffman 码。

Huffman 编码是由 David Albert Huffman 于 1952 年提出的一种编码方法，该方法完全依据信源符号出现概率的大小来构造平均码长最短的码，即对大概率符号分配短码字，小概率符号分配长码字。

对 q 元信源 S 作二元 Huffman 编码的具体步骤如下。

①将 q 个符号 s_i 按概率 P_i 递减排序：$p_{i_1} \geqslant p_{i_2} \geqslant \cdots \geqslant p_{i_q}$。

②用码符 0，1 分别表示 S 中概率最小的 $s_{i_{q-1}}$ 和 s_{i_q}，并将 $s_{i_{q-1}}$ 与 s_{i_q} 合并，二者概率相加，得到缩减后的新信源 S_1，S_1 含 q−1 个符号。

③将 S_1 重新排序，再将最后两个符号以码符 0、1 代表并合并，得到 S_2。

④依次类推最后剩两个符号，即为缩减信源 S_{END}，分别标以码符 0、1。

⑤将原信源 S 中各符号 s_i 历次所分配的码符按倒推次序串起来，即得到了各个符号 s_i 所对应的码字。

【例 5.5.4】对信源 $S=\{s_1,s_2,s_3,s_4,s_5\}$ 作二元 Huffman 编码，各符号的概率分别为 0.4，0.2，0.2，

0.1，0.1。编码过程如表 5.5.2 所示。

表 5.5.2 例 5.5.4Huffman 编码过程

信源符号 S_i	概率 $P(S_i)$	编码过程 S_1		编码过程 S_2		编码过程 S_3		码字 W_i	码长 l_i
							0.6 (0)		
s_1	0.4	1	0.4	1	0.4	1	0.4 (1)	1	1
s_2	0.2	01	0.2	01	0.4	00 (0)		01	2
s_3	0.2	000	0.2	000 (0)	0.2	01 (1)		000	3
s_4	0.1 (0)	0010	0.2	001 (1)				0010	4
s_5	0.1 (1)	0011						0011	4

平均码长为

$$\overline{L}=\sum_{i=1}^{5}p_i l_i=2.2$$

上述结果可用图 5.5.2 码树表示。

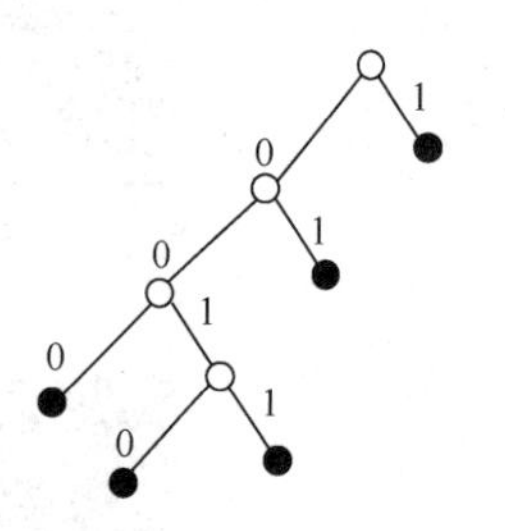

图 5.5.2 例 5.5.4 Huffman 编码的码树

注意：Huffman 编码过程中符号合并时所得新概率值在重新排序时可以与其他相同的概率值任意排序，本例中是将新概率值排在其他相同概率值之末，若将其排在相同概率之首，则上例的结果可用图 5.5.3 表示。

其平均码长不变，但码长的方差为最小。

本章中例 5.1.1 的结果就是对信源 S 作 N 次扩展后作 Huffman 编码得到的，很容易加以验证。下面讨论另一个例子。

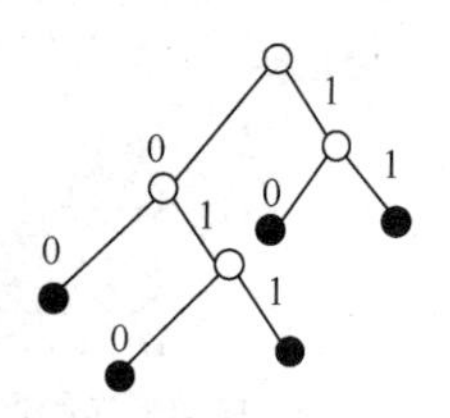

图 5.5.3 例 5.5.4 的另一种编码结果

【例 5.5.5】 对信源 $\begin{bmatrix} S \\ P(S) \end{bmatrix}=\begin{bmatrix} s_1, & s_2 \\ 0.7, & 0.3 \end{bmatrix}$ 的 N 次扩展进行二元 Huffman 编码，试求 N=1，2，3，4，∞时的平均码长 $\dfrac{\overline{L}_N}{N}$ 与编码效率 η。

解

当 N=1 时，有

$$H(S)=-\sum_{i=1}^{2}P(s_i)\mathrm{lb}P(s_i)=0.8816\ \text{bit/sign}$$

将 s_1 编成 0，s_2 编成 1，则

$$L_1=1,\eta_1=0.8816$$

当 N=2，编码过程如下。

s^2	p_i	Code
s_1s_1	0.49	1
s_1s_2	0.21	0 1
s_2s_1	0.21	0 0 0
s_2s_2	0.09	0 0 1

$$\overline{L}_2=0.49\times1+0.21\times(2+3)+0.09\times3=1.81$$

则

$$\frac{\overline{L}_2}{2}=0.905$$

$$\eta_2=0.974$$

① N=3，同理可得对 S^3 进行编码的码字集合为

$$C=\{00,11,010,011,1000,1001,1010,1011\}$$

$$\overline{L}_3 = 2.726$$

则

$$\frac{\overline{L}_3}{3} = 0.909\text{，}\quad \eta_3 = 0.970$$

N=4 有

$$\frac{\overline{L}_4}{4} = 0.887\text{，}\quad \eta_4 = 0.994$$

② $N \to \infty$，由香农第一定理，当 $N \to \infty$ 时必存在唯一可译码，使 $\frac{\overline{L}_\infty}{N} \to H(S)$，而 Huffman 码为平均码长最短的码，故

$$\lim_{N\to\infty} \frac{\overline{L}_N}{N} = H(S) = 0.8816$$

且

$$\lim_{N\to\infty} \eta_N = 1$$

注意：此例中 N=3 时的编码效率反而低于 N=2 时的编码效率，即 $\eta_3 < \eta_2$，这似乎与香农第一定理所描述的结论相矛盾；但通过进一步分析可知，香农第一定理只规定了平均码长 $\frac{\overline{L}_N}{N}$ 的上下限。

$$\frac{H(S)}{\text{lb}r} \leqslant \frac{\overline{L}_N}{N} \leqslant \frac{H(S)}{\text{lb}r} + \frac{1}{N}$$

且当 $N \to \infty$ 时，$\frac{\overline{L}_N}{N} \to \frac{H(S)}{\text{lb}r}$，从而 $\eta \to 1$，而并未保证 $\frac{\overline{L}_N}{N}$ 单调下降（即未保证 η 单调上升）。因此，η 在个别点上随 N 的增加而有所下降的现象与 η 逼近于 1 的总趋势并不矛盾。

r 元 Huffman 编码与二元编码的情况类似，只是概率排序后将 r 个概率最小的符号合并为一个，编码符号相应的为$\{0,1,\cdots,r-1\}$。需注意的是，若最后的缩减信源 S_{END} 不足 r 个符号，则应在原信源 S 中事先补充若干个 0 概率事件。

Huffman 编码的对象不仅包括普通信源符号，也可以是一些特定的结构和符号，如游程长度、块结束符及特定信源符号的集合等。

此外，Huffman 编码方法需事先知道所有信源符号的概率分布，这在实际使用中是难以做到的，因此有关数据压缩国际标准中通常采用准 Huffman 编码，具体方法是：事先求出大部分经常出现的信源符号的概率，然后将其他所有符号合并为一个小概率集合，此集合以一特定符号 ESCAPE 代表，然后对大概率符号及 ESCAPE 符号进行 Huffman 编码，得到一张通用的 Huffman 码表。实时编码时，对大概率信源符号直接从码表找出相应码字输出，而对小概率符号则采用 ESCAPE 的码字后跟原信源符号作为编码。这样做虽然小概率符号编码所用码元数较多，却很好地解决了 Huffman 编码的实用问题，且由于小概率符号本身出现概率很小，因此上述处理方法对平均码长的影响较小。

为了比较上述 3 种统计编码性能，对例 5.5.2 中的信源继续进行 Huffman 编码和 Fano 编码。

Huffman 码编码结果分别为

$$C=\{10,11,000,001,010,0110,0111\}$$

$$\overline{L} = 2.72$$

Fano 编码结果为

$$C=\{00,010,011,10,110,11110,1111\}$$

$$\overline{L}=2.74$$

上述结果表明，这 3 种统计编码方法中，Hufman 码平均码长最短，Shannon 码的平均码长最长，而 Fano 码的性能略次于 Huffman 码（但有时也可得到与 Huffman 码相同的性能）。这一结果符合最一般的情况。

5.5.3 MH 编码

文件传真是指一般文件、图纸、手写稿、表格、报纸等文件的传真，这类图像的像素只有黑、白两个灰度等级，因此文件传真编码属于二值图像的压缩编码。

数字式文件传真首先需要根据清晰度的要求，选定适当的空间扫描分辨率，将文件图纸在空间上离散化，若把一页文件分成 $n \times m$ 个像素，由于文件传真是二值电平的，则每个像素可用一位二进制码（0 或 1）代表，这种方式称为直接编码。显然直接编码时，一页文件的码元数就等于该页二值图像的像素点数。一般地，分辨率越高，质量越好，但编码后码元数越大。根据国际规定，一张 A4 幅面文章（210mm×297mm）有 1188 或 2376 条扫描线，按每条扫描线有 1728 个像素的扫描分辨率（相当于垂直 4 或 8 线/mm，水平 8 点/mm）计算，一张 A4 文件约有 2.05M 像素/公文纸或 4.1M 像素/公文纸，从节省传送时间或存储空间看，必须进行数据压缩。在此仅讨论目前在文件传真中最常采用的一种方法——修正 Huffman 编码（MH 编码），它实际上是游程编码和 Huffman 编码的结合。

对于二值灰度的文件传真，每行往往是由若干个连“0”（白色像素）、连“1”（黑色像素）组成。我们将同一符号重复出现而形成字符串的长度称为“游程长度”，MH 编码分别对“黑”“白”的不同游程长度进行 Huffman 编码，形成黑、白两张码表，编译码通过查表进行。

在对不同游程长进行 Huffman 编码时，需根据文件的黑白游程出现的概率进行编码，概率大的分配短码字，概率小的分配长码字，以达到编码平均码长最短，获得最佳压缩比。

前面已经介绍了 Huffman 编码的基本原理和方法，但在实际应用中，该方法还存在如误差扩散、概率匹配及速率匹配等问题。误差扩散主要是由于变长码本身不带同步码，在传输中若噪声干扰破坏变长码元结构，就无法自动清除误码所产生的影响，这时受干扰的码元不仅影响当前码元的译码，还可能使错误延续影响其后一系列码元的译码。在文件传真的工程实践中往往采取按行清洗的方法，减少误差扩散带来的影响；另外由于变长编码会导致信源输出速率经常变化，而信道传输是恒速的，这就产生了信源与信道间的速率匹配问题，这一问题可采用缓冲法解决。最后 Huffman 编码是根据信源的统计特性分配码长与码型的，这就要求确切掌握文件信源的所有可能的样本概率。例如，一幅 A4 文件，以 1728 的行扫描分辨率计，将有 2×1728 种可能的黑、白游程，相应的编、译码器就需要存储这么多字，这将增加实现的复杂度。

在工程实践中，针对上述问题进行了修正，这就是修正的 Huffman 编码。首先在码表的制定上，不是根据实际待传送文件的游程分布，而是以 CCITT 推荐的 8 种文件样张或我国原邮电部推荐的 7 种典型样张所测定的游程概率分布为依据来制定的。其次，为了进一步减小码表数，采用截断 Huffman 编码方法。由对传真文件的统计结果可知，黑、白游程长度在 0～63 的情况居多，我们不需对全部的 2×1728 种黑、白游程长度进行编码，而是将码字分为结尾码和构造码（或称形成码）两种。结尾码 R，是针对游程长度为 0～63 的情况，直接按游程统计特性制定对应的 Huffman 码表；而构造码是对长度为 64 的倍数的游程长度进行编码的，表 5.5.3 和表 5.5.4 分别示出了 MH 码表的结尾码 R 和 HM 码表构造码 K。这样当游程长度 $l<64$ 时，可直接引用结尾码表示，当游程长度 l 为 64～1728 时，用一个构造码加上相应的结尾码即成为相应的码字。例如，白游程长度为 65(64+1)，由表 5.5.3 可知，长度为 64 的白游程的构造码为 11011，白游程长度为 1 的结尾码为 000111，则长度为 65 的白游程编码结构为 11011 000111。采取 MH 编码后总编码的码字个数可从 2×1728 个减少到 182 个。

表 5.5.3 MH 码表结尾码 R

游程长度	白游程码字	黑游程码字	游程长度	白游程码字	黑游程码字
0	00110101	0000110111	32	00011011	000001101010
1	000111	010	33	00010010	000001101011
2	0111	11	34	00010011	000011010010
3	1000	10	35	00010100	000011010011
4	1011	011	36	00010101	000011010100
5	1100	0011	37	00010101	000011010101
6	1110	0010	38	00010111	000011010110
7	1111	00011	39	00101000	000011010111
8	10011	000101	40	00101001	000001101100
9	10100	000100	41	00101010	000001101101
10	00111	0000100	42	00101011	000011011010
11	01000	0000101	43	00101100	000011011011
12	001000	0000111	44	00101101	000001010100
13	000011	00000100	45	00000100	000001010101
14	110100	00000111	46	00000101	000001010110
15	110101	000011000	47	00001010	000001010111
16	101010	0000010111	48	00001011	000001100100
17	101011	0000011000	49	01010010	000001100101
18	0100111	0000001000	50	01010011	000001010010
19	0001100	00001100111	51	01010100	000001010011
20	0001000	00001101000	52	01010101	000000100100
21	0010111	00001101100	53	00100100	000000110111
22	0000011	00000110111	54	00100101	000000111000
23	0000100	00000101000	55	01011000	000000100111
24	0101000	00000010111	56	01011001	000000101000
25	0101011	00000011000	57	01011010	000001011000
26	0010011	000011001010	58	01011011	000001011001
27	0100100	000011001011	59	01001010	000000101011
28	0011000	000011001100	60	01001011	000000101100
29	00000010	000011001101	61	00110010	000001011010
30	00000011	000001101000	62	00110011	000001100110
31	00011010	000001101001	63	00110100	000001100111

表 5.5.4 MH 码表构造码 K

游程长度	白游程码字	黑游程码字	游程长度	白游程码字	黑游程码字
64	11011	0000001111	960	011010100	0000001110011
128	10010	000011001000	1024	011010101	0000001110100
192	010111	000011001001	1088	011010110	0000001110101
256	0110111	000001011011	1152	011010111	0000001110110
320	00110110	000000110011	1216	011011000	0000001110111
384	00110111	000000110100	1280	011011001	0000001010010
448	01100100	000000110101	1344	011011010	0000001010011
512	01100101	0000001101100	1408	011011011	0000001010100

续表

游程长度	白游程码字	黑游程码字	游程长度	白游程码字	黑游程码字
576	01101000	0000001101101	1472	010011000	0000001010101
640	01100111	0000001001010	1536	010011001	0000001011010
704	011001100	0000001001011	1600	010011010	0000001011011
768	011001101	0000001001100	1664	011000	0000001100100
832	011010010	0000001001101	1728	010011011	0000001100101
896	011010011	00000011100110	EOL	000000000001	000000000001

5.6 压缩编码应用综述

前面我们学习了几种具体的压缩编码方法，本节将介绍这些方法在实际系统中的应用。我们知道，压缩编码的主要目标是去除信源的冗余度，而自然信源中语音、图像、视频均是极具压缩潜力的信源，我们将针对其做一些介绍。

5.6.1 声音压缩标准

在实际应用中，声音信号可分为电话质量的语音信号、调幅广播质量的音频信号和高保真立体声信号。语音信号的频率范围是 300～3 400Hz；调幅广播质量的音频信号一般用于会议电视及视频会议讨论，带宽为 50～7 000Hz；高保真音频信号的频带范围是 20～20 000Hz，随着带宽的增加，信号的自然度将逐步得到改善，相应地，数字化后数码率也将增大。因此，对于不同质量要求的声音信号，压缩策略有所不同。

一般声音信源属于连续的限失真信源，压缩编码主要有波形编码、参量编码和混合编码三大类型。波形编码是直接利用数字声音信号的波形进行编码，要求收端尽量恢复原始声音信号的波形，并以波形的保真度即语音自然度为主要度量指标；参量编码是一种分析/合成编码方法，它先通过分析，提取表征声音信号特征的参数，再对特征参数进行编码，收端根据声音信号产生过程的机理将译码后的参数进行合成，重构声音信号。由于声音信号特征参数的数量远远小于原始声音信号的样点数量，因此这种方法压缩比高，但保真度不高，一般适用于语音信号的编码，其主要度量指标是可懂度。混合编码介于波形编码和参量编码之间，即在参量编码的基础上，引入了一定的波形编码特征，以达到改善自然度的目的，这种编码方法已成为中低码率编码的发展方向。

总之，声音信息能被压缩的依据是声音信号的冗余度和人类的听觉感知机理，声音压缩必须在保持可懂度和音质、限制比特率及降低编码计算量三方面进行折中。

1．电话质量的语音压缩

众所周知，对于 300～3 400Hz 的语音信号，基本编码方法是 PCM，一般用 8kHz 采样语音信号，8bit 量化编码器，则其速码率为 64kb/s，该方法编码质量高，但由于码速率高，限制了其应用，因此 1984 年 CCITT 公布了 G.721 标准，建议采用自适应差分脉码调制（ADPCM）编码，它是在差分脉码调制（DPCM）的基础上发展起来的。利用信号的过去样值预测下一样值，并将预测误差进行量化编码后传输，与 DPCM 不同的是 ADPCM 中量化器和预测器采用了自适应控制，同时在译码器中多了一个同步编码调整，以保证在同步级联时不产生误差积累。自 20 世纪 80 年代以来，32kbit/s ADPCM 技术已日趋完善，具有与 PCM 相当的质量，而码速率压缩近一半，是一种对中等质量音频信号进行高效编码的方法，不仅在语音压缩，而且在调幅广播质量的音频信号和交互式激光唱盘的音频压缩中都有应用。

为了进一步降低语音信号的码速率，必须使用参量编码或混合编码技术，表 5.6.1 列出了 CCITT 相应建议中对电话质量的语音编码标准。

表 5.6.1　电话质量的语音编码标准

标准	G.711	G.721	G.728	GSM	CTIA	NSA	NSA
码速率	64	32	16	13	8	4.8	2.4
算法	PCM	ADPCM	LD-CELP	RPE/LTP	VSELP	CELP	LPC
质量	4.3	4.1	4.0	3.7	3.8	3.2	2.5

2．调幅广播质量的音频压缩

300～3 400Hz 带宽的电话信号的通话质量尚不足以满足召开音频会议或会议电视时进行交谈所希望的语音质量。因此，CCITT 提出了 G.722 标准，这是一种高质量宽带音频编码的标准，其主要目的是以 64kbit/s 的码速率传输尽可能高的语音质量。该标准采用子带编码的方法，输入信号进入滤波器组分成高子带信号和低子带信号，然后分别进入 ADPCM 编码，最后再混合成输出码流。同时 G.722 标准还可以提供一个数据插入功能。由于 G.722 的音频带宽可达 7kHz，因此利用该标准可在窄带综合业务数据网中的一个 B 信道上传输语音或调幅广播质量的音频信号。

3．高保真立体声音频压缩

高保真立体声音频信号的频率范围为 20～20 000Hz，目前国际比较成熟的压缩标准为“MPEG 音频”。MPEG 音频压缩标准具体规定了数字存储媒介的高质量音频的编译码方式，它根据不同的算法分为三个层次。层次 1 与层次 2 算法大致相同，输入音频信号的采样率为 48kHz，44.1kHz 或 32kHz，经滤波器组分成 32 个子带。同时编码器利用人耳的屏蔽效应，根据音频信号的性质计算各个频率分量的屏蔽门限，控制每个子带的量化参数，达到数据压缩的目的。MPEG 音频的层次 3 进一步引入了辅助子代、非均匀量化以及对于量化值的熵编码等技术，可进一步提高压缩比。该标准规定可根据应用需要，采用不同层次的编码系统。

5.6.2　静止图像压缩标准

在一般的信息系统中，图像的信息量远大于语音、文字、传真，占用的带宽也最宽，这对于通信传输或数据存储、处理都是一个巨大的负担。而实际上，图像信息存在着大量的冗余，因此图像压缩非常重要。其压缩方法可分为两类：有损压缩和无损压缩，如图 5.6.1 所示。无损压缩利用数据的统计特性进行冗余度的压缩，典型的有 Huffman 编码、游程编码、算术编码和 L-Z 编码。有损编码一般不能完全恢复原始数据，而是利用人的视觉特性使压缩后的图像看起来与原始图像一样。主要方法有预测编码、变换编码、模型编码、基于重要性的编码及混合编码等。

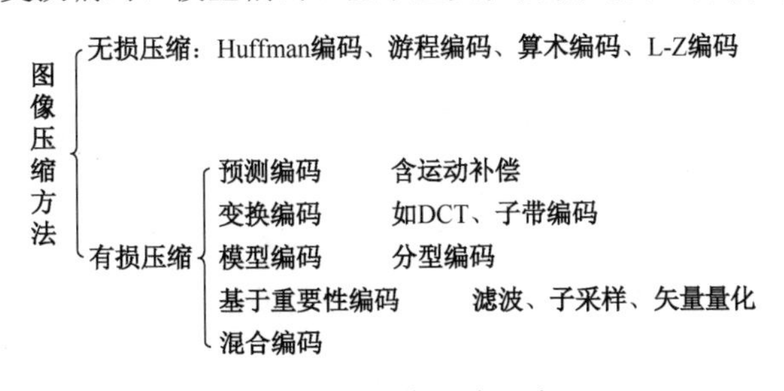

图 5.6.1　图像压缩方法

彩色图像有不同的彩色空间表示方法，从有利于压缩的角度出发，往往采用 Y,U,V 方式，其中 Y 表示像素的亮度，其余两个分量表示像素的色度，一般人眼对像素的亮度分辨率较强，对像素的色彩分辨率较弱，在编码时可对不同的分量用不同的处理，以达到更高的压缩比。

对于静止图像，国际标准化组织 ISO 制定了 JPEG 标准，它可以适用于各种分辨率与格式的彩色及灰度图像，但对二值图像则不适宜。该标准定义了两种基本压缩算法：一种是基于 DPCM 的无失真压缩编码，另一种是基于 DCT 的有失真压缩编码。其中，第二种是 JPEG 的主流和基础，其基本系统框图如图 5.6.2 所示。

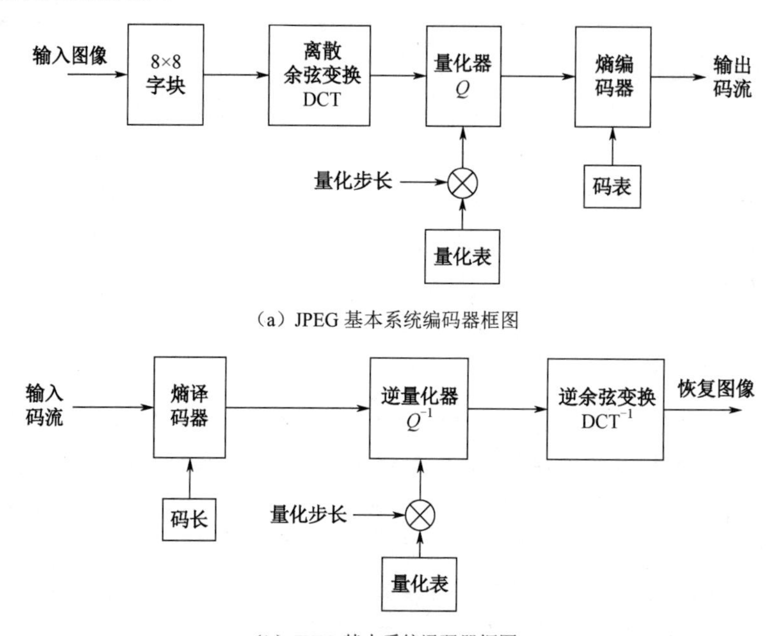

（a）JPEG 基本系统编码器框图

（b）JPEG 基本系统译码器框图

图 5.6.2 JPEG 基本系统框图

首先将带压缩的图像分割成一定的 8×8 样点的子块，然后用 DCT 将各子块变换成 8×8 的 DCT 系数阵列，再对 DCT 系数进行量化，最后借助于熵编码将量化后的系数依次转换成一串已编码的比特流。而收端通过熵译码器，重新生成一组量化了的 DCT 系数，逆量化后，利用 DCT 反变换将此 8×8DCT 阵列重新变换回空间域的 8×8 样点阵列，即重建输出图像子块。

随着应用需求的不断提升，原有的 JPEG 标准的不足逐渐显露出来。2001 年，国际组织推出 JPEG2000 标准。该标准中采用小波变换与算术编码为关键技术，可获得优良的特性：①JPEG2000 实现了低比特率性能的明显改善，其压缩率比 JPEG 高约 20%；②支持连续色调图像和二值图像压缩（用于传真压缩）；③在渐进编码过程中，可由单一的压缩码流实现从低质量到无损压缩的最高质量，在收端译码时，根据实际需求，译码出所需要的图像质量；④JPEG2000 包含 4 种渐进传输模式：质量（像素精度）渐进、分辨率渐进、空间位置渐进、图像分量渐进；⑤可对码流进行随即访问和处理；⑥具有较好的容错性。

图 5.6.3 给出了 JPEG 与 JPEG2000 效果图比较。图 5.6.3（a）、图 5.6.3（b）压缩比均为 21，JPEG 图片已经出现轻微的方块效应，而 JPEG2000 的图清晰。在进行高比值图像压缩时，JPEG 图片在压缩比为 43 时就出现严重的方块效应而几乎不可读，如图 5.6.3（c）所示；而压缩比为 400 的 JPEG2000 图片依然清晰可读，如图 5.6.3（d）所示。由此可以看出，JPEG2000 具有更好的压缩效果。

（a）JPEG，压缩比为21

（b）JPEG2000，压缩比为21

（c）JPEG，压缩比为43

（d）JPEG2000，压缩比为400

图 5.6.3　JPEG 与 JPEG2000 效果图比较

5.6.3　视频压缩标准

动态视频是由时间轴上的一系列静止图像组成的，每秒有 25 帧（或 30 帧），根据电视图像的统计特性，一般景物运动部分在画面上的位移量很小，大多数像素点的亮度及色度信号帧间变化不大。因此，对于电视视频图像的压缩，除了采用类似静态图像的压缩方法，还将引入运动估计和补偿等帧间压缩技术，可进一步提高压缩效率。

许多国际组织致力于视频编码的统一标准制定，其中最具影响力的两大组织是国际标准化组织 ISO/IEC 的运动图像专家组（Motion Picture Expert Group，MPEG）和国际电信联盟 ITU-T 的视频编码专家组（Video Coding Expert Group，VCEG）。两大组织各自独立开发，或者联合制定了 MPEG-X 系列标准和 H.26X 系列标准，其发展过程如图 5.6.4 所示。我国也制定了具有自主知识产权的音视频编码标准（Audio Video Coding Standard，AVS）。目前，第三代 AVS 视频标准（AVS3）已被正式纳入国际数字视频广播组织（DVB）核心规范；这标志着我国自主研制的音视频编解码标准首次被数字广播和宽带应用领域最具影响力的国际标准化组织采用，是中国标准“走出去”的里程碑进展之一。基于 AVS3 标准的 8K 50p 实时信号编码，码率范围支持到 80～120Mbit/s，在同等码速率下视频质量优于 H.265。

1. MPEG-X 系列标准

MPEG-1 是运动图像专家组（MPEG）第一次成功制定并广泛应用于实际产品的视音频有损压缩标准，其初衷是针对 CD 光盘上的记录影像，用于存储及传输的码速率为低于 1.5M/bits 的逐行扫描视频，后被广泛应用于 VCD 光盘的影像压缩中。MPEG-1 采用了自适应量化、DCT、DPCM、统计编码及运动补偿等技术，其视频编码器的结构如图 5.6.5 所示，为了获得高的压缩比，往往采用帧内压缩减少空间相关性，帧间压缩减少时间相关性。具体有如下技术要点。

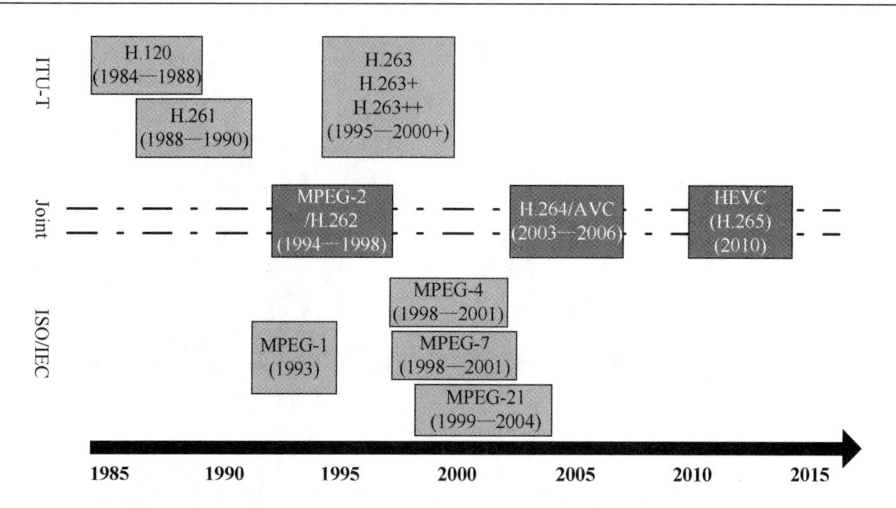

图 5.6.4　ITU-T 及 MPEG 组织制定的视频编码标准及其发展

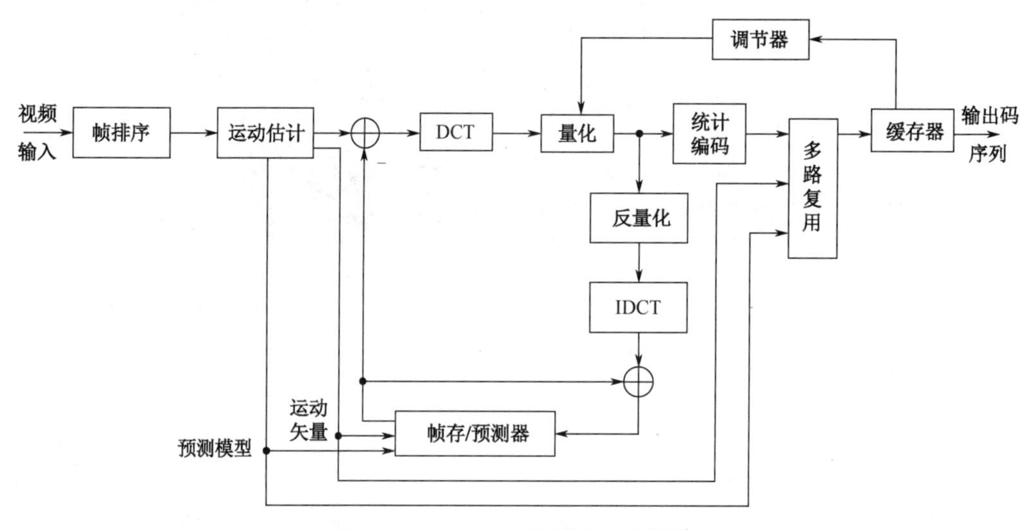

图 5.6.5　MPEG-1 视频编码器框图

（1）通过运动估计器进行运动补偿的帧间预测，消除图像序列在时间轴上的相关性。运动补偿以宏块为单位进行，包括预测和插补两种算法。

（2）对帧间预测的误差值进行 8 像素×8 像素的 DCT 编码，以消除图像空间域的相关性。

（3）对 DCT 系数进行自适应量化处理，以充分利用人眼的视觉特性。

（4）进行 Huffman 编码实现熵编码的概率匹配特性。

（5）最后采用缓冲器实现变长码输入与定长码输出的速率匹配。

MPEG-2 标准可以视为 MPEG-1 标准的扩展和延续，在基本编码系统中主要增加了支持隔行视频的各种算法，其最具特色的可分级编码技术则是作为系统的一种扩展，以适应电视广播和视频通信的应用领域，主要针对高清电视（High-Definition TV，HDTV）、数字视频广播（Digital Video Broadcast，DVB）、数字视频光盘（Digital Video Disk，DVD）。该标准还提出档次（Profile）和级别（Level）的新概念，依据不同档次和不同级别产生各异的具体编码器，利于产生不同视频质量的视频图像视音频码流，满足不同用户的需求。MPEG-2 对 MPEG-1 进行向后兼容，即 MPEG-1 压缩形成的码流在 MPEG-2 解码器中也能够正常解码播放。

MPEG-4 标准的主要目标是用于 64kbit/s 以下低码速率视频环境上的应用，如可视电话、视频会议等，其初衷是提供一种信息存储格式、一种框架，创建一个更为自由的通信与开发环境。该初衷以及标准的最终制定成果使得该标准的应用范围更为广泛，包括家庭消费、视频检测、实时视听通信，以及多媒体通信等。MPEG-4 提出视频对象（Video Object）新型视频内容表达方式，提高了视频通信的编码效率和交互能力。

MPEG-7 标准建立在 MPEG-4 基础之上，针对各种类型的多媒体信息标准建立一套视听特征的量化标准描述器、结构以及它们相互之间的关系，即描述方案，以拓展现在有限的多媒体信息查询能力。MPEG-21 是由 MPEG-7 发展而来的，它将提供一个多媒体框架，供不同用户之间进行以数字信息为目标的交互作用。

2．H.26X 系列标准

H.26X 系列是国际电信联盟 ITU-T 制定的视频编码标准，其编码框架一直采用基于块运动补偿与离散余弦变换变换相结合的混合视频编码框架模型。

H.261 是 ITU-T 发布的第一个针对可视电话和会议电视的标准，采用 4:2:0 的采样格式作为蓝本，码速率范围为 40k～2Mbit/s，是第一个应用于实际的编码标准。它采用了帧内/帧间预测和二维离散余弦变换的混合编码方法。在预测策略上，当帧间预测效率相对较低时，直接采用离散余弦变换对块进行编码。输出码速率固定为 $p\times64$ kbit/s，其中 p 为 0～31 的任意整数。

H.263 是 ITU-T VCEG 推出的低码速率（低于 64kbit/s）视频通信标准。其在 H.261 标准的基础上进行了技术改进：增加了高精度的亚像素运动估计、算术编码、P/B 帧的提出等技术，很大程度的降低了视频码速率，提高了视频解码图像质量。并对该标准进行扩充形成了 H.263+和 H.263++，提高了编码效率，抗误码的差错掩盖能力和编码系统的鲁棒性，使得应用范围更广泛。

H.264/AVC 标准吸收采纳了多年来基于块的混合视频编码技术方面的最新研究成果，包括了帧内预测、灵活块的运动补偿、多参考帧预测、1/4 像素精度运动估计、离散余弦变换、去方块滤波、基于上下文自适应的算术编码等。H.264/AVC 标准编码质量高于其他过去和当前的其他标准。研究结果表明，相对于其他标准，在同等视频解码质量下，该标准能节省 50%以上的码速率。

2009 年，由 ITU-T 视频专家组 VCEG 和 ISO/IEC 的运动专家组 MPEG 联合组成的视频编码联合工作组（Joint Collaborative Team on Video Coding，JCT-VC）着手研究下一代视频编码标准——高效率的视频编码标准（High Efficiency Video Coding，HEVC），作为现行标准 H.264/AVC 替换标准。HEVC 沿袭了 H.26X 和 MPEG 系列的基于块的联合预测熵编码混合模型，采用了新的编码基本单元结构，增强的运动估计策略和提高运动补偿精度，获得比当前的 H.264/AVC 标准更高的编码性能和效率。

HEVC 编码框架如图 5.6.6 所示。视频编码器将输入的元素图像划分成为互不重叠的树块，利用图像内空间相关性以及图像间的时间相关性，去除相关的冗余信息，得到预测图像块。预测图像块和原始图像块进行差分，取得图像块的预测残差块，对预测残差进行频域变换和量化，获得量化的频域系数。对量化后的频域系数进行符号熵编码，去除符号冗余信息，并生成码流进行传输或存储。

与以往标准相比，HEVC 采用新的视频内容表达方式和新的预测技术。帧内预测单元包含 Planar 模式、DC 模式和 33 种角度预测模式，每种模式都采用预测单元上的相邻行或左边的相邻列进行线性插值得到 1/32 亚像素作为预测单元的参考像素。在帧间预测模式中，采用了基于离散余弦变换的插值滤波器，生成 1/8 像素精度的预测图像块进行运动补偿。在残差处理模块上，扩展了 H.264/AVC 的整数离散余弦变换，尺寸从 4×4 到 64×64 。

HEVC 编码器采用两种编码方案：高性能编码方案（High Efficiency，HE）和低复杂度编码方案（Low Complexity，LC）。JCT-VC 工作组的初衷是进行高性能编码方案，它保持了高压缩性能，支持比特深度增加到 10 位和循环滤波器（包括去方块滤波器和自适应循环滤波器 ALF）以及 CABAC（Context-based Adaptive Binary Arithmetic Coding）熵编码。低复杂度编码方案应用在设备计算能力低的环境下，要求编解码端的计算复杂度低。它和高效率编码方案编码方案差异在于不支持比特位增加和自适应循环滤波器，以及只允许采用 CAVLC（Context-based Adaptive Variable-Length Coding）进行符号熵编码。

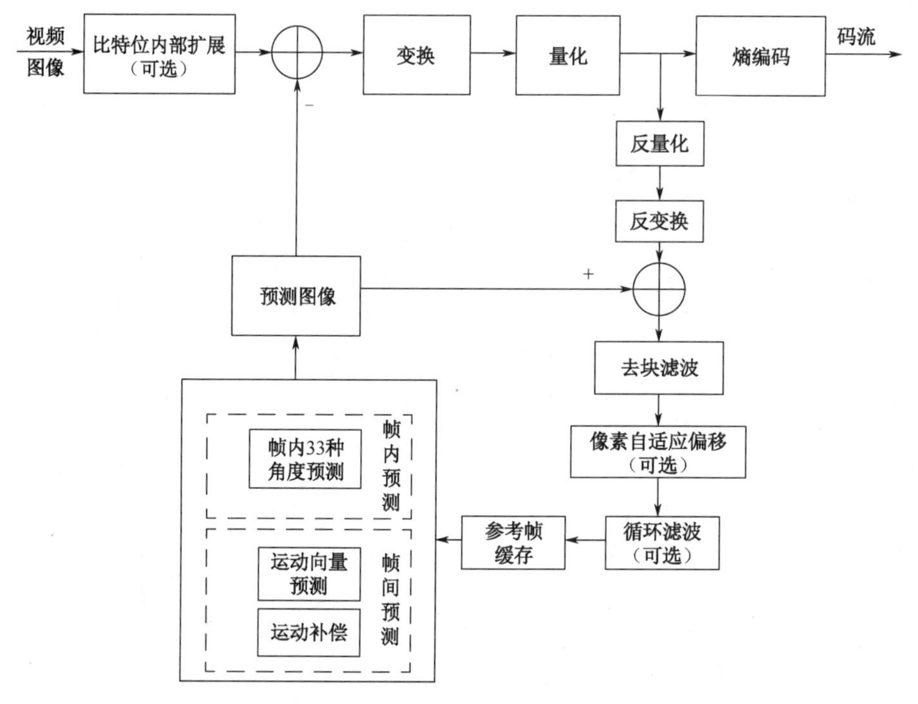

图 5.6.6 HEVC 编码框架

本章小结

本章简要阐述香农的两大信源编码定理：无失真可变长信源编码定理、保真度准则下的信源编码定理以及其对通信的指导意义。在此基础上，引出压缩编码的三大经典方法：预测编码、变换编码和统计编码，并从基本原理和实现方法两方面进行论述。最后从声音、静止图像、视频 3 个不同的角度讨论信源压缩编码技术的综合应用。

习题

5.1 什么是信源编码？试述香农第一编码定理的物理意义。

5.2 若有一信源 $S:\begin{bmatrix} s_1 & s_2 \\ 0.8 & 0.2 \end{bmatrix}$，每秒信源发生 2.66 个信源符号，将其送入一个每秒只能传送 2 个二进制符号的无噪二元信道中传输，试问信源不经过编码能否与信道直接连接？通过适当编码能否与信道连接？采用何种编码，为什么？

5.3 有一信源，它有 6 个可能的输出，其概率分布如题 5.3 表所示，表中给出了对应码 A、B、C、D、E 和 F。

（1）求这些码中哪些是唯一可译码。

（2）对所有唯一可译码求出其平均码长 $\overline{L}$。

题 5.3 表

消息	$p(a_i)$	A	B	C	D	E	F
a_1	1/2	000	0	0	0	0	0
a_2	1/4	001	01	10	10	10	100
a_3	1/16	010	011	110	110	1100	101
a_4	1/16	011	0111	1110	1110	1101	110
a_5	1/16	100	01111	11110	1011	1110	111
a_6	1/16	101	011111	111110	1101	1111	011

5.4 已知一信源包含 8 个消息符号，其出现的概率为

S	A	B	C	D	E	F	G	H
$P(s)$	0.1	0.18	0.43	0.05	0.06	0.1	0.07	0.01

（1）该信源在每秒钟内发出 1 个符号，求该信源的熵及信息传输速率。

（2）对这 8 个符号作霍夫曼编码，写出各代码组，并求出编码效率。

5.5 某信道输入符号集为 X：{0,1/2,1}，输出符号集为 Y：{0,1}，信道矩阵为 $\boldsymbol{P}=\begin{bmatrix}1 & 0\\ \frac{1}{2} & \frac{1}{2}\\ 0 & 1\end{bmatrix}$，现有 4 个消息的信源（消息等概出现）通过该信道传输。对该信源编码时选用 C：$\{(x_1,x_2,1/2,1/2)\}$，$x_i=0$ 或 1（i=1, 2），码长 n=4，并选取如下的译码规则：$(y_1y_2y_3y_4)=(y_1,y_2,1/2,1/2)$。

问

（1）编码后信息传输率等于多少？

（2）证明在该译码规则下，对所有码字有 $P_E=0$。

5.6 信息率失真函数 $R(D)$如何定义？为什么 $R(D)$反映了信源的可压缩程度？

5.7 试由式（5.3.14）、（5.3.21）证明：$E_p=E_{p\text{-}1}[1-k_p^2]$。

5.8 当$\{x_n\}$的 R_0=1，R_1=0.91，R_2=0.9，R_3=0.85，p=3，试利用 Levinson-Durbin 迭代法求 a_1，a_2，a_3 及 E_1，E_2，E_3。

5.9 设$\{x_n\}$为遍历平稳序列，在最优预测条件下，令 p=2，试证明 $E[e_n\hat{x}_n]=0$。

5.10 已知某信源的协方差矩阵 $\boldsymbol{\Phi}_x=\begin{bmatrix}1 & 0 & 0\\ 0 & 1 & 0\\ 1 & 0 & 1\end{bmatrix}$，试计算 DCT 变换后的 Φ_y。

5.11 若将 DFT 中的输入序列$\{x_n\}$，n=0,1,⋯,N−1 向左对称展宽 N−1 个点，即成 $\{x'_n\},n=-N+1,-N+2,\cdots,0,N-1$，且 $x_n=x_{-n}(n=1,2,\cdots,N-1)$，所得变换是何形式?

5.12 设信源符号集

$$\begin{bmatrix}S\\ P(S)\end{bmatrix}=\begin{bmatrix}s_1, & s_2\\ 0.1, & 0.9\end{bmatrix}$$

（1）求 $H(S)$和信源剩余度。

（2）设码符号为 X= [0,1]，编出 S 的紧致码，并求出紧致码的平均码长 $\overline{L}$。

（3）把信源的 N 次无记忆扩展信源 S^N 编成紧致码，试求当 N=2，3，4，∞时的平均码长$(\frac{\overline{L}_N}{N})$。

（4）计算上述 N=1,2,3,4 这 4 种码的效率和码剩余度。

5.13 信源符号集为

$$\begin{bmatrix} S \\ P(s) \end{bmatrix} = \begin{bmatrix} s_1, & s_2, & s_3, & s_4, & s_5, & s_6, & s_7, & s_8 \\ 0.4, & 0.2, & 0.1, & 0.1, & 0.05, & 0.05, & 0.05, & 0.05 \end{bmatrix}$$

码符号为 $X=[0,1,2]$，试构造一种三元的紧致码。

5.14 若某一信源有 N 个符号，并且每个符号等概率出现，对这信源用最佳霍夫曼码进行二元编码，问当 $N=2^i$ 和 $N=2^i+1$（i 是正整数）时，每个码字的长度等于多少？平均码长是多少?

5.15 有两个信源 X 和 Y 如下

$$\begin{bmatrix} X \\ P(x) \end{bmatrix} = \begin{bmatrix} x_1, & x_2, & x_3, & x_4, & x_5, & x_6, & x_7 \\ 0.20, & 0.19, & 0.18, & 0.17, & 0.15, & 0.10, & 0.01 \end{bmatrix}$$

$$\begin{bmatrix} Y \\ P(y) \end{bmatrix} = \begin{bmatrix} y_1, & y_2, & y_3, & y_4, & y_5, & y_6, & y_7, & y_8, & y_9 \\ 0.49, & 0.14, & 0.14, & 0.07, & 0.07, & 0.04, & 0.02, & 0.02, & 0.01 \end{bmatrix}$$

（1）分别用霍夫曼码编成二元唯一可译码，并计算其编码效率。

（2）分别用香农编码法编成二元唯一可译码，并计算编码效率（即选取 l_i 是大于或等于 $\mathrm{lb}\dfrac{1}{p_i}$ 的整数）。

（3）分别用费诺编码方法编成二元唯一可译码，并计算编码效率。

（4）从 X，Y 两种不同信源来比较这三种编码方法的优缺点。

5.16 设随机变量 X 取 m 个值，其熵为 $H(X)$。假定已求得该信源的三元即时码，其平均长度为

$$L=\frac{H(X)}{\mathrm{lb}3}=H_3(X)$$

（1）证明 X 的每个字符的概率，对某个 i 均具有形式 3^{-i}。

（2）证明 m 为奇数。

5.17 考虑有 m 个等概率结果的随机变量，此信源的熵为 $\mathrm{lb}m$ 比特。

（1）请给出此信源的最优即时二元码，并计算其平均码长 L_m。

（2）问哪些 m 值可使平均码长 L_m 等于熵 $H=\mathrm{lb}m$?

（3）定义变长码的冗余度为 $\rho=L-H$。请问对怎样的 m 值，编码冗余度可达到最大，其中 $2^k \leqslant m \leqslant 2^{k+1}$？当 $m\to\infty$时，最坏情形下冗余度的极限值是什么？

5.18 查阅资料，总结预测编码在压缩标准中的应用及基本方法，完成一篇报告。

5.19 查阅资料，对 Huffman 编码实际应用中存在的问题进行描述，并简要介绍实际应用中 Huffman 编码的变型处理方法，至少举两例。

相关小知识——霍夫曼生平

著名的“霍夫曼编码”的发明人戴维·霍夫曼（David Albert Huffman）1925 年生于俄亥俄州，从小聪慧好学。他在俄亥俄州立大学毕业时只有 17 岁。然后他进入 MIT 一边工作，一边深造，霍夫曼编码就是他在 1952 年做博士论文时发明的。这是一种根据字母的使用频率而设计的变长码，能大大提高信息的传输效率，至今仍有广泛的应用。

除了霍夫曼编码，戴维·霍夫曼在其他方面还有不少创造。例如，他设计的二叉最优搜索树算法就被认为是同类算法中效率最高的，因而被命名为霍夫曼算法，是动态规划（Dynamic Programming）的一个范例。

戴维·霍夫曼在 MIT 一直工作到 1967 年。之后他转入加州大学的 Santa Cruz 分校，是该校计算机科学系的创始人，1970—1973 年任系主任，1994 年霍夫曼退休。

戴维·霍夫曼曾获得 IEEE 的 McDowell 奖、IEEE-CS 的计算机先驱奖。1998 年 IEEE 下属的信息论分会为纪念信息论创立 50 周年，授予他 Golden Jubilee 奖。1999 年 6 月，他荣获以汉明码发明人命名的汉明奖章（Hamming Medal）。

戴维·霍夫曼于 1999 年 10 月 17 日因癌症去世，享年 74 岁。但他作为信息论的先驱，对计算机科学、通信等学科所作出的巨大贡献将永远为世人所铭记。

第 6 章　信道编码基本原理

在有噪信道上传输数字信号时，所收到的数据不可避免地会出现差错，所以在数字通信、数据传输、图像传输、计算机网络等数字信息交换和传输中所遇到的主要问题是可靠性问题。不同的用户对可靠性的要求是大相径庭的。例如，对于普通电报，差错率（误码率）在 10^{-3} 时是可以接受的；而对导弹运行轨道数据的传输，如此高的差错率将使导弹偏离预定的轨道，这显然是不允许的。数字信号在传输过程中产生不同差错率的原因主要是不同传输系统的性能不同，以及在传输过程中受到不同的干扰。因此，要从多种途径来研究提高系统可靠性的方法。首先，要合理选择系统和调制解调方式，这是降低差错率的根本措施，其目的是改善信道特性，减少差错，但该措施的改善程度是有限的，在此基础上利用纠错编码技术对差错进行控制，可大大提高系统的抗干扰能力，降低误码率，这是一项提高系统可靠性极为有效的措施，也是后面要研究和解决的问题。

纠错编码又称信道编码或差错控制编码，它涉及很多理论问题和数学知识，在本章中仅介绍基本的纠错编码方法和概念。另外，因为利用纠错编码的差错控制技术主要应用于数字通信和数据存储系统中，所以先从数字通信系统的结构入手，了解纠错编码在数字通信中的地位和作用。

6.1　概述

6.1.1　数字通信系统模型

所有的数字通信系统，包括通信、雷达、遥控遥测、数字计算机内部及数字计算机之间的数据传输，以及数据存储系统都是把信源发出的信息，经过某些变换和传输路径送给收端用户。所有这些系统都可用图 6.1.1 所示的模型表示。

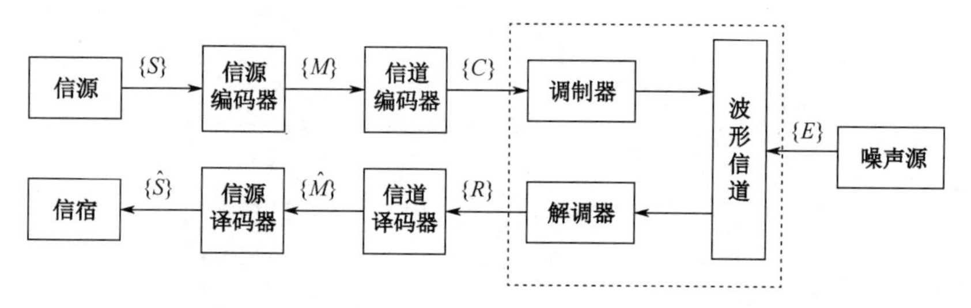

图 6.1.1　数字通信系统模型

从广义的信息传输来说，信源消息集$\{S\}$中发送的消息，可以是语音、图像信息，也可以是数字序列。从波形上看，可以是连续波形，也可以是离散波形，信源编码器输出二进制信息序列$\{M\}$，它一方面把信源发出的模拟消息转换成数字信号的形式；另一方面为了使传输更有效，需将冗余信息去掉。从信息论观点来看，就是解除信息序列间的相关性，使经过信源编码器输出的信息序列成为独立等概的二进制序列，从而保证每个码元携带最大的信息量。

为了抗击传输过程中的各种干扰，往往要对信源编码器送出的信息序列人为地增加一些冗余度，使其具有自动检错、纠错能力，这种功能由图 6.1.1 中的信道编码器完成，它把信源编码器输出的二进制序列$\{M\}$映射成码字序列$\{C\}$，它是差错控制系统中的主要组成部分之一，这就是我们要着重讨论的部分。

调制器是将包含信息 M 的码字 C 变换成适合信道传输的各类信号，信道是传输经过调制器处理后的含有有用信息的传输媒介，它可以是各种电缆、架空明线、光纤、各类无线电波束等，也可以是计算机的存储系统如磁盘、磁带装置等。信道常受各种自然的或人为的干扰，而且传输中还存在多径效应及衰落，另外磁带或磁盘的损伤对所传信息来说也将造成差错，也可以视为干扰，所以信号在传输或存储过程中不可避免地会产生失真，从而使解调器的输出出现错误，我们把引起接收信号产生失真的各种干扰、噪声归为一个噪声源，其输出以$\{E\}$表示。

解调器对每个时宽的接收信号进行判决，以确定是 0 还是 1。解调器输出称为接收序列，由于信道噪声的干扰，其接收序列 R 与信道编码输出 C 可能不一致，因此需利用信道编译码器来改善信息在传输中的错误指标，信道译码器根据信道编码规则及信道统计特性，完成以下任务：①检查或纠正传输中的错误，产生发送码字的估值；②将码字估值转变成信源编码器输出序列的估值（信息序列估值$\{\hat{M}\}$）。而信源译码是信源编码的逆变换，根据信源译码规则把信道译码器输出的已经纠错的信息序列恢复成信源原始发出的消息估值$\{\hat{S}\}$，送给用户（信宿）。值得注意的是，在实际的通信系统中往往还包括同步和保密等组成部分，只是不属于我们要研究的内容，暂不考虑。

由于我们关心的是差错控制系统中所使用的信道编码器和信道译码器，为了研究方便，可将上述模型进一步简化成图 6.1.2 所示的简化模型。在此模型中我们将信源编码器归入到信源部分，且假定它的输出是一个码元间彼此无关且出现概率相等的二进制序列，称为信息序列 M；信道是包括调制器、实际信道（传输媒介）和解调器在内的广义信道，又称编码信道，它的输入是信道编码器输出的码字序列 C，在没有特别说明的情况下，其输出 R 通常也是二进制序列；信道译码器输出的是信息估值序列 $\hat{M}$；最后一部分——信宿则包括信源译码器和用户，它可以是计算机或人。

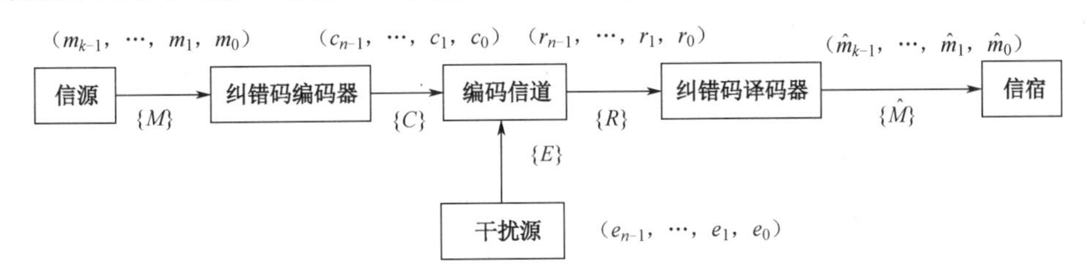

图 6.1.2　数字通信系统简化模型

6.1.2　差错控制系统分类

差错控制是一门以纠错编码为理论依据来控制差错的技术，即是"针对某一特定的数据传输或存储系统，应用纠错或检错编码及其相应的其他技术（如反馈重传等）来提高整个系统传输数据可靠性"的方法。

在数字通信系统中，利用纠错码或检错码进行差错控制的方式有 ARQ、FEC、HEC 以及 IRQ 等几类，如图 6.1.3 所示。

1．重传反馈方式（ARQ）

差错控制系统

发端发出能够发现（检测）错误的码，通过工作信道送到收端，译码器只需判决码组中有无错误出现。再把判决信号通过反馈信道送回发端。发端根据这些判决信号，把收端认为有错的消息再次传送，直到收端认为正确为止。

由图 6.1.3 可知，应用 ARQ 方式必须有一个反馈信道，一般适用于一个用户对一个用户（点对点）的通信，它要求系统收发两端必须互相配合、密切协作，因此这种方式的控制电路比较复杂。而且由于反馈重发的次数与信道干扰情况有关，若信道干扰很频繁，则系统经常处于重发消息的状态，因此这种方式传送消息的连贯性和实时性较差。该方式的优点是：编译码设备比较简单；在一定的冗余度码元下，编码的检错能力一般比纠错能力要高得多，因而整个系统的纠错能力极强，能获得极低的误码率；由于检错码的检错能力与信道干扰的变化基本无关，因此这种系统的适应性很强，特别适用于短波、散射、有线等干扰情况复杂的信道中。

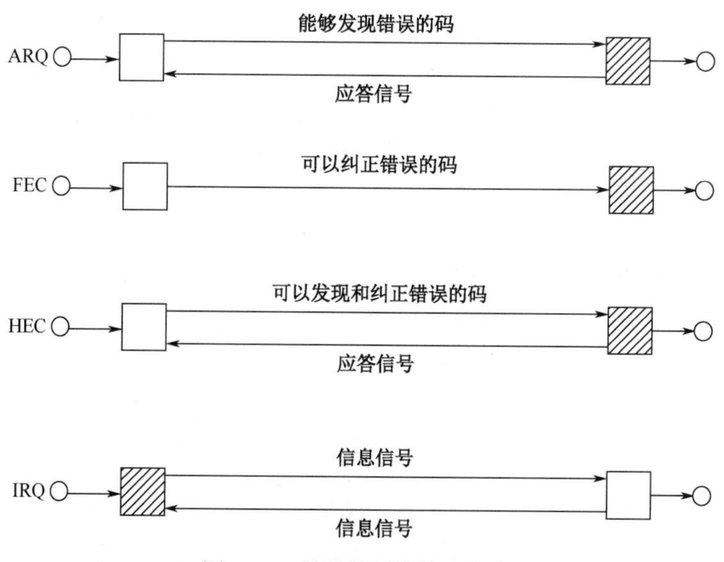

图 6.1.3 差错控制的基本方式

2. 前向纠错方式（FEC）

发端发送具有一定纠错能力的码，收端收到这些码后，根据码的规律性，译码器不仅能自动地发现错误，而且能自动地纠正接收码字在传输中的错误，这种方式的优点是不需要反馈信道，能进行一个用户对多个用户的同播通信，译码实时性较好，控制电路比 ARQ 的简单。其缺点是译码设备比较复杂，所选用的纠错码必须与信道的干扰情况相匹配，因而对信道的适应性较差。为了要获得比较低的误码率，往往需以最坏的信道条件来设计纠错码，故所需的多余码元比检错码要多得多，从而使编码效率很低。但由于这种方式能广播，特别适用于军用通信，并且随着编码理论的发展和编译码设备所需的大规模集成电路成本的不断降低，译码设备有可能做得越来越简单，成本越来越低，因而在实际的数字通信中逐渐得到广泛应用。

3. 混合纠错方式（HEC）

这种方式下发端发送的码不仅能够被检测出错误，还具有一定的纠错能力。收端收到序列以后，首先检验错误情况，如果在纠错码的纠错能力以内，那么自动进行纠正。如果错误很多，超过了码的纠错能力，但能检测出来，那么收端通过反馈信道，要求发端重新传送有错的消息。这种方式在一定程度上避免了 FEC 方式要求用复杂的译码设备和 ARQ 方式信息连贯性差的缺点，并能达到较低的误码率，因此在实际中应用越来越广。

除了上述三种主要方式，还有所谓狭义信息反馈系统（IRQ）。这种方式是收端把收到的消息原封不动地通过反馈信道送回发端，发端比较发送的与反馈回来的消息，从而发现错误，并且把传错的消息再次传送，最后达到使对方正确接收消息的目的。

为了便于比较，我们把上述几种方式用图 6.1.3 所示的框图表示。图中有斜线的方框表示在该处检出错误。在实际系统设计中，如何根据实际情况选择哪种差错控制方式是一个比较复杂的问题，由于篇幅所限，这里不再讨论，有兴趣的读者可参阅有关资料。

6.1.3 纠错编码分类

上述各种差错控制系统中用到的码，不外乎是能在译码器自动发现错误的检错码，或者不仅能发现错误而且能自动纠正错误的纠错码，或者能纠正删除错误的纠删码。但这三类码之间没有明显区分，以后将看到，任何一类码，按照译码方法不同，均可作为检错码、纠错码或纠删码来使用，除了上述的划分方法，通常还按以下方式对纠错码进行分类。

（1）按照对信息元处理方法的不同，分为分组码与卷积码两大类。

分组码是把信源输出的信息序列，以 k 个码元划分为一段，通过编码器把这段 k 个信息元按一定规则产生 r 个校验（监督）元，输出长为 $n = k + r$ 的一个码组。这种编码中每一码组的校验元仅与本组的信息元有关，而与别组无关。分组码用(n,k)表示，n 表示码长，k 表示信息位。

卷积码是把信源输出的信息序列，以 k_0 个（k_0 通常小于 k）码元分为一段，通过编码器输出长为 n_0（$> k_0$）的码段，但是该码段的 $n_0 - k_0$ 个校验元不仅与本组的信息元有关，还与其前 m 段的信息元有关，一般称 m 为编码存储，因此卷积码用(n_0, k_0, m)表示。

（2）根据校验元与信息元之间的关系分为线性码和非线性码。

若校验元与信息元之间的关系是线性关系（满足线性叠加原理），则称为线性码；否则，称为非线性码。

由于非线性码的分析比较困难，实现较为复杂，因此下面仅讨论线性码。

（3）按照所纠错误的类型可分为纠随机错误码、纠突发错误码以及纠随机与突发错误码。

（4）按照每个码元取值来分，可分为二进制码与 q 进制码（$q = p^m$，p 为素数，m 为正整数）。

纠错编码的分类

（5）按照对每个信息元保护能力是否相等来分，可分为等保护纠错码与不等保护（UEP）纠错码。

除非特别说明，今后讨论的纠错码均指等保护能力的码。

此外，在分组码中按照码的结构特点，又可分为循环码与非循环码。为了清楚起见，我们把上述分类用图 6.1.4 表示。

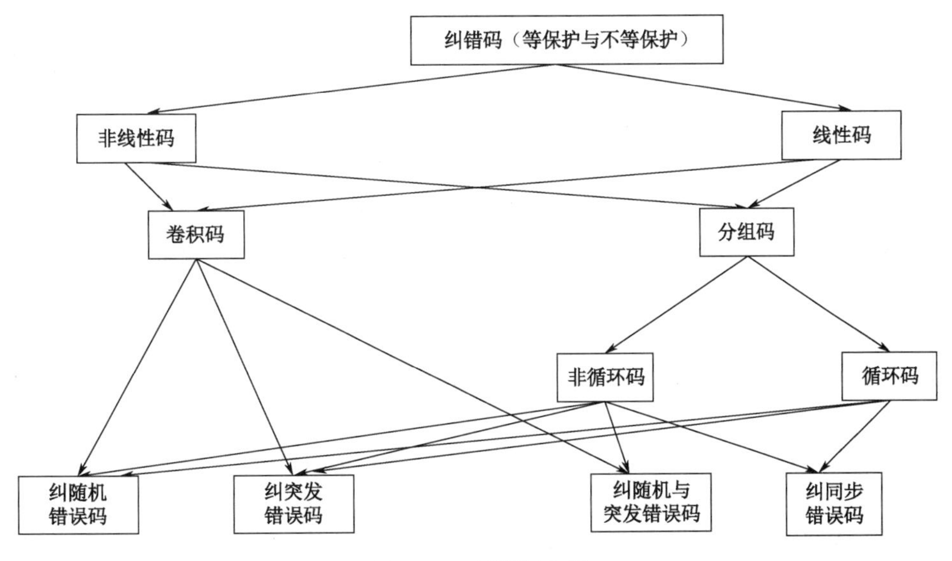

图 6.1.4　纠错码分类

6.2　信道编码的基本概念

6.2.1　信道编码的一般方法

香农在有噪信道编码定理中指出：“在有噪信道中当信息传输速率低于信道容量时，通过某种编译码方法随着码长的增加能使误码率任意小。”这一定理本身并没有给出具体的差错控制方法及纠错码的结构，但它从理论上为信道编码的发展指明了方向。

设信源编码器输出的二元数字信息序列为（001010110001…），序列中每个数字都是一个信息元素。为了适应信道的最佳传输而进行编码，首先需要对信息序列进行分组。一般是以截取相同长度的码元进行分组，每组长度为 k（含有 k 个信息元），这种序列一般称为**信息组或信息序列**，如上面的信息序列以 $k=2$ 分组为（00），（10），（10），（11），（00），…。如果将这样的信息组直接送入信道传输，它是没有任何抗干扰能力的，因为任意信息组中任一元素出错都会变成另一个信息组，如信息组（00）某一位出错，将会变成（10）或（01），而它们代表着不同的信息组，所以在收端就会判断错误。可见，不管 k 的大小如何，若直接传输信息组是无任何抗干扰能力的。

如果在各个信息组后按一定规律人为地添上一些码元，如上例，我们在 $k=2$ 的信息组后再添上一位码元，使每组的长度变为 3，这样的各组序列称为**码字**，码字长度记为 n，本例中 $n=k+1$，其中每个码字的前两个码元为原来的信息组，称为**信息元**，它主要用来携带要传输的信息内容，后一个新添的码元称为**校验元**，其作用是利用添加规则来校验传输是否出错。如果添校验元的规则为：新添校验元的符号（0 或 1）与前两个码元（信息元）符号（0 或 1）之和为 0（模 2 和为 0），这样的码字共有 $2^k=2^2=4$ 个，即{（000）、（011）、（101）、（110）}，它们组成了一个码字集合，其中每个码字分别代表一个不同的信息组。而在 3 位二进制序列（码组）中共有 $2^3=8$ 个，除以上 4 个作为码字之外，还有 4 个未被选中，即这 4 个码组不在发送之列，称为**禁用码组**，而被编码选中的 n 重即码字亦称为**许用码组**。对于收端，若接收序列不在码字集合中，则说明不是发端所发出的码字，从而确定传输有错。因此，这种变换后的码字就具有一定的抗干扰能力。

噪声信道中的编码

Concept of channel coding

信道编码

以上就是一种最简单的信道编码，在两位信息元之后添加了一位校验元，从而获得了抗干扰能力。一般来说，添加的校验元位数越多，码字的抗干扰能力就越强，不但能识别传输是否有错（检错），还可以根据编码规则确定哪位出错（纠错）。因此，纠错编码的一般方法可归纳为：在传输的信息码元之后按一定规律产生一些附加码元，经信道传输，在传输中若码字出现错误，收端能利用编码规律发现码的内在相关性受到破坏，从而按一定译码规则自动纠正错误，降低误码率 P_E。

由上可见，经编码后的码字比原来的信息码组码长增加了，其目的就是使编出的码按照一定规律产生某种相关性，从而具有一定的检错或纠错能力。这就是纠错编码的实质。在编码中新增加的多余码元（监督元）是按一定规律加进去的，如按照一组方程表达式或某种函数关系产生，从而使其与信息元之间建立了某种对应关系，码字内也就具有了某种特定的相关性，这种对应关系称为**校验关系**。译码就是利用校验关系进行检错、纠错的。

设发送的是码长为 n 的序列 $\boldsymbol{C}$：$(c_{n-1},c_{n-2},\cdots,c_1,c_0)$，通过信道传输到达收端的序列为 $\boldsymbol{R}$：$(r_{n-1},r_{n-2},\cdots,r_1,r_0)$。由于信道中存在干扰，$\boldsymbol{R}$ 序列中的某些码元可能与 $\boldsymbol{C}$ 序列中对应码元的值不同，即产生了错误。而二进制序列中的错误不外乎是 1 错成 0 或 0 错成 1，因此，如果把信道中的干扰也用二进制序列 $\boldsymbol{E}$：$(e_{n-1},e_{n-2},\cdots,e_1,e_0)$表示，那么相应有错误的各位 e_i 取值为 1，无错的各位取值为 0，而 $\boldsymbol{R}$ 就是 $\boldsymbol{C}$ 与 $\boldsymbol{E}$ 序列模 2 相加的结果，称 E 为信道的**错误图样或错型**。

为了今后学习方便，除了上面讲到的基本概念，还将再介绍一些编码中常用的参数。

6.2.2 信道编码的基本参数

1. 码率

一般我们把分组码记为(n,k)码，n 为编码输出的码字长度，k 为输入的信息组长度，在一个(n,k)码中，信息元位数 k 在码字长度 n 中所占的比重，称为码率 R，对于二元线性码它可等效为编码效率 η，即

$$\eta = R = \frac{k}{n}$$

码率是衡量所编的分组码有效性的一个基本参数，码率 R 越大，表明信息传输的效率越高。但对编码来说，每个码字中所加进的校验元越多，码字内的相关性越强，码字的纠错能力越强。而校验元本身并不携带信息，单纯从信息传输的角度来说是多余的。一般来说，码字中冗余度越高，纠错能力越强，可靠性越高，而此时码的效率降低了，所以信道编码必须注意综合考虑有效性与可靠性的问题，在满足一定纠错能力要求的情况下，总是力求设计码率尽可能高的编码。

2. 汉明距离与重量

定义 6.2.1　一个码字 $\boldsymbol{C}$ 中非零码元的个数称为该码字的（汉明）重量，简称码重，记为 $W(\boldsymbol{C})$。

若码字 $\boldsymbol{C}$ 是一个二进制 n 重，$W(\boldsymbol{C})$则是该码字中的 1 码的个数。例如：

$\boldsymbol{C}_1 =$（000），$W(\boldsymbol{C}_1)= 0$

$\boldsymbol{C}_2 =$（011），$W(\boldsymbol{C}_2)= 2$

$\boldsymbol{C}_3 =$（101），$W(\boldsymbol{C}_3)= 2$

$\boldsymbol{C}_4 =$（110），$W(\boldsymbol{C}_4)= 2$

定义 6.2.2　两个长度相同的不同码字 $\boldsymbol{C}$ 和 $\boldsymbol{C}'$中，对应位码元不同的码元数目称为这两个码字间的汉明距离，简称码距（或距离），记为 $d(\boldsymbol{C};\boldsymbol{C}')$。

例如，上例中，$d(\boldsymbol{C}_2;\boldsymbol{C}_3)= 2$。

在一个码集中，每个码字都有一个重量，每两个码字间都有一个码距，对于整个码集而言，还有以下两个定义。

定义 6.2.3　一个码集中非零码字的汉明重量的最小值称为该码的最小汉明重量，记为 $W_{\min}(\boldsymbol{C})$。

定义 6.2.4　一个码集中任两个码字间的汉明距离的最小值称为该码的最小汉明距离，记为 d_0 或 $d_{\min}$。

例如，上例中的(3,2)码的最小汉明距离为 2。

一个(n,k)线性分组码共含有 2^k 个码字，每两个码字之间都有一个汉明距离 d，因此要计算其最小距离，需比较计算 $2^{k-1} \cdot (2^k-1)$次。当 k 较大时，计算量就很大。但对于(n,k)线性分组码，它具有以下特点：任意两个码字之和仍是线性分组码中的一个码字，因此两个码字之间的距离 $d(\boldsymbol{C}_1;\boldsymbol{C}_2)$必等于其中某一个码字 $\boldsymbol{C}_3 = \boldsymbol{C}_1 + \boldsymbol{C}_2$ 的重量。

定理 6.2.1　(n,k)线性分组码的最小距离等于非零码字的最小重量。

$$d_0 = \min_{\boldsymbol{C},\boldsymbol{C}'\in(n,k)} \{d(\boldsymbol{C};\boldsymbol{C}')\} = \min_{\substack{\boldsymbol{C}_i\in(n,k)\\ \boldsymbol{C}_i\neq 0}} W(\boldsymbol{C}_i)$$

这样一来，（n，k）线性分组码的最小距离计算只需检查 $2^k - 1$ 个非零码字的重量即可。

此外，码的距离和重量还满足三角不等式的关系，即

$$d(\boldsymbol{C}_1;\boldsymbol{C}_2) \leqslant d(\boldsymbol{C}_1;\boldsymbol{C}_3)+ d(\boldsymbol{C}_3;\boldsymbol{C}_2)$$

$$W(\boldsymbol{C}_1+\boldsymbol{C}_2) \leqslant W(\boldsymbol{C}_1)+ W(\boldsymbol{C}_2)$$

该性质在研究线性分组码的特性时常用到。一种码的 d_0 值是一个重要参数，它决定了该码的纠错、检错能力。d_0 越大，抗干扰能力越好。

3. 码的纠、检错能力

定义 6.2.5　如果一种码的任一码字在传输中出现了 e 位或 e 位以下的错码，均能自动发现，那么称该码的检错能力为 e。

定义 6.2.6　如果一种码的任一码字在传输中出现 t 位或 t 位以下的错误，均能自动纠正，那么称该码的纠错能力为 t。

定义 6.2.7　如果一种码的任一码字在传输中出现 t 位或 t 位以下的错误，均能纠正，当出现多

于 t 位而少于 $e+1$ 个错误（$e>t$）时此码能检出而不造成译码错误，那么称该码能纠正 t 个错误同时检 e 个错误。

(n,k)分组码的纠、检错能力与其最小汉明距离 d_0 有着密切的关系，一般有以下结论。

定理 6.2.2　若码的最小距离满足 $d_0 \geqslant e+1$，则码的检错能力为 e。

定理 6.2.3　若码的最小距离满足 $d_0 \geqslant 2t+1$，则码的纠错能力为 t。

定理 6.2.4　若码的最小距离满足 $d_0 \geqslant e+t+1$（$e>t$），则该码能纠正 t 个错误同时检测 e 个错误。

以上结论可以用图 6.2.1 所示的几何图加以说明。

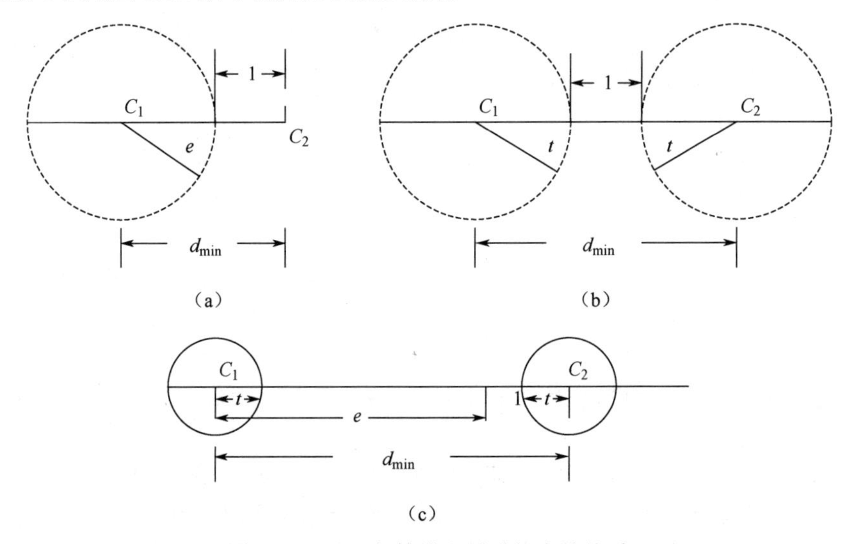

图 6.2.1　码距与检错和纠错能力的关系

图 6.2.1（a）中 $\boldsymbol{C}$ 表示某一码字，当误码不超过 e 个时，该码字的位置移动将不超过以它为圆心、以 e 为半径的圆（实际上是一个多维球），即该圆代表着码字在传输中出现 e 个以内误码的所有码组的集合，若码的最小距离满足 $d_0 \geqslant e+1$，则(n,k)分组码中除 $\boldsymbol{C}$ 这个码字之外，其余码字均不在该圆中。这样当码字 $\boldsymbol{C}$ 在传输中出现 e 个以内误码时，接收码组必落在图 6.2.1（a）的圆内，而该圆内除 $\boldsymbol{C}$ 之外均为禁用码组，从而可确定该接收码组有错。考虑到码字 $\boldsymbol{C}$ 的任意性，图 6.2.1（a）说明，当 $d_0 \geqslant e+1$ 时任意码字传输误码在 e 个以内的接收码组均在以其发送码字为圆心、以 e 为半径的圆中，而不会和其他许用码组混淆，使收端检出有错，即码的检错能力为 e。

图 6.2.1（b）中 $\boldsymbol{C}_1$、$\boldsymbol{C}_2$ 分别表示任意两个码字，当各自误码不超过 t 个时发生误码后两个码字的位置移动将各自不超过以 $\boldsymbol{C}_1$、$\boldsymbol{C}_2$ 为圆心、以 t 为半径的圆。若码的最小距离满足 $d_0 \geqslant 2t+1$，则两圆不会相交（由图中可看出两圆至少有 1 位的差距），设 $\boldsymbol{C}_1$ 传输出错在 t 位以内变成 $\boldsymbol{C}_1'$，其距离

$$d(\boldsymbol{C}_1;\boldsymbol{C}_1') \leqslant t$$

根据距离的三角不等式可得

$$d(\boldsymbol{C}_1';\boldsymbol{C}_2) \geqslant t$$

即

$$d(\boldsymbol{C}_1';\boldsymbol{C}_2) \geqslant d(\boldsymbol{C}_1;\boldsymbol{C}_1')$$

根据最大似然译码规则，将 $\boldsymbol{C}_1'$ 译为 $\boldsymbol{C}_1$ 从而纠正了 t 位以内的错误。

定理 6.2.4 中“能纠正 t 个错误同时检测 e 个错误”是指当误码不超过 t 个时系统能自动予以纠正，而当误码大于 t 个而小于 e 个时则不能纠正但能检测出来。该定理的关系由图 6.2.1（c）反映，其结论请读者自行证明。

以上三个定理是纠错编码理论中最重要的基本理论之一，它说明了码的最小距离 d_0 与其纠、检错能力的关系，从 d_0 中可反映码的性能强弱；反过来，我们也可根据以上定理的逆定理设计满足纠、

检错能力要求的(n,k)分组码。

定理 6.2.5 对于任一(n,k)分组码，若要求

①码的检错能力为 e，则最小码距 $d_0 \geqslant e+1$;

②码的纠错能力为 t，则最小码距 $d_0 \geqslant 2t+1$；

③能纠 t 个误码同时检测 e（$e>t$）个误码，则最小码距 $d_0 \geqslant t+e+1$。

6.2.3 最大似然译码

前面介绍了信道编码的基本概念，下面将详细分析有关译码的一些理论依据。

已知信道编码器的框图如图 6.2.2 所示，设任一个信息序列 $\boldsymbol{M}$ 是一个 k 位码元的序列，通过编码器按一定的规律（编码规则）产生若干校验元，形成一个长度为 n 的序列（n 重数组）即码字，每个信息序列将形成不同的码字与之对应，在二进制下，k 长序列共有 2^k 种组合，因此编码输出的码字集合共有 2^k 个码字，而二进制下的 n 重共有 2^n 种。显然，编码输出的码字仅是所有二进制 n 重中的一部分，编码实际上就是从这 2^n 种不同的 n 重数组中按一定规律（编码规则）选出 2^k 个 n 重代表 2^k 个不同的信源原始信息。

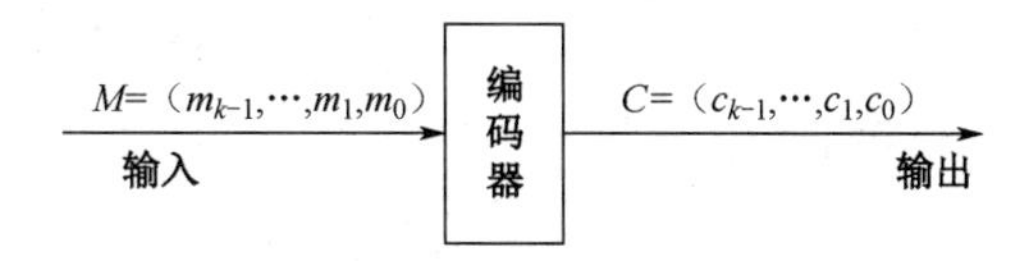

图 6.2.2 已知信道编码器的框图

经编码后产生的（n，k）码送信道传输，由于信道干扰的影响将不可避免地发生错误，这种错误有两种趋势。

①许用码字变成禁用码组，这种错误一旦出现，由于接收到的码组不在编码器输出的码字集合中，译码时可以发现，因此这种错误模型是可检出的。

②许用码字变成许用码字，即发端发生某一码字 $\boldsymbol{C}_i$ 经传输后错成码集中的另一码字 $\boldsymbol{C}_j$，这时收端无法确认是否出错，因此这是一种不可检出的错误模型。

可见，一个 n 重二进制码字 $\boldsymbol{C}$ 在传输中由于信道干扰的影响，到收端可能变成 2^n 种 n 重中的任一个，为了能在收端确认发送的是何消息，就需要建立一定的判决规则以获得最佳译码。一般来说，译码器要完成比编码器更为复杂的运算，译码器性能的好坏、速度的快慢往往决定了整个差错控制系统的性能和成本。译码正确与否的概率主要取决于所使用的码、信道特征及译码算法。对特定码类如何寻找译码错误概率小、译码速度快、设备简单的译码算法，是纠错编码理论中一个重要而实际的课题。下面讨论当码类和信道给定时，应采用什么样的算法使译码错误概率最小。

由图 6.1.2 可知，信道输出的 $\boldsymbol{R}$ 是一个二（或 q）进制序列，而译码器的输出是一个信息序列 $\boldsymbol{M}$ 的估值序列 $\hat{\boldsymbol{M}}$ 。

译码器的基本任务就是根据接收序列 R 和信道特征，按照一套译码规则，由接收序列 R 给出与发送的信息序列 $\boldsymbol{M}$ 最接近的估值序列 $\hat{\boldsymbol{M}}$ 。由于 $\boldsymbol{M}$ 与码字 $\boldsymbol{C}$ 之间存在一一对应关系，因此这等价于译码器根据 $\boldsymbol{R}$ 产生一个 $\boldsymbol{C}$ 的估值序列 $\hat{C}$ 。显然，当且仅当 $\hat{\boldsymbol{C}}=\boldsymbol{C}$ 时，$\hat{\boldsymbol{M}}=\boldsymbol{M}$，这时译码器正确译码。

如果译码器输出的 $\hat{\boldsymbol{C}} \neq \boldsymbol{C}$，那么译码器产生了错误译码。之所以产生错误译码，是因为：首先，信道干扰很严重，超过了码本身的纠错能力；其次，由于译码设备的故障（这点本书不予讨论）。

当给定接收序列 $\boldsymbol{R}$ 时，译码器的条件译码错误概率定义为

$$P(\boldsymbol{E} \mid \boldsymbol{R})=P(\hat{\boldsymbol{C}} \neq \boldsymbol{C} \mid \boldsymbol{R})$$

所以译码器的译码错误概率为

$$P_E=\sum_R P(\boldsymbol{E} \mid \boldsymbol{R})P(\boldsymbol{R})$$

式中，$P(\boldsymbol{R})$是接收序列 $\boldsymbol{R}$ 的概率，与译码方法无关，所以译码错误概率最小的最佳译码规则是使

$$\min P_E = \min_R P(\boldsymbol{E} \mid \boldsymbol{R}) = \min_R P(\hat{\boldsymbol{C}} \neq \boldsymbol{C} \mid \boldsymbol{R})$$

$$\min P(\hat{\boldsymbol{C}} \neq \boldsymbol{C} \mid \boldsymbol{R}) \Rightarrow \max P(\hat{\boldsymbol{C}} = \boldsymbol{C} \mid \boldsymbol{R}) \tag{6.2.1}$$

因此，如果译码器对输入的 $\boldsymbol{R}$，能在 2^k 个码字中选择一个使 $P(\hat{C}_i = \boldsymbol{C} \mid \boldsymbol{R})$（$i = 1, 2,\cdots, 2^k$）最大的码字 $\boldsymbol{C}_i$ 作为 $\boldsymbol{C}$ 的估值序列 $\hat{\boldsymbol{C}}$，那么这种译码规则一定使译码器输出译码错误概率最小，称这种译码规则为最大后验概率译码。

由贝叶斯公式

$$P(\boldsymbol{C}_i \mid \boldsymbol{R}) = \frac{P(\boldsymbol{C}_i)P(\boldsymbol{R} \mid \boldsymbol{C}_i)}{P(\boldsymbol{R})}$$

可知，若发端发送每个码字的概率 $P(\boldsymbol{C}_i)$均相同，且由于 $P(\boldsymbol{R})$与译码方法无关，因此

$$\max_{i=1,2,\cdots,2^k} P\left(\boldsymbol{C}_i \mid \boldsymbol{R}\right) \Rightarrow \max_{i=1,2,\cdots,2^k} P\left(\boldsymbol{R} \mid \boldsymbol{C}_i\right) \tag{6.2.2}$$

对 DMC 而言

$$P(\boldsymbol{R}|\boldsymbol{C}_i)=\prod_{j=1}^{n} P(r_j \mid c_{ij}) \tag{6.2.3}$$

这里码字　　$\boldsymbol{C}_i=(c_{i1},c_{i2},\cdots,c_{in})$　　$i=1,2,\cdots,2^k$

一个译码器的译码规则若能在 2^k 个码字 C 中选择某一个 $\boldsymbol{C}_i$ 并使式（6.2.2）成为最大，则这种译码规则称为最大似然译码（MLD），$P(\boldsymbol{R} \mid C)$称为似然函数，相应的译码器称为最大似然译码器。由于 $\mathrm{lb}_b x$ 与 x 是单调关系，因此式（6.2.2）与式（6.2.3）可写成

$$\max_{i=1,2,\cdots,2^k} \mathrm{lb}P(\boldsymbol{R} \mid \boldsymbol{C}_i) = \max_{i=1,2,\cdots,2^k} \sum_{j=1}^{n} \mathrm{lb}P(r_j \mid c_{ij}) \tag{6.2.4}$$

称 $\mathrm{lb}P(\boldsymbol{R} \mid \boldsymbol{C}_i)$ 为对数似然函数或似然函数。对于 DMC 信道，MLD 是使译码错误概率最小的一种最佳译码方法，但此时要求发端发送每一码字的概率 $P(\boldsymbol{C}_i)$（$i = 1, 2,\cdots, 2^k$）均相等，否则 MLD 不是最佳的。在以后的讨论中，都认为 $P(\boldsymbol{C}_i)$均近似相等，因而 MLD 算法是一种最佳的译码算法。

【例 6.2.1】一个码由 00000、11100、00111 与 11011 4 个码字组成。每个码字可用来表示 4 种可能的信息之一。可以算出该码的最小距离 $d_0 = 3$，由定理 6.2.3 可知，它可纠正在任何位上出现的单个误码。同时我们注意到，码长为 5 的二进制码组共有 2^5=32 种可能的序列，除了上述 4 个许用码组，其余 28 个为禁用码组。为了对该码进行纠错处理，需将 28 种禁用码组的每个与 4 种许用码字作“最邻近性”的比较。这种处理意味着要建立一个“译码表”，所以译码的本质就是对码组进行分类，即先将所有与每个许用码字有 1 位差错的各个可能接收序列列在该码字的下面，这样，就得到表 6.2.1 中以虚线围起的部分。除了这一部分，还应注意到尚有 8 个序列未被列入。这 8 个序列与每个码字至少差 2 位。但是，它们与上述序列不同，没有唯一的方法可把它们安排到表内。例如，既可将序列 10001 放在第 4 列，也可将它放在第 1 列。在译码过程中使用此表时，可将所接收序列与表内各列对照，当查到该序列时，将该列第一行的码字作为译码器的输出。

表 6.2.1　4 个码字的译码表

00000	11100	00111	11011
10000	01100	10111	01011
01000	10100	01111	10011
00100	11000	00011	11111
00010	11110	00101	11001
00001	11101	00110	11010
10001	01101	10110	01010
10010	01110	10101	01001

用这种方式建立的表具有很大的优点。设信道误比特率为 P_e，出现任何一种具有 i 个差错特定模式的概率是 $P_e^i(1-P_e)^{5-i}$。当 $P_e<1/2$，即信道的信噪比足够大时，可以看到

$$(1-P_e)^5 > P_e(1-P_e)^4 > P_e^2-(1-P_e)^3 > \cdots$$

即不出错概率大于出错概率；一个特定的单个差错模式要比一个特定的两个（或多个）差错模式更容易出现。因此，译码器将所收到的一个特定码组译为在汉明距离上最邻近的一个码字时，实际上是选择了最可能发送的那个码字（设各个码字的发送机会相同）。这就是 MLD 的具体应用，它实际上就是根据接收序列 R，在 2^k 个码字集中，寻找与 R 的汉明距离最小的码字 C_i，作为译码输出，因为它最可能是发送的码字。这种译码方法又称为最小汉明距离译码，执行这种译码规则的译码器就称为**最大似然译码器**。在上述条件下，其序列差错率最小。当用译码表进行译码时，为了实现最大似然译码，可用上述方法列表对码字进行分类。但遗憾的是，表的大小随码组长度按指数关系增加，故对长码来说，直接使用译码表是不切合实际的。但对说明分组码的某些重要性质而言，译码表仍是一种很有用的概念性工具。

6.3 有噪信道编码定理及其指导意义

6.3.1 有噪信道编码定理

一般信道上均存在噪声和干扰，因此信息传输时必然会引起错误，从而使通信的可靠性得不到保证。在例 3.1.1 中，我们曾讨论过 BSC 的信道误码率，假设 p=0.01，则信道译码错误概率 $P_E=p=0.01$，对于一般的传输系统，这个译码错误概率太高，是难以接受的。因此，必须设法降低其译码错误概率 P_E。

经验告诉我们：若在发端把消息重复发送几遍，并在收端采取相应的判决译码方法，就有可能减小接收译码错误概率，从而提高通信的可靠性。例如，在 BSC 信道中将每个信源符号重复 3 遍发送出去，即发端发出 000、111 两组符号，而收端可能收到全部 8 种码字，如图 6.3.1 所示。

对于上述编码方法，收端需确定一种译码准则和译码方法，以便通过译码纠正传输过程中引入的大部分错误。

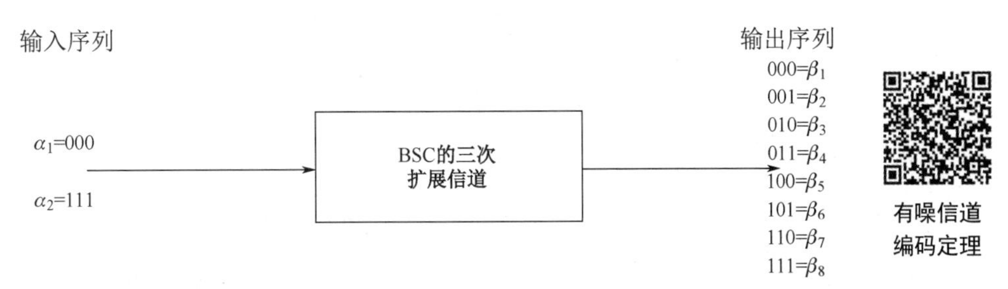

图 6.3.1 简单重复编码

通常采用的译码准则是最大似然译码准则（Maximum Likelihood Decoding，MLD）。对于一个接收到的码字 $\boldsymbol{R}$，我们要将其判决为某个输入码字 $\boldsymbol{C}^*$，最大似然译码准则即是将所有输入码字 $\boldsymbol{C}$ 中转移到 $\boldsymbol{R}$ 的信道转移概率最大者判为 $\boldsymbol{C}^*$，即保证：$P(\boldsymbol{R}\,|\,\boldsymbol{C}^*) \geqslant P(\boldsymbol{R}\,|\,\boldsymbol{C}')(\boldsymbol{C}^* \neq \boldsymbol{C}')$。显然，最大似然译码准则等价地将所有可能的接收码字划分为若干个集合，每个集合唯一地对应一个输入码字，并保证全部输入码字落入对应集合的总概率之和最大，或者说所有输入码字落入非对应集合的总概率之和最小。最大似然译码准则具有判决条件简单易行的优点，但需注意，它并不能无条件地保证译码错误概率最小，只有当输入码字等概分布时才能达到最小译码错误概率。好在实际应用中，信源经过压缩编码后，这一条件是比较容易满足的，因此最大似然译码准则往往能实现译码错误

概率最小。

根据最大似然译码准则，可将图 6.3.2 中的 8 个接收码字划分成如下的两个集合，分别对应两个输入码字。

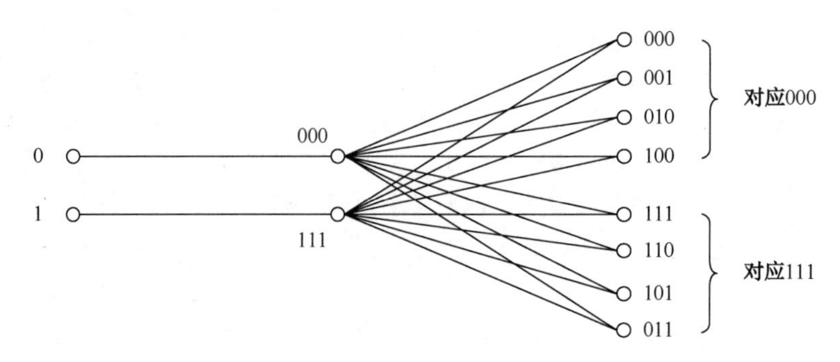

图 6.3.2 简单重复编码的最大似然译码

易知上述译码方法符合最大似然译码准则，且每次可纠正一位错误，这与经验是吻合的。在此译码方法下接收译码错误概率为

$$P_E = p^3 + C_3^1 \overline{p} p^2 = 3\times 10^{-4} < p = 10^{-2}$$

可见，3 次重复码使译码错误概率大大下降了。

继续增加编码重复次数，P_E 还可进一步下降。

$$n=5\text{时} \qquad P_E=10^{-5}$$

$$n=7\text{时} \qquad P_E=4\times 10^{-7}$$

$$n=9\text{时} \qquad P_E=10^{-8}$$

当重复次数 n 增加时，译码错误概率 P_E 很快下降。但随之引起了信道信息传输率的大幅度下降。

设信源输出的是 M 个等概消息，现用 n 位重复码，则信道的输入信息传输率为

$$R = \frac{\text{lb}M}{n} \quad (\text{bit/code})$$

对上述重复编码方法可计算得，M=2 时，有

$$n=1\text{ 时} \qquad R = 1 \qquad (\text{bit/ code})$$

$$n=3\text{ 时} \qquad R = \frac{1}{3} \qquad (\text{bit/ code})$$

$$n=5\text{ 时} \qquad R = \frac{1}{5} \qquad (\text{bit/ code})$$

$$n=7\text{ 时} \qquad R = \frac{1}{7} \qquad (\text{bit/ code})$$

由此可见，重复码虽可降低译码错误概率，但也使信道的信息传输率下降很多，这将大大降低通信的有效性。

这里遇到了信息传输可靠性与有效性的矛盾，这个矛盾有没有可能解决呢？我们先考察如下的编码方法。

设信道输入端的消息数为 $M=4$，而码长选为 5，此时的信息传输率为

$$R = \frac{\text{lb}4}{5} = 0.4 \quad (\text{bit/code})$$

这 4 个码字的选取采用下述编码方法。

记输入码字 $\alpha_i = (a_{i_1}, a_{i_2}, a_{i_3}, a_{i_4}, a_{i_5}), i = 1,2,3,4$，令 α_i 的前两位（共有 4 种状态）独立地表示 4 个输入消息，而后 3 位由下列方程式给出

$$\begin{cases} a_{i_3} = a_{i_1} \oplus a_{i_2} \\ a_{i_4} = a_{i_1} \\ a_{i_5} = a_{i_1} \oplus a_{i_2} \end{cases}$$

这样就得到了一种(5,2)线性码（上式中 $\oplus$ 为模 2 加运算）。译码仍采用最大似然译码准则，如图 6.3.3 所示。

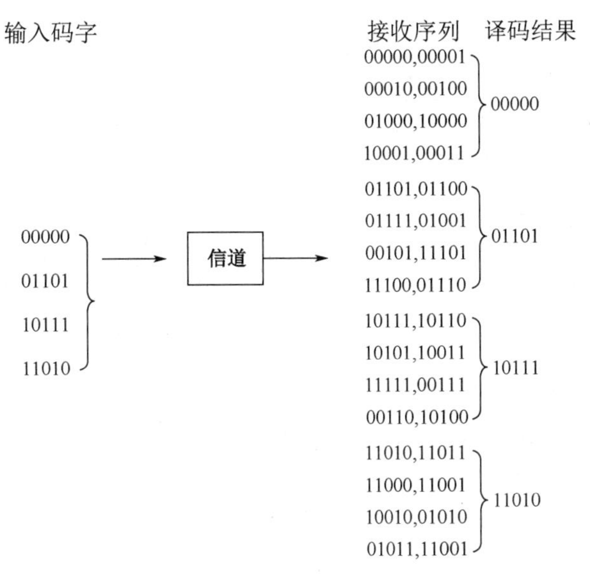

图 6.3.3　（5，2）线性码的接收与译码

仍设 BSC 信道的转移概率为 p=0.01，则可计算出上述(5,2)码的译码错误概率为 $P_E=7.8\times10^{-4}$，将此码与 n=3 的重复码比较，二者的错误概率接近于同一数量级，但(5,2)码的信息传输率明显高于三次重复码的信息传输率。由此可见，适当增加消息数 M 和编码长度，并采用合适的编码和译码方法，既能使 P_E 降低，又可以不减少信息传输率。

上述讨论说明要兼顾通信的有效性与可靠性是有可能的。但这种兼顾的极限在哪里呢？有没有可能在保证一定的有效性的前提下使可靠性达到最佳，或者甚至使有效性与可靠性同时达到最佳呢？香农指出，这是完全可能的。

图 6.3.4 给出了香农的信道编码定理的 P_E 和 R 的关系曲线，同时给出了简单重复码的相应曲线作为对比，其中 C 为信道容量，ε 为任意小的正数。

图 6.3.4 说明有可能在传输错误 P_E 无穷小的同时，信息传输率 R 可无限接近信道容量 C。

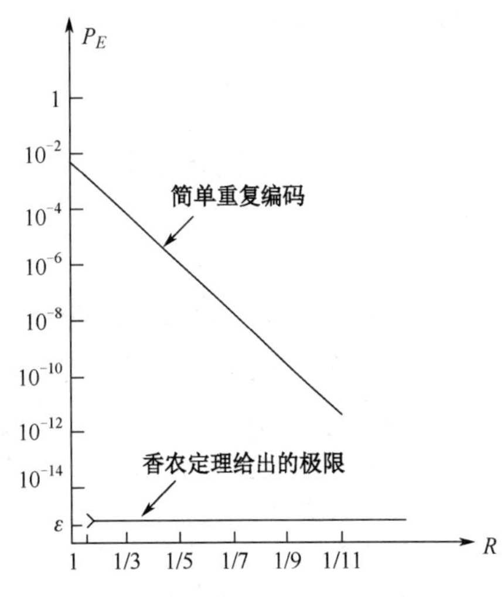

图 6.3.4　BSC 中 P_E 与 R 关系图

定理 6.3.1　（有噪信道编码定理，即香农第二定理）设某信道有 r 个输入符号，s 个输出符号，信道容量为 C。只要码长 n 足够长，总可以在输入的 r^n 个符号集中找到 M 个码字（代表 M 个等可能的消息，且 $M \leqslant 2^{n(C-\varepsilon)}$，$\varepsilon$ 为任意小的正数）组成的一个码，并存在相应的译码规则，使信道输出的错误概率 P_E 任意小。

需要注意的是，定理 6.3.1 中的等概消息数应理解为信源扩展后输出的消息数，与编码码长有关。而定理中信道容量 C 的取值应是以 2 为对数底求得的，以与 $2^{n(C-\varepsilon)}$ 中的底数 2 相对应。

6.3.2 编码定理的指导意义

下面分析香农编码定理的意义。定理中要求码字数 $M \leqslant 2^{n(C-\varepsilon)}$，由于假定对 M 个等概消息进行编码，则编码后每符号的信息传输率为

$$R = \frac{\mathrm{lb}M}{n} \leqslant C - \varepsilon$$

即 R 可以无限逼近（但不超过）信道容量 C，因此香农编码定理的含义为：只要码长 n 足够长，则总可以找到一种码，使编码后的信道信息传输率 R 达到信道容量，且在相应的译码规则下使错误概率任意小，从而实现极高的传输可靠性。

考察信道信息传输率的定义式：

$$R = H(X) - H(X|Y)$$

上式表明，由于信道中存在干扰，因此信道输入的信息传输率经传输后必然要损失掉 $H(X|Y)$ 量值的信息，这是由信道转移特性决定的。而香农编码定理指出，只要信道编码后输入信道的信息传输率不超过信道容量 C，则总存在最佳编码，使传输达到任意高的可靠性，即通过合适的信道编码，可以使输入的信息量可以几乎无损失地到达收端。香农编码定理的意义正在于此。

定理 6.3.1 中译码错误概率 P_E 随码长 n 的增加而趋于任意小的具体含义如下。

每个信道都具有确定的信道容量 C，对于任何小于 C 的信息传输率 R，总存在一个码长为 n，码率等于 R 的分组码，若采用最大似然译码，则其译码错误概率 P_E 满足

$$P_E \leqslant A\mathrm{e}^{-nE(R)} \tag{6.3.1}$$

式中，A 为常数；$E(R)$ 为误差函数。对于卷积码，有类似的结论成立。

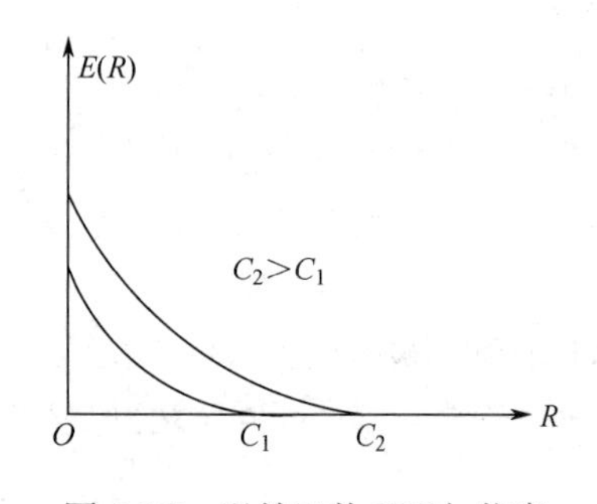

图 6.3.5 误差函数 $E(R)$与信息传输率 R 的关系曲线

误差函数 $E(R)$ 与信息传输率 R 的关系曲线如图 6.3.5 所示。

可以看到，$E(R)$ 是关于 R 的单调递减函数。且同样的 R，当信道容量 C 不同时，$E(R)$ 也不同，C 越大，$E(R)$ 值也越大。由式（6.3.1）可知，相应的译码错误概率 P_E 越小，则传输可靠性越高。另外，由式（6.3.1）可知，增大码长 n 也可提高传输可靠性，但码长越长，则相应的编译码方法也越复杂。

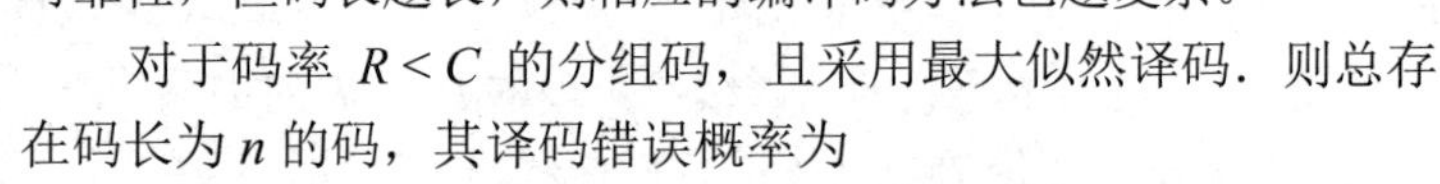

对于码率 $R < C$ 的分组码，且采用最大似然译码．则总存在码长为 n 的码，其译码错误概率为

$$P_E \leqslant A \cdot \mathrm{e}^{-nE_b(R)}$$

对于码率 $R < C$ 的卷积码并且采用最大似然译码，则总存在约束长度为 n_c 的码，其译码错误概率为

$$P_E \leqslant B \cdot \mathrm{e}^{-n_c E_c(R)}$$

上两式中 A、B 为常数，$E_b(R)$ 与 $E_c(R)$ 为误差指数，其特性曲线参见图 6.3.5。

香农编码定理存在逆定理，其逆定理表明，若选用码字个数 $M \geqslant 2^{n(C+\varepsilon)}$，即信道输入的信息传输率 $R = \frac{\mathrm{lb}M}{n} \geqslant C+\varepsilon>C$ 时，则无论码长 n 取多大，也找不到一种能使译码错误概率 P_E 任意小的编码方法。

综上所述，可知在任何信道中，信道容量是保证信息可靠传输的最大信息传输率。

需要注意的是，香农编码定理只是一个存在性定理，它说明在保证信息传输率低于（直至无限接近）信道容量的前提下，译码错误概率趋于 0 的编码是存在的。虽然定理没有具体说明如何构造

这一最佳码，但它对信道编码理论与实践仍然具有根本性的指导意义。编码研究人员在该理论指导下致力于研究实际信道中各种易于实现的具体编码方法。从 20 世纪 60 年代开始，这方面的研究非常活跃，出现了代数编码、卷积码、循环码、级联码、格型编码调制（TCM）等，为提高信息传输的可靠性做出了重要贡献。近些年，研究关注的 Turbo 码、LDPC 码、Polar 码等则被认为是接近或可达香农容量限的好码。

6.4 常用检错码

在介绍纠错码的一般理论之前，先介绍在实际中经常应用的一些检错码，这些码有的不一定能纳入纠错码的一般理论中来解释，但由于它们结构简单，易于实现，检错能力较强，因此在实际中是很常用的。

常用检错码

6.4.1 奇偶校验码

奇偶校验码是最简单的检错码，由于容易实现，因此应用广泛且久远。它实际上是一种只有一个校验元的$(n,n-1)$分组码。

奇偶校验码的编码规则是在需要传送的信息序列后附加 1 位校验码元，使加入的这一位码元和各位信息码元模 2 和的结果为 0（偶校验）或 1（奇校验）。

一般地，由校验位构成的奇偶校验码条件为

$$\underbrace{a_{n-1} \oplus a_{n-2} \oplus \cdots \oplus a_2 \oplus a_1 \oplus}_{(n-1)\text{位信息位}} \underbrace{a_0}_{1\text{位校验位}} = \begin{cases} 0 & （偶校验） \\ 1 & （奇校验） \end{cases} \tag{6.4.1}$$

式（6.4.1）中保证了每个许用码组（码字）中 1 的个数为偶数（或奇数），所以称这种校验关系为奇偶校验。由于分组码中的每个码字均按同一规则构成，因此又称这种分组码为一致校验码，而式（6.4.1）为一致校验方程。在奇偶校验码的码集中，码字共有 2^{n-1} 个，它占码长为 n 的 2^n 个码组中的一半，其余一半则为禁用码组。

【例 6.4.1】 信息码为 10110（k=5），利用奇偶校验方式列出奇、偶校验码。

因信息码中已有 3 个 1，它是奇数，此时构成的奇校验码为 101100；反之，偶校验码应为 101101。它们都是(6,5)奇偶校验码。

如果某一比特位出错了，如第一比特位从 1 变成 0，那么 1 的数目就会变成 3（即 1 的数目为奇数），于是接收机就会在比特流中检出错误。另外，如果有两比特出错，如第五比特和第六比特位出错（收到的码是 101110）。这种情况下，1 的总数是 4（偶数），接收机将不能检出错误。

因此可以得出结论，奇偶校验码能检出所有奇数个比特位的错误，但不能检出任何偶数个比特位出错的情况。可见其检错能力是有限的，但由于该码构造简单，易于实现，且码率很高（$R = (n-1)/n$），因此成为一种最常用的基本检错码。在信道干扰不太严重、码长不太长的情况下很有用，特别是在电报、计算机内部的数据传送和输入输出设备中，经常应用这种码。

6.4.2 水平一致校验码

水平一致校验码是先把要传输的数据按适当长度分成若干组，每组按行排列，每行的信息码元后均按奇偶校验码方式添加一位校验元，即按行校验，如表 6.4.1 所示。

表中待传信息数据有 25 个，每小组为 5 个信息元，均按水平（行）顺序排列，后面按偶校验添加校验元。整个编码结果如表 6.4.1 所示，然后按顺序逐列传输，即 10110111100⋯10111，共 30 个码元。在收端把收到的序列同样按表 6.4.1 格式排列，然后按原来确定的（奇）偶校验关系逐行检查。由于每行采用偶校验，因此可发现每行在传输时产生的奇数个错误。不难看出，这种编码方式除了具备奇偶校验码的检错能力，还能发现长度不超过表中行数的突发错误。因为对于这样的突发错误，分散至每行最多只有一个错，根据奇偶校验关系在行校验时一定可以发现。这种编码方式的码率 R 与奇偶校验码相当。由本例看出，在不增加冗余度的情况下，这种编码方式的抗干扰能力得到加强。当然，其代价是编译码设备较奇偶校验码要复杂一些。

表 6.4.1 水平一致校验码

信 息 元	校验元（偶）
1 1 0 1 0	1
0 1 0 0 1	0
1 1 0 0 1	1
1 1 1 0 0	1
0 0 1 1 1	1

6.4.3 水平垂直一致校验码

水平垂直一致校验码属于二维奇偶校验，又称方阵码，其具体编码规则如下：将需要传送的信息序列编成方阵，首先在每行的信息码元后加上一个校验码元，即在行方向进行奇偶校验。其次方阵的每列由不同信息序列中相同码位的码元排成，在每列的最后也加上一个校验码元，进行列方向的奇偶校验。

仍以表 6.4.1 为例。其排列格式未变，如表 6.4.2 所示。除了原来每个水平行后面加入了一个校验元，对每个垂直的列（信息列）也按偶（或奇）校验关系加入一个校验元，则编码后整个码块共有 35 个码元。发送可按列的顺序从左至右进行，也可按行传输。收端对收到的序列按表 6.4.2 的格式排列。然后可分别对行和列进行校验运算，它可发现所有奇数错误和大多数偶数错误。另外，如果信息行数为 l，列数为 m，由于有行和列两种校验，因此对所有长度小于等于 $l+1$ 或 $m+1$ 的突发错误（视按列还是按行的次序传输而定），以及其他非成对出错外的各类型错误均可发现；还可以根据某行某列均不满足校验关系，判断出该行该列交叉位置的码元有错，从而纠正这一位上的错误。这类码由于检错能力很强，因此在 ARQ 系统中得到广泛应用。

表 6.4.2 水平垂直一致校验码

1	1	0	1	0	**1**
0	1	0	0	1	**0**
1	1	0	0	1	**1**
1	1	1	0	0	**1**
0	0	1	1	1	**1**
1	**0**	**0**	**0**	**1**	

6.4.4 群计数码

奇偶校验码只对本码组中 1 的个数进行奇偶校验，因而检错能力有限。群计数法是对传送的一组信息元中 1 的数目进行校验，编码时将其数目的十进制值转换成二进制数字作为校验元，附在本组信息元后面一起传送，信息元与校验元一起组成一个码字。例如，要传送的信息组为 11011，共有 4 个 1，则校验元为 100（十进制的 4），相应的码字为 11011100。显然，在收端可由校验元 100 来判断前面信息元是否有错。在码字中各码元除 0 变 1 和 1 变 0 成对出现的错误之外，其他形式的错误都会使信息位上 1 的数目与校验位的数字不符。

为了能发现比较长的突发错误，还可以把群计数法与水平一致校验法结合起来。例如，可以把群计数码按表 6.4.3 所示格式排列起来，然后从左至右按列传递。收端再把收到的二元序列按原格式排列，利用群计数法对每个码字中的信息元进行判决。这种码的检错能力显然比单纯群计数码要高。

表 6.4.3　水平群计数码

信 息 位	监督位
1 1 1 0 1 1	1 0 1
1 1 0 1 1 0	1 0 0
1 1 1 1 0 0	1 0 0
1 0 0 0 1 1	0 1 1
0 0 0 1 1 1	0 1 1
1 0 1 0 0 1	0 1 1

6.4.5　等比码

等比码是从长度相等的所有二进数字序列中挑选出 1 的数目相同的序列作为码字（许用码），其余序列作为禁用码。也就是说，在所有码字中，1 的数目和 0 的数目之比是相同的，因而得名。又因为一个码字中含 1 的个数称为码字的重量，这种码中各码字 1 的数目相同，所以又称为**等重码**、**恒比码或定 1 码**。

它是一种非线性码。若码长为 n，重量为 W，则这类码的码字个数为 C_n^W，禁用码字数目为 $2^n - C_n^W$。该码的检错能力很强，如同群计数法，除成对性的错误不能发现之外，所有其他类型错误均能发现。我国目前电传通信中普遍采用的 2∶3 等比码，就属于此类码。该码共有（C_5^3）10 个许用码字，每个码字重量为 3，用来传送 10 个数字，而 4 个数字组成一个汉字，利用这种码就能传输汉字信息。经过多年来的实际使用证明，采用这种码后，使我国汉字电报的差错率大为降低。

目前在国际电报通用的 ARQ 通信系统中，应用 3 个 1 和 4 个 0 的 3∶4 码，共有 35 个码字，正好可用来代表电传机中 32 个不同的数字与符号。经使用表明，应用这类码后，能使国际电报的误字率保持在 10^{-6} 以下。

以上介绍的各种检错码，一般不能纠错，检错能力也有限，它们之间的关联性不强，很难用统一方法进行分析。以后各章分析的各种码都具有不同的纠错能力，它们若用于检错，则检错能力很强。更为重要的是，它们已经建立了严格而完整的理论体系，对提高系统可靠性具有十分重要的实用价值。

本章小结

本章描述了数字通信系统的基本模型，给出几种常用的差错控制方式（ARQ、FEC、HEC、IRQ 等），并对纠错编码进行分类。针对差错控制中的核心——信道编码，分析了一般的编码方法，介绍了重要的编码参数，对最大似然译码（MLD）进行论述。最后从概念、性能、应用等方面介绍了几种常用的检错码。本章主要在于对差错控制基本原理的阐述，是下一步学习的基础。

习题

6.1 令 C 是既有偶数重量又有奇数重量码字的线性码，证明偶数重量码字的数目等于奇数重量码字的数目。

6.2 证明汉明距离满足三角不等式，即令 x、y、z 是 3 个二元 n 重码矢，则有

$$d(x,y)+d(y,z)\geqslant d(x,z)$$

6.3 证明一个线性码，若它的最小距离 $d_0\geqslant e+t+1$，则可纠正 t 个以内的错误，且同时可检测 e（$e>t$）个以内的错误。

6.4 已知一码的 8 个组为（000000）（001110）（010101）（011011）（100011）（101101）（110110）（111000），求该码的最小距离。

6.5 题 6.4 给出的码若用于检错，能检出几位错码？若用于纠错，能纠正几位错？若用于纠检结合方式，其纠、检错能力如何？

6.6 已知方阵码中码元错误情况如题 6.6 图所示，试问能否检测出来？

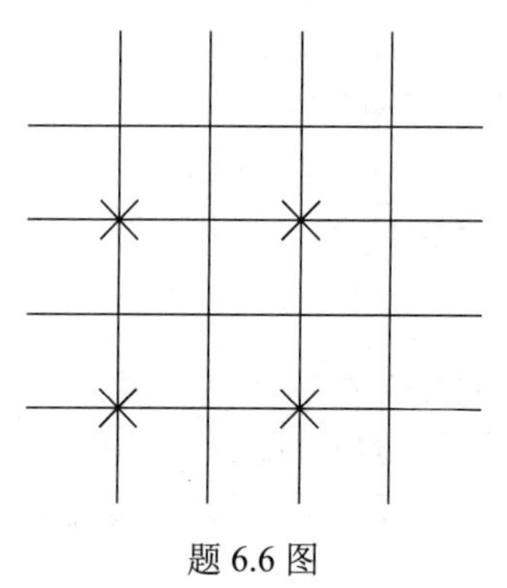

题 6.6 图

6.7 在一个 p=0.05 的 BSC 上，使用长度 n=5 的分组码，并希望收端分组错误概率小于 10^{-4}，问最大可能的码率为多少？

6.8 只使用一个存储单元（触发器）和一个异或门（或模 2 加法器）来设计（n，n−1）单奇偶校验码的译码器。

6.9 将中文电报编码过程进行描述，分析在 p=0.01 的 BSC 中，使用等比码后的差错率？

6.10 查阅资料，总结 ARQ 差错控制方式在数据通信中的应用，至少举两例。

相关小知识——中文电报中的编码

1873 年，法国驻华人员参照《康熙字典》的部首排列方法，挑选了常用汉字 6000 余个，编成了历史上第一部汉字电码本《电报新书》。这是中国最早的汉字电码本，正式开始了用电报传送中文的时代。后来晚清思想家、实业家郑观应，总结前人经验，撰写了一部专著——《电报新编》，使汉字编码更完善、更系统，真正完成了汉字符号转变为电子信号重大突破。后经多次改良，采用了 4 位阿拉伯数字表示一个汉字的编码方法，如图 6.1 中：7193 代表“电”、6943 代表“键”、9977 代表逗号、9975 代表句号等。中文电报可以很准确地传送中文，因此在我国普遍应用于各种场合。20 世纪 80 年代以前的邮电局都有电报业务，对此很多人记忆犹新。那时发电报是按字收费的，收到电报的邮电局派专人骑着摩托车去送电报。虽然电报能够精准地表达中文，但是也有它的缺点，比较显著的一点就是收到报文的同时并不能知道报文的含义，需要后续翻译才能完全了解报文的意思。这就造成了中文电报不像英文电报那样及时地沟通和交流。

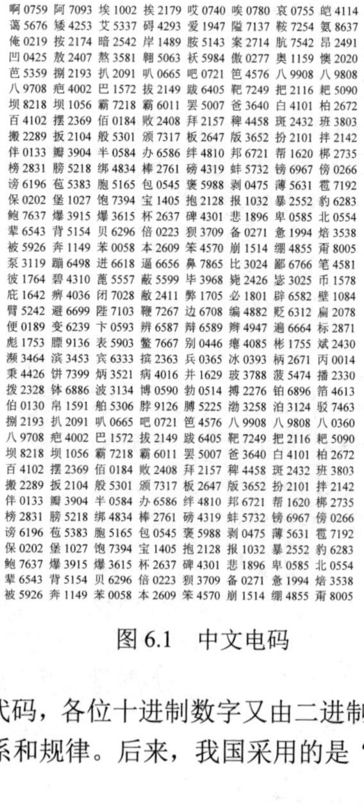

啊 0759 阿 7093 埃 1002 挨 2179 哎 0740 唉 0780 哀 0755 皑 4114 癌 4074
蔼 5676 矮 4253 艾 5337 碍 4293 爱 1947 隘 7137 鞍 7254 氨 8637 安 1344
俺 0219 按 2174 暗 2542 岸 1489 胺 5143 案 2714 肮 7542 昂 2491 盎 4138
凹 0425 敖 2407 熬 3581 翱 5063 袄 5984 傲 0277 奥 1159 懊 2020 澳 3421
芭 5359 捌 2193 扒 2091 叭 0665 吧 0721 笆 4576 八 9908 八 9808 八 0360
八 9708 疤 4002 巴 1572 拔 2149 跋 6405 靶 7249 把 2116 耙 5090
坝 8218 坝 1056 霸 7218 霸 6011 罢 5007 爸 3640 白 4101 柏 2672
百 4102 摆 2369 佰 0184 败 2408 拜 2157 稗 4458 斑 2432 班 3803
搬 2289 扳 2104 般 5301 颁 7317 板 2647 版 3652 扮 2101 拌 2142
伴 0133 瓣 3904 半 0584 办 6586 绊 4810 邦 6721 帮 1620 梆 2735
榜 2831 膀 5218 绑 4834 棒 2761 磅 4319 蚌 5732 镑 6967 傍 0266
谤 6196 苞 5383 胞 5165 包 0545 褒 5988 剥 0475 薄 5631 雹 7192
保 0202 堡 1027 饱 7394 宝 1405 抱 2128 报 1032 暴 2552 豹 6283
鲍 7637 爆 3915 爆 3615 杯 2637 碑 4301 悲 1896 卑 0585 北 0554
辈 6543 背 5154 贝 6296 倍 0223 狈 3709 备 0271 惫 1994 焙 3538
被 5926 奔 1149 苯 0058 本 2609 笨 4570 崩 1514 绷 4855 甭 8005
泵 3119 蹦 6498 迸 6618 逼 6656 鼻 7865 比 3024 鄙 6766 笔 4581
彼 1764 碧 4310 蓖 5557 蔽 5599 毕 3968 毙 2426 毖 3025 币 1578
庇 1642 痹 4036 闭 7028 敝 2411 弊 1705 必 1801 辟 6582 壁 1084
臂 5242 避 6699 陛 7103 鞭 7267 边 6708 编 4882 贬 6312 扁 2078
便 0189 变 6239 卞 0593 辨 6587 辩 6589 辫 4947 遍 6664 标 2871
彪 1753 膘 9136 表 5903 鳖 7667 别 0446 瘪 4085 彬 1755 斌 2430
濒 3464 滨 3453 宾 6333 摈 2363 兵 0365 冰 0393 柄 2671 丙 0014
秉 4426 饼 7399 炳 3521 病 4016 并 1629 玻 3788 菠 5474 播 2330
拨 2328 钵 6886 波 3134 博 0590 勃 0514 搏 2276 铂 6896 箔 4613
伯 0130 帛 1591 舶 5306 脖 9126 膊 5225 渤 3258 泊 3124 驳 7463
捌 2193 扒 2091 叭 0665 吧 0721 笆 4576 八 9908 八 9808 八 0360
八 9708 疤 4002 巴 1572 拔 2149 跋 6405 靶 7249 把 2116 耙 5090
坝 8218 坝 1056 霸 7218 霸 6011 罢 5007 爸 3640 白 4101 柏 2672
百 4102 摆 2369 佰 0184 败 2408 拜 2157 稗 4458 斑 2432 班 3803
搬 2289 扳 2104 般 5301 颁 7317 板 2647 版 3652 扮 2101 拌 2142
伴 0133 瓣 3904 半 0584 办 6586 绊 4810 邦 6721 帮 1620 梆 2735
榜 2831 膀 5218 绑 4834 棒 2761 磅 4319 蚌 5732 镑 6967 傍 0266
谤 6196 苞 5383 胞 5165 包 0545 褒 5988 剥 0475 薄 5631 雹 7192
保 0202 堡 1027 饱 7394 宝 1405 抱 2128 报 1032 暴 2552 豹 6283
鲍 7637 爆 3915 爆 3615 杯 2637 碑 4301 悲 1896 卑 0585 北 0554
辈 6543 背 5154 贝 6296 倍 0223 狈 3709 备 0271 惫 1994 焙 3538
被 5926 奔 1149 苯 0058 本 2609 笨 4570 崩 1514 绷 4855 甭 8005

图 6.1　中文电码

我国中文电报的构成：把各个汉字编成 4 位十进制数字代码，各位十进制数字又由二进制代码组成，过去采用国际电码，十进制数字与二进制代码没有关系和规律。后来，我国采用的是“5 重

取 3”的恒比码，即数字保护电码，1 和 0 的位数比是 3:2。阿拉伯数字与国际电码、恒比码的对比表如表 6.1 所示。

表 6.1　阿拉伯数字与国际电码、恒比码的对比

阿拉伯数字	国际电码	恒比码	阿拉伯数字	国际电码	恒比码
1	11101	01011	6	10101	10101
2	11001	11001	7	11100	11100
3	10000	10110	8	01100	01110
4	01010	11010	9	00011	10011
5	00001	00111	0	01101	01101

误字率与码组的码距有关，码距越大，误字率降低。从图 6.2 所示的数码间的码距来看，0，1，…，9 十个数码的恒比码中的任一码组与其他码组间的码距是 3 个为 4、6 个为 2。中文电报采用的恒比码，最小距离为 2，具有检测 1 个错误的能力。由于恒比码对差错控制具有一定的实效，在电报中得到广泛应用。采用恒比码后，能发现所有奇数个码元错误和部分偶数个码元错误。使用恒比码能使差错率减少 90%。

	1	2	3	4	5	6	7	8	9	0
1		2	4	2	2	4	4	2	2	2
2	2		4	2	4	2	2	4	2	2
3	4	4		2	2	2	2	2	2	4
4	2	2	2		4	4	2	2	2	4
5	2	4	2	4		2	4	2	2	2
6	4	2	2	4	2		2	4	2	2
7	4	2	2	2	4	2		2	4	2
8	2	4	2	2	2	4	2		4	2
9	2	2	2	2	2	2	4	4		4
0	2	2	4	4	2	2	2	2	4	

图 6.2　码组间的距离

第 7 章　线性分组码

线性分组码是纠错码中很重要的一类码，它也是讨论其他各类码的基础，这类码的原理虽然比较简单，但由此引入的一些概念非常重要，如码率、距离、重量等概念及其与纠、检错能力的关系，以及码的生成矩阵 $\boldsymbol{G}$ 和一致校验矩阵 $\boldsymbol{H}$ 的表示及它们之间的关系，$\boldsymbol{H}$ 与纠错能力之间的关系等，这些概念也广泛地应用于其他各类码。

本章主要介绍线性分组码的基本概念和主要参数以及构成码的一般方法，然后探索汉明码、LDPC 码两类典型的线性分组码及其应用现状。

7.1　基本概念

在第 6 章中简单介绍了分组码的基本定义，本节将详细讨论线性分组码的基本概念和性质。如前所述，我们将信源所给出的二元信息序列首先分成等长的各个信息组，每组信息位长度为 k，记为

$$\boldsymbol{M}=(m_{k-1},m_{k-2},\cdots,m_1,m_0)$$

显然，信息组 $\boldsymbol{M}$ 每位上的信息数字（称为信息元）取 0 或 1，共有 2^k 种可能的取值。编码器根据某些规则，将输入的信息组编成码长为 n 的二元序列，即码字记为

$$\boldsymbol{C}=(c_{n-1},c_{n-2},\cdots,c_{n-k},c_{n-k-1},\cdots,c_1,c_0)$$

线性分组码

码字中每位数字称为码元，取值为 0 或 1。如果码字的各校验元与信息元关系是线性的（即用一次线性方程来描述），这样的码称为线性分组码，记为(n,k)码。

【例 7.1.1】(7,3)分组码，按以下的规则（校验方程）可得到 4 个校验元 $c_0c_1c_2c_3$。

$$\begin{cases} c_3 = c_6 + c_4 \\ c_2 = c_6 + c_5 + c_4 \\ c_1 = c_6 + c_5 \\ c_0 = c_5 + c_4 \end{cases} \tag{7.1.1}$$

式中，c_6、c_5和 c_4是三位信息元。由此可得(7,3)分组码的 8 个码字。8 个信息组与 8 个码字的对应关系列于表 7.1.1 中。式（7.1.1）中的加均为模 2 加。由此方程看到，信息元与校验元满足线性关系，因此该(7,3)码是线性码。

表 7.1.1　按式（7.1.1）编出的(7,3)码字与信息组的对应关系

信息组	码字	信息组	码字
0　0　0	0　0　0　0　0　0　0	1　0　0	1　0　0　1　1　1　0
0　0　1	0　0　1　1　1　0　1	1　0　1	1　0　1　0　0　1　1
0　1　0	0　1　0　0　1　1　1	1　1　0	1　1　0　1　0　0　1
0　1　1	0　1　1　1　0　1　0	1　1　1	1　1　1　0　1　0　0

为了深入理解线性分组码的概念，我们将其与线性空间联系起来。由于每个码字都是一个长为 n 的（二进制）数组，因此可将每个码字看成一个二进制 n 重数组，进而看成二进制 n 维线性空间 $\boldsymbol{V}_n(F_2)$中的一个矢量。n 长的二进制数组共有 2^n 个，每个数组都称为一个二进制 n 重矢量。显然，所有 2^n 个 n 维数组将组成一个 n 维线性空间 $\boldsymbol{V}_n(F_2)$。

而(n,k)分组码的 2^k 个 n 重就是这个 n 维线性空间的一个子集，如果它能构成一个 k 维线性子空间，它就是一个(n,k)线性分组码。这点可由上面的例子得到验证。

长为 7 的二进制 7 重共有 $2^7 = 128$ 个，显然这 128 个 7 重是 GF(2)上的一个 7 维线性空间，而(7,3)码的 8 个码字，是从 128 个 7 重中按式（7.1.1）的规则挑出来的。可以验证，这 8 个码字对模 2 加法运算构成 Abel 群，即该码集是 7 维线性空间中的一个三维子空间。所以(n,k)线性分组码又可定义如下。

定义 7.1.1　二进制(n,k)线性分组码，是 GF(2)域上的 n 维线性空间 $\boldsymbol{V}_n$ 中的一个 k 维子空间 $\boldsymbol{V}_{n,k}$。

线性分组码概念

由于线性空间在模 2 加运算下构成 Abel 群，因此又称线性分组码为**群码**。

从上面的讨论可知，线性分组码的编码问题，就是如何从 n 维线性空间 $\boldsymbol{V}_n$ 中挑选出一个 k 维子空间 $\boldsymbol{V}_{n,k}$，而选择的规则完全由 $n-k$ 个校验方程决定。由于线性分组码对模 2 加满足封闭性，因此为其最小距离的计算带来方便，具体有如下定理。

定理 7.1.1　一个(n,k)线性分组码中非零码字的最小重量等于［$\boldsymbol{C}$］中的最小距离 d_0。

证明　设有任两个码字 $\boldsymbol{C}_a$，$\boldsymbol{C}_b \in$［$\boldsymbol{C}$］。根据线性分组码性质，有 $\boldsymbol{C}_a + \boldsymbol{C}_b = \boldsymbol{C}_c \in$［$\boldsymbol{C}$］。而 $\boldsymbol{C}_c$ 的码重等于 $\boldsymbol{C}_a$ 与 $\boldsymbol{C}_b$ 的码距 $d_{a;b}$，即

$$W(\boldsymbol{C}_c)= W(\boldsymbol{C}_a + \boldsymbol{C}_b)= d_{a;b}$$

$\boldsymbol{C}_a$ 和 $\boldsymbol{C}_b$ 是［$\boldsymbol{C}$］中任意两个非全零码字，所以

$$W_{\min}(\boldsymbol{C}_a + \boldsymbol{C}_b)= W_{\min}(\boldsymbol{C}_c)= d_0$$

由上例(7,3)码的 8 个码字表可见，除全零码字之外，其余 7 个码字最小重量为 $W_{\min} = 4$，而其中任两个码字之间的最小距离 d_0 也为 4。

7.2　生成矩阵和一致校验矩阵

(n,k)线性分组码的编码问题就是如何在 n 维线性空间 $\boldsymbol{V}_n(F_2)$中，找出满足一定要求的，由 2^k 个矢量组成的 k 维线性子空间［$\boldsymbol{C}$］的问题；或者在满足给定条件（码的最小距离 d_0 或码率 R）下，如何根据已知的 k 个信息元求得$(n-k)$个校验元。由于是线性码，它们一定是由$(n-k)$个线性方程构成的一个方程组。

例 7.1.1 中的(7,3)码。若 c_6、c_5、c_4 代表 3 个信息元，c_3、c_2、c_1、c_0 代表 4 个校验元，可以由下列线性方程组建立它们之间的关系。

$$\begin{cases} 1\cdot c_3 = 1\cdot c_6 + 0\cdot c_5 + 1\cdot c_4 \\ 1\cdot c_2 = 1\cdot c_6 + 1\cdot c_5 + 1\cdot c_4 \\ 1\cdot c_1 = 1\cdot c_6 + 1\cdot c_5 + 0\cdot c_4 \\ 1\cdot c_0 = 0\cdot c_6 + 1\cdot c_5 + 1\cdot c_4 \end{cases} \tag{7.2.1}$$

上述运算均为模 2 加。在已知 c_6、c_5、c_4 后，可立即求出 c_3、c_2、c_1、c_0。例如，$\boldsymbol{M}$=(101)，即 $c_6 = 1$、$c_5 = 0$、$c_4 = 1$，代入式（7.2.1），可得

$$c_3 = c_6 + c_4 = 1 + 1 = 0$$
$$c_2 = c_6 + c_5 + c_4 = 1 + 0 + 1 = 0$$
$$c_1 = c_6 + c_5 = 1 + 0 = 1$$
$$c_0 = c_5 + c_4 = 0 + 1 = 1$$

由此得到码字为（1010011）。根据式（7.2.1），对不同信息组进行计算，即可得到全部(7,3)码字。可见，方程组（7.2.1）对确定该(7,3)码是非常关键的。不过，从编码的角度来看，利用方程组逐个计算是很麻烦的，还需进一步寻求其内在规律。

7.2.1 生成矩阵

已知(n,k)线性分组码的 2^k 个码字组成 n 维矢量空间的一个 k 维子空间，而线性空间可由其基底生成，因此(n,k)线性分组码的 2^k 个码字完全可由 k 个独立的矢量所组成的基底生成。设 k 个矢量为

$$\begin{aligned} \boldsymbol{g}_1 &= (g_{11} \quad g_{12} \quad \cdots \quad g_{1k} \quad g_{1,k+1} \quad \cdots \quad g_{1n}) \\ \boldsymbol{g}_2 &= (g_{21} \quad g_{22} \quad \cdots \quad g_{2k} \quad g_{2,k+1} \quad \cdots \quad g_{2n}) \\ &\quad \vdots \\ \boldsymbol{g}_k &= (g_{k1} \quad g_{k2} \quad \cdots \quad g_{kk} \quad g_{k,k+1} \quad \cdots \quad g_{kn}) \end{aligned}$$

将它们写成矩阵形式

$$\boldsymbol{G} = \begin{bmatrix} g_{11} & g_{12} & \cdots & g_{1k} & g_{1,k+1} & \cdots & g_{1n} \\ g_{21} & g_{22} & \cdots & g_{2k} & g_{2,k+1} & \cdots & g_{2n} \\ \vdots & \vdots & & \vdots & \vdots & & \vdots \\ g_{k1} & g_{k2} & \cdots & g_{kk} & g_{k,k+1} & \cdots & g_{kn} \end{bmatrix} \tag{7.2.2}$$

（n，k）码中的任何码字，均可由这组基底的线性组合生成，即

$$\boldsymbol{C} = \boldsymbol{M}\,\boldsymbol{G} = (m_{k-1}, m_{k-2}, \cdots, m_0) \begin{bmatrix} g_{11} & g_{12} & \cdots & g_{1n} \\ g_{21} & g_{22} & \cdots & g_{2n} \\ \vdots & \vdots & & \vdots \\ g_{k1} & g_{k2} & \cdots & g_{kn} \end{bmatrix} \tag{7.2.3}$$

式中，$\boldsymbol{M} = (m_{k-1}, m_{k-2}, \cdots, m_0)$是 k 个信息元组成的信息组。也就是说，每给定一个信息组，通过式（7.2.3）便可求得其相应的码字。故称这个由 k 个线性无关矢量组成的基底所构成的 $k \times n$ 阶矩阵 $\boldsymbol{G}$ 为(n,k)码的**生成矩阵**（Generator Matrix）。

例如，例 7.1.1 中的(7,3)码，可以从表 7.1.1 中的 8 个码字中，任意挑选出 $k = 3$ 个线性无关的码字(1001110)、(0100111)和(0011101)作为码的一组基底，由它们组成 $\boldsymbol{G}$ 的行，得

$$\boldsymbol{G} = \begin{bmatrix} 1 & 0 & 0 & 1 & 1 & 1 & 0 \\ 0 & 1 & 0 & 0 & 1 & 1 & 1 \\ 0 & 0 & 1 & 1 & 1 & 0 & 1 \end{bmatrix} \tag{7.2.4}$$

若信息组 $\boldsymbol{M}_i = (011)$，则相应的码字

$$\boldsymbol{C}_i = (011) \begin{bmatrix} 1 & 0 & 0 & 1 & 1 & 1 & 0 \\ 0 & 1 & 0 & 0 & 1 & 1 & 1 \\ 0 & 0 & 1 & 1 & 1 & 0 & 1 \end{bmatrix} = (0111010)$$

它是 $\boldsymbol{G}$ 矩阵后两行相加的结果。

值得注意的是，线性空间（或子空间）的基底可以不止一组，因此作为码的生成矩阵 $\boldsymbol{G}$ 也可以不止一种形式。但不论哪种形式，它们都生成相同的线性空间（或子空间），即生成同一个(n,k)线性分组码。

实际上，码的生成矩阵还可由其编码方程直接得出。例如，对于例 7.1.1 的(7,3)码，可将编码方程改写为

$$\begin{aligned} c_6 &= c_6 \\ c_5 &= c_5 \\ c_4 &= c_4 \\ c_3 &= c_6 + c_4 \\ c_2 &= c_6 + c_5 + c_4 \\ c_1 &= c_6 + c_5 \\ c_0 &= c_5 + c_4 \end{aligned}$$

写成矩阵形式

$$[c_6c_5c_4c_3c_2c_1c_0]=\begin{bmatrix}c_6\\c_5\\c_4\\c_3\\c_2\\c_1\\c_0\end{bmatrix}^{\mathrm T}=\begin{bmatrix}c_6 & & & & \\ & & c_5 & & \\ & & & & c_4\\ c_6 & & & + & c_4\\ c_6 & + & c_5 & + & c_4\\ c_6 & + & c_5 & & \\ & & c_5 & + & c_4\end{bmatrix}^{\mathrm T}$$

$$=[c_6c_5c_4]\begin{bmatrix}1&0&0&1&1&1&0\\0&1&0&0&1&1&1\\0&0&1&1&1&0&1\end{bmatrix}$$

$$=[c_6c_5c_4]\boldsymbol{G}$$

故(7,3)码的生成矩阵为

$$\boldsymbol{G}=\begin{bmatrix}1&0&0&1&1&1&0\\0&1&0&0&1&1&1\\0&0&1&1&1&0&1\end{bmatrix}$$

在线性分组码中，我们经常用到一种特殊的结构，如上例(7,3)码的所有码字的前 3 位，都是与信息组相同，属于信息元，后面 4 位是校验元。这种形式的码称为**系统码**。

定义 7.2.1 若信息组以不变的形式，在码字的任意 k 位中出现，该码称为**系统码**；否则，称为**非系统码**。

目前最流行的有两种形式的系统码：一是信息组排在码字$(c_{n-1},c_{n-2},\cdots,c_0)$的最左边 k 位：c_{n-1}，c_{n-2}，…，c_{n-k}如表 7.1.1 中所列出的码字就是这种形式；二是信息组被安置在码字的最右边 k 位：c_{k-1}，c_{k-2}，…，c_0。

若采用码字左边 k 位（前 k 位）是信息位的系统码形式（今后均采用此形式），则式（7.2.2）$\boldsymbol{G}$ 矩阵左边 k 列应是一个 k 阶单位方阵 $\boldsymbol{I}_k$，（也就是 $g_{1,1}=g_{2,2}=\cdots=g_{k,k}=1$，其余元素均为 0）。因此，系统码的生成矩阵可表示成

$$\boldsymbol{G}_0=\begin{bmatrix}1&0&\cdots&0&g_{1,\ k+1}&\cdots&g_{1n}\\0&1&\cdots&0&g_{2,\ k+1}&\cdots&g_{2n}\\\vdots&\vdots&&\vdots&\vdots&&\vdots\\0&0&\cdots&1&g_{k,\ k+1}&\cdots&g_{kn}\end{bmatrix}=[\boldsymbol{I}_k\boldsymbol{P}] \qquad (7.2.5)$$

式中，$\boldsymbol{P}$ 是一个 $k\times r$ 阶矩阵。只有这种形式的生成矩阵才能生成(n,k)系统型线性分组码，也就是标准形式。因此，系统码的生成矩阵也是一个典型矩阵（或称为标准阵）。考察典型矩阵，便于检查 $\boldsymbol{G}$ 的各行是否线性无关。如果 $\boldsymbol{G}$ 不具有标准型，虽能生成线性码，但码字不具备系统码的结构，此时可将 $\boldsymbol{G}$ 的非标准型经过行初等变换变成标准型 $\boldsymbol{G}_0$，由于系统码的编码与译码较非系统码简单，而且对分组码而言，系统码与非系统码的抗干扰能力完全等价，因此若无特别声明，则仅讨论系统码。

7.2.2 一致校验矩阵

前面讲过，编码问题就是在给定的 d_0 或码率 R 下如何利用从已知的 k 个信息元求得 $r=n-k$ 个校验元。例 7.1.1 中的(7,3)码的 4 个检验元由式（7.2.1）的线性方程组决定。为了更好地说明信息元与校验元的关系，现将式（7.2.1）变换为

$$\begin{cases} 1\cdot c_6+0\cdot c_5+1\cdot c_4+1\cdot c_3+0\cdot c_2+0\cdot c_1+0\cdot c_0=0 \\ 1\cdot c_6+1\cdot c_5+1\cdot c_4+0\cdot c_3+1\cdot c_2+0\cdot c_1+0\cdot c_0=0 \\ 1\cdot c_6+1\cdot c_5+0\cdot c_4+0\cdot c_3+0\cdot c_2+1\cdot c_1+0\cdot c_0=0 \\ 0\cdot c_6+1\cdot c_5+1\cdot c_4+0\cdot c_3+0\cdot c_2+0\cdot c_1+1\cdot c_0=0 \end{cases} \tag{7.2.6}$$

再用矩阵表示这些线性方程

$$\begin{bmatrix} 1 & 0 & 1 & 1 & 0 & 0 & 0 \\ 1 & 1 & 1 & 0 & 1 & 0 & 0 \\ 1 & 1 & 0 & 0 & 0 & 1 & 0 \\ 0 & 1 & 1 & 0 & 0 & 0 & 1 \end{bmatrix} \begin{pmatrix} c_6 \\ c_5 \\ c_4 \\ c_3 \\ c_2 \\ c_1 \\ c_0 \end{pmatrix} = \begin{bmatrix} 0 \\ 0 \\ 0 \\ 0 \end{bmatrix} = \boldsymbol{0}^{\mathrm{T}} \tag{7.2.7}$$

或

$$[c_6\ c_5\ c_4\ c_3\ c_2\ c_1\ c_0] \begin{bmatrix} 1 & 1 & 1 & 0 \\ 0 & 1 & 1 & 1 \\ 1 & 1 & 0 & 1 \\ 1 & 0 & 0 & 0 \\ 0 & 1 & 0 & 0 \\ 0 & 0 & 1 & 0 \\ 0 & 0 & 0 & 1 \end{bmatrix} = [0000] = \boldsymbol{0} \tag{7.2.8}$$

将上面的 4 行 7 列系数矩阵用 $\boldsymbol{H}$ 表示

$$\boldsymbol{H} = \begin{bmatrix} 1 & 0 & 1 & 1 & 0 & 0 & 0 \\ 1 & 1 & 1 & 0 & 1 & 0 & 0 \\ 1 & 1 & 0 & 0 & 0 & 1 & 0 \\ 0 & 1 & 1 & 0 & 0 & 0 & 1 \end{bmatrix} \tag{7.2.9}$$

式（7.2.7）或式（7.2.8）表明，$\boldsymbol{C}$ 中的各码元是满足由 $\boldsymbol{H}$ 所确定的 r 个线性方程的解，故 $\boldsymbol{C}$ 是一个码字；反之，若 $\boldsymbol{C}$ 中码元组成一个码字，则一定满足由 $\boldsymbol{H}$ 所确定的 r 个线性方程。故 $\boldsymbol{C}$ 是方程式（7.2.7）或（7.2.8）解的集合。显而易见，$\boldsymbol{H}$ 一定，便可由信息元求出校验元，编码问题迎刃而解；或者说，要解决编码问题，只要找到 $\boldsymbol{H}$ 即可。由于(n,k)码的所有码字均按 $\boldsymbol{H}$ 所确定的规则求出，因此称 $\boldsymbol{H}$ 为它的**一致校验矩阵**（Parity Check Matrix）。

一般而言，(n,k)线性码有 $r = n - k$ 个校验元，故必须有 r 个独立的线性方程。所以(n,k)线性码的 $\boldsymbol{H}$ 矩阵由 r 行和 n 列组成，可表示为

$$\boldsymbol{H} = \begin{bmatrix} h_{11} & h_{12} & \cdots & h_{1n} \\ h_{21} & h_{22} & \cdots & h_{2n} \\ \vdots & \vdots & & \vdots \\ h_{r1} & h_{r2} & \cdots & h_{rn} \end{bmatrix} \tag{7.2.10}$$

这里 h_{ij} 中，i 代表行号，j 代表列号。因此，$\boldsymbol{H}$ 是一个 r 行 n 列矩阵。由 $\boldsymbol{H}$ 矩阵可建立码的 r 个线性方程

$$\begin{bmatrix} h_{11} & h_{12} & \cdots & h_{1n} \\ h_{21} & h_{22} & \cdots & h_{2n} \\ \vdots & \vdots & & \vdots \\ h_{r1} & h_{r2} & \cdots & h_{rn} \end{bmatrix} \begin{bmatrix} c_{n-1} \\ c_{n-2} \\ \vdots \\ c_1 \\ c_0 \end{bmatrix} = \boldsymbol{0}^{\mathrm{T}} \tag{7.2.11}$$

简写为

$$\boldsymbol{HC}^{\mathrm{T}}=\boldsymbol{0}^{\mathrm{T}} \tag{7.2.12}$$

或

$$\boldsymbol{CH}^{\mathrm{T}}=\boldsymbol{0} \tag{7.2.13}$$

这里 $\boldsymbol{C}=[c_{n-1},c_{n-2},\cdots,c_1,c_0]$，$\boldsymbol{C}^{\mathrm{T}}$ 是 $\boldsymbol{C}$ 的转置，$\boldsymbol{0}$ 是一个全为 0 的 r 重。

综上所述，将 $\boldsymbol{H}$ 矩阵的特点归纳如下。

①$\boldsymbol{H}$ 矩阵的每行代表一个线性方程的系数，它表示求一个校验元的线性方程。

②$\boldsymbol{H}$ 矩阵每列代表此码元与哪几个校验方程有关。

③由此 $\boldsymbol{H}$ 矩阵得到的(n,k)分组码的每一码字 $C_i(i=1,2,\cdots,2^k)$都必须满足由 $\boldsymbol{H}$ 矩阵行所确定的线性方程即式（7.2.12）或式（7.2.13）。

④(n,k)码需有 $r=n-k$ 个校验元，故需有 r 个独立的线性方程。因此，$\boldsymbol{H}$ 矩阵必须有 r 行，且各行之间线性无关，即 $\boldsymbol{H}$ 矩阵的秩为 r。若将 $\boldsymbol{H}$ 的每行看成一个矢量，则此 r 个矢量必然张成了 n 维矢量空间中的一个 r 维子空间 $\boldsymbol{V}_{n,r}$。

⑤考虑到生成矩阵 $\boldsymbol{G}$ 中的每行及其线性组合都是(n,k)码中的一个码字，故有

$$\boldsymbol{GH}^{\mathrm{T}}=\boldsymbol{0} \tag{7.2.14}$$

或

$$\boldsymbol{HG}^{\mathrm{T}}=\boldsymbol{0}^{\mathrm{T}} \tag{7.2.15}$$

这说明由 $\boldsymbol{G}$ 和 $\boldsymbol{H}$ 的行生成的空间互为零空间。也就是说，$\boldsymbol{H}$ 矩阵的每行与由 $\boldsymbol{G}$ 矩阵行生成的分组码中每个码字内积均为零，即 $\boldsymbol{G}$ 和 $\boldsymbol{H}$ 彼此正交。

⑥从上面的例子不难看出，(7,3)码的 $\boldsymbol{H}$ 矩阵右边 4 行 4 列为一个 4 阶单位方阵，一般而言，系统型(n,k)线性分组码的 $\boldsymbol{H}$ 矩阵右边 r 列组成一个单位方阵 $\boldsymbol{I}_{\mathrm{r}}$，故有

$$\boldsymbol{H}=[\boldsymbol{QI}_{\mathrm{r}}] \tag{7.2.16}$$

式中，$\boldsymbol{Q}$ 是一个 $r\times k$ 阶矩阵。我们称这种形式的矩阵为典型阵或标准阵，采用典型阵形式的 $\boldsymbol{H}$ 矩阵更易于检查各行是否线性无关。

⑦由式（7.2.15）易得

$$[\boldsymbol{QI}_r][\boldsymbol{I}_k\boldsymbol{P}]^{\mathrm{T}}=[\boldsymbol{QI}_r]\begin{bmatrix}\boldsymbol{I}_k\\ \boldsymbol{P}^{\mathrm{T}}\end{bmatrix}=\boldsymbol{Q}+\boldsymbol{P}^{\mathrm{T}}=\boldsymbol{0}^{\mathrm{T}}$$

这说明

$$\boldsymbol{P}=\boldsymbol{Q}^{\mathrm{T}}$$

或

$$\boldsymbol{P}^{\mathrm{T}}=\boldsymbol{Q}$$

也就是说，$\boldsymbol{P}$ 的第一行就是 $\boldsymbol{Q}$ 的第一列，$\boldsymbol{P}$ 的第二行就是 $\boldsymbol{Q}$ 的第二列……因此，$\boldsymbol{H}$ 一定，$\boldsymbol{G}$ 也就一定；反之亦然。

7.2.3　实例——对偶码

我们知道，(n,k)码是 n 维矢量空间中的一个 k 维子空间 $\boldsymbol{V}_{n,k}$，可由一组基底即 $\boldsymbol{G}$ 的行张成。从式（7.2.15）可以看出，由 $\boldsymbol{H}$ 矩阵的行所张成的 n 维矢量空间中的一个 r 维子空间 $\boldsymbol{V}_{n,r}$，是(n,k)码空间 $\boldsymbol{V}_{n,k}$ 的一个零空间。由线性代数可知，$\boldsymbol{V}_{n,r}$ 的零空间必是一个 k 维子空间，它正是(n,k)码的全体码字集合。如果把(n,k)码的一致校验矩阵看成是(n,r)码的生成矩阵，将(n,k)码的生成矩阵看成是(n,r)码的一致校验矩阵，则称这两种码互为**对偶码**（Dual Code）。相应地，称 $\boldsymbol{V}_{n,k}$ 和 $\boldsymbol{V}_{n,r}$ 互为对偶空间。

【例 7.2.1】求例 7.1.1 所述(7,3)码的对偶码。

显然，(7,3)码的对偶码应是(7,4)码，因此，(7,4)码的 $\boldsymbol{G}$ 矩阵就是(7,3)码的 $\boldsymbol{H}$ 矩阵。

$$\boldsymbol{G}_{(7,4)}=\boldsymbol{H}_{(7,3)}=\begin{bmatrix}1&0&1&1&0&0&0\\1&1&1&0&1&0&0\\1&1&0&0&0&1&0\\0&1&1&0&0&0&1\end{bmatrix}$$

由此可得出(7,4)码的码字如表 7.2.1 所示。

表 7.2.1 (7,4)码的码字

信息元	码字	信息元	码字
0000	0000000	1000	1011000
0001	0110001	1001	1101001
0010	1100010	1010	0111010
0011	1010011	1011	0001011
0100	1110100	1100	0101100
0101	1000101	1101	0011101
0110	0010110	1110	1001110
0111	0100111	1111	1111111

若一个码的对偶码就是它自己，则称该码为**自对偶**。自对偶码必是$(2m,m)$形式的分组码，如(2,1)重复码就是一个自对偶码。

7.3 线性分组码的译码及纠错能力

只要找到 $\boldsymbol{H}$ 矩阵或 $\boldsymbol{G}$ 矩阵，便解决了编码问题。经编码后发送的码字，由于信道干扰可能出错，收方怎样发现或纠正错误呢？这就是译码要解决的问题。

设发送的码字为 $\boldsymbol{C}=(c_{n-1},c_{n-2},\cdots,c_1,c_0)$，信道产生的错误图样为 $\boldsymbol{E}=(e_{n-1},e_{n-2},\cdots,e_1,e_0)$，而接收序列为 $\boldsymbol{R}=(r_{n-1},r_{n-2},\cdots,r_1,r_0)$，那么 $\boldsymbol{R}=\boldsymbol{C}+\boldsymbol{E}$，即有 $r_i=c_i+e_i,c_i,r_i,e_i\in\mathrm{GF}(2)$。译码的任务就是要从 $\boldsymbol{R}$ 中求出 $\boldsymbol{E}$，从而得到码字估值 $\boldsymbol{C}=\boldsymbol{R}-\boldsymbol{E}$。

线性分组码编译码方法

标准阵列译码

7.3.1 标准阵列译码

标准阵列译码法是对线性分组码进行译码的最一般的方法，这种方法的原理也是对解释线性分组码概念最直接的描述。

在 6.2.3 小节中讲过，(n,k)码中任一码字 $\boldsymbol{C}$ 在有噪信道上传输，接收矢量 $\boldsymbol{R}$ 可以是 n 维线性空间 $\boldsymbol{V}_n(F_2)$中任一矢量。收端译码有很多种，但其本质就是对码字进行分类，以便从接收矢量中确定发送码字的估值。

我们知道，二元(n,k)码的 2^k 个码字集合是 n 维矢量空间的一个 k 维子空间。如果将整个 n 维矢量空间的 2^n 个矢量划分成 2^k 个子集：$\Gamma_1,\Gamma_2,\cdots,\Gamma_{2^k}$，且这些子集不相交，即彼此不含有公共的矢量，每个子集 Γ_i 包含且仅包含一个码字 $\boldsymbol{C}_i(i=1,2,\cdots,2^k)$，从而建立一一对应的关系。

$$\boldsymbol{C}_1\leftrightarrow\Gamma_1,\boldsymbol{C}_2\leftrightarrow\Gamma_2,\cdots,\boldsymbol{C}_2{}^k\leftrightarrow\Gamma_{2^k}$$

当发送一个码字 $\boldsymbol{C}_i$，而接收字为 $\boldsymbol{R}_i$，则 R_i 必属于且仅属于这些子集之一。若 $\boldsymbol{R}_i$ 落入 Γ_i 中，则译码器可判断发送码字是 $\boldsymbol{C}_i$。

这样做的风险是，若子集 Γ_i 是对应原发送的码字，则译码正确；反之，若 Γ_i 并不对应原发送的码字，则译码错误。当然，在有干扰信道找到一个绝对无误的译码方案是不可能的，但可以找到一种使译码错误概率最小的方案。那么，怎样才能将 n 维矢量空间划分成符合上述要求的 2^k 个子集呢？一般的方法是按下列方法制作一个表。先把 2^k 个码矢量置于第一行，并以零码矢 $\boldsymbol{C}_1=(0,0,0,\cdots,0)$为最左面的元素，在其余 2^n-2^k 个 n 重中选择一个重量最轻的 n 重 $\boldsymbol{E}_2$，并置 $\boldsymbol{E}_2$ 于零码矢 $\boldsymbol{C}_1$ 的下面，于是表的第二行是 $\boldsymbol{E}_2$ 和每个码矢 $\boldsymbol{C}_i$ 相加，并把 $\boldsymbol{E}_2+\boldsymbol{C}_i$ 置于 $\boldsymbol{C}_i$ 的下面即同一列，完成第二行。

第三行是再从其余的 n 重中任选一个重量最轻的 n 重 $\boldsymbol{E}_3$ 置于 $\boldsymbol{C}_i$ 的下面（第三行第一列），同理将 $\boldsymbol{E}_3+\boldsymbol{C}_i$ 置于 $\boldsymbol{C}_i$ 之下完成第三行…依次类推，一直到全部 n 重用完为止。于是就得到表 7.3.1。

表 7.3.1　标准阵译码表

码字	C_1（陪集首）	C_2	$\cdots C_i$	…	C_{2^k}
禁用码字	$\boldsymbol{E}_2$	$\boldsymbol{C}_2+\boldsymbol{E}_2$	$\cdots \boldsymbol{C}_i+\boldsymbol{E}_2$	…	$\boldsymbol{C}_{2^k}+\boldsymbol{E}_2$
	$\boldsymbol{E}_3$	$\boldsymbol{C}_2+\boldsymbol{E}_3$	$\cdots \boldsymbol{C}_i+\boldsymbol{E}_3$	…	$\boldsymbol{C}_{2^k}+\boldsymbol{E}_3$
	⋮	⋮	⋮	⋮	⋮
	$\boldsymbol{E}_{2^{n-k}}$	$\boldsymbol{C}_2+\boldsymbol{E}_{2^{n-k}}$	$\cdots \boldsymbol{C}_i+\boldsymbol{E}_{2^{n-k}}$	…	$\boldsymbol{C}_{2^k}+\boldsymbol{E}_{2^{n-k}}$

此表共有 2^{n-k} 行 2^k 列。其中每列就是含有 $\boldsymbol{C}_i$ 的子集 Γ_i。从按照上述方法列出的表可以看出，表中同一行中没有两个 n 重是相同的，也没有一个 n 重出现在不同行中。所以所划分的子集 Γ_i 之间是互不相交的，即每个 n 重在此表中仅出现一次，这个表称为线性分组码的标准阵列。译码表或简称**标准阵**，而每行称为一个陪集，每行最左边的那个 n 重 $\boldsymbol{E}_i$ 称为**陪集首**。而表的第一行即为(n,k)分组码的全体，又称**子群**。

收到的 n 重 $\boldsymbol{R}$ 落在某一列中，则译码器就译成相应于该列最上面的码字。因此，若发送的码字码为 $\boldsymbol{C}_i$，收到的 $\boldsymbol{R}=\boldsymbol{C}_i+\boldsymbol{E}_j$（$1\leqslant j\leqslant 2^{n-k}$，$\boldsymbol{E}_1$ 是全 0 矢量），则能正确译码。如果收到的 $\boldsymbol{R}=\boldsymbol{C}_l+\boldsymbol{E}_j(l\neq i)$，则产生了错误译码。现在的问题是：如何划分陪集，使译码错误概率最小？这最终决定于如何挑选陪集首。因为一个陪集的划分主要取决于子群，而子群就是 2^k 个码字，这已确定，所以余下的问题就是如何决定陪集首。

在第 6 章中已提出，在信道误码率 $p<0.5$ 的 BSC 中，出错应为少数，产生 1 个译码错误概率比产生 2 个译码错误概率大，产生 2 个译码错误概率比出 3 个译码错误概率大……也就是说，错误图样重量越轻，产生的可能性越大。因此，译码器必须首先保证能正确纠正这种出现可能性最大的错误图样，也就是重量最轻的错误图样。这相当于在构造译码表时要求挑选重量最轻的 n 重为陪集首，放在标准阵中的第一列，而以全 0 码字作为子群的陪集首。这样得到的标准阵能使译码错误概率最小。由于这样安排的译码表使得 $\boldsymbol{C}_i+\boldsymbol{E}_j$ 与 $\boldsymbol{C}_i$ 的距离保证最小，因此也称为最小距离译码，在 BSC 下，它们等效于最大似然译码。

我们将构造一般(n,k)码标准阵列的方法归纳如下。

①将 $\boldsymbol{V}_{n,k}$ 的 2^k 个码字作为第一行，全零矢量作为其陪集首，即作为 $\boldsymbol{E}_1$。

②在剩下的禁用码组中挑选重量最小的 n 重作为第二行的陪集首，以 $\boldsymbol{E}_2$ 表示，以此求出 $\boldsymbol{C}_2+\boldsymbol{E}_2$，$\boldsymbol{C}_3+\boldsymbol{E}_2$，…，$\boldsymbol{C}_{2^k}+\boldsymbol{E}_2$ 分别列于对应码字 $\boldsymbol{C}_i$ 所在列，从而构成第二行。

③依方法②所述方法，直至将 2^n 个矢量划分完毕。

这样就得到如表 7.3.1 所示的标准阵列。

从标准阵列可以看出，陪集首的集合就是一个可纠正错误图样 E_i 的集合，而各码字所对应的列就是该码字的正确接收区。因此，在 BSC(p)下，二元线性分组码正确译码概率为

$$P_c=\sum_{j=1}^{2^r}p^{W(j)}(1-p)^{n-W(j)}=\sum_{i=0}^{n}A_i p^i(1-p)^{n-i} \tag{7.3.1}$$

式中，$r=n-k$；$W(j)$为第 j 个陪集首的重量；A_i 为重量为 i 的陪集首的个数，$\boldsymbol{A}=(A_0,A_1,\cdots,A_n)$是陪集首的重量分布矢量；$p$ 为信道误码率。

【例 7.3.1】以(6,3)码为例排列出它的标准阵列。对于(6,3)码，它的生成矩阵为

$$G=\begin{pmatrix}1&0&0&0&1&1\\0&1&0&1&0&1\\0&0&1&1&1&0\end{pmatrix}$$

此码共有 8 个码字

信息组	码字
0 0 0	0 0 0 0 0 0
0 0 1	0 0 1 1 1 0
0 1 0	0 1 0 1 0 1
0 1 1	0 1 1 0 1 1
1 0 0	1 0 0 0 1 1
1 0 1	1 0 1 1 0 1
1 1 0	1 1 0 1 1 0
1 1 1	1 1 1 0 0 0

它的标准阵列如表 7.3.2 所示。

表 7.3.2　(6,3)码的标准阵列

000000	001110	010101	011011	100011	101101	110110	111000
000001	001111	010100	011010	100010	101100	110111	111001
000010	001100	010111	011001	100001	101111	110100	111010
000100	001010	010001	011111	100111	101001	110010	111100
001000	000110	011101	010011	101011	100101	111110	110000
010000	011110	000101	001011	110011	111101	100110	101000
100000	101110	110101	111011	000011	001101	010110	011000
001001	000111	011100	010010	101010	100100	111111	110001

伴随式译码

从表 7.3.2 中可以看到，用这种标准阵译码，需要把 2^n 个 n 重存储在译码器中。所以采用这种译码方法的译码器的复杂性随 n 指数增长，很不实用。能否简化查表的步骤呢？为此我们需引入伴随式的概念。

7.3.2　伴随式译码

Syndrome decoding

由于(n,k)码的任何一个码字 C 均满足式（7.2.14）或式（7.2.15），因此可将接收矢量 $\boldsymbol{R}$ 用上面两式之一进行检验。若

$$\boldsymbol{RH}^{\mathrm{T}}=(\boldsymbol{C}+\boldsymbol{E})\boldsymbol{H}^{\mathrm{T}}=\boldsymbol{CH}^{\mathrm{T}}+\boldsymbol{EH}^{\mathrm{T}}=\boldsymbol{EH}^{\mathrm{T}}=\boldsymbol{0}$$

则 $\boldsymbol{R}$ 满足校验关系，可认为它是一个码字；反之，则 $\boldsymbol{R}$ 有错。

定义 7.3.1　设(n,k)码的一致校验矩阵为 $\boldsymbol{H}$，$\boldsymbol{R}$ 是发送码字 $\boldsymbol{C}$ 的接收矢量，称

$$\boldsymbol{S}=\boldsymbol{RH}^{\mathrm{T}}=\boldsymbol{EH}^{\mathrm{T}} \tag{7.3.2}$$

为接收矢量 $\boldsymbol{R}$ 的**伴随式或校正子**（Syndrome）。

显然，若 $\boldsymbol{E}=\boldsymbol{0}$，则 $\boldsymbol{S}=\boldsymbol{0}$，那么 $\boldsymbol{R}$ 就是 $\boldsymbol{C}$；若 $\boldsymbol{E}\neq\boldsymbol{0}$，则 $\boldsymbol{S}\neq\boldsymbol{0}$，如果能从 $\boldsymbol{S}$ 得到 $\boldsymbol{E}$，那么从 $\boldsymbol{C}=\boldsymbol{R}-\boldsymbol{E}$ 即可恢复发送的码字。可见，$\boldsymbol{S}$ 仅与 $\boldsymbol{E}$ 有关，它充分反映了信道干扰的情况，而与发送的是什么码字无关。

下面可将(n,k)码的一致校验矩阵写成列矢量的形式。

$$\boldsymbol{H}=[\boldsymbol{h}_{n-1},\boldsymbol{h}_{n-2},\cdots,\boldsymbol{h}_{n-i},\cdots,\boldsymbol{h}_1\boldsymbol{h}_0]=\begin{bmatrix} h_{1,n-1} & h_{1,n-2} & \cdots & h_{10} \\ h_{2,n-1} & h_{2,n-2} & \cdots & h_{20} \\ \vdots & \vdots & & \vdots \\ h_{r,n-1} & h_{r,n-2} & \cdots & h_{r0} \end{bmatrix}$$

式中，h_{n-i}对应 $\boldsymbol{H}$ 矩阵的第 i 列，它是一个 $r=n-k$ 重列矢量。

若码字传送发生 t 个错，不失一般性，设码字的第 i_1，i_2，…，i_t 位有错，则错误图样可表示成

$$\boldsymbol{E}=(0\ \cdots\ e_{i_1}\ 0\ \cdots\ e_{i_2}\ 0\ \cdots\ e_{i_t}\ \cdots\ 0)$$

那么伴随式

$$\boldsymbol{S}=\boldsymbol{E}\boldsymbol{H}^{\mathrm{T}}=[0\cdots e_{i_1}\ 0\cdots e_{i_2}\ 0\cdots e_{i_t}\ \cdots 0]\begin{pmatrix} \boldsymbol{h}_{n-1}^{\mathrm{T}} \\ \boldsymbol{h}_{n-2}^{\mathrm{T}} \\ \vdots \\ \boldsymbol{h}_{n-i}^{\mathrm{T}} \\ \vdots \\ \boldsymbol{h}_0^{\mathrm{T}} \end{pmatrix}$$

$$=e_{i_1}\boldsymbol{h}_{n-i_1}^{\mathrm{T}}+e_{i_2}\boldsymbol{h}_{n-i_2}^{\mathrm{T}}+\cdots+e_{i_t}\boldsymbol{h}_{n-i_t}^{\mathrm{T}} \tag{7.3.3}$$

这说明 $\boldsymbol{S}$ 是 $\boldsymbol{H}$ 矩阵中 $\boldsymbol{E}$ 不等于 0 的那几列 $\boldsymbol{h}_{n-i}$ 的线性组合。因为 $\boldsymbol{h}_{n-i}$ 是 r 重列矢量，所以 $\boldsymbol{S}$ 也是一个 r 重的矢量。当传输没有错误时，即 $\boldsymbol{E}$ 的各位均为 0 时，$\boldsymbol{S}$ 是一个 r 重全零矢量。

值得注意的是，若 $\boldsymbol{E}$ 本身就是一个码字，即 $\boldsymbol{E}\in(n,k)$码，此时计算 $\boldsymbol{S}$ 必须等于 0。此时的错误不能发现，也无法纠正，称为**不可检错误图样**。

伴随式在标准阵列中有如下性质。

定理 7.3.1　每个陪集全部 2^k 个矢量都有相同的伴随式，而不同陪集有不同的伴随式。

证明　如果第 l 行陪集首为 $\boldsymbol{E}_l$（看成错误图样），那么第 l 行任意 n 重矢量的伴随式为

$$(\boldsymbol{E}_l+\boldsymbol{C}_i)\boldsymbol{H}^{\mathrm{T}}=\boldsymbol{S}_l \qquad i=2,3,\cdots,2^k$$

$$\boldsymbol{S}_l=\boldsymbol{E}_l\boldsymbol{H}^{\mathrm{T}}+\boldsymbol{C}_i\boldsymbol{H}^{\mathrm{T}}=\boldsymbol{E}_l\boldsymbol{H}^{\mathrm{T}}$$

可见，l 陪集的伴随 $\boldsymbol{S}_l$ 与 $\boldsymbol{C}_i$ 无关，故同一陪集中的矢量其伴随式相同。若第 l 陪集和第 t 陪集（$l<t$）的伴随式是相同的，则

$$\boldsymbol{S}_l=\boldsymbol{E}_l\boldsymbol{H}^{\mathrm{T}}$$

$$\boldsymbol{S}_t=\boldsymbol{E}_t\boldsymbol{H}^{\mathrm{T}}$$

$$\boldsymbol{S}_l+\boldsymbol{S}_t=(\boldsymbol{E}_l+\boldsymbol{E}_t)\boldsymbol{H}^{\mathrm{T}}=0$$

那么 $\boldsymbol{E}_l+\boldsymbol{E}_t$ 是码字。

假如 $\boldsymbol{E}_l+\boldsymbol{E}_t=\boldsymbol{C}_i$，则

$$\boldsymbol{E}_t=\boldsymbol{E}_l+\boldsymbol{C}_i$$

那么 $\boldsymbol{E}_t$ 在第 l 个陪集中。这个结论和标准阵列的构成原则矛盾，故不同陪集的伴随式不可能相同。

可见，陪集首和伴随式有一一对应的关系，而这些陪集首实际上也就代表着可纠正的错误图样。根据这一关系可把上述标准阵译码表进行简化，得到一个简化译码表。

【例 7.3.2】 例如，上例中的(6,3)码标准阵，可简化为表 7.3.3 所示的译码表。译码器收到 $\boldsymbol{R}$ 后，与 $\boldsymbol{H}$ 矩阵进行运算得到伴随式 $\boldsymbol{S}$，由 $\boldsymbol{S}$ 查表得到错误图样 $\hat{\boldsymbol{E}}$，从而译出码字 $\hat{\boldsymbol{C}}=\boldsymbol{R}-\hat{\boldsymbol{E}}$。因此，这种译码器中不必存储所有 2^n 个 n 重，而只存储错误图样 $\boldsymbol{E}$ 与 2^{n-k} 个（$n-k$）重 $\boldsymbol{S}$。

表 7.3.3 (6,3)码简化译码表

错误图样	000000	100000	010000	001000	000100	000010	000001	001001
伴随式	000	011	101	110	100	010	001	111

综上所述，利用伴随式译码表译码的步骤如下。

（1）计算接收矢量 $\boldsymbol{R}$ 的伴随式 $\boldsymbol{S}=\boldsymbol{R}\boldsymbol{H}^{\mathrm{T}}$。

（2）根据计算出的伴随式找出对应的陪集首 $\hat{\boldsymbol{E}}$（这是根据 $\boldsymbol{S}$ 计算出的 $\boldsymbol{E}$ 的估值）。

（3）码字估值 $\hat{\boldsymbol{C}}=\boldsymbol{R}+\hat{\boldsymbol{E}}$ 被认为是发送码字，如设发送码字为 $\boldsymbol{C}_4=(100011)$，接收矢量 $\boldsymbol{R}=(101011)$，[实际错误图样为 $\boldsymbol{E}=(001000)$]，则 $\boldsymbol{R}$ 的伴随式为

$$\boldsymbol{S}=\boldsymbol{R}\boldsymbol{H}^{\mathrm{T}}=(101011)\begin{bmatrix}0&1&1&1&0&0\\1&0&1&0&1&0\\1&1&0&0&0&1\end{bmatrix}^{\mathrm{T}}=(110) \tag{7.3.4}$$

从表 7.3.3 中找到与 $\boldsymbol{S}=(110)$相对应的陪集首为(001000)，于是译码输出为

$$\boldsymbol{C}=(101011)+(001000)=(100011)$$

由表 7.3.2 可知，由于 $\hat{E}$ 在陪集首中，因此译码正确。若当信道错误图样 $\boldsymbol{E}=(101000)$时，同样的码字 $\boldsymbol{C}=(100011)$，经传输得 $\boldsymbol{R}=(001011)$，根据式（7.3.4）得 $\boldsymbol{S}=(101)$，再由表 7.3.3 求得

$$\hat{\boldsymbol{E}}=(010000)$$

这时，认为 $\hat{\boldsymbol{C}}=(001011)+(010000)=(011011)\neq\boldsymbol{C}$，译码是错误的，原因是 $\boldsymbol{E}$ 不是标准阵列的陪集首。由表 7.3.2 可知，此矢量已在(010000）为陪集首的陪集中出现，所以不能作为陪集首。所以根据表 7.3.3 来译码也是错的。究其原因这种(6,3)码的 $d_{\min}=3$，它可纠正任何一位差错，而不能普遍地纠正两位差错。该码只能纠正一种有两位差错的信道错误图样，即

$$\boldsymbol{E}=(001001)$$

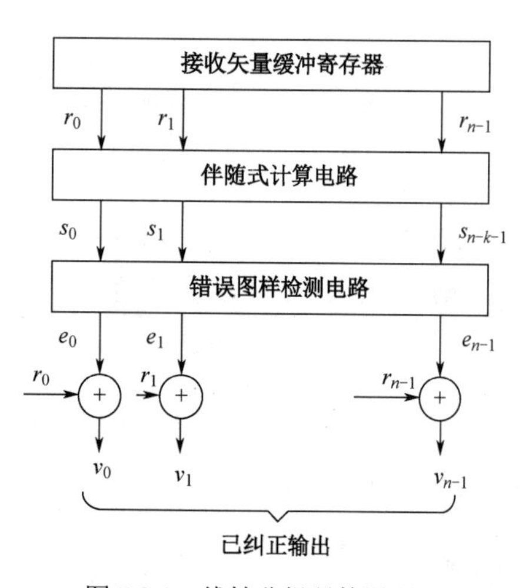

图 7.3.1 线性分组码的译码器

总之，线性码正确译码的充要条件是信道实际错误图样是标准阵列的陪集首，这个结论对任何线性分组码的译码方法都适用。线性分组码的译码器如图 7.3.1 所示。

简化译码表虽然把译码器的存储容量降低了很多，但是由于(n,k)分组码的 n,k 通常都比较大，即使用这种简化译码表，译码器的复杂性还是很高。例如，一个(100,70)分组码，一共有 $2^{30}\approx10^9$ 个伴随式及错误图样，译码器要存储如此多的图样和（$n-k$）重是不太可能的。因此，在线性分组码理论中，如何寻找简化译码器是最中心的研究课题之一，为了寻找更加简单的比较实用的译码方法，仅有线性特性是不够的，还需要附加一些其他特性，如循环特性。这就是第 8 章要介绍的循环码。

线性分组码纠错能力

7.3.3 纠错能力分析

由第 6 章的介绍可知，线性分组码的纠错能力 t 和码字的最小距离 d_0 有关，一般 t 是由通信系统提出的，那么寻找满足纠正 t 个错误码元的码字就是编码技术的任务，为此我们还需进一步研究 d_0 和码字结构的关系。线性分组码码字的结构是由其生成矩阵决定的，当然也可由一致校验矩阵决定。实际上，所谓校验，就是利用 $\boldsymbol{H}$ 矩阵去鉴别接收矢量 R 的结构。若已知 $\boldsymbol{H}$ 矩阵，该码的结构也就知道了。那么从研究码的纠错能力角度来看，d_0 与 $\boldsymbol{H}$ 有什么关系呢？

首先，先来看一个利用伴随式对码字译码的例子。

【例 7.3.3】已知(7,3)线性分组码的一致校验矩阵为

$$\boldsymbol{H}=\begin{bmatrix}1&0&1&1&0&0&0\\1&1&1&0&1&0&0\\1&1&0&0&0&1&0\\0&1&1&0&0&0&1\end{bmatrix}$$

对以下两个码字进行译码：$\boldsymbol{C}_1$=(1110100)、$\boldsymbol{C}_2$=(0111010)。假设有以下几种传输模式。

（1）发送码字在传输中没有发生错误。

$\boldsymbol{E}=(e_6\cdots e_0)$=(0000000)，此时伴随式为

$$\boldsymbol{S}_1^{\mathrm{T}}=\boldsymbol{H}\boldsymbol{R}_1^{\mathrm{T}}=\boldsymbol{H}\boldsymbol{C}_1^{\mathrm{T}}=\boldsymbol{0}^{\mathrm{T}}$$

$$\boldsymbol{S}_2^{\mathrm{T}}=\boldsymbol{H}\boldsymbol{R}_2^{\mathrm{T}}=\boldsymbol{H}\boldsymbol{C}_2^{\mathrm{T}}=\boldsymbol{0}^{\mathrm{T}}$$

（2）传送均发生一位错误。

若 $\boldsymbol{R}_1$=(0110100)、$\boldsymbol{R}_2$=(1111010)，则可根据接收矢量分别计算伴随式

$$\boldsymbol{S}_1^{\mathrm{T}}=\boldsymbol{H}\boldsymbol{R}_1^{\mathrm{T}}=\begin{bmatrix}1&0&1&1&0&0&0\\1&1&1&0&1&0&0\\1&1&0&0&0&1&0\\0&1&1&0&0&0&1\end{bmatrix}\begin{pmatrix}0\\1\\1\\0\\1\\0\\0\end{pmatrix}=\begin{bmatrix}0\\1\\1\\1\end{bmatrix}+\begin{bmatrix}1\\1\\0\\1\end{bmatrix}+\begin{bmatrix}0\\1\\0\\0\end{bmatrix}=\begin{bmatrix}1\\1\\1\\0\end{bmatrix}$$

$$\boldsymbol{S}_2^{\mathrm{T}}=\boldsymbol{H}\boldsymbol{R}_2^{\mathrm{T}}=\begin{bmatrix}1&0&1&1&0&0&0\\1&1&1&0&1&0&0\\1&1&0&0&0&1&0\\0&1&1&0&0&0&1\end{bmatrix}\begin{pmatrix}1\\1\\1\\1\\0\\1\\0\end{pmatrix}=\begin{bmatrix}1\\1\\1\\0\end{bmatrix}+\begin{bmatrix}0\\1\\1\\1\end{bmatrix}+\begin{bmatrix}1\\1\\0\\1\end{bmatrix}+\begin{bmatrix}1\\0\\0\\0\end{bmatrix}+\begin{bmatrix}0\\0\\1\\0\end{bmatrix}=\begin{bmatrix}1\\1\\1\\0\end{bmatrix}$$

如果仍是上述 $\boldsymbol{C}_1$ 和 $\boldsymbol{C}_2$，但接收字为 $\boldsymbol{R}_1$=(1010100)、$\boldsymbol{R}_2$=(0011010)，可同样计算出伴随式

$$\boldsymbol{S}_1^{\mathrm{T}}=\boldsymbol{H}\boldsymbol{R}_1^{\mathrm{T}}=\begin{bmatrix}0\\1\\1\\1\end{bmatrix}\qquad \boldsymbol{S}_2^{\mathrm{T}}=\boldsymbol{H}\boldsymbol{R}_2^{\mathrm{T}}=\begin{bmatrix}0\\1\\1\\1\end{bmatrix}$$

这说明 $\boldsymbol{S}$ 的确仅与 $\boldsymbol{E}$ 有关，而与发送码字无关。此外，对于该(7,3)码，若发生一个错误，计算得到的 $\boldsymbol{S}^{\mathrm{T}}$ 正好与 $\boldsymbol{H}$ 中的某一列矢量相同。如果 $\boldsymbol{S}^{\mathrm{T}}$ 正好与 $\boldsymbol{H}$ 的第 i 列相同，就说明接收字是第 i 位出错，即 $e_i=1$，而其余各位为 0。对第一对接收字，$\boldsymbol{S}^{\mathrm{T}}$ 均为 $\boldsymbol{H}$ 矩阵第一列，因此有 $\boldsymbol{E}$=(1000000)；对第二对接收字，$\boldsymbol{S}^{\mathrm{T}}$ 均为 $\boldsymbol{H}$ 矩阵第二列，故 $\boldsymbol{E}$=(0100000)。

（3）传送发生两位错误。

若还是前述 $\boldsymbol{C}_1$ 和 $\boldsymbol{C}_2$，而 $\boldsymbol{R}_1$=(0010100)、$\boldsymbol{R}_2$=(0101110)，计算伴随式可得

$$\boldsymbol{S}_1^{\mathrm{T}}=\boldsymbol{H}\boldsymbol{R}_1^{\mathrm{T}}=\begin{bmatrix}1\\0\\0\\1\end{bmatrix}，\boldsymbol{S}_2^{\mathrm{T}}=\boldsymbol{H}\boldsymbol{R}_2^{\mathrm{T}}=\begin{bmatrix}1\\0\\0\\1\end{bmatrix}$$

由于$\boldsymbol{S}\neq 0$，说明传送的码字有错，但$\boldsymbol{S}^{\mathrm{T}}$与$\boldsymbol{H}$中任一列均不相同，说明是不可纠的错误，即无法由$\boldsymbol{S}$得到$\boldsymbol{E}$。这两个码字各自两位错误的位置不同，实际上$\boldsymbol{E}_1$=(1100000)、$\boldsymbol{E}_2$=(0010100)，但$\boldsymbol{S}^{\mathrm{T}}$值相同，这也说明无法由$\boldsymbol{S}^{\mathrm{T}}$确定$\boldsymbol{E}$。稍加分析易知，$\boldsymbol{S}_1^{\mathrm{T}}$是$\boldsymbol{H}$中第 1 列与第 2 列之和，而$\boldsymbol{S}_2^{\mathrm{T}}$是$\boldsymbol{H}$中第 3 列与第 5 列之和。这不但说明$\boldsymbol{S}$是与$\boldsymbol{E}$有关，而且说明前述"$\boldsymbol{S}$是$\boldsymbol{H}$中相应于$\boldsymbol{E}$中不等于 0 的那些列矢量的线性组合"的结论是正确的。

（4）传送发生 3 位错误。

若发送前述$\boldsymbol{C}_1$，接收$\boldsymbol{R}_1$=(0000100)，可判知$\boldsymbol{E}$=(1110000)，通过$\boldsymbol{R}_1$计算伴随式

$$\boldsymbol{S}_1^{\mathrm{T}} = \boldsymbol{H}\boldsymbol{R}_1^{\mathrm{T}} = \begin{bmatrix}0\\1\\0\\0\end{bmatrix}$$

因$\boldsymbol{S}\neq\boldsymbol{0}$，说明有错。但此时$\boldsymbol{S}_1^{\mathrm{T}}$与$\boldsymbol{H}$中第 5 列相等，是否说明是$\boldsymbol{C}_1$的第 5 位出错呢？显然不是。据定理 6.2.3 可知，该(7,3)码的抗干扰能力为纠 1 检 2，因为其最小距离为 4。当然，若不用于纠错，则该码可检 3 位错误。

综上所述，一个(n,k)码要能纠正所有单个错误，则由所有单个错误的错误图样确定的$\boldsymbol{S}$均不相同且不等于 0。那么，一个(n,k)码怎样才能纠正小于等于t个错误呢？这就必须要求小于等于t个错误的所有可能组合的错误图样，都必须有不同的伴随式与之对应。因此若有

$$(0\cdots0\,e_{i_1}\cdots e_{i_2}\cdots e_{i_t}\,0\cdots0) \neq (0\cdots0\,e'_{i_1}\cdots e'_{i_2}\cdots e'_{i_t}\,0\cdots0)$$

则要求

$$e_{i_1}h_{n-i_1}+e_{i_2}h_{n-i_2}+\cdots+e_{i_t}h_{n-i_t} \neq e'_{i_1}h'_{n-i_1}+e'_{i_2}h'_{n-i_2}+\cdots+e'_{i_t}h'_{n-i_t}$$

$$e_{i_1}h_{n-i_1}+e_{i_2}h_{n-i_2}+\cdots+e_{i_t}h_{n-i_t}+e'_{i_1}h'_{n-i_1}+e'_{i_2}h'_{n-i_2}+\cdots+e'_{i_t}h'_{n-i_t} \neq 0$$

这说明(n,k)码要纠正小于等于t个错误，其$\boldsymbol{H}$矩阵中任意$2t$列需线性无关。

定理 7.3.2 任一(n,k)线性分组码若要纠正小于等于t个错误，其充要条件是$\boldsymbol{H}$矩阵中任何$2t$列线性无关。

根据定理 6.2.2 可知，纠正小于等于t个错误的码，其$d_{\min}\geqslant 2t+1$，故相当于要求$\boldsymbol{H}$矩阵任意$d_{\min}-1$列线性无关。

定理 7.3.3 (n,k)线性分组码最小距离等于$d_{\min}$的充要条件是$\boldsymbol{H}$矩阵中任何$d_{\min}-1$列线性无关（以下用d表示最小距离$d_{\min}$）。

证明 先用反证法说明其必要性：如果码的最小距离为d，则其$\boldsymbol{H}$矩阵$d-1$列线性无关。

若$\boldsymbol{H}$中$d-1$列线性相关，则必有

$$c_{i_1}h_{i_1}+c_{i_2}h_{i_2}+\cdots+c_{i_{d-1}}h_{i_{d-1}}=0$$

式中，$c_{i_j}\in\mathrm{GF}(2)$；h_{i_j}是$\boldsymbol{H}$的列矢量。设有一码字

$$\boldsymbol{C}=(0\cdots0\,c_{i_1}\cdots0\,c_{i_2}\cdots0\,c_{i_{d-1}}\,0\cdots0)$$

即有i_1，i_2，…，i_{d-1}位处码元取值为c_{i_1}，c_{i_2}，…，$c_{i_{d-1}}$，而其他各位码元取值为 0。故有

$$\boldsymbol{C}\boldsymbol{H}^{\mathrm{T}}=c_{i_1}h_{i_1}+c_{i_2}h_{i_2}+\cdots+c_{i_{d-1}}h_{i_{d-1}}=0$$

因为$\boldsymbol{C}$是一码字，而它的非 0 分量仅有$d-1$个，这与该码的最小距离为d假设矛盾。所以假设$\boldsymbol{H}$中任意$d-1$列线性相关不成立，故$\boldsymbol{H}$中任意$d-1$列必线性无关。

再证充分性：若(n,k)码的$\boldsymbol{H}$矩阵中任意$d-1$列线性无关，则该码的最小距离为d。

若$\boldsymbol{H}$中$d-1$列线性无关，则$\boldsymbol{H}$中至少要d列才可能线性相关。若使$\boldsymbol{H}$中某些d列线性相关的列的系数作为码字中相应的非 0 分量，而使其余分量为 0，则该码字至少有d个非 0 分量，因此该码的最小距离为d。

该定理是构造任何类型线性分组码的基础。由此不难看出以下几点。

①为了构造最小距离 $d \geqslant e+1$（为检测不多于 e 个错误）或 $d \geqslant 2t+1$（为纠正不多于 t 个错误）的线性分组码，其充要条件是要求 $\boldsymbol{H}$ 中任意 $d-1$ 列线性无关。例如，要构造最小距离为 3 的码，则要求 $\boldsymbol{H}$ 任意 $3-1=2$ 列线性无关。对于二元域上的码，即要求 $\boldsymbol{H}$ 当且仅当满足无相同的列和无全 0 的列，就可纠正所有单个错误。

②因为交换 $\boldsymbol{H}$ 矩阵的各列不会影响码的最小距离，所以所有列矢量相同但排列位置不同的 $\boldsymbol{H}$ 矩阵所对应的分组码，在纠错能力和码率上是等价的。

③由此定理不难证明，任一线性分组码的最小距离（或最小重量）d_0 均满足 $d_0 \leqslant n-k+1$。

对于满足 $d_0=n-k+1$ 的线性分组码称为**极大最小距离可分**（Maximum Distance Separable, MDC）码。在同样 n，k 下，由于 d_0 最大，因此纠错能力更强，所以设计这种码，是编码理论中人们感兴趣的一个课题。

根据定理 7.3.3，我们由 $\boldsymbol{H}$ 的列的相关性就可以直接知道码的纠错、检错能力。

下面一个定理将告诉我们，在已知信息位 k 的条件下，如何去确定监督位 $r=n-k$，即确定码长，才能满足对纠错能力 t 的要求。这个问题在设计一个码组时是很重要的。

线性分组码的性能分析

定理 7.3.4　若［C］是 k 维 n 重二元码，当已知 k 时，要使［C］能纠正 t 个错误，则必须有不少于 r 个校验位，并且使 r 满足

$$2^r-1 \geqslant \sum_{i=1}^{t} C_n^i$$

证明　假设［C］的一致校验矩阵为 $\boldsymbol{H}$，伴随式为

$$\boldsymbol{S}=\boldsymbol{R} \cdot \boldsymbol{H}^{\mathrm{T}} \qquad \boldsymbol{R} \in \boldsymbol{V}_{\boldsymbol{n}}(F_2)$$

［C］是 k 维 n 重，则 $\boldsymbol{H}$ 是 $r=n-k$ 行 n 列，且在 $\boldsymbol{S}$ 的 2^r 种状态除去全零状态，其余还有 2^r-1 种非零状态。

另外，在一个 n 重矢量中，它们的错误图样也是 n 重。错误图样用矢量 $\boldsymbol{E}$ 代表，可计算 $W(\boldsymbol{E})=t$ 的错误图样个数，有

基本码限

$$W(\boldsymbol{E})=1 \text{ 的个数为 } C_n^1$$
$$W(\boldsymbol{E})=2 \text{ 的个数为 } C_n^2$$
$$W(\boldsymbol{E})=3 \text{ 的个数为 } C_n^3$$
$$\vdots$$
$$W(\boldsymbol{E})=t \text{ 的个数为 } C_n^t$$

则错误码元不大于 t 个错误的错误图样共有 $\sum_{i=1}^{t} C_n^i$ 种。

若要能使［C］纠正 t 个错误，S 的状态数要大于错误图样总数，只有满足以上条件才能建立起伴随式与错误图样的一一对应关系。因此有

$$2^r-1 \geqslant \sum_{i=1}^{t} C_n^i \tag{7.3.5}$$

当满足 $2^r-1=\sum_{i=1}^{t} C_n^i$ 时，这样的码称为**完备码**，这种码的校验元得到了最充分的利用。而式（7.3.5）给出的界限称为**汉明限**，它也可改写为

$$n-k \geqslant \mathrm{lb}\left(\sum_{i=0}^{t} C_n^i\right) \tag{7.3.6}$$

上式给出在已知 n，k 与 t 时所需要的监督位数。该式又可称为 Hamming（汉明）不等式。

迄今为止，已找到的完备码有汉明码，(23,12)非本原 BCH 码（又称格雷码）及三进制的(11,6)码。

7.4　Hamming码及其派生码

本节将重点介绍Hamming码，并以该码为基础，讨论对已知码的 $\boldsymbol{G}$ 和 $\boldsymbol{H}$ 矩阵进行适当修正与组合，以构建派生码的方法，从而满足实际需求。最后介绍TPC码，作为无线通信中Hamming码的拓展应用。

7.4.1　Hamming码简介

前面曾多次提到汉明距离、汉明重量等术语，那是为了纪念这位对纠错编码做出杰出贡献的科学家汉明（W.R.Hamming）而命名的。Hamming码的命名当然更直接，这种码是由汉明在1950年首先提出的。它有以下特征。

汉明码

汉明码

码　　长　　$n=2^m-1$

信息位数　　$k=2^m-m-1$

校验元位数　　$r=n-k=m$

最小距离　　$d=3$

纠错能力　　$t=1$

这里 m 为大于等于2的正整数，给定 m 后，即可构造出具体的 (n,k) Hamming码。这可以从建立一致校验矩阵着手。我们已经知道，$\boldsymbol{H}$ 矩阵的列数就是码长 n，行数等于 m。如果 $m=3$，就可算出 $n=7$，$k=4$，因而是(7,4)线性码。其 $\boldsymbol{H}$ 矩阵正是用 $2^r-1=7$ 个非零3重作为列矢量构成的。

$$\boldsymbol{H}=\begin{bmatrix}0&0&0&1&1&1&1\\0&1&1&0&0&1&1\\1&0&1&0&1&0&1\end{bmatrix}$$

这时 $\boldsymbol{H}$ 矩阵的对应列正好是十进制数1～7的二进制表示。对于纠正1位错误来说，其伴随式的值就等于对应的 $\boldsymbol{H}$ 的列矢量，即错误位置。所以，这种形式的 $\boldsymbol{H}$ 矩阵构成的码很便于纠错，但这是非系统的(7,4)Hamming码的一致校验矩阵。如果要得到系统码，可通过行的初等变换来实现。

$$\boldsymbol{H}_0=[\boldsymbol{Q}\quad \boldsymbol{I}_3]=\begin{bmatrix}0&1&1&1&1&0&0\\1&0&1&1&0&1&0\\1&1&0&1&0&0&1\end{bmatrix}\tag{7.4.1}$$

有了 $\boldsymbol{H}_0$，按照式（7.4.1）就可得到系统码的校验位，与其相应的生成矩阵为

$$\boldsymbol{G}_0=[\boldsymbol{I}_4\quad \boldsymbol{Q}^{\mathrm{T}}]=\begin{bmatrix}1&0&0&0&0&1&1\\0&1&0&0&1&0&1\\0&0&1&0&1&1&0\\0&0&0&1&1&1&1\end{bmatrix}$$

Hamming码的译码方法，正如7.3节中所述，可以采用计算伴随式，然后确定错误图样并加以纠正的方法。

值得一提的是，(7,4)Hamming码的 $\boldsymbol{H}$ 矩阵并非只有以上两种。原则上讲，(n,k) Hamming码的一致校验矩阵有 n 列 m 行，它的 n 列分别由除全0之外的 m 位码组构成，每个码组只在某列中出现一次。而 $\boldsymbol{H}$ 矩阵各列的次序是可变的。

容易证明，Hamming码实际上是 $t=1$ 的完备码。

7.4.2　派生码

1．扩展码

若对每个码字$(c_{n-1},c_{n-2},\cdots,c_1,c_0)$增加一个校验元$c_0'$，满足以下校验关系。

$$c_{n-1}+c_{n-2}+\cdots+c_1+c_0+c_0'=0$$

式中，c_0'为全校验位。

线性分组码(n,k)中所有码字均添加全校验位后，得到了扩展码（n+1，k）。以 Hamming 码为例，如果每个码字都再加上一位全校验位，则校验码元由 m 增至 m + 1，信息位不变，码长由 2^m-1 增至 2^m，通常把这种（2^m，2^m-1-m）码称为**扩展 Hamming 码**。扩展 Hamming 码的最小码距增加为 4，能纠正 1 位错误同时检测 2 位错误，简称纠 1 检 2 错码。例如，(7,4)Hamming 码可变成(8,4)扩展 Hamming 码（又称增余汉明码）。(8,4)码的 $\boldsymbol{H}$ 矩阵为

$$\boldsymbol{H}_{(8,4)}=\begin{bmatrix}1&1&1&1&1&1&1&1\\1&1&1&0&1&0&0&0\\0&1&1&1&0&1&0&0\\1&1&0&1&0&0&1&0\end{bmatrix}$$

它的第一行为全 1 行，最后一列的列矢量为$[1000]^{\mathrm{T}}$，它的作用是使第 8 位成为偶校验位，而前 7 位码元同(7,4)码。这种 $\boldsymbol{H}$ 矩阵，任何 3 列都是线性独立的，而只有 4 列才能线性相关，由定理 7.3.3 可知，它的 $d_{\min}$ 等于 4，可实现纠 1 检 2 错。

由已知码构造新码的简单方法

2．凿孔码

与扩展码（增加校验位）相对应的是凿孔码。针对(n,k)线性分组码，将其所有码字的某 p 个校验位删除（称为凿孔），得到一个新的线性分组码（$n-p,k$），这时码长减少 p，信息位数目不变。例如，上例中的(8,4)扩展 Hamming 码，删去最后一个校验位c_0'，则变成了(7,4)Hamming 码。为了满足传输中对于码率的要求，删除（凿孔）的位数一般是多个。

3．除删码（增余删信码）

把原(n,k)线性分组码 $\boldsymbol{C}$ 中的一部分码字删除掉，得到一个新的线性分组码（n，k−1），该码称为原码 $\boldsymbol{C}$ 的除删码（增余删信码）。如果已知 $\boldsymbol{C}$ 中码字重量一半为偶、一半为奇，则可以把所有奇数重量的码字删除掉，余下偶数重量的码字构成一个新的线性码。这个线性码码长不变，信息位减少 1。如果原码最小重量为奇数，则新的除删码的最小重量将增加 1，称为偶数。例如，在(7,4)Hamming 码中挑出所有重量为 4 的码字，便得到一个(7,3)增余删信 Hamming 码。

4．增广码

增广码是在原码 $\boldsymbol{C}$ 的基础上，增加一个信息位，删去一个校验位得到的。因此，码长与原码相同，但信息位增加了 1，与除删码相对应。

如果(n,k)线性分组码 $\boldsymbol{C}$ 中不包含分量为全 1 的码字，则可以把这个全 1 矢量加入到码 $\boldsymbol{C}$ 中，同时把全 1 矢量与 $\boldsymbol{C}$ 中每个码字之和添加到原码中，这样构成了一个增广码，其生成矩阵为

$$\boldsymbol{G}'=\begin{bmatrix}1\quad 1\quad \cdots\quad 1\\ \boldsymbol{G}\end{bmatrix}$$

最小汉明距离为

$$d'=\min\{d,n-w_{\max}\}$$

式中，$\boldsymbol{G}$ 为原码 $\boldsymbol{C}$ 的生成矩阵；d 为原码 $\boldsymbol{C}$ 的最小汉明距离；$w_{\max}$ 为原码 $\boldsymbol{C}$ 中码字的最大重量。

5．缩短码

缩短码把原(n,k)线性分组码 $\boldsymbol{C}$ 中所有第 n 位（最高信息位）$c_{n-1}=0$ 的码字选取出来，再把 c_{n-1}

删除，这样得到的是一个缩短 1 位的缩短码（n−1，k−1）。缩短码的最小重量不会比原码小。类似地，可以缩短更多位。

6．延长码

与缩短码相对应的是延长码，其构造过程为：首先在原(n,k)线性分组码 $\boldsymbol{C}$ 的基础上通过增加一个全 1 分量码字来对码 $\boldsymbol{C}$ 进行增广；然后增加一个全校验位对原码进行扩展，这样构成了一个（n+1，k+1）线性分组码。

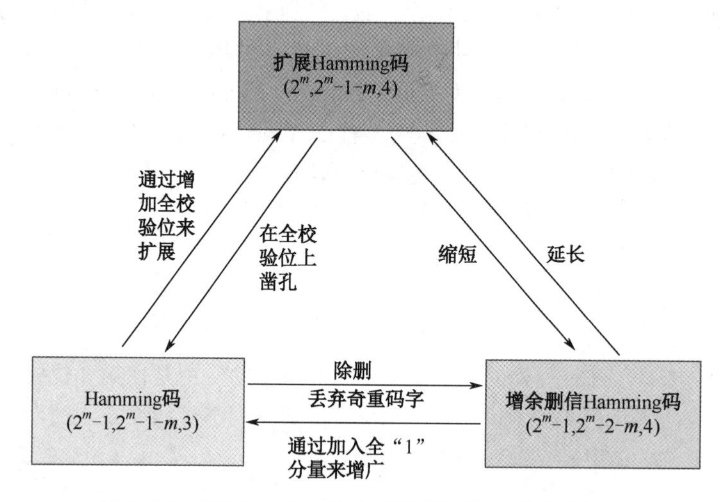

图 7.4.1　以 Hamming 码为例说明派生码的生成过程

7.4.3　TPC 码

1994 年 Pyndiah 提出 Turbo 乘积码（Turbo Product Code，TPC）及其 SISO（Soft Input Soft Output）迭代译码方案，该码可以做到高码率、近信道容量时仍可保持较好性能。另外，TPC 对于带宽应用是很具吸引力的，与串行 TCM-RS 码比较，TPC 码能得到 0.85dB 的提高；TPC 可以很容易将最小距离保持在 16、36（或更大），从而避免“错误平层”效应；TPC 的译码时延也可以通过将多个子译码器并行而大幅度减小。

由于 TPC 编码的优异性能，它在传统的国际卫星通信和区域卫星通信系统中有着广泛的应用前景。TPC 技术功能强大且具有灵活性，可为各行业的用户和卫星运营商带来明显的效益。TPC 增强的编码增益和带宽效率可以降低转发器成本，这一技术也可用来解决许多其他问题，如特小天线的通量密度降低问题。它同时可应用于微波、HDTV（High Definition Television）、光纤、DVB（Digital Video Broadcasting）等。2001 年 9 月，IEEE 公布了宽带无线接入系统的空中无线接口草案，802.16 中的 TPC 被推荐为信道编码方式。在上述应用中，Hamming 码常作为 TPC 码的分量码。

1．TPC 码的构造

TPC 用两个或两个以上的分组码构造较长的码，从而提高码的性能。以二维 TPC 为例，假设有两个线性分组码分别为 $\boldsymbol{C}_1(n_1, k_1, d_1)$、$\boldsymbol{C}_2(n_2, k_2, d_2)$，其中，参数 n_i、k_i、$d_i(i=1, 2)$分别代表码长、信息位长、最小汉明距离。信息位以 $k_1 \times k_2$ 的形式放入行列阵列中，先用码 $\boldsymbol{C}_2(n_2, k_2, d_2)$对每行进行编码（共 k_1 行），再用码 $\boldsymbol{C}_1(n_1, k_1, d_1)$对每列进行编码（共 n_2 列）。如图 7.4.2（a）所示，此二维 TPC 可写成$(n_1, k_1, d_1)\times(n_2, k_2, d_2)$，其码率为$(k_1\times k_2)/(n_1\times n_2)$。

同样的方法可构造三维 TPC，如图 7.4.2（b）所示。首先构造 k_3 个二维 TPC$(n_1, k_1, d_1)\times(n_2, k_2, d_2)$；然后在 Z 方向上进行 $\boldsymbol{C}_3(n_3, k_3, d_3)$线性分组编码。这就构成了三维 TPC$(n_1, k_1, d_1)\times(n_2, k_2, d_2)\times(n_3, k_3, d_3)$。其他多维的 TPC 也以类似的步骤来构造。对于多维 TPC（假设为 m 维，$m\geqslant 2$），其最小距离和码率分别为

$$d = d_1 \times d_2 \times d_3 \times \cdots \times d_m$$

$$R = \frac{k_1}{n_1} \times \frac{k_2}{n_2} \times \frac{k_3}{n_3} \times \cdots \times \frac{k_m}{n_m}$$

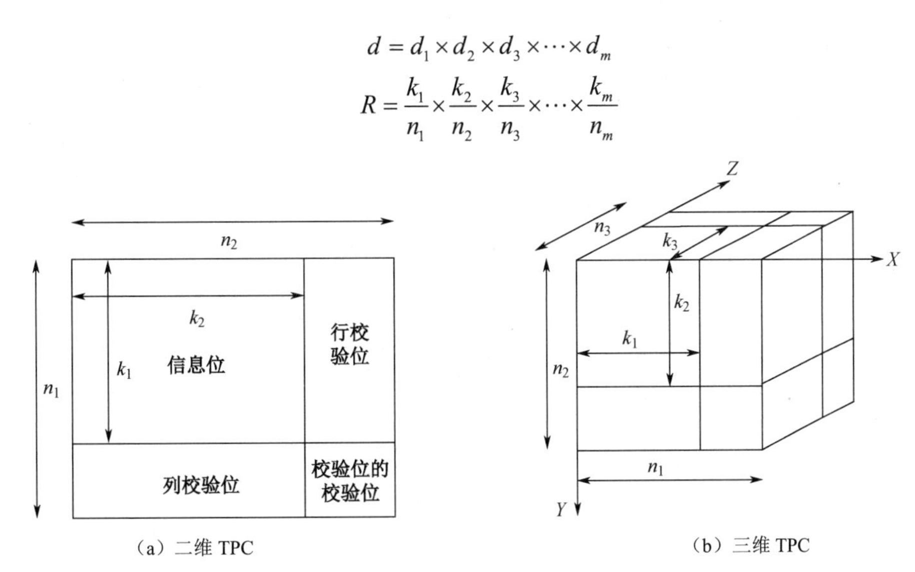

（a）二维 TPC　　（b）三维 TPC

图 7.4.2　TPC 编码结构图

作为 TPC 各维上的分量码通常为汉明码、扩展汉明码、奇偶校验码、BCH 码和扩展 BCH 码、RS 码和扩展 RS 码等线性分组码。目前国际上多采用前 3 种码型，其编译码相对较简单。TPC 除分量码码型可变之外，还可以进行一定的变型：对各维信息位缩短后再编码，可以得到缩短型 TPC；在对角线上加入奇偶校验形成“超轴”，可以得到增强型 TPC，这为 TPC 提供了更多的灵活选择。在 TPC 中各维上分量码的不同，可得到不同的编码码率，这对 IEEE 802.16 宽带无线接入网中码率自适应是非常重要的。

2．TPC 迭代译码算法

若采用最大似然译码方法，性能可以达到最优，但随着码长的增加，复杂度指数倍增长。从性能和复杂性两方面综合考虑，可采用基于 Chase2 的次优译码算法。

算法描述如下。

假设发端码字为 $\boldsymbol{E}=(e_1, \cdots, e_i, \cdots, e_n)$，$e_i \in \{+1,-1\}$，经过加性高斯白噪声信道（Additive White Gaussian Noise, AWGN），信道样值序列为 $\boldsymbol{G}=(g_1, \cdots, g_i, \cdots g_n)$，标准方差 σ；收端序列 $\boldsymbol{R}=\boldsymbol{E}+\boldsymbol{G}$，其中 $\boldsymbol{R}=(r_1, \cdots, r_i, \cdots, r_n)$。

首先对于 $\boldsymbol{R}$ 进行硬判决，得到序列 $\boldsymbol{Y}=(y_1, \cdots, y_i, \cdots, y_n)$，$y_i=0.5[1+\text{syn}(r_i)]$，$y_i \in \{0,1\}$；并进行 3 步 Chase2 的次优译码算法。

步骤一：利用$|r_i|$值确定 $\boldsymbol{Y}$ 序列中可信度最小的 $p=4$ 个位置。

步骤二：在最小可信度位置上分别取 0、1，其他位置取 0，可得到 $q=2^p$ 个测试图样 T^q。

步骤三：生成测试序列 $\boldsymbol{Z}^q$，$\boldsymbol{Z}^q=\boldsymbol{Y} \oplus \boldsymbol{T}^q$。对于 $\boldsymbol{Z}^q$ 进行代数译码得到码集 $\boldsymbol{C}^q$。

随后采用欧氏距离最小原则在码集 $\boldsymbol{C}^q$ 中寻找最佳码字 $\boldsymbol{D}$，并同时寻找竞争码字 $\boldsymbol{C}$（仅当前位与 $\boldsymbol{D}$ 不同）。按式（7.4.2）计算外信息参与下次迭代。

$$w_j = \left(\frac{|\boldsymbol{R}-\boldsymbol{C}|^2 - |\boldsymbol{R}-\boldsymbol{D}|^2}{4} \right) d_j - r_j \tag{7.4.2}$$

其中，$d_j(j=1, \cdots, n, d_j \in \boldsymbol{D})$为最佳码字的元素；$w_j$ 为外信息。

若无法寻找到竞争码字，则使用可信度因子 β 来近似计算，即

$$w_j = \beta \cdot d_j - r_j$$

3．TPC 码的性能分析

TPC 采用基于 Chase2 的次优译码算法，性能与码率、码型、信噪比、译码迭代次数有关。一

般来说，迭代次数越多，性能越好，但译码时间耗费越长。当迭代次数大于一定的值（>6）时，性能改善不明显。下面以扩展汉明码为分量码，迭代次数为 6 次，BIT/SK 调制，AWGN 下进行计算机仿真。

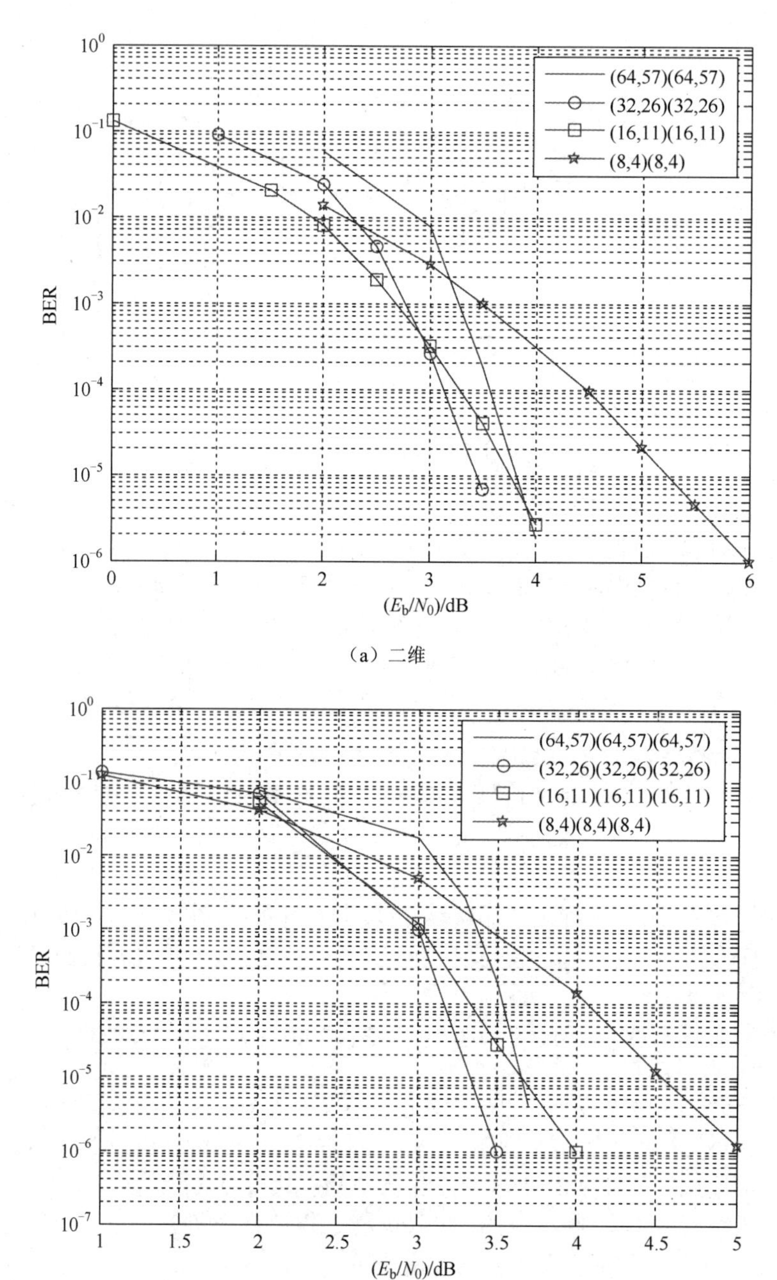

（a）二维

（b）三维

图 7.4.3　TPC 性能图

从图 7.4.3（a）中可以看出，$(32,26)^2$码性能优势明显，在 BER = 10^{-5}，与$(8,4)^2$比较，编码增益多出近 2dB；与$(16,11)^2$和$(64,57)^2$码比较，多出约 0.5dB。从趋势上看，$(32,26)^2$码具有最为陡峭的“瀑布区”。图 7.4.3（b）的三维码性能曲线中“瀑布区”较二维更为陡峭。

不同调制方式下性能比较也有差异，图 7.4.4 给出了$(32,26)^2$码在不同调制方式下的性能曲线。

在 IEEE 802.16 标准中采用的码型如表 7.4.1 所示。

目前，TPC 技术相对较为成熟，一些芯片公司已有相应的芯片产品，这将进一步推动其应用范围的扩展。在学术上，TPC 技术的研究主要集中在其应用领域的革新。

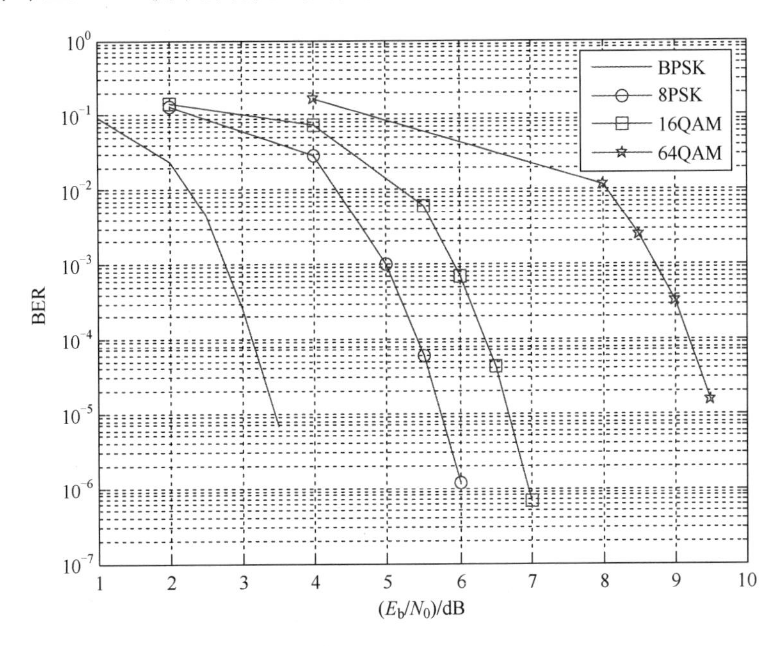

图 7.4.4　$(32, 26)^2$ 码不同调制方式下的性能曲线

表 7.4.1　IEEE 802.16 标准中的 TPC 码

TPC 码	码率	有效载荷大小
(39,32)(39,32)(下行链路)	0.673	1 024bits
(53,46)(51,44)(下行链路)	0.749	3 136bits
(30,24)(25,9)(上行链路)	0.608	456bits

7.5　LDPC 码及其应用

在纠错编码理论与技术的研究中，Turbo 码与 LDPC 码（Low Density Parity Check Codes）可被认为是具有近代里程碑意义的研究成果。LDPC 码和 Turbo 码有着相似的优异性能，与 Turbo 码相比，它还具有以下优点：本身具有良好的内交织特性，抗突发差错能力强，不需要深度交织来获得好的译码性能，从而避免了交织引入的时延；误码平层大大降低；译码算法相对简单，更适用于高速译码的实现。因此，LDPC 码得到编码界人士的普遍关注，成为可靠信息传输技术中又一新的研究热点。本节将从 LDPC 码的图模型出发研究其通用译码算法，并探讨各大通信系统中 LDPC 的应用情况。

讨论（一）

讨论（三）

7.5.1　LDPC 码的概念及图模型

LDPC 码由 Gallager 于 1962 年在他的博士论文中提出，它是一种用稀疏的一致校验矩阵定义的线性分组码。假设码长为 n，信息位为 k，则校验位为 $m(=n-k)$，因而其一致校验矩阵 $\boldsymbol{H}$ 为 $m\times n$ 矩阵。设该矩阵每行有 d_c 个 1，每列有 d_v 个 1，其中 $d_c \ll n$、$d_v \ll m$，因而 $\boldsymbol{H}$ 矩阵中大部分元素都为 0，即元素 1 的密度非常低，该类码因此而得名。

本小节重点介绍 LDPC 码的相关概念，以及以 Tanner 图描述线性分组码的图模型方法。

1．LDPC 码的两种基本表示方式

众所周知，线性分组码可以由它的生成矩阵 $\boldsymbol{G}$ 或一致校验矩阵 $\boldsymbol{H}$ 决定。LDPC 码也可以这两种方式表示。若给定生成矩阵 $\boldsymbol{G}=\{g_{ij}\}_{k\times n}$，码字集合可以表示为

$$\boldsymbol{C}=\{x\in F_q^n \mid x=\sum_i a_i g_i, a_i\in F_q\}$$

式中，g_i 为生成矩阵 $\boldsymbol{G}$ 的第 i 行。等价的，线性分组码也可以由其一致校验矩阵 $\boldsymbol{H}$ 来决定。对于给定的一致校验矩阵，码字集合可以表示为

$$\boldsymbol{C}=\{x\in F_q^n \mid \langle x,h_i\rangle=0, i=1,2,\cdots,n-k\}$$

式中，h_i 为一致校验矩阵 $\boldsymbol{H}$ 的第 i 行，即码字与 $\boldsymbol{H}$ 矩阵的各行正交。因此如果选定了一致校验矩阵，这个线性分组码也就确定了。

2．规则码与非规则码

根据一致校验矩阵的不同，LDPC 码分为两大类：规则（Regular）LDPC 码和非规则（Irregular）LDPC 码。规则 LDPC 码的 $\boldsymbol{H}$ 矩阵每行（列）中的非零元素个数相同；而非规则 LPDC 码 $\boldsymbol{H}$ 矩阵每行（列）中的非零元素个数未必相同。

3．LDPC 码的 Tanner 图表示

LDPC 码也可以利用图论中的二部图或双向图（Bipartite Graph）表示，以图模型表示线性分组码是现代编码理论的一种新的重要方法，它以二部图的形式描述编码输出的码字比特与约束它们的校验和之间的对应关系。由于该方法是由 Tanner 最先提出的，因此人们又将这种图模型称为 Tanner 图。

Tanner 图由顶点集合和连接的边（Edge）组成，其顶点集可以划分成两个不相交的子集 X 和 Y，使得每条边的一个端点在 X 中，另一个端点在 Y 中，子集 X 与 Y 中各自内部的节点互不相连。假设子集 X 中的节点代表编码后的 n 个比特位，称为变量节点（Variable Node，VN，本小节以圆圈 $(v_1,v_2,\cdots,v_n)$ 表示），对应一致校验矩阵中相应的列；子集 Y 中的节点代表编码比特组成的 m 个校验方程，称为校验节点（Check Node, CN，以方块 $(c_1,c_2,\cdots,c_m)$ 表示），对应一致校验矩阵中相应的行。当且仅当第 i 个码字比特参与了第 j 个校验方程的约束时，变量节点 v_i 和校验节点 c_j 之间才有一条边 (v_i,c_j) 相连，即 Tanner 图中对应的节点之间建立一条边，对应 $\boldsymbol{H}$ 矩阵中第 j 行第 i 列的元素非零，对于二进制编码，则取值为 1。图 7.5.1 示出了一个 $(10, 2, 4)$ 规则 LDPC 码的一致校验矩阵和它对应的 Tanner 图。

与某个变量节点（VN）相连的边数称为该变量节点的度数（Degree），记为 d_v，相应 $\boldsymbol{H}$ 矩阵该列重为 d_v；类似地，与某个校验节点（CN）相连的边数称为该校验节点的度数，记为 d_c，相应 $\boldsymbol{H}$ 矩阵该行重为 d_c。上述例子是一个二元域上的 LDPC 码，其一致校验矩阵中每列有 2 个 1，每行有 4 个 1，即编码码字中的每个比特受到 $d_v(=2)$ 个校验约束，而每个校验约束包括 $d_c(=4)$ 个比特（即与每个校验节点相连的 4 个比特之和为偶数）。

由于规则 LDPC 码的变量节点和校验节点度数都是不变的，因此可用 (n,d_v,d_c) 表示，其中 n 为码字长度；而非规则 LDPC 码的变量节点或校验节点的度数是变化的。

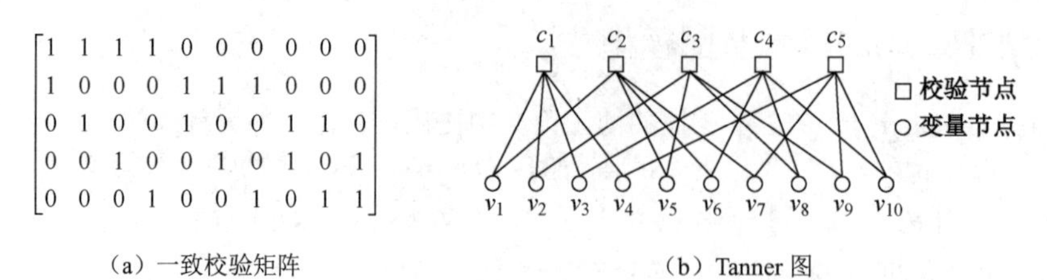

（a）一致校验矩阵　　（b）Tanner 图

图 7.5.1　LDPC 码的一致校验矩阵和 Tanner 图

4. 准循环 LDPC 码

由于早期提出的 LDPC 码具有随机性，结构性较差，致使编译码器实现较为复杂，不利于工程实践。结构化的 LDPC 码，特别是具有循环结构的校验矩阵 $\boldsymbol{H}$ 所构造的 LDPC 码能够极大地简化工程实践中的硬件实现。此外，循环 LDPC 码还具有诸多优势，如其具有较大的最小距离和较低的迭代译码错误平层，进一步提升了 LDPC 码的译码性能。但单纯具有循环结构的 LDPC 码也具有一些缺点，如 $\boldsymbol{H}$ 矩阵大小 $n\times n$ 是固定的，无法调整码率，此外 $\boldsymbol{H}$ 矩阵的行重较大，这些特性均增加了译码复杂度。准循环（Quasi-Cyslic，QC）码也具有很好的结构特性，具有准循环结构的 LDPC 码的校验矩阵不仅能够解决与码率无关的问题，而且在校验矩阵设计过程中具有较大的灵活性，同时简化编译码器的设计。

如果一个 LDPC 码的校验矩阵是由一列循环矩阵组成的，则为循环 LDPC 码；如果一个 LDPC 码的校验矩阵是由循环矩阵组成的阵列，则该 LDPC 码是准循环 LDPC（Quasi-Cyclic LDPC，QC-LDPC）码。图 7.5.2 所示为一个 6×9 的准循环矩阵，它是由 2×3 个循环子矩阵组成的阵列，每个子矩阵的大小为 3×3 的循环矩阵或零矩阵。

$$\boldsymbol{H}=\left[\begin{array}{ccc|ccc|ccc}1&0&0&0&0&0&0&0&1\\0&1&0&0&0&0&1&0&0\\0&0&1&0&0&0&0&1&0\\\hline 0&1&0&0&0&1&0&0&0\\0&0&1&1&0&0&0&0&0\\1&0&0&0&1&0&0&0&0\end{array}\right]$$

图 7.5.2　一个 6×9 的准循环矩阵

7.5.2　基于消息传递机制的 LDPC 码迭代译码算法

LDPC 码发展到 20 世纪 80 年代，出现了 Tanner 图这种新的表示方式，其后通过引用人工智能中的置信传播（Belief-Propagation，BP）算法，由此构成了 LDPC 码的现代译码方案——基于图模型的软判决迭代译码，LDPC 码的译码方法本质上大都是基于 Tanner 图的消息传递译码算法。本小节主要介绍 LDPC 码中常用的消息迭代译码算法。

为了便于算法描述，如果无特殊说明，本小节的信道模型为 AWGN 信道，采用 BIT/SK 调制，将码字 $\boldsymbol{C}=(v_1,v_2,\cdots,v_N)$ 按 $x_i=1-2v_i$，$v_i\in\{0,1\}$，$1\leqslant i\leqslant N$ 的关系，映射为发送序列 $\boldsymbol{X}=(x_1,x_2,\cdots,x_N)$，经信道传输后，接收序列为 $\boldsymbol{Y}=(y_1,y_2,\cdots,y_N)$，其中变量 $y_i=x_i+n_i$，$1\leqslant i\leqslant N$，n_i 的均值为 0，方差为 σ^2 的独立分布高斯噪声。

BP 算法的译码过程可以看成在由 $\boldsymbol{H}$ 矩阵决定的 Tanner 图上进行的消息传递过程，边上传递的消息分为校验节点至变量节点和变量节点至校验节点两种，如图 7.5.3 所示。令集合 $N(v)$ 表示变量节点受限范围，$N(c)$ 表示校验节点受限范围。在迭代过程中，每个变量节点向与其相连的校验节点发送变量消息 Q_{vc}^a；接着每个校验节点向与其相连的变量节点发送校验消息 R_{cv}^a。其中，变量消息 Q_{vc}^a 是在已知与变量节点相连的其他校验节点发送的校验消息 $\{R_{c'v}^a,c'\in\boldsymbol{N}(v)\backslash c\}$ 的前提下，变量节点为 a 的条件概率；R_{cv}^a 是在已知变量节点取值为 a 以及与校验节点相连的其他变量消息 $\{Q_{v'c}^a,v'\in\boldsymbol{N}(c)\backslash v\}$ 的前提下，校验关系成立的条件概率。

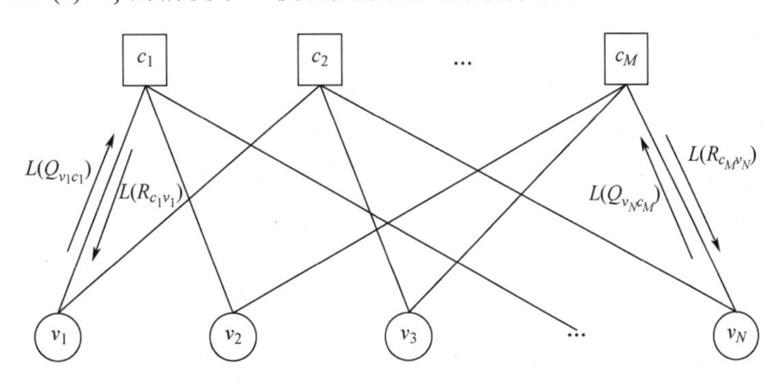

图 7.5.3　Tanner 图上译码消息的迭代传递

消息传递算法必须给定传递法则，称为消息传递机制（Message-Passing Schedule）。BP算法一般采用并行处理的洪水消息传递机制，可以在概率测度空间进行运算，迭代过程如下。

1. 初始化

根据一致校验矩阵，对满足 $h_{ij}=1$（变量节点 v_i 和校验节点 c_j 相连）的每对变量节点与校验节点 (v_i,c_j)，定义初始变量消息。

$$Q_{vc}^0=P_v^0=\frac{1}{1+\exp\left\{-\frac{2y_i}{\sigma^2}\right\}}$$

$$Q_{vc}^1=P_v^1=\frac{1}{1+\exp\left\{\frac{2y_i}{\sigma^2}\right\}}$$

2. 迭代过程

（1）水平步骤——通过计算变量消息得到新的校验消息，即

$$R_{cv}^0=\frac{1}{2}+\frac{1}{2}\prod_{v'\in N'(c)\backslash v}\left(1-2Q_{v'c}^1\right)$$

$$R_{cv}^1=1-R_{cv}^0$$

（2）垂直步骤——通过计算校验消息得到新的变量消息，即

$$Q_{vc}^0=P\left(z_i=0|\{c'\}_{c'\in N(v)\backslash c},y_i\right)=K_{vc}P_v^0\prod\nolimits_{c'\in N(v)\backslash c}R_{c'v}^0$$

$$Q_{vc}^1=K_uP_v^1\prod_{c'\in N(v)\backslash c}R_{c'v}^1$$

式中，$K_{vc}=\dfrac{1}{P\left(\{c'\}_{c'\in N(v)\backslash c}\mid y_i\right)}$ 是归一化因子，保证 $Q_{vc}^0+Q_{vc}^1=1$。

3. 译码判决

一轮迭代之后，对每个信息比特 $y_i(i=1,2,\cdots,n)$ 计算它关于接收值和码结构的后验概率。

$$Q_v^0=K_vP_v^0\prod_{c\in N(v)}R_{cv}^0$$

$$Q_v^1=K_vP_v^1\prod_{c\in N(v)}R_{cv}^1$$

其中，K_v 保证 $Q_v^0+Q_v^1=1$。根据 Q_v^0 和 Q_v^1 做出判决，若 $Q_v^0>0.5$，则 $\hat{v}_i=0$；否则 $\hat{v}_i=1$，由此得到对发送码字的估计 $\hat{\boldsymbol{C}}=\left(v_1,v_2,\cdots,v_n\right)$。再计算伴随式 $\boldsymbol{S}=\hat{\mathbf{C}}\boldsymbol{H}^{\mathrm{T}}$，如果 $S=0$，那么认为译码成功，结束迭代过程；否则继续迭代直至最大迭代次数。

观察上述迭代过程中的计算式可以看出，校验节点和变量节点消息更新算法中的主要运算是加法与乘法，因此BP算法也称为和积算法（Sum Product Algorithm，SPA）。

概率测度下的和积算法涉及大量乘除运算，乘法运算在硬件实现时所消耗的资源远多于加法运算，因此上述算法不利于硬件实现。通过引入对数似然比，可以较好地解决此问题。基于对数似然比测度的BP算法的迭代过程如下。

1）初始化

根据一致校验矩阵，对满足 $h_{ij}=1$ 的每对变量节点 v_i 和校验节点 c_j 定义初始变量消息。

$$L\left(Q_{vc}\right)=L\left(P_v\right)=\mathrm{lb}\left(\frac{P_v^0}{P_v^1}\right)=\frac{2y_i}{\sigma^2}$$

2）迭代过程

（1）水平步骤——通过计算变量消息得到新的校验消息，即

$$L(Q_{vc}) = \alpha_{vc}\beta_{vc}$$

其中，$\alpha_{vc} = \text{sign}\left[L(Q_{vc})\right]$；$\beta_{vc} = \text{abs}\left[L(Q_{vc})\right]'$。

$$L(R_{cv}) = \text{lb}\left(\frac{R_{cv}^0}{R_{cv}^1}\right) = \prod\nolimits_{v'\in \boldsymbol{N}(c)\backslash v} \alpha_{v'c} \cdot \phi\left(\sum\nolimits_{v'\in \boldsymbol{N}(c)\backslash v} \phi(\beta_{v'c})\right) \tag{7.5.1}$$

其中，$\phi(x) = -\text{lb}\left(\tanh\left(\frac{x}{2}\right)\right) = \text{lb}\left(\frac{\text{e}^x+1}{\text{e}^x-1}\right)$。

（2）垂直步骤——通过计算校验消息得到新的变量消息，即

$$L(Q_{vc}) = L(P_v) + \sum\nolimits_{i\in \boldsymbol{N}(v)\backslash c} L(R_{c'v})$$

3）译码判决

$$L(Q_v) = L(P_v) + \sum_{c\in \boldsymbol{N}(v)} L(R_{cv})$$

根据 $L(Q_v)$ 作出判决，若 $L(Q_v)>0$，则 $\hat{v}_i = 0$；否则 $\hat{v}_i = 1$，由此得到对发送码字的估计 $\hat{\boldsymbol{C}} = (v_1, v_2, \cdots, v_n)$。再计算伴随式 $\boldsymbol{S} = \hat{\boldsymbol{C}}\boldsymbol{H}^{\text{T}}$，如果 $\boldsymbol{S} = 0$，认为译码成功，结束迭代过程；否则继续迭代直至最大迭代次数。

不难看出，此时更新后的校验消息和变量消息均是以对数似然比形式表示的。由于引入对数似然比，推导出来的 BP 算法不需要归一化运算，大量乘、除、指数和对数运算变成了加减运算，降低了每轮迭代的运算复杂度和实现难度，因此对数似然比测度下的和积算法得到了广泛应用。

注意，对数似然比测度下的和积算法能够有效降低计算复杂度，但是迭代过程中对双曲正切求对数的核心运算（$\phi(x)$）较为复杂。分析 $\phi(x)$ 特性，可知式（7.5.1）中对 $\phi(\beta_{v'c})$ 的求和主要取决于较小的 $\beta_{v'c}$。基于这种思想，可以简化校验消息更新步骤，简化后的算法即为最小和（Min-Sum，MS）算法。

MS 算法在降低译码复杂度的同时，译码性能也有所降低。有学者提出在最小和算法校验节点消息更新公式中插入一个归一化常数参数 α，能从一定程度上弥补因最小和算法而忽略的其余边的消息，从而较大幅度地提高译码性能，即

$$L(R_{cv}) = \alpha \prod_{v'\in \boldsymbol{N}(c)\backslash v} \alpha_{v'c} \cdot \min_{v'\in \boldsymbol{N}(c)\backslash v} \beta_{v'c}$$

这种译码算法称为归一化最小和（Normalized Min-Sum，NMS）算法。为获得最佳译码性能，α 值应该随着信噪比和迭代次数的不同而变化。但是为了保证较低的复杂度，可维持 α 为常数。

图 7.5.4 给出了 BP、MS 和 NMS 算法的译码性能仿真曲线。采用规则 LDPC(1008, 3, 6) 码，编码后信号经过 BPSK 调制，送入 AWGN 信道传输；NMS 算法的归一化参数为 0.8，译码最大迭代次数为 100。从仿真结果可看出，MS 算法引入了较大的误差，性能损失很大，在误比特率为 10^{-5} 时，BP 算法与 MS 算法性能相差将近 0.5 dB；而 NMS 算法选择最佳参数时，性能与 BP 算法接近，在高信噪比时，甚至比 BP 算法要好，这是因为所选取码长较短，Tanner 图中存在

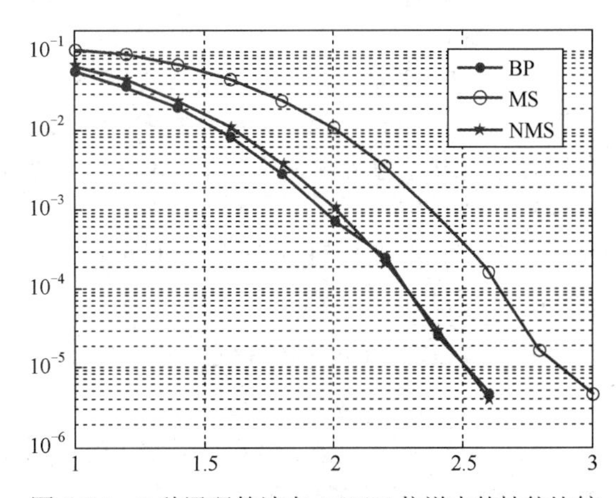

图 7.5.4　3 种译码算法在 AWGN 信道中的性能比较

长度较短的环，降低了BP算法性能，而NMS算法在一定程度上破除了短环，减少了消息之间的相关性，故可获得好的性能。

LDPC码作为现代纠错编码系统中最有前途的方案，吸引着人们不断探讨其在通信系统中的应用潜力。目前在下一代卫星数据广播标准DVB-S2、深空通信、磁记录系统和第五代移动通信等领域已经把LDPC码作为其信道编码方案之一。另外，LDPC码与MIMO（Multiple-Input Multiple-Output）、OFDM（Orthogonal Frequency Division Multiplexing）等技术的结合应用研究也是目前热点之一。

7.5.3 5G中的LDPC码

从2012年起，5G系统成为移动通信领域的主要研究热点。经过多年的发展，国际电信联盟无线电通信组（International Telecommunication Union-radiocommunication sector，ITU-R）制定了5G系统的性能指标，共为5G系统定义了三大类应用场景和8个性能指标。其中，三大类应用场景包括应用于移动互联网的增强移动宽带（enhanced Mobile Broadband，eMBB）、应用于物联网的大规模机器通信（massive Machine Type Communications，mMTC）和低时延高可靠通信（Ultra Reliable and Low Latency Communications，URLLC），8个性能指标如表7.5.1所示。

表7.5.1 5G-R系统性能指标

指标名称	流量密度	连接密度	时延	移动性	网络能效	用户体验速率	频谱效率	峰值数据速率
性能指标	10 Tbit/s/km^2	10^6 devices/km^2	空口1ms	500 km/h	≥100倍提升（相对4G）	0.1～1 Gbit/s	≥3倍提升（相对4G）	10～20 Gbit/s

信道编码技术是实现5G需求和目标的关键技术之一。在LTE通信系统中采用的Turbo码在高码率性能较差、错误平层较高，面对5G系统性能指标的提升，其难以满足5G系统高数据吞吐率的需求。通过对5G系统的性能需求分析，5G中所需要的信道编码技术应具有编码增益大、编译码复杂度低、编译码时延低、高数据吞吐率、码参数覆盖范围广且灵活可变等特征，具有类Raptor结构的准循环LDPC码以其优异性能受到广泛关注。本节针对5G eMBB数据信道的LDPC码构造方法和编码方案进行介绍。

1. QC-LDPC码的叠加构造方法

LDPC码是一种线性分组码，其校验矩阵决定了其编译码复杂度、译码时延及误码率性能，因此，校验矩阵的设计可以说是LDPC编码的核心。5G eMBB数据信道编码采用的是二进制QC-LDPC码。

QC-LDPC码的叠加构造主要涉及三个矩阵和一个过程：基矩阵（Base Matrix，BM）、循环移位矩阵（Exponent Matrix）、循环矩阵（Circulant）和矩阵散列（Matrix Dispersion）过程。校验矩阵$\boldsymbol{H}$的叠加构造过程首先是进行基矩阵$\boldsymbol{B}$和循环移位矩阵$\boldsymbol{P}$的设计，然后将循环移位矩阵中的元素散列为大小为$Z \times Z$的循环矩阵$\boldsymbol{Q}$或与$\boldsymbol{Q}$大小相同的零矩阵，其中Z被称为移位尺寸。循环矩阵$\boldsymbol{Q}$中的每行根据循环移位矩阵中的元素大小进行移动，以此得到$\boldsymbol{H}_{\mathrm{CPM}}$。图7.5.5所示为$Z=3$时的QC-LDPC叠加构造过程。

2. 5G LDPC码中的校验矩阵设计方案

1）校验矩阵结构

5G LDPC码的校验矩阵设计采用类旋风码（Rapid Tornado Code，Raptor）结构，实现同一校验矩阵条件下支持多种码率进行编码，其结构可表示为

$$
\boldsymbol{H}=\begin{bmatrix}\boldsymbol{H}_{\mathrm{HR}} & \boldsymbol{O}\\ \boldsymbol{H}_{\mathrm{IR}} & \boldsymbol{I}\end{bmatrix}
$$

式中，$\boldsymbol{H}_{\mathrm{HR}}$ 是校验矩阵 $\boldsymbol{H}$ 中高码率的部分；$\boldsymbol{O}$ 为全零矩阵；$\boldsymbol{H}_{\mathrm{IR}}$ 是在 $\boldsymbol{H}_{\mathrm{HR}}$ 的基础上进行扩展实现码率的降低；$\boldsymbol{I}$ 为单位矩阵，结合扩展部分实现编码过程中的奇偶校验编码。整个编码过程可看作以 $\boldsymbol{H}_{\mathrm{HR}}$ 矩阵为内码与扩展的 $\boldsymbol{H}_{\mathrm{IR}}$ 和 $\boldsymbol{I}$ 矩阵为外码进行串行级联。其对应的 5G LDPC 码校验矩阵结构如图 7.5.6 所示。

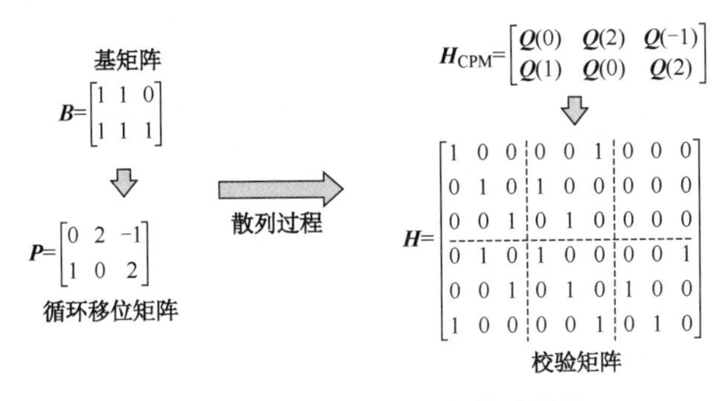

图 7.5.5　QC-LDPC 的叠加构造过程

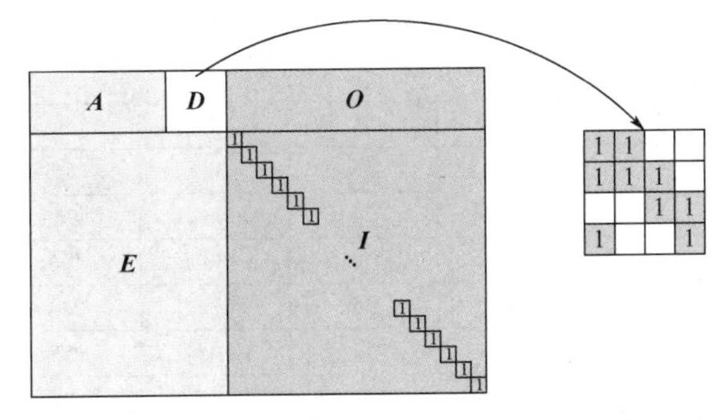

图 7.5.6　对应的 5G LDPC 码校验矩阵结构

图 7.5.6 中将整个校验矩阵划分为 5 个区域：子矩阵 $\boldsymbol{A}$、$\boldsymbol{E}$ 是由 CPM 矩阵与全零矩阵组成的；子矩阵 $\boldsymbol{D}$、$\boldsymbol{I}$ 是由单位矩阵和全零矩阵组成的，整个 $\boldsymbol{I}$ 区域又是一个大的单位矩阵；整个 $\boldsymbol{O}$ 区域是由全零矩阵组成的一个大的全零矩阵。矩阵 $\boldsymbol{A}$ 和矩阵 $\boldsymbol{D}$ 拼接，得到的新矩阵对应着 5G LDPC 码校验矩阵结构中高码率 $\boldsymbol{H}_{\mathrm{HR}}$ 部分，其中子矩阵 $\boldsymbol{A}$ 对应信息位，子矩阵 $\boldsymbol{D}$ 是双对角矩阵，对应校验位。子矩阵 $\boldsymbol{O}$ 对应 5G LDPC 码校验矩阵结构中的 $\boldsymbol{O}$ 部分，矩阵 $\boldsymbol{E}$ 和矩阵 $\boldsymbol{I}$ 拼接，得到的新矩阵对应 5G LDPC 码校验矩阵结构中扩展矩阵 $\boldsymbol{H}_{\mathrm{IR}}$ 部分和 $\boldsymbol{I}$ 部分，实现在高码率矩阵 $\boldsymbol{A}$ 和矩阵 $\boldsymbol{D}$ 拼接，得到的新矩阵的基础上进行编码扩展。

2）基矩阵

5G LDPC 码共有两种基矩阵：分别为 BG1 和 BG2，两者之间的维数不同，如图 7.5.7 所示。维数大的 BG1 主要用于支持 eMBB 场景高吞吐传输，维数小的 BG2 除了用于 eMBB 小包传输，还用于 URLLC 数据传输。采用两种 BG 不仅可以优化提高小包传输性能，还可提高吞吐量、降低译码时延。

在图 7.5.7 中，BG1 大小为 46 行 68 列，最低码率 $R=1/3$，信息位对应的列数 $k_b=22$；BG2 大小为 42 行 52 列，最低码率 $R=1/5$。

3）移位尺寸

为实现在同一校验矩阵能够适用不同的信息位长度，在散列过程中可通过每个循环移位矩阵支持多个移位尺寸来实现。当移位尺寸的设置为 2 的整次幂时，可以降低 LDPC 码译码器移位网络的实现复杂度。但在幂次提升的同时，不同扩展因子之间的间隔逐渐变大，导致信息比特不足时需要填充较多的零才能进行编码。因此，最终确定的移位尺寸满足 $Z = a \cdot 2^j$ ，其中 $a = \{2, 3, 5, 7, 9, 13, 15\}$ ，$j = \{0, 1, \cdots, 7\}$ ，如表 7.5.2 所示。

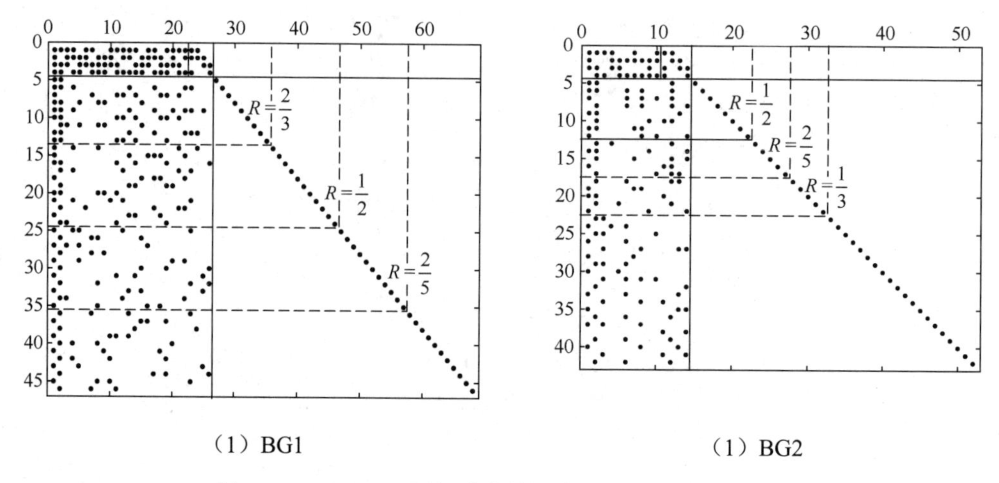

（1）BG1 （1）BG2

图 7.5.7 5G LDPC 码标准中基矩阵不同码率划分散点图

表 7.5.2 5G LDPC 码移位尺寸

z		j							
		0	1	2	3	4	5	6	7
a	2	2	4	8	16	32	64	128	256
	3	3	6	12	24	48	96	192	384
	5	5	10	20	40	80	160	320	
	7	7	14	28	56	112	224		
	9	9	18	36	72	144	288		
	11	11	22	44	88	176	352		
	13	13	26	52	104	208			
	15	15	30	60	120	240			

3．5G 中的 LDPC 码的编码过程

5G LDPC 码编码过程的核心是根据信息位长度和码率对循环移位矩阵进行选取，然后经过循环置换矩阵和零矩阵的散列获得最终的校验矩阵，根据校验矩阵可进行 LDPC 的编译码。

设 5G LDPC 码的循环移位矩阵

$$\boldsymbol{P}_t = [v_{i,j}]_{0 \leqslant i m_Z,\, 0 \leqslant j n_Z} \ (1 \leqslant t \leqslant 8)$$

其中，对于 BG1，$(m_Z, n_Z) = (46, 68)$；对于 BG2，$(m_Z, n_Z) = (42, 52)$。

当信息位长度为 K、码率为 $R = K/N$（N 为码长）时，LDPC 码的循环移位矩阵表示为

$$\boldsymbol{P} = [p_{i,j}]_{0 \leqslant i m_b,\, 0 \leqslant j n_b}$$

其中，$m_b \leqslant m_Z$ 和 $n_b \leqslant n_Z$。

令 k_b 为信息位列数：对于 BG1，$k_b = 22$；对于 BG2，k_b 的值根据信息位长度从 $\{10, 9, 8, 6\}$ 中取值。根据如下步骤确定矩阵 $\boldsymbol{P}$。

步骤一：根据 K 和 R 确定对应的基矩阵和 k_b。

步骤二：根据表 7.5.2 在满足 $(k_b \cdot Z) \geqslant K$ 条件下的最小值即为移位尺寸 Z。

步骤三：通过 $n_b = \lceil k_b / R \rceil + 2$ 和 $m_b = n_b - k_b$ 获取在 K 与 R 特定条件下的循环移位矩阵，其中 $\lceil x \rceil$ 表示对 x 上取整。

步骤四：根据循环移位尺寸 Z，从 5G LDPC 码标准中给定的 8 个移位矩阵中选取，不同的移位尺寸可能对应不同的移位矩阵，可表示为

$$\boldsymbol{P}^* = [v_{i,j}]_{0\leqslant i<m_Z, 0\leqslant j<n_Z}$$

步骤五：最终确定矩阵 $\boldsymbol{P} = [p_{i,j}]_{0\leqslant i<m_b, 0\leqslant j<n_b}$。

其中
$$p_{i,j} = \begin{cases} -1, & \text{如果 } v_{i,j} = -1 \\ \mathrm{mod}\left(v_{i,j}, Z\right), & \text{其他} \end{cases}$$

步骤六：将矩阵 $\boldsymbol{P}$ 的每个元素散列为 $Z\times Z$ 大小的循环置换矩阵或相同大小的全零矩阵，从而得到 $(m_b Z)\times(n_b Z)$ 的校验矩阵 $\boldsymbol{H}$。矩阵 $\boldsymbol{H}$ 将用于 (N, K) LDPC 码的编译码。

在编码过程中，校验位分三部分：双对角部分的前 Z 位、双对角部分的后 $3Z$ 位及单对角部分。因此，编码过程可以分为以下 3 个步骤。

步骤一：双对角部分前 Z 位校验比特。

$$c_j = \sum_{j'=0}^{k_b Z-1} c_{j'} \sum_{t=0}^{3} h_{tZ+\mathrm{mod}(j-p,Z),j'}, \quad k_b Z \leqslant j < (k_b+1)Z$$

其中，$p = p_{i,k_b}$。对于 BG1，$i=1$；对于 BG2，$i=2$。

步骤二：双对角部分后 $3Z$ 个校验比特。

$$c_j = \sum_{j'=0}^{j-Z-1} c_{j'} h_{j-k_b Z-Z, j'}, \quad (k_b+1)Z \leqslant j < (k_b+4)Z$$

步骤三：单对角部分校验比特。

$$c_j = \sum_{j'=0}^{(k_b+4)Z-1} c_{j'} h_{j-k_b Z, j'}, \quad (k_b+4)Z \leqslant j < n_b Z$$

下面针对 5G LDPC 码进行仿真，信息位长度分别选取 768、1 920、4 224、8 448。其中，信息位长度为 768 和 1 920 时，编译码过程采用的基矩阵为 BG2，码率选取 1/5、1/3、2/5、1/2、2/3 五种；信息位长度为 4 224 和 8 448 时，编译码过程采用的基矩阵为 BG1，码率选取 1/3、2/5、1/2、2/3 四种。仿真是在 AWGN 信道中进行的，译码采用和积算法，最大迭代次数设置为 50，星座调制方式为 QPSK。图 7.5.8 中给出了不同信息位长度和不同码率条件下的仿真结果。

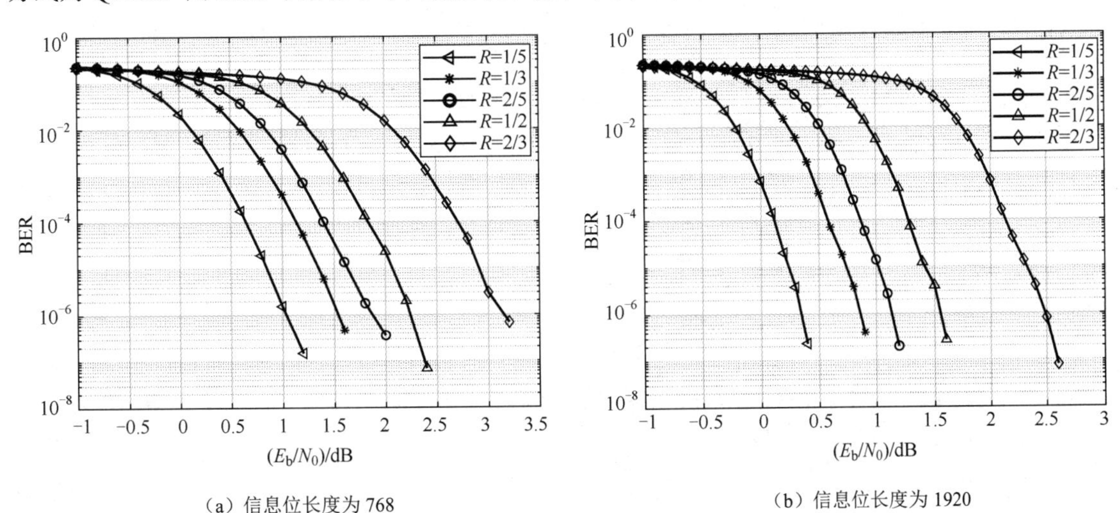

图 7.5.8　不同信息位长度下的 5G LDPC 码仿真

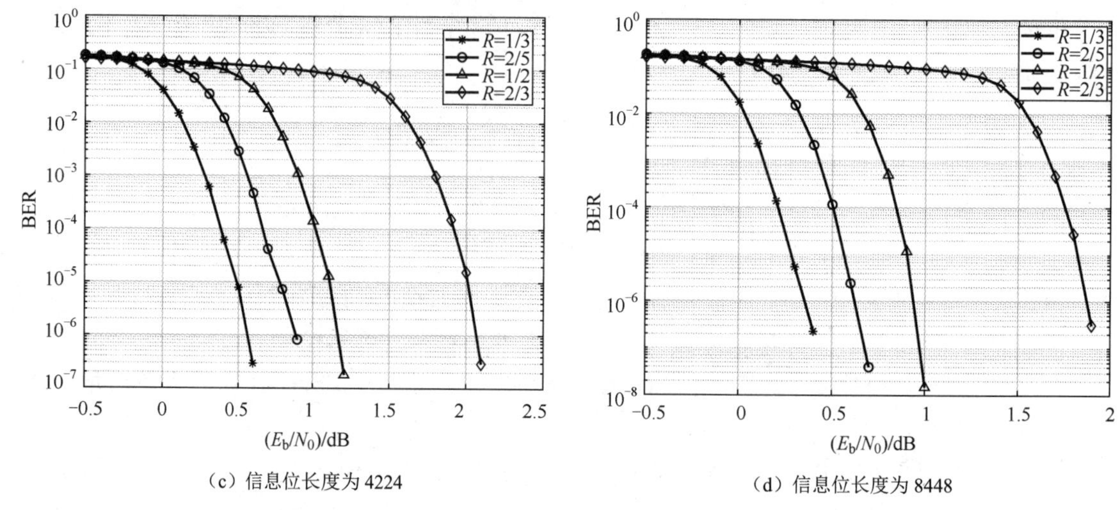

（c）信息位长度为 4224　　（d）信息位长度为 8448

图 7.5.8　不同信息位长度下的 5G LDPC 码仿真（续）

从仿真结果可以看出，在所仿真的 4 种信息位长度和不同码率条件下，得到的误比特率均低于 10^{-6}，符合 5G 标准要求。同时可看出，在设置相同基矩阵、相同码率条件下，信息位长度为 1 920 的性能优于信息位长度为 768 的，信息位长度为 8448 的性能优于信息位长度为 4 224 的，符合随着信息位长度增加性能得到提升的规律。此外，在相同信息位长度条件下，随着码率的提升性能逐渐降低，符合高码率的性能低于低码率的性能这一个规律。

7.5.4　IEEE 802.16e 中的 LDPC 码

IEEE 802.16e 是 802.16 工作组制定的一项无线城域网技术标准，它支持在 2～11GHz 频段下的固定和车速移动业务，并支持基站和扇区间的切换。LDPC 码相对于 Turbo 码的优异的译码性能和具有高译码吞吐量的可能使其成为该标准的几种信道编码之一。下面对 IEEE 802.16e 中 LDPC 码的构造和编码方法进行介绍。

1．IEEE 802.16e 中的 LDPC 码的构造

IEEE 802.16e 中的 LDPC 码包含 576～2304 的 19 种码长，1/2～5/6 的 4 种码率组合的多种组合方式。

前面提到，LDPC 码都是由一个 $m\times n$ 一致校验矩阵 $\boldsymbol{H}$ 定义的，n 表示码长的位数，m 表示校验位的位数。IEEE 802.16e 中的 LDPC 码的 $\boldsymbol{H}$ 矩阵为

$$\boldsymbol{H}=\begin{bmatrix} P_{0,0} & P_{0,1} & P_{0,2} & \cdots & P_{0,n_b-2} & P_{0,n_b-1} \\ P_{1,0} & P_{1,1} & P_{1,2} & \cdots & P_{1,n_b-2} & P_{1,n_b-1} \\ P_{2,0} & P_{2,1} & P_{2,2} & \cdots & P_{2,n_b-2} & P_{2,n_b-1} \\ \vdots & \vdots & \vdots & & \vdots & \vdots \\ P_{m_b-1,0} & P_{m_b-1,1} & P_{m_b-1,2} & \cdots & P_{m_b-2,n_b-2} & P_{m_b-1,n_b-1} \end{bmatrix}=P^{\boldsymbol{H}_b}$$

其中，$P_{i,j}$ 表示一个的 $z\times z$ 单位置换矩阵或零矩阵，单位置换矩阵是通过将单位矩阵循环右移某个整数位得到的。从上式中可以看出，其 $\boldsymbol{H}$ 矩阵是由一个 $m_b\times n_b$ 基本矩阵 $\boldsymbol{H}_b$ 扩展生成的。标准中指出 $\boldsymbol{H}_b$ 是由两部分组成的，$\boldsymbol{H}_b=[(\boldsymbol{H}_{b1})_{m_b\times k_b}\ \ |(\boldsymbol{H}_{b2})_{m_b\times m_b}]$，其中 $\boldsymbol{H}_{b1}$ 表示系统位，$\boldsymbol{H}_{b2}$ 表示校验位，在结构上 $\boldsymbol{H}_{b2}$ 又分为两部分：一个奇重向量 $\boldsymbol{h}_b$ 和一个双线形结构的矩阵，如下所示。

$$
\boldsymbol{H}_{b2}=\left[\begin{array}{c|cccccc}
h_b(0) & 1 & & & & & \\
h_b(1) & 1 & 1 & & & & \\
 & & 1 & 1 & & & \\
\vdots & & & \ddots & \ddots & & \\
 & & & & & & \\
 & & & & 1 & 1 & \\
h_b(m_b-1) & & & & & 1 & 1
\end{array}\right]
$$

对于各种码长和码率的 $\boldsymbol{H}$ 矩阵都是由基本矩阵 $\boldsymbol{H}_b$ 扩展得到的，在扩展时先二元数值 0 或 1 表示基本矩阵 $\boldsymbol{H}_b$，再将该矩阵中 0 元素以一个 $z_f \times z_f$ 的零矩阵替换，1 元素以相应移位次数的循环置换阵替换，得到扩展生成的一致校验矩阵 $\boldsymbol{H}$。其中二元基本矩阵各元素的移位值以矩阵 $\boldsymbol{H}_{bm}$ 表示。

IEEE 802.16e 中对于不同码率的 LDPC 码给定了不同的 $\boldsymbol{H}_{bm}$ 矩阵，如 1/2 码率的 $\boldsymbol{H}_{bm}$，如图 7.5.9 所示。其中−1 表示零矩阵，0 表示单位矩阵，其他元素值表示单位矩阵循环右移的次数。

每种码率的不同码长的 LDPC 码可通过使用扩展因子得到。每个基本校验矩阵有 24 列，扩展因子 $z=n/24$（n 为码长 IEEE 802.16e 标准支持码长为 576～2 304 的 19 种码长）。

2．IEEE 802.16e 中的 LDPC 码的编码方法

IEEE 802.16e 中的 LDPC 码的一致校验矩阵是通过对基本矩阵进行准循环扩展生成的，因此该类 LDPC 码具有较强的结构性，极大地降低了其编码复杂度，可以采用两种方法完成其编码。

方法一：根据 $\boldsymbol{H}$ 矩阵的特殊结构，采用对已知信息位递推的方法求出校验位。编码时把信息组 s 分为 k_b（$=n_b-m_b$）组，每组有 z 比特，用向量 $\boldsymbol{u}$ 来表示每个分组，则 s 可以表示为 $\boldsymbol{u}=[u(0),\cdots,u(k_b-1)]$。校验组 p 同样分为 m_b 组，每组也是 z 比特，则 p 可以用 v 表示为 $v=[v(0),\cdots,v(m_b-1)]$。编码由两步组成。

$$
\begin{bmatrix}
-1 & 94 & 73 & -1 & -1 & -1 & -1 & -1 & 55 & 83 & -1 & -1 & 7 & 0 & -1 & -1 & -1 & -1 & -1 & -1 & -1 & -1 & -1 & -1 \\
-1 & 27 & -1 & -1 & -1 & 22 & 79 & 9 & -1 & -1 & -1 & 12 & -1 & 0 & 0 & -1 & -1 & -1 & -1 & -1 & -1 & -1 & -1 & -1 \\
-1 & -1 & -1 & 24 & 22 & 81 & -1 & 33 & -1 & -1 & -1 & 0 & -1 & -1 & 0 & 0 & -1 & -1 & -1 & -1 & -1 & -1 & -1 & -1 \\
61 & -1 & 47 & -1 & -1 & -1 & -1 & -1 & 65 & 25 & -1 & -1 & -1 & -1 & -1 & 0 & 0 & -1 & -1 & -1 & -1 & -1 & -1 & -1 \\
-1 & -1 & 39 & -1 & -1 & -1 & 84 & -1 & -1 & 41 & 72 & -1 & -1 & -1 & -1 & -1 & 0 & 0 & -1 & -1 & -1 & -1 & -1 & -1 \\
-1 & -1 & -1 & -1 & 46 & 40 & -1 & 82 & -1 & -1 & -1 & 79 & 0 & -1 & -1 & -1 & -1 & 0 & 0 & -1 & -1 & -1 & -1 & -1 \\
-1 & -1 & 95 & 53 & -1 & -1 & -1 & -1 & -1 & 14 & 18 & -1 & -1 & -1 & -1 & -1 & -1 & -1 & 0 & 0 & -1 & -1 & -1 & -1 \\
-1 & 11 & 73 & -1 & -1 & -1 & 2 & -1 & -1 & 47 & -1 & -1 & -1 & -1 & -1 & -1 & -1 & -1 & -1 & 0 & 0 & -1 & -1 & -1 \\
12 & -1 & -1 & -1 & 83 & 24 & -1 & 43 & -1 & -1 & -1 & 51 & -1 & -1 & -1 & -1 & -1 & -1 & -1 & -1 & 0 & 0 & -1 & -1 \\
-1 & -1 & -1 & -1 & -1 & 94 & -1 & 59 & -1 & -1 & 70 & 72 & -1 & -1 & -1 & -1 & -1 & -1 & -1 & -1 & -1 & 0 & 0 & -1 \\
-1 & -1 & 7 & 65 & -1 & -1 & -1 & -1 & 39 & 49 & -1 & -1 & -1 & -1 & -1 & -1 & -1 & -1 & -1 & -1 & -1 & -1 & 0 & 0 \\
43 & -1 & -1 & -1 & -1 & 66 & -1 & 41 & -1 & -1 & -1 & 26 & 7 & -1 & -1 & -1 & -1 & -1 & -1 & -1 & -1 & -1 & -1 & 0
\end{bmatrix}
$$

图 7.5.9　IEEE 802.16e 中 1/2 码率的 $\boldsymbol{H}_{bm}$

第一步：初始化计算。通过 $\boldsymbol{H}_{bm}$ 矩阵计算 $v(0)$，其表达式为

$$
P_{p(x,k_b)}v(0)=\sum_{j=0}^{k_b-1}\sum_{i=0}^{m_b-1}P_{p(i,j)}u(j)
$$

其中，$1\leqslant x\leqslant m_b-2$，$P_i$ 表示 $z\times z$ 单位矩阵循环右移的次数为 i。

第二步：递推运算。由 $v(i)$的值递推出 $v(i+1)$的值，$0\leqslant i\leqslant m_b-2$。

$$
v(1)=\sum_{j=0}^{k_b-1}P_{p(i,j)}u(j)+P_{p(i,k_b)}v(0),\ i=0
$$

$$
v(i+1)=v(i)+\sum_{j=0}^{k_b-1}P_{p(i,j)}u(j)+P_{p(i,k_b)}v(0),\ i=1,\cdots,m_b-2
$$

方法二：针对 IEEE 802.16e 中对 LDPC 码的约定，基于有效编码算法进行编码。该算法实现的关键是要对基本校验矩阵 $\boldsymbol{H}_b$ 的分块处理，根据标准中基本校验矩阵 $\boldsymbol{H}_b$ 的特点，采取下面的分块方法。

$$\boldsymbol{H}_b=\begin{bmatrix}\boldsymbol{A}_{(m_b-1)\times k_b} & \boldsymbol{B}_{(m_b-1)\times 1} & \boldsymbol{T}_{(m_b-1)\times(m_b-1)}\\ \boldsymbol{C}_{1\times k_b} & \boldsymbol{D}_{1\times 1} & \boldsymbol{E}_{1\times(m_b-1)}\end{bmatrix}$$

令码字为 $c=(k_b,p_1,p_2)$，由有效编码法可以推导出校验位 p_1 和 p_2 的生成公式。

$$p_1^{\mathrm{T}}=(\boldsymbol{E}\boldsymbol{T}^{-1}\boldsymbol{A}+\boldsymbol{C})k_b^{\mathrm{T}}$$
$$p_2^{\mathrm{T}}=\boldsymbol{T}^{-1}(\boldsymbol{A}k_b^{\mathrm{T}}+\boldsymbol{B}p_1^{\mathrm{T}})$$

由此可得到编码步骤由下面 4 步组成。

第一步：计算 $\boldsymbol{A}k_b^{\mathrm{T}}$ 和 $\boldsymbol{C}k_b^{\mathrm{T}}$。

第二步：计算 $\boldsymbol{E}\boldsymbol{T}^{-1}\boldsymbol{A}k_b^{\mathrm{T}}$。

第三步：计算 $p_1^{\mathrm{T}}=\boldsymbol{E}\boldsymbol{T}^{-1}(\boldsymbol{A}k_b^{\mathrm{T}})+\boldsymbol{C}k_b^{\mathrm{T}}$。

第四步：计算 $p_2^{\mathrm{T}}=\boldsymbol{T}^{-1}(\boldsymbol{A}k_b^{\mathrm{T}}+\boldsymbol{B}p_1^{\mathrm{T}})$。

从基本校验矩阵 $\boldsymbol{H}_b$ 的分块可以看出，采用该方法进行编码的计算量体现在第一步中计算 $\boldsymbol{A}k_b^{\mathrm{T}}$，而分块矩阵 $\boldsymbol{A}$ 是稀疏矩阵并且矩阵中的元素不是零矩阵就是循环置换矩阵，所以计算 $\boldsymbol{A}k_b^{\mathrm{T}}$ 时可以通过对对应的 k_b^{T} 循环移位得到，计算复杂度和码长呈线性关系。第二步计算 $\boldsymbol{E}\boldsymbol{T}^{-1}\boldsymbol{A}k_b^{\mathrm{T}}$ 可以用同样的方法得到。因此，方法二的编码复杂度更低，且存储量也较小，适合实际工程的运用。

7.5.5 DVB-S2 中的 LDPC 码

DVB-S 标准是欧洲数字视频广播（DVB）组织制定的卫星数据广播技术规范，这是一个全球化的卫星传输标准，目前已被世界绝大多数国家采用。DVB-S 中采用了级联 RS 码与卷积码并在中间加一次交织的前向纠错方案，调制方式以 QPSK 调制为主。但是随着卫星通信数据量的不断增长，仅用 QPSK 解调电路限制了大功率卫星传送能力。从 20 世纪 90 年代中期以来，超大规模集成电路和芯片工艺飞速发展，对 LDPC 码的编码、译码算法研究也取得了突破性进展。在市场需求和技术支持下，DVB 组织又颁布了第二代数字视频卫星广播的标准 DVB-S2。DVB-S2 支持更广泛的应用业务，且与 DVB-S 兼容。与 DVB-S 相比，DVB-S2 标准在带宽利用率方面有了质的飞跃，在相同的功耗水平下增加了 35%的带宽。这个巨大的进步主要通过 3 个方面体现出来：新的纠错编码方式（LDPC）、新的调制体制（8PSK、16APSK 和 32APSK）和新的工作模式［VCM（可变编码调制）、ACM（自适应编码调制）］。DVB-S2 提供了 1/4、1/3、2/5、1/2、3/5、2/3、3/4、4/5、5/6、8/9 和 9/10 共 11 种纠错编码码率，以适应不同的调制方式和系统需求。DVB-S2 引入了 64 800 和 16 200 两种 LDPC 码长，码长极长是其性能优异（距香农限仅 0.7dB，比 DVB-S 标准提高了 3dB）的原因之一。2021 年，DVB 组织在 DVB-S2 标准的基础上进一步拓展，衍生出 DVB-S2X 标准。相对 DVB-S2，其在纠错编码码率和 LDPC 码长方面有所变化，LDPC 码长为 64 800 条件下所支持的码率从 11 种提升至 35 种，码长为 16 200 条件下所支持的码率从 11 种提升至 18 种。此外，DVB-S2X 新引入了 32 400 LDPC 码长，该码长仅支持 BPSK 调制，纠错编码在打孔（Puncturing）和缩短（Shortening）操作条件下支持 1/5、11/45、1/3 三种码率。

前向纠错（FEC）编码系统是 DVB-S2 系统中的一个子系统，由外码（BCH）、内码（LDPC）和比特交织（Bit Interleaving）三部分组成。其输入流是 BBFRAME（基本比特帧），输出流是 FECFRAME（前向纠错帧）。

每个 BBFRAME（K_{bch} 比特）由 FEC 系统处理后产生一个 FECFRAME（n_{ldpc} 比特），外码系统 BCH 码的奇偶校验比特（BCHFEC）加在 BBFRAME 的后面，内码 LDPC 码的奇偶校验比特加在 BCHFEC 的后面，如图 7.5.10 所示。表 7.5.3 和表 7.5.4 分别给出了长帧（$n_{\mathrm{ldpc}}=64\,800$ 比特）和

短帧（$n_{\mathrm{ldpc}}=16\,200$ 比特）FEC 编码参数。

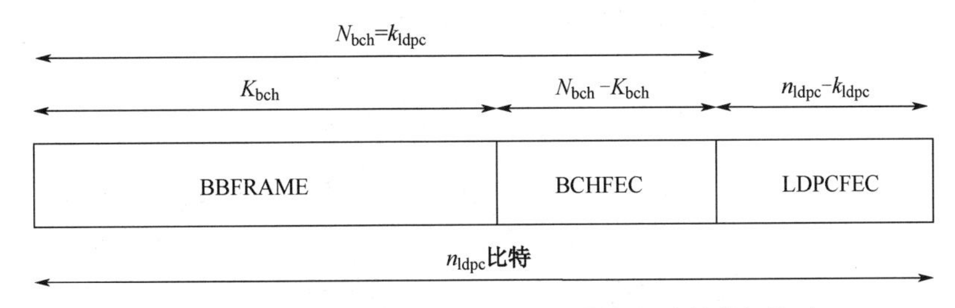

图 7.5.10　DVB-S2 标准 FEC 系统比特交织前的数据格式

表 7.5.3　DVB-S2 标准 FEC 系统的编码参数（长帧 $n_{\mathrm{ldpc}}=64\,800$）

LDPC 码率	BCH 信息位 K_{bch}	BCH 码长 N_{bch} LDPC 信息位 k_{ldpc}	BCH 纠错位数	LDPC 码长 n_{ldpc}
1/4	16 008	16 200	12	64 800
1/3	21 408	21 600	12	64 800
2/5	25 728	25 920	12	64 800
1/2	32 208	32 400	12	64 800
3/5	38 688	38 880	12	64 800
2/3	43 040	43 200	10	64 800
3/4	48 408	48 600	12	64 800
4/5	51 648	51 840	12	64 800
5/6	53 840	54 000	10	64 800
8/9	57 472	57 600	8	64 800
9/10	58 192	58 320	8	64 800

表 7.5.4　DVB-S2 标准 FEC 系统的编码参数（短帧 $n_{\mathrm{ldpc}}=16\,200$）

LDPC 码标识符	BCH 信息位 K_{bch}	BCH 码长 N_{bch} LDPC 信息位 k_{ldpc}	BCH 纠错位数	LDPC 有效码率 k_{ldpc}/16 200	LDPC 码长 n_{ldpc}
1/4	3 072	3 240	12	1/5	16 200
1/3	5 232	5 400	12	1/3	16 200
2/5	6 312	6 480	12	2/5	16 200
1/2	7 032	7 200	12	4/9	16 200
3/5	9 552	9 720	12	3/5	16 200
2/3	10 632	10 800	12	2/3	16 200
3/4	11 712	11 880	12	11/15	16 200
4/5	12 432	12 600	12	7/9	16 200
5/6	13 152	13 320	12	37/45	16 200
8/9	14 232	14 400	12	8/9	16 200

根据 DVB-S2 标准，其 LDPC 码的编码流程是：由 k_{ldpc} 个信息位 $(i_0,i_1,\cdots,i_{k_{\mathrm{ldpc}}-1})$ 得到 $n_{\mathrm{ldpc}}-k_{\mathrm{ldpc}}$ 个奇偶校验位 $(p_0,p_1,\cdots,p_{n_{\mathrm{ldpc}}-k_{\mathrm{ldpc}}-1})$，最后得到码字 $(i_0,i_1,\cdots,i_{k_{\mathrm{ldpc}}-1},p_0,p_1,\cdots,p_{n_{\mathrm{ldpc}}-k_{\mathrm{ldpc}}-1})$。现将 DVB-S2 标准编码过程总结如下。

第一步：初始化校验位 $p_0=p_1=\cdots=p_{n-k-1}=0$。

第二步：计算中间变量公式如下。

$p_j=p_j\oplus i_m$，$j=\left[x+q(m \bmod 360)\right] \bmod (n_{\mathrm{ldpc}}-k_{\mathrm{ldpc}})$，

其中，p_j 是第 j 个校验位；i_m 是第 m 个信息位；$(n_{\mathrm{ldpc}}-k_{\mathrm{ldpc}})$ 是奇偶校验位的个数；x 表示奇偶

校验位的地址取 DVB-S2 标准中的附录 B 和附录 C 提供的相应地址列表的第 x 行的数据。这两个附录分别给出了长码（码长为 64 800）的 11 种码率和短码（码长为 16 200）的 10 种码率的奇偶校验位地址。q 是由码率 R 决定的常量，计算公式如下。

$$q=\frac{n_{\text{ldpc}}-k_{\text{ldpc}}}{360}=\frac{n_{\text{ldpc}}}{360}(1-R)$$

DVB-S2 标准中给出了长码和短码对应的不同码率的 q 值。从这一步可以看出，DVB-S2 中的码有周期为 360 的循环结构，极大程度降低了编译码复杂度，且有利于硬件实现。

第三步：按下式计算，获得最终的奇偶校验位。

$$p_j=p_j\oplus p_{j-1}，\quad j=1,2,\cdots,n_{\text{ldpc}}-k_{\text{ldpc}}-1$$

这样便得到码长为 n_{ldpc} LDPC 码的码字 $(i_0,i_1,\cdots,i_{k_{\text{ldpc}}-1},p_0,p_1,\cdots,p_{n_{\text{ldpc}}-k_{\text{ldpc}}-1})$。

本书对 DVB-S2 中两种码长、几种码率的 LDPC 码在 AWGN 信道中进行了计算机仿真试验，译码采用和积算法，最大迭代次数设置为 50 次。图 7.5.11 给出了 DVB-S2 中 LDPC 码的误比特率，其中图 7.5.11（a）所示为短码（码长为 16 200）的误比特率、图 7.5.11（b）所示为长码（码长为 64 800）的误比特率（Bit error Rate）。以相同的表示方法，图 7.5.12 给出了码的误帧率（Frame Error Rate），图 7.5.13 给出了译码时的平均迭代次数（Average Number Of Iterations）。

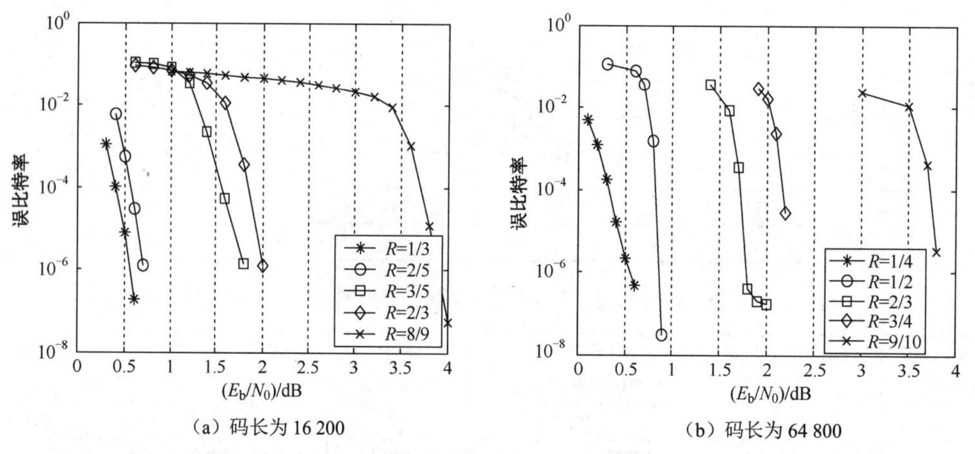

（a）码长为 16 200　　（b）码长为 64 800

图 7.5.11　DVB-S2 中 LDPC 码的误比特率

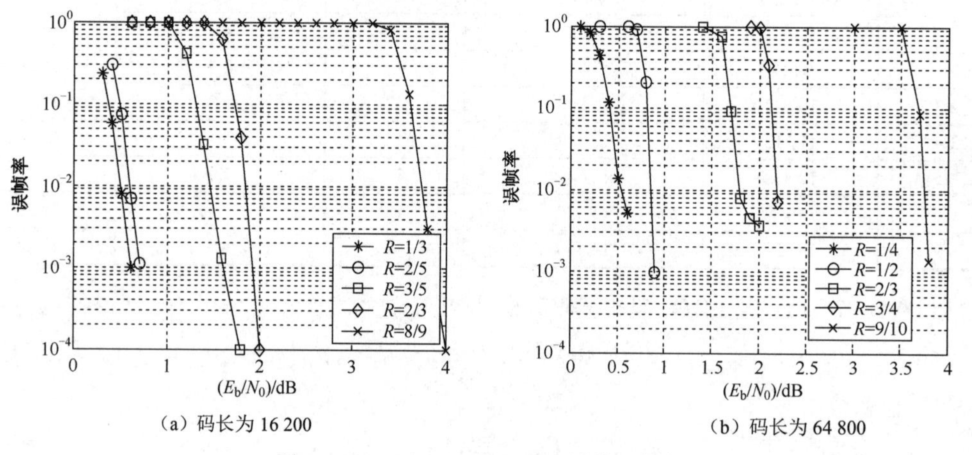

（a）码长为 16 200　　（b）码长为 64 800

图 7.5.12　DVB-S2 中 LDPC 码的误帧率

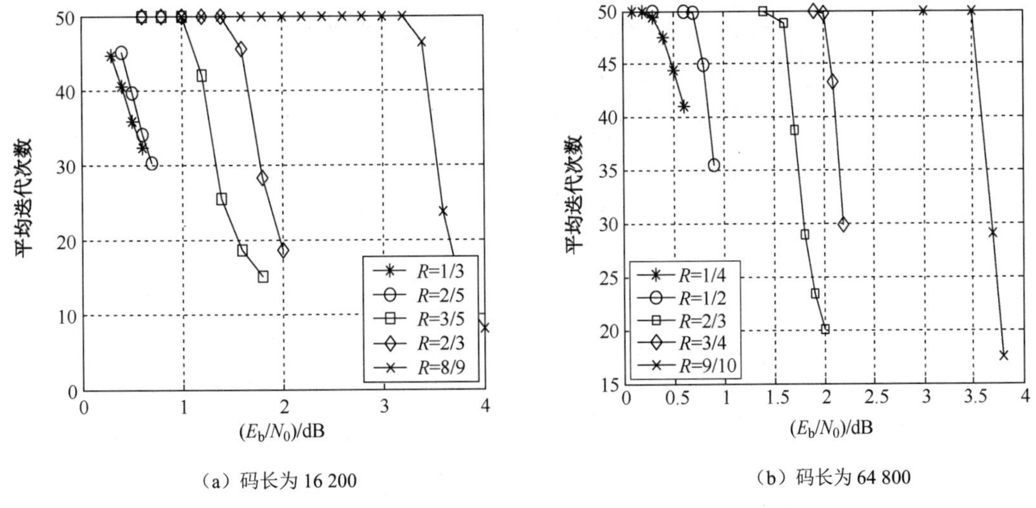

（a）码长为 16 200　　（b）码长为 64 800

图 7.5.13　DVB-S2 中 LDPC 码译码时的平均迭代次数

从仿真结果可以看出，标准中的 LDPC 码具有很强的纠错能力。但随着码率的增加，性能会有所下降。码长 16 200、码率为 1/3 的码在信噪比为 0.6dB 时，误比特率已达到 10^{-7}；而同样码长下，码率为 8/9 的码在信噪比为 3.9dB 时，误比特率才达到 10^{-7}。码长 64 800、码率为 1/2 的码在信噪比为 0.5dB 时，误比特率已接近达到 10^{-6}；而同样码长下，码率为 9/10 的码在信噪比为 3.8dB 时，误比特率还未能达到 10^{-6}。从图 7.5.13 给出的译码平均迭代次数可以看出，对每种码率来说，当信噪比达到一定数值时，随着信噪比的增加，译码平均迭代次数都下降很快。

本章小结

本章介绍了线性分组码的基本概念，重点描述了其编码与译码的基本方法，并对线性分组码的纠错性能进行分析，以此引出重要完备码——汉明码。同时，作为典型示例，对现代通信中的两种重要线性分组码——TPC 码、LDPC 码及其应用进行了介绍，进一步拓展了线性分组码的应用探索。

习题

7.1 已知一个(7,4)码的生成矩阵为

$$\boldsymbol{G}_0=\begin{bmatrix}1&0&0&0&1&1&1\\0&1&0&0&1&0&1\\0&0&1&0&0&1&1\\0&0&0&1&1&1&0\end{bmatrix}$$

（1）求出该码的全部码字。

（2）求出该码的一致校验矩阵 $\boldsymbol{H}_0$。

7.2 对题 7.1 给出的(7,4)码列出标准陈列译码表。

7.3 令(6,3)码的一致校验矩阵为

$$\boldsymbol{H}_0=\begin{bmatrix}1&1&1&1&0&0\\1&1&0&0&1&0\\1&0&1&0&0&1\end{bmatrix}$$

（1）若接收矢量分别为 R_1=(110110)、R_2=(010100)，分别求对应的伴随式。

（2）试求该码的最小距离和纠错能力。

7.4 一个(8,4)系统码，其信息序列为（$m_3 m_2 m_1 m_0$）码字序列为（$c_7 c_6 c_5 c_4 c_3 c_2 c_1 c_0$）它的校验方程为

$$c_3 = m_3 + m_1 + m_0$$
$$c_2 = m_3 + m_2 + m_0$$
$$c_1 = m_2 + m_1 + m_0$$
$$c_0 = m_3 + m_2 + m_1$$

求出该码的一致校验矩阵 $\boldsymbol{H}_0$ 并证明该码最小重量为 4。

7.5 令 $\boldsymbol{H}$ 为某一(n,k)线性分组码的一致校验矩阵，其码的最小重量 d_0 为奇数，现构造一个新码，其一致校验矩阵为

$$\boldsymbol{H}' = \left[\begin{array}{c:c} H & \begin{matrix} 0 \\ \vdots \\ 0 \end{matrix} \\ \hdashline 1 \quad \cdots & 1 \quad 1 \end{array}\right]$$

试证明：

（1）新码是一个（$n+1$，k）码；

（2）新码中每个码字重量为偶数；

（3）新码的最小重量为 d_0+1。

7.6 已知(6,3)码为(7,4)汉明码的缩短码，求它的生成矩阵和一致校验矩阵。

7.7 对于一个码长为 15 的线性码，若允许纠正 2 个随机错误，需多少个不同的伴随式？至少要多少位校验元？

7.8 令 C_1 是最小距离为 d_1，生成矩阵 $\boldsymbol{G}_1 = \left[P_1 \mid I_k\right]$的$(n_1,k)$线性系统码；$C_2$ 是最小距离为 d_2，生成矩阵 $\boldsymbol{G}_2 = \left[P_2 \mid I_k\right]$的$(n_2,k)$线性系统码。研究具有下述一致校验矩阵的线性码。

$$\boldsymbol{H} = \left[\begin{array}{c:c} & P_1^{\mathrm{T}} \\ I_{n_1+n_2-k} & I_k \\ & P_2^{\mathrm{T}} \end{array}\right]$$

试求：

（1）码长及信息位长度；

（2）证明此码的最小距离至少为 d_1+d_2。

7.9 证明题 7.4 给出的(8,4)码是自偶码。

7.10 研究一(n,k)线性码 C，其生成矩阵 $\boldsymbol{G}$ 不包括零列。将 C 的所有码矢排列成 $2^k \times n$ 的阵，试证明：

（1）阵中不含有零列；

（2）阵的每列由 2^{k-1} 个 0 和 2^{k-1} 个 1 组成。

（3）在特定分量上为 0 的所有码矢构成 C 的一个子空间，这个子空间的维数有多大？

7.11 证明(n,k)线性码的最小距离 d_0 满足下述不等式

$$d_0 \leqslant \frac{n \cdot 2^{k-1}}{2^k - 1}$$

[提示：利用题 7.10（2）的结果，上述界限称为普洛金（Plotkin）限]。

7.12 二进制汉明码是纠正单个错误的完备码。当信道产生的错误大于 1 时，就应当对该码进行一定的修正。

（1）试说明当信道产生两个或更多的错误时，使用汉明码作为纠错编码，总会带来译码错误。

（2）7.4.2 节中介绍了扩展汉明码，扩展后的一致校验矩阵 $\boldsymbol{H}'$与原码 $\boldsymbol{H}$ 矩阵关系如下

$$\boldsymbol{H}' = \begin{array}{c|c} 0 & \\ 0 & \\ \vdots & \boldsymbol{H} \\ 0 & \\ \hline 1 & 1\quad 1\quad 1\cdots 1 \end{array}$$

同样，删信汉明码的一致校验矩阵 $\boldsymbol{H}''$与原码 $\boldsymbol{H}$ 矩阵关系如下

$$\boldsymbol{H}'' = \begin{array}{c} \boxed{\quad \boldsymbol{H} \quad} \\ 1\quad 1\quad \cdots\quad 1 \end{array}$$

计算这两类码的维数，证明 $d_{\min} = 4$。

（3）试说明扩展和删信汉明码可以纠正单个错误同时检测两个错误。

7.13 固定一汉明码，通过采用 MATLAB 等仿真工具，设计并实现在特定信道条件（如 AWGN 信道或 Rayleigh 衰落信道）下，采用某种调制方式（如 BPSK、16QAM 等）时该码的编、译码的性能仿真，绘出性能曲线；当信道条件一定时，通过仿真得到汉明码码长 n 与性能的关系，并分析决定线性分组码性能的因素。

7.14 分析缩短汉明码的性能，以某一特定长度 n 的汉明码为例，分析缩短比特数目对码性能的影响，并通过类似于题 7.13 的仿真方法对分析结果进行仿真验证。

7.15 (7,4)汉明码的校验矩阵 $\boldsymbol{H}$ 可以通过罗列所有非零的三维向量作为它的列，可得

$$\boldsymbol{H}_1 = \begin{bmatrix} 1 & 0 & 1 & 0 & 1 & 0 & 1 \\ 0 & 1 & 1 & 0 & 0 & 1 & 1 \\ 0 & 0 & 0 & 1 & 1 & 1 & 1 \end{bmatrix}$$

请画出该码的 Tanner 图并标记出图上所有的环。对于(7,4)循环汉明码，生成多项式为 $g(x) = x^3 + x + 1$，给出其生成矩阵，并画出 Tanner 图，标记图中所有的环。

7.16 重排 $\boldsymbol{H}$ 中的行不会改变码字；重排 $\boldsymbol{H}$ 中的列会改变码字，因为这样会导致每个码字中的比特位发生重排，但其重量谱不变。这两种操作都不会消除码 Tanner 图上的环。对于 7.15 题中的 $\boldsymbol{H}_1$ 验证一下，如果将矩阵中某些行的和去替换矩阵中的行，能够消除长度为 4 的环。

7.17 试构造一个(8,2,4)规则 LDPC 码，画出其 Tanner 图，并写出其校验矩阵。

7.18 证明$(n,1)$重复码是一个 LDPC 码，构造该码的低密度奇偶校验矩阵。

7.19 考虑由所有重量为 2 的 m 维矢量作为列的矩阵 $\boldsymbol{H}$ 。$\boldsymbol{H}$ 是否满足 LDPC 码低密度奇偶校验矩阵的条件？

7.20 请查阅近年来关于 LDPC 码的文献，结合书中的相关章节，完成一篇介绍 LDPC 码的原理、应用与发展预测方面的技术文章。

相关小知识——消息传递机制

消息传递算法是现代数字信号处理领域里一个重要概念，根据传递消息内容的不同，可以演化为信号处理和人工智能等不同领域的特定算法，如贝叶斯网络的 Peal 置信传播（BP）算法、快速傅里叶变化（FFT）算法、BCJR 前向/后向算法等。而基于图模型的码之所以得到迅速发展，是因为采用了适合其图模型结构的消息传递算法。消息传递算法的本质思想是利用分布式的简化的本

地运算来完成全局性的复杂的运算，从而达到提高运算速率和降低运算复杂度的目的。

图 7.1 以计算一列士兵人数为例说明消息传递的本质。设一列士兵排成行，每个士兵只能与其相邻的前后士兵通信。现在要解决的问题是，计算士兵总数，并把这个信息传达给每个士兵。解决这一问题的方法有两个：方法一是计数人员从头到尾数出全队士兵数目，并通过扩音器等设备告知每个士兵，这需要一个具有全局掌控能力的人解决问题；方法二则可通过如下通信规则由每个士兵自己完成，站在末端的士兵把数 1 传达给其邻居，任何时候士兵从一个邻居接收到一个数（相当于外来消息），把这个数加 1（相当于自身消息）后传达给另一个邻居（这个过程就实现了消息的更新），如此从左到右、从右到左各进行一次，每个士兵接收到两个数 L 和 R，那么每个士兵就能够计算士兵总人数为 $L+R+1$。

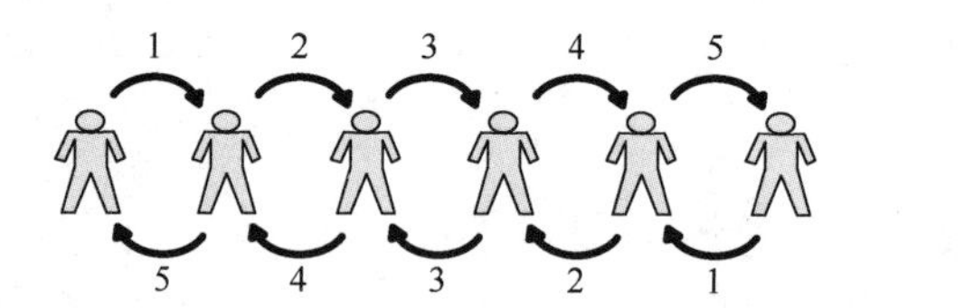

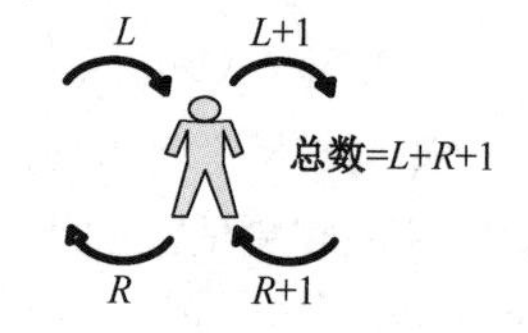

图 7.1 采用消息传递计算士兵人数

图 7.2 从更一般意义上说明了上述例子中的消息传递原理。在图 7.2（a）中，一个节点（小圆圈）代表一个士兵，消息传递规则是：如果图中一个节点有 K+1 条边，那么沿着任意一条边的输出消息是其他 K 条边输入消息之和。图 7.2（b）中沿着垂直边为每个节点输入先验消息或内在消息 1，表示每个士兵本身；图 7.2（c）表示各个节点之间消息传递过程；图 7.2（d）中每个节点沿着垂直边输出按照消息传递规则得到的输出消息或外部消息，表示每个士兵通过消息传递得到的额外信息。每个士兵把内部消息与外部消息相加就得知本列士兵总数为 6。稍加观察可知，整个过程中只对各个节点进行“本地（Local）”计算，而最后得到了士兵总人数这个全局问题的答案。这就是消息传递的功能所在，把复杂的全局问题通过各个简单单元之间的消息传递，转换成简单的本地计算。该方法在现代纠错编码的软输入/软输出（Soft In Soft Out，SISO）的迭代译码算法（图 7.3）中得到了充分应用。

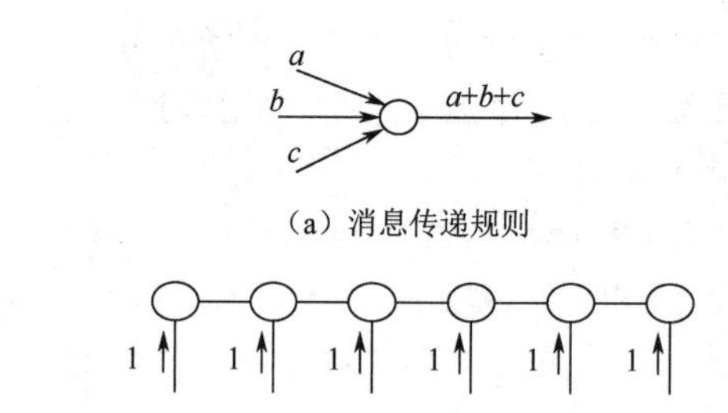

（a）消息传递规则

（b）输入每个节点的先验消息或内部消息（Intrinsic Message）

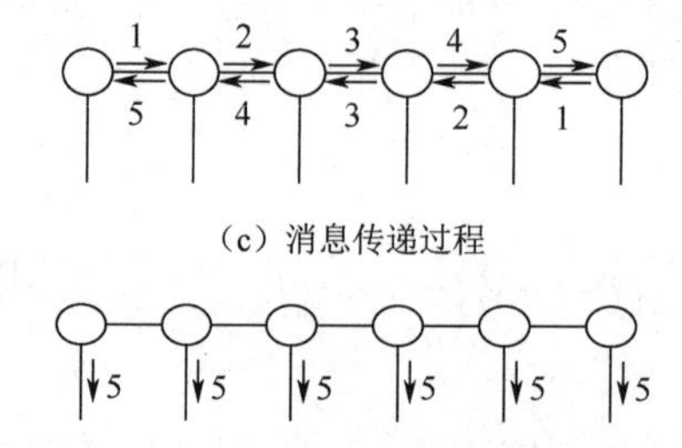

（c）消息传递过程

（d）每个节点输出消息或外部消息（Extrinsic Message）

图 7.2 计算士兵人数过程中消息传递过程的图形表示

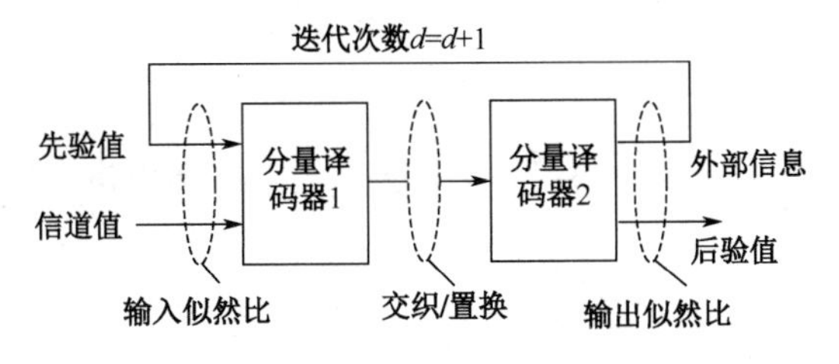

图 7.3　软输入/软输出迭代译码

从图 7.3 的迭代过程可以发现，消息在两个分量译码器之间不停地迭代，这些消息可以是信道过来的硬判决消息（比特信息），也可以是概率消息和对数似然比消息，实际系统中获得的消息一般是经过量化后的消息。而迭代译码算法之所以是 MAP 译码算法的次最优的算法，是因为分量译码器之间传递的信息随着迭代次数的增加，分量译码器自身的信息一次次被反馈回来作为其下次迭代的先验信息，其消息的独立性受到越来越大的影响，因此随着迭代次数的增加，迭代译码性能的改善幅度也将越来越小。研究发现，LDPC 码译码时采用基于消息传递的软判决迭代译码算法是使其可获得逼近 Shannon 限性能的主要原因。

第 8 章　循环码基础

循环码是线性分组码的一个重要子类，也是目前研究得最成熟的一类码。它有许多特殊的代数结构，这些性质有助于按照所要求的纠错能力系统地构造这类码，并且简化译码方法。循环码还有易于实现的特点，很容易用带反馈的移位寄存器实现，且性能较好，不但可用于纠正独立的随机错误，而且可以用于纠正突发错误。因此，目前在实际差错控制系统中所用的线性分组码几乎都是循环码。

本章先介绍循环码的概念及一般性质，并由此引出循环码的编译码方法及电路，同时讨论BCH、RS 两种重要的实用循环码。

8.1　基本概念

循环码是一种特殊的线性分组码，它除了具有群码的封闭性，还有其他的特点。

循环码的基本概念

8.1.1　循环码的定义

Concept of cyclic codes

循环码

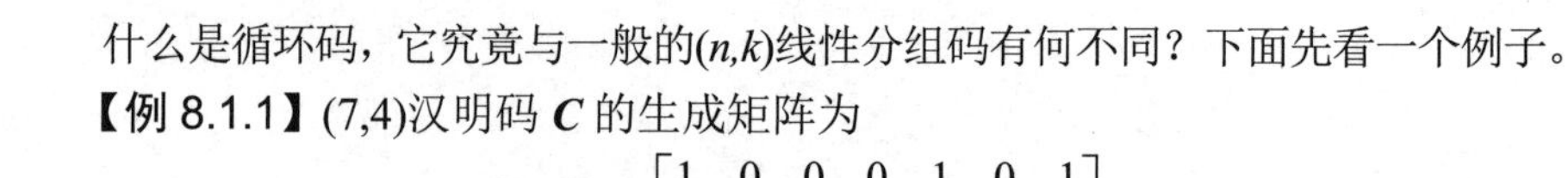

什么是循环码，它究竟与一般的(n,k)线性分组码有何不同？下面先看一个例子。

【例 8.1.1】 (7,4)汉明码 $\boldsymbol{C}$ 的生成矩阵为

$$\boldsymbol{G}=\begin{bmatrix}1&0&0&0&1&0&1\\0&1&0&0&1&1&1\\0&0&1&0&1&1&0\\0&0&0&1&0&1&1\end{bmatrix}$$

由此可得到所有的 $2^4=16$ 个码字是：（1000101），（0001011），（0010110），（0101100），（1011000），（0110001），（1100010），（0100111），（1001110），（0011101），（0111010），（1110100），（1101001），（1010011），（1111111），（0000000）。

从这些码字可以看出，若 $\boldsymbol{C}_i$ 是 $\boldsymbol{C}$ 的码字，则它向左（或右）循环移位一次所得到的，也是 $\boldsymbol{C}$ 的码字。具有这种循环移位特性的线性分组码称为**循环码**。

把 $\boldsymbol{C}$ 码的任一码字中的 7 个码元排成一个圆环，如图 8.1.1（a）～（d）所示。可以看到，从圆环的任一码元开始，按顺时针方向移动，得到的 7 重数组都是该码的一个码字，这就是循环码名称的由来。

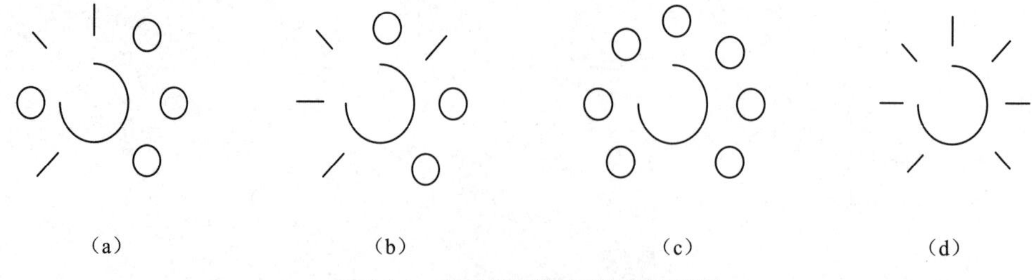

图 8.1.1　(7,4)循环码的码字循环图

(n,k)线性分组码是 n 维线性空间 $\boldsymbol{V}_n$ 中的一个 k 维子空间 $\boldsymbol{V}_{n,k}$。在循环码中，该子空间中的元素（n 重）具有循环移位特性，称为**循环子空间**。

定义 8.1.1　在任一个 GF(q)（q 为素数或素数幂）上的 n 维线性空间 $\boldsymbol{V}_n$ 中，一个 n 重子空间

$V_{n,k} \in V_n$，若对任何一个 $C_i = (c_{n-1}, c_{n-2}, \cdots, c_0) \in V_{n,k}$，恒有 $C'_i = (c_{n-2}, \cdots, c_0, c_{n-1}) \in V_{n,k}$，则称 $V_{n,k}$ 为循环子空间或循环码。

可见，GF(q)上的循环码是具有循环移位特性的线性分组码。

8.1.2　循环码的多项式描述

为了用代数理论研究循环码，可将码组用多项式来表示，称为码多项式。设许用码组

$$C = (c_{n-1}, c_{n-2}, \cdots, c_1, c_0)$$

对应的码多项式可表示为

$$C(x) = c_{n-1}x^{n-1} + c_{n-2}x^{n-2} + \cdots + c_1 x + c_0 \tag{8.1.1}$$

其中，$c_i \in \text{GF}(2)$，则它们之间建立了一种一一对应关系，上述多项式也可称为码字多项式，其中多项式的系数就是码字各分量的值，x 为一个任意实变量，其幂次 i 代表该分量所在位置。

由循环码的特性可知，若 $C = (c_{n-1}, c_{n-2}, \cdots, c_1, c_0)$是循环码的一个码字，则 $C^{(1)} = (c_{n-2}, \cdots, c_0, c_{n-1})$也是该循环码的一个码字，它的码多项式为

$$C^{(1)}(x) = c_{n-2}x^{n-1} + \cdots + c_0 x + c_{n-1} \tag{8.1.2}$$

与式（8.1.1）比较可知

$$C^{(1)}(x) \equiv x\, C(x) \bmod (x^n + 1)$$

同样的道理，$xC^{(1)}(x)$对应的码字 $C^{(2)}$相当于将码字 $C^{(1)}$左移一位，也即码字 C 左移两位，由此可得

$$\begin{aligned} C^{(2)}(x) &\equiv c_{n-3}x^{n-1} + \cdots + c_0 x^2 + c_{n-1} x + c_{n-2} \\ &\equiv x\, C^{(1)}(x) \bmod (x^n + 1) \\ &\equiv x^2\, C(x) \bmod (x^n + 1) \end{aligned}$$

依次类推，不难得出循环左移 i 位时有

$$C^{(i)}(x) \equiv x^i\, C(x) \bmod (x^n + 1) \quad (i = 0, 1, \cdots, n-1) \tag{8.1.3}$$

可见，$x^i C(x)$在模 $x^n + 1$ 下的余式对应着将码字 C 左移 i 位的码字 $C^{(i)}$。

定理 8.1.1　若 $C(x)$是 n 长循环码中的一个码多项式，则 $x^i C(x)$按模 $x^n + 1$ 运算的余式必为循环码中另一码多项式。

今后为简便起见，上述中的 $\bmod(x^n+1)$在码多项式的表示中不一定写出，而通常用类似式（8.1.1）表示。

8.1.3　生成多项式

观察循环码的所有码多项式，不难发现，除全 0 码之外，还存在着一个特殊的多项式，这个多项式在循环码的构成中具有十分重要的意义，它就是该码的最低次多项式。以下几个定理是关于它的特性的。

定理 8.1.2　一个二进制中(n,k)循环码中有唯一的非零最低次多项式 $g(x)$，且其常数项为 1。

证明　设 $g(x)$是码中次数最低的非零码多项式，令其具有如下的形式。

$$g(x) = x^r + g_{r-1}x^{r-1} + \cdots + g_1 x + g_0$$

若 $g(x)$不唯一，则必存在另一个次数最低的码多项式，如 $g'(x) = x^r + g'_{r-1}x^{r-1} + \cdots + g'_1 x + g'_0$，因为循环码是线性分组码，所以 $g(x) + g'(x) = (g_{r-1} + g'_{r-1})x^{r-1} + \cdots + (g_1 + g'_1)x + (g_0 + g'_0)$是一个次数小于 r 的码多项式。若 $g(x) + g'(x) \neq 0$，则 $g(x) + g'(x)$是一个次数小于最低次数 r 的非零码多项式，这显然与 r 是最低次数相矛盾。因此，必有 $g(x) + g'(x) = 0$，即 $g(x) = g'(x)$，$g(x)$是唯一的。

再证明 $g_0 = 1$。

若 $g_0 = 0$，则有 $g(x) = x^r + g_{r-1}x^{r-1} + \cdots + g_2 x^2 + g_1 x = x(x^{r-1} + g_{r-1}x^{r-2} + \cdots + g_2 x + g_1)$，因为 $g(x)$是码多项式，则将其对应的码字右移一位后，得到一非零码多项式。

$$x^{r-1}+g_{r-1}x^{r-2}+\cdots+g_2x+g_1$$

也是循环码的码多项式，而它的次数小于 r，这与 $g(x)$是次数最低的非零码多项式的假设相矛盾，故 $g_0=1$。

上例(7,4)循环码，只有一个最低次多项式 x^3+x+1，而码中所有码多项式都是它的倍式，即由 x^3+x+1 可生成所有(7,4)循环码，我们把它称为该(7,4)循环码的生成多项式。

定义 8.1.2 若一个码的所有码多项式都是多项式 $g(x)$的倍式，则称 $g(x)$生成该码，且称 $g(x)$为该码的**生成多项式**，所对应的码字称为**生成子或生成子序列**。

定理 8.1.3 GF(2)上的(n,k)循环码中，存在有唯一的 $n-k$ 次首 1 多项式

$$g(x)=x^{n-k}+g_{n-k-1}x^{n-k-1}+\cdots+g_1x+g_0$$

使得每一码多项式 $C(x)$都是 $g(x)$的倍式，且每一小于或等于 $n-1$ 次的 $g(x)$的倍式一定是码多项式。

下面一个定理给出了循环码的生成多项式 $g(x)$应满足的条件。

定理 8.1.4 假设 $g(x)$是(n,k)循环码$[C(x)]$中的一个次数最低的多项式（$g(x)\neq0$），则该循环码由 $g(x)$生成，并且 $g(x)\mid(x^n+1)$。

综上所述，可得出生成多项式 $g(x)$的性质，即 $g(x)$是循环码的码多项式中的一个唯一的最低次多项式，它具有首 1 末 1 的形式。该码集中任一码多项式都是它的倍式，它本身必是多项式 x^n+1 的一个（$n-k$）次的因式，由它可生成 2^k 个码字的循环码。

从以上讨论中可得出几个重要结论。

①在二元域 GF(2)上找一个(n,k)循环码，就是找一个能除尽 x^n+1 的 $n-k$ 次首 1 多项式 $g(x)$，为了寻找生成多项式，必须对 x^n+1 进行因式分解，这可用计算机来完成。

对于某些 n 值，x^n+1 只有很少的几个因式，因而码长为 n 的循环码也不多。仅对于很少的几个 n 值，才有较多的因式，这在一些参考书上已将因式分解列成表格，有兴趣的读者可查阅有关书籍。

②若 $C(x)$是(n,k)码的一个码多项式，则 $g(x)$一定除尽 $C(x)$；反之，若 $g(x)\mid C(x)$，则次数小于等于 $n-1$ 的 $C(x)$必是码的码多项式。也就是说，若 $C(x)$是码多项式，则

$$C(x)\equiv0 \bmod g(x) \tag{8.1.4}$$

上述所有结论，虽然都在 GF(2)上讨论的，但都可以推广到 GF(q)上。

【例 8.1.2】 GF(2)上多项式 $x^7+1=(x+1)(x^3+x+1)(x^3+x^2+1)$，构造一个(7,3)循环码。

如果要构造一个(7,3)循环码，就在 x^7+1 中找一个 $n-k=4$ 次的因式 $g(x)$，作为码的生成多项式，由它的一切倍式就组成了(7,3)循环码。若选 $g(x)=(x^3+x+1)(x+1)=x^4+x^3+x^2+1$，则(7,3)循环码的码多项式与码字列于表 8.1.1 中。由该表可知，该码的 8 个码字可由 $g(x)$、$x\,g(x)$、$x^2\,g(x)$的线性组合产生出来，而且这 3 个码多项式是线性无关的，它们构成一组基底。所以生成的循环子空间（循环码）是一个三维子空间 $V_{7,3}$，对应于一个(7,3)循环码。

表 8.1.1 $g(x)=x^4+x^3+x^2+1$ 生成的(7,3)循环码的码多项式与码字

码多项式	码字	码多项式	码字
$g(x)=x^4+x^3+x^2+1$	(0011101)	$(1+x+x^2)g(x)=x^6+x^4+x+1$	(1010011)
$xg(x)=x^5+x^4+x^3+x$	(0111010)	$(1+x)g(x)=x^5+x^2+x+1$	(0100111)
$x^2g(x)=x^6+x^5+x^4+x^2$	(1110100)	$(x+x^2)g(x)=x^6+x^3+x^2+x$	(1001110)
$(1+x^2)g(x)=x^6+x^5+x^3+1$	(1101001)	$0g(x)=0$	(0000000)

在 $x^7+1=(x+1)(x^3+x+1)(x^3+x^2+1)$中，若选择 $g(x)=(x+1)(x^3+x^2+1)=x^4+x^2+x+1$，则生成另一个循环码。同理，在 x^7+1 的因式中，若选择 $g(x)=x^3+x+1$ 或 $g(x)=x^3+x^2+1$，则可构造出两个不同的(7,4)循环码，若选择 $g(x)=(x^3+x+1)(x^3+x^2+1)$，则可构造出一个(7,1)循环码，它就

是重复码。由此可知，只要知道了 x^n+1 的因式分解式，用它的各个因式的乘积，便能得到很多个不同的循环码。

8.1.4　循环码的生成矩阵和一致校验矩阵

循环码的生成矩阵可以很容易地由生成多项式得到。由于 $g(x)$为 $n-k$ 阶多项式，以与此相对应的码字作为生成矩阵中的一行，因此 $g(x)$，$x^2g(x)$，…，$x^{k-1}g(x)$等多项式必定是线性无关的。把这 k 个多项式相对应的码字作为各行构成的矩阵即为生成矩阵，由各行的线性组合可以得到 2^k 个循环码字。所以，循环码的生成矩阵 $\boldsymbol{G}$ 可用以下方法得到。设

$$\begin{aligned} g(x)&= g_{n-k}x^{n-k}+g_{n-k-1}x^{n-k-1}+\cdots+g_1x+g_0 \\ xg(x)&= g_{n-k}x^{n-k+1}+g_{n-k-1}x^{n-k}+\cdots+g_1x^2+g_0x \\ &\vdots \\ x^{k-1}g(x)&= g_{n-k}x^{n-1}+g_{n-k-1}x^{n-2}+\cdots+g_1x^k+g_0x^{k-1} \end{aligned}$$

则码的生成矩阵以多项式形式表示为

$$\boldsymbol{G}(x)=\begin{bmatrix} x^{k-1}g(x) \\ x^{k-2}g(x) \\ \vdots \\ g(x) \end{bmatrix} \tag{8.1.5}$$

取其系数即得相应的生成矩阵

$$\boldsymbol{G}=\begin{bmatrix} g_{n-k} & g_{n-k-1} & \cdots & g_1 & g_0 & \overbrace{0 \quad 0\cdots0}^{k-1} \\ 0 & g_{n-k} & g_{n-k-1}\cdots g_1 & g_0 & 0\cdots0 & \\ \vdots & & & \vdots & & \\ \underbrace{0 \quad \cdots \quad 0}_{k-1} & \underbrace{g_{n-k}\,g_{n-k-1} \quad \cdots \quad g_1 \quad g_0}_{n-k+1} & & & & \end{bmatrix} \tag{8.1.6}$$

由式（7.2.3）可知，输入信息组为$(m_{k-1},\cdots,m_0)$时，相应的码多项式为

$$\begin{aligned} C(x)&=(m_{k-1},m_{k-2},\cdots,m_0)\boldsymbol{G}(x) \\ &=(m_{k-1}x^{k-1}+m_{k-2}x^{k-2}+\cdots+m_0)g(x) \end{aligned} \tag{8.1.7}$$

这表明所有码多项式一定是 $g(x)$的倍式。

由式（8.1.5）所示生成矩阵得到的循环码并非系统码。在系统码中，码的最左 k 位是信息码元，随后是 $n-k$ 位校验码元。这相当于码多项式 $C(x)$的第 $n-1$ 次至 $n-k$ 次的系数是信息位，其余的是校验位。

$$\begin{aligned} C(x)&=m_{k-1}x^{n-1}+\cdots+m_0x^{n-k}+r_{n-k-1}x^{n-k-1}+\cdots+r_0 \\ &=m(x)x^{n-k}+r(x)\equiv 0,\ \bmod g(x) \end{aligned} \tag{8.1.8}$$

式中，$m(x)=m_{k-1}x^{k-1}+\cdots+m_1x+m_0$是信息多项式；$r(x)=r_{n-k-1}x^{n-k-1}+\cdots+r_1x+r_0$是校验元多项式，它的系数$(r_{n-k-1},\cdots,r_1,r_0)$就是信息组$(m_{k-1},\cdots,m_1,m_0)$的校验元。

由式（8.1.8）可知

$$-r(x)=-C(x)+m(x)x^{n-k}\equiv m(x)x^{n-k},\ \bmod g(x) \tag{8.1.9}$$

而$-r(x)$是 $r(x)$中的每一系数取加法逆元，在 GF(2)中加法和减法等效，即

$$-r_i=r_i,\quad -r(x)=r(x)$$

由上式可知，在构造系统循环码时，只需将信息码多项式升 $n-k$ 阶（乘以 x^{n-k}），然后以 $g(x)$为模，所得余式 $r(x)$的系数即为校验元。因此，系统循环码的编码过程就变成用除法求余的问题。

系统码的生成矩阵必为典型形式 $\boldsymbol{G}=[\boldsymbol{I}_k\quad \boldsymbol{P}]$，与单位矩阵 $\boldsymbol{I}_k$ 每行对应的信息多项式为

$$m_i(x)=m_ix^{k-i}=x^{k-i},\quad i=1,2,\cdots,k \tag{8.1.10}$$

由式（8.1.9）可得相应的校验多项式为

$$r_i(x) \equiv x^{k-i}x^{n-k} \equiv x^{n-i} \bmod g(x)，\ i=1,2,\cdots,k \tag{8.1.11}$$

由此得到生成矩阵中每行的码多项式为

$$C_i(x)=x^{n-i}+r_i(x)，\ i=1,2,\cdots,k \tag{8.1.12}$$

因此系统循环码生成矩阵多项式的一般表示为

$$\boldsymbol{G}(x)=\begin{bmatrix} C_1(x) \\ C_2(x) \\ \vdots \\ C_k(x) \end{bmatrix}=\begin{bmatrix} x^{n-1}+r_1(x) \\ x^{n-2}+r_2(x) \\ \vdots \\ x^{n-k}+r_k(x) \end{bmatrix} \tag{8.1.13}$$

【例 8.1.3】 已知(7,4)系统码的生成多项式为 $g(x)=x^3+x^2+1$，求生成矩阵。

解 由式（8.1.11）可得

$$r_1(x) \equiv x^6 \equiv x^2+x \bmod g(x)$$
$$r_2(x) \equiv x^5 \equiv x+1 \bmod g(x)$$
$$r_3(x) \equiv x^4 \equiv x^2+x+1 \bmod g(x)$$
$$r_4(x) \equiv x^3 \equiv x^2+1 \bmod g(x)$$

因此，生成矩阵多项式表示为

$$\boldsymbol{G}(x)=\begin{bmatrix} x^6+x^2+x \\ x^5+x+1 \\ x^4+x^2+x+1 \\ x^3+x^2+1 \end{bmatrix}$$

由多项式系数得到的生成矩阵为

$$\boldsymbol{G}=\left[\begin{array}{cccc|ccc} 1&0&0&0&1&1&0 \\ 0&1&0&0&0&1&1 \\ 0&0&1&0&1&1&1 \\ 0&0&0&1&1&0&1 \end{array}\right]=\begin{bmatrix}\boldsymbol{I}_4 & \boldsymbol{P}\end{bmatrix}$$

由于 $g(x)$能除尽 x^n+1，因此有

$$\begin{aligned} x^n+1&=g(x)h(x) \\ &=(g_{n-k}x^{n-k}+\cdots+g_1x+g_0)(h_kx^k+\cdots+h_1x+h_0) \end{aligned}$$

由此可推出循环码的一致校验矩阵

$$\boldsymbol{H}=\begin{bmatrix} h_0 & h_1 & & \cdots & h_k & & & 0 \\ & & h_0 & & h_1 & \cdots & h_k & \\ 0 & & & \ddots & & \ddots & & \ddots \\ \underbrace{\quad\quad\quad}_{n-k-1} & & & & \underbrace{h_0 \quad h_1 \quad \cdots}_{k+1} & & & h_k \end{bmatrix} \tag{8.1.14}$$

它完全由 $h(x)$的系数决定，故称 $h(x)$为循环码的校验多项式。

可以验证，有

$$\boldsymbol{GH}^{\mathrm{T}}=\boldsymbol{0}$$

式中，$\boldsymbol{0}$ 是一个 $k\times(n-k)$阶零矩阵。同样的道理，以上这个 $\boldsymbol{H}$ 矩阵是非标准型的，若要得到标准型 $\boldsymbol{H}$ 矩阵，可利用 $\boldsymbol{H}$ 与 $\boldsymbol{G}$ 的关系。也可由式（8.1.13）得出

$$\boldsymbol{H}=\left[\boldsymbol{P}^{\mathrm{T}} \mid \boldsymbol{I}_{n-k}\right]=[r_1^{\mathrm{T}}r_2^{\mathrm{T}}\cdots r_k^{\mathrm{T}}\boldsymbol{I}_{n-k}] \tag{8.1.15}$$

另外，可定义 $h(x)$的互反多项式为

$$h^*(x) = x^k h(x^{-1}) = h_0 x^k + h_1 x^{k-1} + \cdots + h_k$$

可见，$\boldsymbol{H}$ 矩阵可由下述的多项式矩阵的系数构成，即由 $h(x)$的互反多项式 $h^*(x)$循环移位得到的 r 组互不相关的多项式系数矢量构成。

仿照线性分组码，称 $\boldsymbol{H}$ 为循环码的一致校验矩阵。

$$\boldsymbol{H}(x) = \begin{pmatrix} x_{r-1}h^*(x) \\ \vdots \\ x_2 h^*(x) \\ xh^*(x) \\ h^*(x) \end{pmatrix} \tag{8.1.16}$$

我们定义一个矩阵是生成矩阵还是一致校验矩阵，主要是看它们在编码过程中所起的作用。由于 $\boldsymbol{H}$ 矩阵与 $\boldsymbol{G}$ 矩阵彼此正交，因此两者的作用可以互换。若 $g(x)$生成一(n,k)循环码，则 $h^*(x)$可生成$(n,n-k)$循环码，$h(x)$也可作为生成多项式得到一$(n,n-k)$循环码。

定义 8.1.3　以 $g(x)$作为生成多项式生成的(n,k)循环码和以 $h^*(x)$作为生成多项式生成的$(n,n-k)$循环码互为对偶码，而以 $g(x)$作为生成多项式生成的(n,k)循环码和以 $h(x)$作为生成多项生成的$(n,n-k)$循环码互为等效对偶码。

由 $\boldsymbol{G}$ 和 $\boldsymbol{H}$ 的正交性，可以证明对偶码是互为正交的。而等效对偶码相互不满足正交性。

8.2　循环码的编码

一旦循环码的生成多项式 $g(x)$确定了，码就完全确定了。循环码的每个码多项式 $C(x)=g(x)m(x)$，都是 $g(x)$的倍式。对系统码来说，就是已知信息多项式 $m(x)$，求 $m(x)x^{n-k}$ 被 $g(x)$除以后的余式 $r(x)$。所以，循环码的编码器就是 $m(x)$乘 $g(x)$的乘法器，或者是 $g(x)$除法电路。另外，循环码的译码实际上也是用 $g(x)$去除接收多项式 $R(x)$，检测余式结果，因此多项式乘法及除法是编译码的基本运算。本节先介绍作为编译码电路核心的多项式除法电路，这里主要针对二进制编译码，然后讨论编码电路，对于多进制循环码即 GF(q)上循环码的电路可以此类推。

循环码的编码

8.2.1　多项式除法运算电路

循环码的编码电路

设 GF(2)上两个多项式为

$g(x) = g_r x^r + g_{r-1} x^{r-1} + \cdots + g_1 x + g_0$，$g_r = 1$

$A(x) = a_k x^k + a_{k-1} x^{k-1} + \cdots + a_1 x + a_0$，$k \geqslant r$

用 $g(x)$去除任意多项式 $A(x)$的电路即为 $g(x)$除法电路，如图 8.2.1 所示。

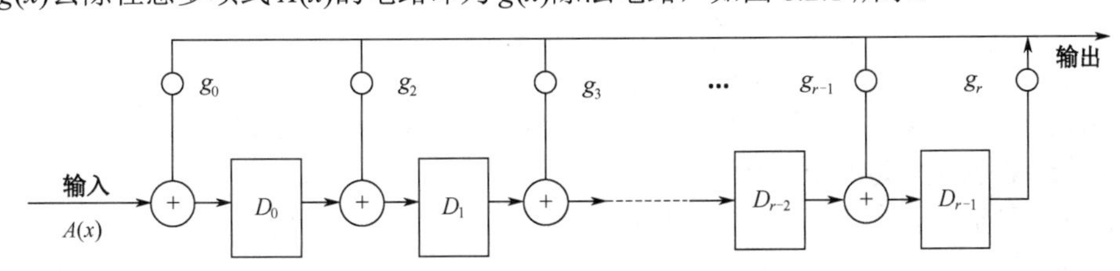

图 8.2.1　$g(x)$除法电路

可以证明，用 r 次多项式 $g(x)$去除任意 k 次多项式 $A(x)$，经 $k+1$ 拍各移位寄存器的存数即为余式，电路输出商比输入序列固定延迟 r 拍。

【例 8.2.1】设被除式 $A(x)$与除式 $B(x)$都是 GF(2)上的多项式，且

$$A(x) = x^4 + x^3 + 1，B(x) = x^3 + x + 1$$

完成除以 $B(x) = x^3 + x + 1$ 的电路示于图 8.2.2 中。GF(2)上多项式的系数仅取 0 和 1，系数为 1 的逆元仍是 1，相加和相减相同，所以当 $b_i \neq 0$，b_i^{-1} 与 $-b_i$ 均为一直线。

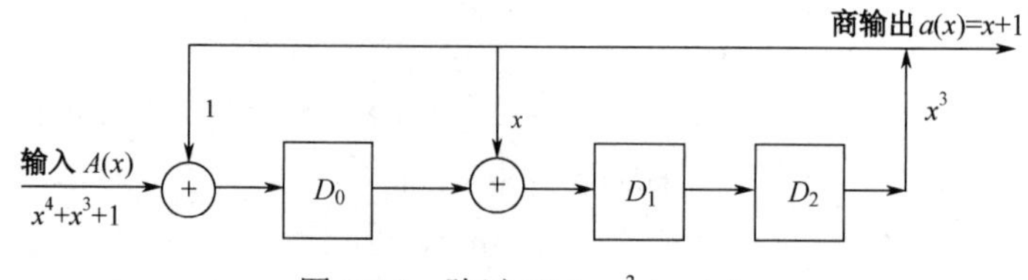

图 8.2.2　除以 $B(x)= x^3 + x + 1$

完成上述两个多项式相除的长除法算式如下。

$$x^4 + x^3 + 1 =(x + 1)(x^3 + x + 1)+ x^2$$

这里商为 $x + 1$，余式为 x^2。表 8.2.1 给出了图 8.2.2 中的电路除 $x^4 + x^3 + 1$ 的运算过程，$r + 1 = 4$ 次移位后得到商 x 项的系数，$k + 1 = 5$ 次移位后，完成了整个除法运算，在移存器中保存的数（001），代表余式（$x^0\ x^1\ x^2$）的系数。

表 8.2.1　$B(x)$除 $x^4 + x^3 + 1$ 的运算过程表

节拍	输入	移存器内容			输出
		$D_0(x^0)$	$D_1(x^1)$	$D_2(x^2)$	
0	0	0	0	0	0
1	$1(x^4)$	1	0	0	0
2	$1(x^3)$	1	1	0	0
3	$0(x^2)$	0	1	1	0
4	$0(x)$	1	1	1	$1(x)$
5	$1(x^0)$	0	0	1	$1(x^0)$
		余式			商式

8.2.2　循环码编码器

1. $n-k$ 级编码器

利用生成多项式 $g(x)$实现编码是编码电路的常用方法。若已知信息位 k，纠错能力为 t，可以按循环码的性质设计一套循环码。

首先可以根据式

$$2^r - 1 \geqslant \sum_{i=1}^{t} C_n^i$$

求出所需要的 n，$r=(n-k)$。求出 n 以后，再从 $x^n + 1$ 的因式中找出 $g(x)$生成多项式。$\partial g(x)= n-k$，由 $g(x)$生成的码[$\boldsymbol{C}$]就是满足要求的循环码。

现在的问题是给定 $g(x)$以后，在电路上如何实现编码呢？下面研究这个问题。

$n-k$ 级编码器有两种：一种是 $g(x)$的乘法电路；另一种是除以 $g(x)$的除法电路。前者主要利用方程式 $C(x) = m(x)g(x)$进行编码，但这样编出的码为非系统码，而后者是系统码编码器中常用的电路，这里只介绍系统码的编码电路。

设从信源输入编码器的 k 位信息组多项式

$$m(x) = m_{k-1}x^{k-1} + \cdots + m_1 x + m_0$$

若要编出系统码的码字，则由式（8.1.8）和式（8.1.9）可知

$$C(x) = m(x)x^{n-k} + r(x)$$

$$r(x) \equiv m(x)x^{n-k} \bmod g(x)$$

系统码的编码器就是信息组 $m(x)$乘 x^{n-k}，然后用 $g(x)$除，求余式 $r(x)$的电路。

下面以二进制(7,4)汉明码为例说明，设码的生成多项式 $g(x)= x^3 + x + 1$，其系统码编码器示于图 8.2.3 中。编码过程如下。

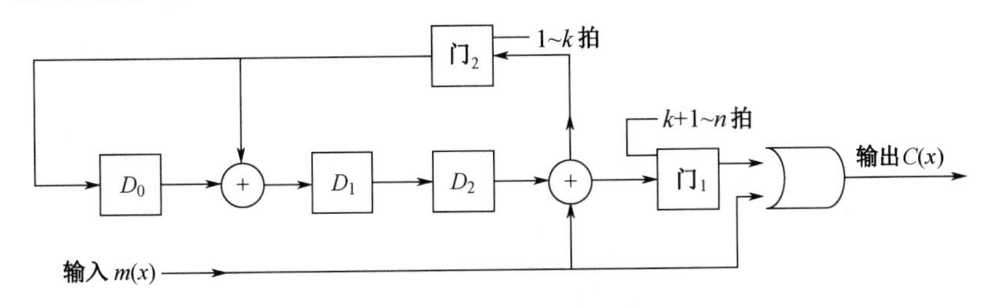

图 8.2.3　(7,4)码三级除法编码器

①三级移存器初态全为 0，门$_1$开，门$_2$关。信息组以高位先入的次序送入电路，一方面经或门输出；另一方面送入 $g(x)$除法电路右端，这相应于完成 $x^{n-k}m(x)$的除法运算。

②4 次移位后，信息组全部通过或门输出，它就是系统码码字的前 4 个信息元，与此同时它也全部进入 $g(x)$电路，完成除法。此时，在移存器中的存数就是余式 $r(x)$的系数，也就是码字的校验元（c_2，c_1，c_0）。

③门$_1$关，门$_2$开，再经 3 次移位后，移存器中的校验元 c_2、c_1、c_0跟在信息组后面，形成一个码字（$c_6 = m_3$，$c_5 = m_2$，$c_4 = m_1$，$c_3 = m_0$，c_2，c_1，c_0）从编码器输出。

④门$_1$开，门$_2$关，送入第二组信息组，重复上述过程。

表 8.2.2 列出了该编码器的工作过程。输入信息组是（1001），7 次移位后输出端得到了已编好的码字（1001110）。

表 8.2.2　(7,4)汉明码编码的工作过程

节拍	信息组输入	移存器内容			输出
		$D_0(x^0)$	$D_1(x^1)$	$D_2(x^2)$	
0		0	0	0	
1	1	1	1	0	1
2	0	0	1	1	0
3	0	1	1	1	0
4	1	0	1	1	1
5		0	0	1	1
6		0	0	0	1
7		0	0	0	0

校验元

2．k 级编码器

编码问题就是已知信息元 $c_{n-1}, c_{n-2}, \cdots, c_{n-k}$，如何唯一求出校验位 $c_{n-k-1}, \cdots, c_0$，上述提到的编码方式是利用生成多项式来确定校验位，那么另一种编码方法是用校验多项式来确定校验位的。

k 级编码器是根据校验多项式

$$h(x) = h_k x^k + \cdots + h_1 x + h_0$$

构造的。其电路如图 8.2.4 所示。

如果移位寄存器初始状态从右至左是 c_{n-1}～c_{n-k}的 k 个信息元，那么经过 n 拍就能输出 c_{n-1}～c_0全部码元完成编码。此电路需要 k 级移位寄存器。

一般来说，当 $k>r$ 时，使用第一种 $n-k$ 级编码器较好[$g(x)$编码]；当 $k<r$ 时，使用第二种 k 级编码器较好[$h(x)$编码]。按上述条件设计的编码器可使用较少的移位寄存器。

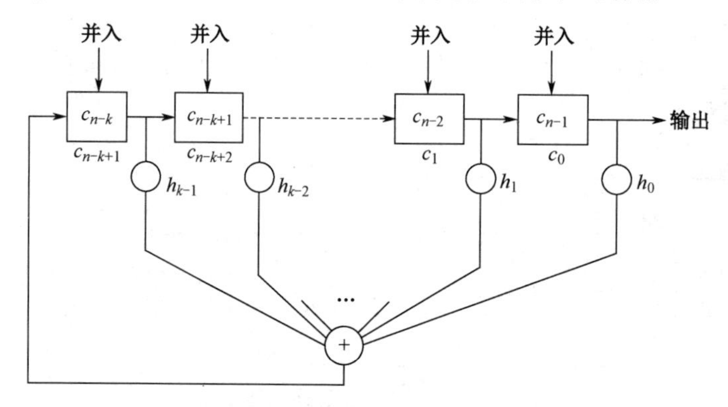

图 8.2.4 循环码的 k 级编码器电路

8.3 循环码的一般译码方法

当一个码矢量通过噪声信道传送时，会遇到噪声干扰而产生错码，即在收端所收到的矢量 $\boldsymbol{R}$ 可能与发端码字不同，我们已经分析过，$\boldsymbol{R}$ 与 $\boldsymbol{C}$ 有如下的关系。

$$\boldsymbol{R}=\boldsymbol{C}+\boldsymbol{E} \tag{8.3.1}$$

式中，$\boldsymbol{E}$ 是错误图样。

循环码的一般译码方法

循环码的译码电路

当然，式（8.3.1）也可以写成多项式的关系。

$$R(x)=C(x)+E(x) \tag{8.3.2}$$

这里

$$R(x)=r_{n-1}x^{n-1}+r_{n-2}x^{n-2}+\cdots+r_1x+r_0$$
$$C(x)=c_{n-1}x^{n-1}+c_{n-2}x^{n-2}+\cdots+c_1x+c_0$$
$$E(x)=e_{n-1}x^{n-1}+e_{n-2}x^{n-2}+\cdots+e_1x+e_0$$

从式（8.3.1）、式（8.3.2）中可以看到，接收矢量含有码字矢量的信息和错误图样的信息。所谓译码，就是研究各种译码方法，选择和设计适当的译码电路，用来对 $\boldsymbol{R}$ 进行检错或纠错。

对于一组确定的循环码来说，从码字本身的代数结构来讲它的性质是确定的，即它的纠、检错能力是确定的。但在实际应用中，由于采用不同的译码方法，实际达到的纠、检错能力并不等于码字所具有的能力。因此，衡量一种译码方法的优劣不仅考虑检纠错能力（当然这是最重要的指标），还要考虑它的复杂程度和计算速度。下面就循环码译码的几种主要方法进行研究。

8.3.1 伴随式计算和错误检测

设发送的码字为 $\boldsymbol{C}=(c_{n-1},c_{n-2},\cdots,c_1,c_0)$，其码字多项式为 $C(x)=(c_{n-1}x^{n-1}+\cdots+c_1x+c_0)$（今后不再严格区分码字与码多项式），信道产生的错误图样为 $\boldsymbol{E}=(e_{n-1},e_{n-2},\cdots,e_1,e_0)$，译码器收到的 n 重

$$\begin{aligned}\boldsymbol{R}&=\boldsymbol{C}+\boldsymbol{E}\\&=(c_{n-1}+e_{n-1},c_{n-2}+e_{n-2},\cdots,c_1+e_1,c_0+e_0)\\&=(r_{n-1},r_{n-2},\cdots,r_1,r_0),\qquad r_i=c_i+e_i\end{aligned}$$

或

$$\begin{aligned}R(x)&=C(x)+E(x)\\&=(r_{n-1}x^{n-1}+\cdots+r_1x+r_0),\qquad r_i=c_i+e_i\end{aligned}$$

相应的伴随式为

$$S = RH^{\mathrm{T}} = (C + E)H^{\mathrm{T}} = EH^{\mathrm{T}}$$

可知伴随式 **S** 仅与错误图样有关，而与发送的码字无关，由它可计算出错误图样 **E**。

设(n,k)循环码的生成多项式为 $g(x)$，且 $x^n + 1 = g(x)h(x)$，$\partial g(x)= n-k$。该码的一致校验矩阵为

$$H = \left[\tilde{\boldsymbol{x}}_{n-1}^{\mathrm{T}} \quad \tilde{\boldsymbol{x}}_{n-2}^{\mathrm{T}} \quad \cdots \quad \tilde{\boldsymbol{x}}^{\mathrm{T}} \quad \tilde{\mathbf{1}}^{\mathrm{T}} \right]$$

其中，$\tilde{\boldsymbol{x}}^i \equiv \boldsymbol{x}^i \bmod g(x), i = 0,1,\cdots,n-1$。

所以

$$S = RH^{\mathrm{T}} = (r_{n-1},r_{n-2},\cdots,r_1,r_0)\begin{bmatrix} \tilde{\boldsymbol{x}}^{n-1} \\ \tilde{\boldsymbol{x}}^{n-2} \\ \vdots \\ \tilde{\boldsymbol{x}}^{1} \\ \tilde{\boldsymbol{x}}^{0} \end{bmatrix}$$

$$= (c_{n-1},c_{n-2},\cdots,c_1,c_0)\begin{bmatrix} \tilde{\boldsymbol{x}}^{n-1} \\ \tilde{\boldsymbol{x}}^{n-2} \\ \vdots \\ \tilde{\boldsymbol{x}}^{1} \\ \tilde{\boldsymbol{x}}^{0} \end{bmatrix} + (e_{n-1},e_{n-2},\cdots,e_1,e_0)\begin{bmatrix} \tilde{\boldsymbol{x}}^{n-1} \\ \tilde{\boldsymbol{x}}^{n-2} \\ \vdots \\ \tilde{\boldsymbol{x}}^{1} \\ \tilde{\boldsymbol{x}}^{0} \end{bmatrix}$$

由此式可知，相应的多项式表示为

$$S(x)\equiv C(x)+E(x)\equiv R(x)\equiv E(x) \bmod g(x) \tag{8.3.3}$$

根据欧几里得除法，有

$$R(x) = R_g(x) + g(x)q(x)$$
$$E(x)= E_g(x) + g(x)q_1(x)$$

因此，式（8.3.3）又可表示为

$$S(x) = R_g(x) = E_g(x) \tag{8.3.4}$$

式中，$R_g(x)$和 $E_g(x)$分别是 $R(x)$和 $E(x)$被 $g(x)$除后所得的余式。两式表明，循环码的伴随式计算电路就是一个 $g(x)$除法电路，伴随式 $S(x)$就是 $g(x)$除 $R(x)$后所得的余式。如果接收的矢量 $R(x)$没有错误，$E(x)=0$，那么 $S(x)=0$；否则，$S(x)\neq 0$（在码的检错能力以内）。因此，循环码的检错电路非常简单，就是一个 $g(x)$除法电路。收到 $R(x)$后送入 $g(x)$除法电路运算，若最后得到的余式为 0，则说明 $E(x)=0$，接收到的 $R(x)$就是一个码字；若不为 0，则说明接收到的 $R(x)$不是码字。

从式（8.3.3）或式（8.3.4）可以看出，若$\partial E(x)< \partial g(x)= n-k$，或者 $E(x)= x^i E_1(x)$，$\partial E_1(x)<\partial g(x)$，则 $S(x)\neq 0 \bmod g(x)$。这说明(n,k)循环码至多能检测长度等于 $n-k$ 的突发错误，以及检测使 $S(x)\equiv E(x)\neq 0 \bmod g(x)$的所有错误图样 $E(x)$。

8.3.2　伴随式计算电路性质及一般译码器

用 $g(x)$除法电路计算伴随式的电路（伴随式计算电路）有如下几个很重要的特点。

定理 8.3.1　若 $S(x)$是 $R(x)$的伴随式，则 $R(x)$的循环移位 $x R(x)$（在模 $x^n + 1$ 运算下）的伴随式 $S_1(x)$，是 $S(x)$在伴随式计算电路中无输入时（自发运算）右移一位的结果，即

$$S_1(x)\equiv xS(x) \bmod g(x) \tag{8.3.5}$$

证明　由伴随式定义可知，$xR(x)$的伴随式为

$$\begin{aligned} S_1(x) &\equiv xR(x) \bmod g(x) \\ &= x\left[R_g(x) + g(x)q(x)\right] \bmod g(x) \\ &= xR_g(x) \bmod g(x) \end{aligned} \tag{8.3.6}$$

由式（8.3.4）可知

$$xS(x) = [x\,R_g(x) + x\,q(x)g(x)] \bmod g(x)$$

两式相减可得

$$x\,S(x) - S_1(x) = x\,q(x)\,g(x) \equiv 0 \bmod g(x)$$

因此

$$S_1(x) \equiv x\,S(x) \bmod g(x)$$

定理 8.3.2 $x^j R(x)$的伴随式 $S_j(x) \equiv x^j S(x) \bmod g(x)$，$j = 0,1,\cdots,n-1$。而任意多项式 $a(x)$乘 $R(x)$所对应的伴随式

$$S_a(x) \equiv a(x)S(x) \bmod g(x) \tag{8.3.7}$$

伴随式计算电路的这些性质，在循环码的译码运算中非常有用。若 $C(x)$是循环码 $\boldsymbol{C}$ 的一个码字，则 $xC(x) \in \boldsymbol{C}$。因此，若 $S(x) \equiv E(x) \bmod g(x)$是 $R(x) = C(x) + E(x)$的伴随式，则 $xS(x) \equiv xE(x) \bmod g(x)$就是 $xR(x) = xC(x) + x\,E(x)$的伴随式。也就是说，若 $E(x)$是一个可纠正的错误图样，则 $E(x)$的循环移位 $x\,E(x)$也是一个可纠正的错误图样。一般来说，$x^jE(x)$（$1 \leqslant j \leqslant n-1$）也是可纠正的错误图样。这样就可以根据这种循环关系划分错误图样，把任一特定的错误图样及其所有循环移位作为一类。例如，可将错误图样 100…0，0100…0，0010…0，00…01 作为一类，并以第一位开头为非 0 的错误图样 100…0，作为此类错误图样的代表。这时，对于二进制码，若码要纠正小于等于 t 个错误，则错误图样代表共有

$$N_1 = \sum_{j=1}^{t} C_{n-1}^{j-1} \ （个） \tag{8.3.8}$$

在译码时，只要知道这些代表错误图样的伴随式，该类中其他错误图样的伴随式都可由此代表图样伴随式在伴随式计算电路中得到。这样，就使得循环码译码器的错误图样识别电路大为简化，由原来识别 N_2 个错误图样减少到 N_1 个。

其中

$$N_2 = \sum_{j=1}^{t} C_n^j \ （个） \tag{8.3.9}$$

例如，$n = 63$，$t = 4$，由式（8.3.8）和式（8.3.9）计算译码器所需识别的错误图样个数如表 8.3.1 所示。

表 8.3.1 N_1、N_2 比较表

t	1	2	3	4
N_1	1	63	1 954	39 774
N_2	63	2 016	41 727	637 382

一般来说，纠错码译码设备的复杂性，主要决定于伴随式找出错误图样的识别电路或组合逻辑电路的复杂性。由表 8.3.1 可知，虽然循环码识别错误图样的个数比一般非循环码多大为减少，但随着 n、t 的加大，需要识别的错误图样个数 N_1 仍增加很快，以至难以实现。因此，利用组合逻辑电路识别错误图样代表的方法，仅适用于 n、t 较小的情况。若 n 和 t 都较大，则必须利用循环码的其他特点，寻找更为简单和巧妙的译码方法，这就是纠错码理论研究和实际应用中最引人注目的问题之一。

【例 8.3.1】 二进制(7,4)循环汉明码，它的 $g(x) = x^3 + x + 1$，相应的校验矩阵

$$\boldsymbol{H} = \begin{bmatrix} \tilde{x}^{6^{\mathrm{T}}} & \tilde{x}^{5^{\mathrm{T}}} & \tilde{x}^{4^{\mathrm{T}}} & \tilde{x}^{3^{\mathrm{T}}} & \tilde{x}^{2^{\mathrm{T}}} & \tilde{x}^{1^{\mathrm{T}}} & \tilde{x}^{0^{\mathrm{T}}} \end{bmatrix} \bmod g(x) = \begin{bmatrix} 1 & 1 & 1 & 0 & 1 & 0 & 0 \\ 0 & 1 & 1 & 1 & 0 & 1 & 0 \\ 1 & 1 & 0 & 1 & 0 & 0 & 1 \end{bmatrix}$$

可见，该码的 $d_0 = 3$，可纠 $t = 1$ 位错码，由式（8.3.8）可知，构造此译码器的错误图样识别电

路时，只要识别一个错误图样 $\boldsymbol{E}_6$=(1000000)就够了，该错误图样的伴随式就是 $\boldsymbol{H}$ 的第一列（101）。而 $\boldsymbol{E}_6$ 错误图样的识别电路就是一个检测伴随式是否是（101）的电路。由此可得图 8.3.1 所示的译码电路。图中的伴随式计算电路就是一个 $g(x)=x^3+x+1$ 的除法电路，而有 3 个输入端的与门和反相器，组成了识别（101）的伴随式识别器。译码器的译码过程如表 8.3.2 所示。

表 8.3.2　译码器的译码过程

节拍	输入 $R(x)$	伴随式计算电路			与门输出	缓存输出	译码器输出
		D_0	D_1	D_2			
0		0	0	0			
1	$1(x^6)$	1	0	0			
2	$0(x^5)$	0	1	0			
3	$0(x^4)$	0	0	1			
4	$0(x^3)$	1	1	0			
5	$0(x^2)$	0	1	1			
6	$1(x)$	0	1	1			
7	$1(x^0)$	0	1	1			
8		1	1	1		1	1
9		1	0	1		0	0
10		0	0	0	1	0	1
11		0	0	0		0	0
12		0	0	0		0	0
13		0	0	0		1	1
14		0	0	0		1	1

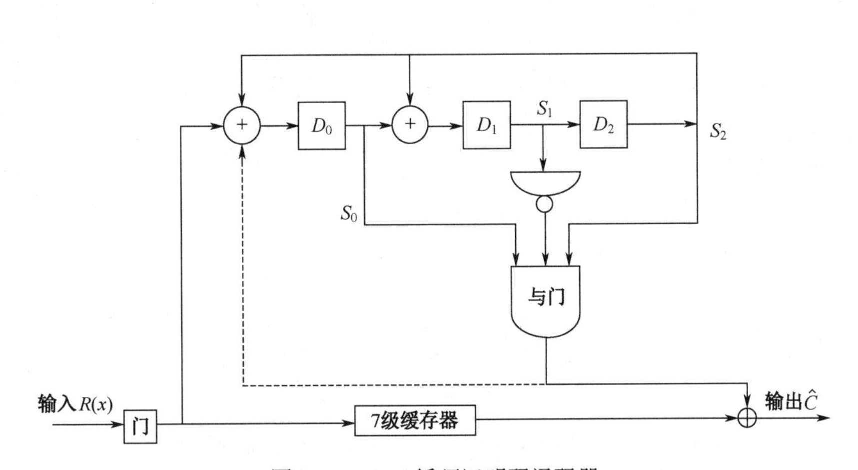

图 8.3.1　(7,4)循环汉明码译码器

①开始译码时“门”开，移位寄存器内容全为 0。收到的 $R(x)=r_6x^6+\cdots+r_0$，以高次项系数（r_6）至低次项系数的次序，一方面送入 7 级缓存器；另一方面送入 $g(x)$除法电路计算伴随式。7 次移位后，$R(x)$的系数全部存入缓存器，$g(x)$电路也得到了伴随式 $S_0(x)$，此时“门”关，禁止输入。

②若 $S(x)\equiv 1+x^2\equiv x^6 \bmod g(x)$，说明 $E(x)=x^6$，r_6 位有错，伴随式计算［$g(x)$除法器］电路中的 D_0、D_1、D_2 存储的值是（101），这就是 $S_0(x)=1+x^2$ 的系数。D_1 的 0 经反相后成了 1，与门的 3 个输入端全为 1，呈打开状态。这时译码器继续移位，r_6 从缓存器输出，与门也输出一个信号 1 与

r_6相加，使 r_6由原来的 1 变成 0，或者由 0 变成 1，纠正了 r_6的错误：$r_6+1=c_6+e_6+1=c_6+1+1=c_6$，得到原来发送的码元。此时与门的纠错信号 1 也反馈到伴随式计算电路输入端（图 8.3.1 中虚线所示），对伴随式进行修正，以消去该错误对伴随式的影响。

由于
$$R(x)=r_{n-1}x^{n-1}+\cdots+r_1x+r_0$$
相应的伴随式是 $S_0(x)$。纠错后 $R(x)$成为
$$R'_1(x)=(r_{n-1}+1)x^{n-1}+\cdots+r_1x+r_0$$
与 $R'_1(x)$相应的伴随式
$$S'_1(x)\equiv S_0(x)+x^{n-1}\ \mathrm{mod}\ g(x)$$
因为纠错是在第 $n+1$ 次移位进行的，所以 $R'_1(x)$成为
$$R_1(x)=xR'_1(x)\equiv r_{n-2}x^{n-1}+\cdots+r_0x+r_{n-1}+1\ \mathrm{mod}\ x^n-1$$
相应的伴随式
$$S_1(x)\equiv xS'_1(x)=xS_0(x)+x^n\equiv xS_0(x)+1\ \mathrm{mod}\ g(x)$$
由于 $S_1(x)$是 $xR'_1(x)$的伴随式，而 $xS_0(x)$是 $xR(x)$的伴随式，也就是 $xE(x)$的伴随式，因此为了得到真正的 $xR(x)$的伴随式，就必须从 $S_1(x)$中消去 1，也就是在伴随式计算电路输入端加 1。

例如，第 7 次移位后，若 $S_0=1+x^2$，说明 r_6有错，第 8 次移位时对 r_6进行纠错，纠错信号 1 输入到 $g(x)$电路输入端，结果使 $g(x)$移存器中的内容成为（000），消除了 e_6的影响。

③若 $E(x)=x^5$，则 $S_0(x)\equiv x^5\equiv x^2+x+1\ \mathrm{mod}\ g(x)$，此时与门不打开，说明 r_6正确。这时伴随式计算电路和缓存器各移位一次，r_6输出，r_5移到缓存器最右一级，伴随式计算电路得到的伴随式为
$$S_1(x)\equiv xS_0(x)\equiv xE(x)\equiv x^2+1\ \mathrm{mod}\ g(x)$$
因此再移动一次，与门输出的纠正信号 1 正好与缓存器输出的 $r_5=c_5+1$ 相加，得到了 c_5，从而完成了纠错。若 r_5不错，则重复上述过程一直到译完一个码字为止。

该译码过程可用表 8.3.2 表示，已知 $R(x)=x^6+x+1$，$E(x)=x^4$。由该表可知，到第 10 个节拍，与门输出一个 1 纠正 r_4，最后译码器输出码字（1010011）。

由上述译码过程可知，译一组码共需 $14(2n)$个节拍，仅当第一组的 $R(x)$移出 7 级缓存器后，才能接收第二组的 $R(x)$。为了使译码连续，必须再加一个伴随式计算电路，如图 8.3.2 所示。在开始工作时，所有移存器的存数全为 0，门$_1$开、门$_2$关。当 $k=4$ 次移位后，4 级缓存器接收了前面的 4 个信息位（对系统码而言），此时门$_1$关，并使 4 级缓冲器停止移位。再移动 $n-k=3$ 次后，$g(x)$除法电路得到了伴随式 $S_0(x)$，此时门$_2$开，把上边 $g(x)$除法电路得到的伴随式送到下面的伴随式计算电路中，随即门$_2$关闭，且上边 $g(x)$除法电路立即清除为 0。门$_1$再次打开，4 级缓存器一边送出第一组的信息，一边接收第二组 $R(x)$的前 k 位信息组。与此同时，上边伴随式计算电路计算第二组 $R(x)$的伴随式，而下边伴随式计算电路通过自发运算，对第一组 $R(x)$中的信息元进行纠错。

显然，上述译码电路仅适用于系统码。若为非系统码，k 级缓存器必须变成 n 级，且还需要从已纠错过的 $\hat{C}(x)$ 中取出 k 个信息元 $\hat{m}(x)$。对非系统码而言，由 $C(x)=m(x)g(x)$可知，$\hat{m}(x)=\hat{C}(x)g^{-1}(x)$。这说明译码器输出 $\hat{C}(x)$ 后，把 $\hat{C}(x)$ 再通过 $g(x)$除法电路，所得的商就是最终所需的估值信息组 $\hat{m}(x)$。

由上述讨论可得出，系统循环码的一般译码器，如图 8.3.3 所示。这种译码器也称梅吉特（Meggit）通用译码器，它的复杂性由组合逻辑电路决定。

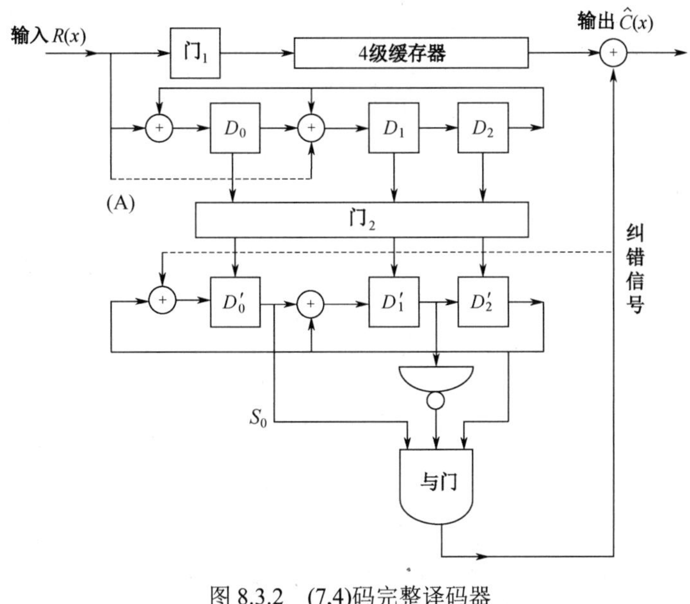

图 8.3.2　(7,4)码完整译码器

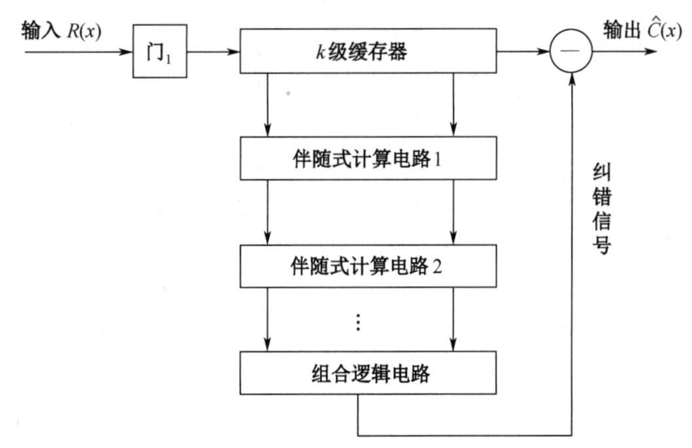

图 8.3.3　循环码的通用译码器（梅吉特译码器）

8.4　循环汉明码及其派生码

8.4.1　循环汉明码

循环汉明码是一种具有循环移位特点的(n,k)汉明码。在例 8.1.1 中给出由 $g(x)=x^3+x+1$ 生成的(7,4)循环码，其最小汉明距离为 3，可以纠正一位错误。对于信息多项式 $m_i(x)=x^i,\ i=0,1,2,3$，可构成它的系统码字如下。

$$
\begin{aligned}
c_0(x) &= x^6+x^2+1 \\
c_1(x) &= x^5+x^2+x+1 \\
c_2(x) &= x^4+x^2+x \\
c_3(x) &= x^3+x+1
\end{aligned}
$$

由这 4 个码字矢量构成了系统生成矩阵。

$$G=\begin{bmatrix}1&0&0&0&1&0&1\\0&1&0&0&1&1&1\\0&0&1&0&1&1&0\\0&0&0&1&0&1&1\end{bmatrix}$$

对应的校验矩阵为

$$H=\begin{bmatrix}1&1&1&0&1&0&0\\0&1&1&1&0&1&0\\1&1&0&1&0&0&1\end{bmatrix}$$

可以看到，$\boldsymbol{H}$ 矩阵中 7 个列矢量正好是全部$(2^{n-k}-1)$个非零列矢量，满足汉明码的条件，这就是一种(7,4)循环汉明码。

下面证明一般的由 m 次本原多项式 $g(x)$生成的长度 $2^m-1(m\geqslant 3)$的循环码是$(2^m-1, 2^m-1-m)$汉明码。

首先，构成由 m 次本原多项式 $g(x)$生成的$(2^m-1, 2^m-1-m)$码所对应的系统生成矩阵。

对所有 $i=0, 1, 2 \cdots, 2^m-1-m$，用生成多项式 $g(x)$除 x^{m+i}，可得

$$x^{m+i}=a_i(x)g(x)+r_i(x) \tag{8.4.1}$$

式中，$a_i(x)$为商多项式；$r_i(x)$为余式，具有如下形式。

$$r_i(x)=r_{i,m-1}x^{m-1}+\cdots+r_{i,2}x^2+r_{i,1}x+r_{i,0}$$

于是，与信息多项式 $m_i(x)=x^i, i=0,1,2,\cdots, 2^m-m-2$ 对应的码字为

$$c_i(x)=x^{m+i}+r_{i,m-1}x^{m-1}+\cdots+r_{i,2}x^2+r_{i,1}x+r_{i,0}$$

这 2^m-m-1 个码字多项式是线性独立的，可用来构成系统形式的生成矩阵。

$$G=\begin{bmatrix}1&0&0&\dots&0&r_{0,m-1}&r_{0,m-2}&\cdots&r_{0,1}&r_{0,0}\\0&1&0&\dots&0&r_{1,m-1}&r_{1,m-2}&\cdots&r_{1,1}&r_{1,0}\\0&0&1&\dots&0&r_{2,m-1}&r_{2,m-2}&\cdots&r_{2,1}&r_{2,0}\\\vdots&\vdots&\vdots&&\vdots&\vdots&\vdots&&\vdots&\vdots\\0&0&0&\dots&1&r_{2^m-m-2,m-1}&r_{2^m-m-2,m-2}&\cdots&r_{2^m-m-2,1}&r_{2^m-m-2,0}\end{bmatrix}$$

与 $\boldsymbol{G}$ 对应的校验矩阵为

$$H=\begin{bmatrix}r_{0,m-1}&r_{1,m-1}&r_{2,m-1}&\cdots&r_{2^m-m-2,m-1}&1&0&\cdots&0\\r_{0,m-2}&r_{1,m-2}&r_{2,m-2}&\cdots&r_{2^m-m-2,m-2}&0&1&\cdots&0\\\vdots&\vdots&\vdots&&\vdots&\vdots&\vdots&&\vdots\\r_{0,0}&r_{1,0}&r_{2,0}&\cdots&r_{2^m-m-2,0}&0&0&\cdots&1\end{bmatrix}$$

下面证明 $\boldsymbol{H}$ 中无全零列矢量，无两列矢量相同。

首先当 $g(x)$是 m 次本原多项式时，x 不可能是 $g(x)$的因式，式（8.4.1）中 x^{m+i} 与 $g(x)$互质，从而 $r_i(x)\neq 0$。所以，校验矩阵 $\boldsymbol{H}$ 中不可能有全零列矢量。

同时每个 $r_i(x)$中至少包含两项。若 $r_i(x)$仅含有一项，如 $r_i(x)=x^j, 0\leqslant j<m$，

则
$$x^{m+i}=a_i(x)g(x)+x^j \quad 0\leqslant j\leqslant 2^m-m-2$$

于是
$$x^j(x^{m+i-j}+1)=a_i(x)g(x)$$

因为 x^j 和 $g(x)$互质，所以要求$(x^{m+i-j}+1)$能被 $g(x)$除尽。但 $m+i-j<2^m-1$，而 m 次本原多项式 $g(x)$能除尽 x^n+1 的最小 n 至少为 2^m-1。从而 $r_i(x)$中至少包含两项，这表明 $\boldsymbol{H}$ 矩阵后面 2^m-m-1 列矢量中每列至少包含两个 1，这与后面 m 列仅含一个 1 的列矢量不同。

另外，当 $i\neq j$ 时，$r_i(x)\neq r_j(x)$。这是由式（8.4.1）

$$r_i(x)+x^{m+i}=a_i(x)g(x)$$

$$r_j(x)+x^{m+j}=a_j(x)g(x)$$

若 $r_i(x)=r_j(x)$，$i<j$，则

$$x^{m+i}(x^{j-i}+1)=[a_i(x)+a_j(x)]g(x)$$

这意味着 $g(x)$除尽 $x^{j-i}+1$，同样由于 $j-i<2^m-1$，这是不可能的，因此 $r_i(x)\neq r_j(x)$，从而 H 矩阵中没有两列矢量相同。所以，由 m 次本原多项式生成的$(2^m-1, 2^m-1-m)$循环码是能纠正一位错误的汉明码。

循环汉明码可由其生成多项式确定，一般用八进制数字表示 $g(x)$。例如，八进制数 13 的二进制表示为 001011，代表 $g(x)=x^3+x+1$。表 8.4.1 列出了不同长度下循环汉明码的生成多项式。

表 8.4.1　不同长度下循环汉明码的生成多项式

m	$n=2^m-1$	$k=2^m-m-1$	$g(x)$
3	7	4	$x^3+x+1(13)$
4	15	11	$x^4+x+1(23)$
5	31	26	$x^5+x^2+1(45)$
6	63	57	$x^6+x+1(103)$
7	127	120	$x^7+x^3+1(211)$
8	255	247	$x^8+x^4+x^3+x^2+1(435)$
9	511	502	$x^9+x^4+1(1021)$
10	1 023	1 013	$x^{10}+x^3+1(2011)$
11	2 047	2 036	$x^{11}+x^2+1(4005)$
12	4 095	4 083	$x^{12}+x^6+x^4+x+1(10123)$

8.4.2　缩短循环码

循环码校验元的个数为生成多项式 $g(x)$ 最高次数，即 $r=\partial g(x)$，且 $g(x)$ 能被 (x^n+1) 整除，即 $g(x)\big|(x^n+1)$，信息元的个数 $k=n-r$。但因为 x^n+1 的因式个数是有限的，所以对于给定的 k 或 r，不一定能找到符合要求的 (n,k) 循环码。但从工程实现角度来看，循环码的编译码电路相对易于实现。有无可能在码长等指标不符合循环码要求时，仍利用其电路实现编译码呢？为了解决此问题，可采用缩短循环码。

和一般 (n,k) 线性分组码的缩短码一样，从原 (n,k) 循环码中选择所有前 i 位为零的码字即构成 $(n-i,k-i)$ 缩短循环码的码字集合，码字个数为 2^{k-i} 个。其生成矩阵和一致校验矩阵的构造方法也与一般 (n,k) 码的缩短码相同。

例如，需要构造一个(6,3)循环码，即 $n=6,k=3,r=3$。不难发现，找不到一个 3 次多项式 $g(x)$，满足 $g(x)\big|(x^6+1)$。但当 $g(x)=x^3+x+1$ 时，$g(x)\big|(x^7+1)$，故先构成(7,4)码，而后去掉 1 位信息元，共有 $2^{4-1}=8$ 个码字，便得(6,3)码。具体做法是：将(7,4)循环码中第一位为零的码字取出，去掉第一个零，即组成了(6,3)缩短码的全部码字，即

$$
\begin{array}{c|cccccc|l}
0 & 0 & 0 & 0 & 0 & 0 & 0, & \quad 1\ 0\ 0\ 0\ 1\ 0\ 1 \\
0 & 0 & 0 & 1 & 0 & 1 & 1, & \quad 1\ 0\ 0\ 1\ 1\ 1\ 0 \\
0 & 0 & 1 & 0 & 1 & 1 & 0, & \quad 1\ 0\ 1\ 0\ 0\ 1\ 1, \\
0 & 0 & 1 & 1 & 1 & 0 & 1, & \quad 1\ 0\ 1\ 1\ 0\ 0\ 0, \\
0 & 1 & 0 & 0 & 1 & 1 & 1, & \quad 1\ 1\ 0\ 0\ 0\ 1\ 0, \\
0 & 1 & 0 & 1 & 1 & 0 & 0, & \quad 1\ 1\ 0\ 1\ 0\ 0\ 1, \\
0 & 1 & 1 & 0 & 0 & 0 & 1, & \quad 1\ 1\ 1\ 0\ 1\ 0\ 0, \\
0 & 1 & 1 & 1 & 0 & 1 & 0, & \quad 1\ 1\ 1\ 1\ 1\ 1\ 1
\end{array}
$$

值得注意的是，缩短循环码已不再具有循环移位的特点，不过它的每个码字多项式仍是原(n,k)码生成多项式$g(x)$的倍式。$g(x)\big|(x^n+1)$，但$g(x)$不能整除$(x^{n-i}+1)$。

$(n-i,k-i)$缩短循环码的生成矩阵可以通过将原(n,k)码生成矩阵去掉前i行i列得到，而其一致校验矩阵则通过将原(n,k)码一致校验矩阵去掉前i列得到。例如，(6.3)码的生成矩阵和一致校验矩阵分别为

$$\boldsymbol{G}_{7,4}=\begin{bmatrix}1&0&0&0&1&0&1\\0&1&0&0&1&1&1\\0&0&1&0&1&1&0\\0&0&0&1&0&1&1\end{bmatrix}\xrightarrow[\text{第一列}]{\text{去掉第一行}}\boldsymbol{G}_{6,3}=\begin{bmatrix}1&0&0&1&1&1\\0&1&0&1&1&0\\0&0&1&0&1&1\end{bmatrix}$$

$$\boldsymbol{H}_{7,4}=\begin{bmatrix}1&1&1&0&1&0&0\\0&1&1&1&0&1&0\\1&1&0&1&0&0&1\end{bmatrix}\xrightarrow{\text{去掉第一列}}\boldsymbol{H}_{6,3}=\begin{bmatrix}1&1&0&1&0&0\\1&1&1&0&1&0\\1&0&1&0&0&1\end{bmatrix}$$

尽管缩短循环码的码字已不再具有循环特性，但这并不影响其编、译码的简单实现，它仅需对原(n,k)循环码的编、译码稍作修正。

缩短循环码的编码器仍与原来循环码的编码器一样（因为去掉前i个为零的信息元，并不影响校验位的计算），只是操作的总节拍少了i拍。当译码时，只要在每个接收码组前加i个零，原循环码的译码器就可用来译缩短循环码。但为了节省资源，也可不加i个零，而对伴随式寄存器的反馈连接进行修正。由于缩短了i位，相当于信息位也提前了i位，因此需自动乘以x^i，并可用$R_{g(x)}[x^i]$电路来实现。伴随式计算电路的输入应改为按下式的计算结果方式接入。

$$R_{g(x)}[x^i]=f(x)=x^k+\cdots+x^m+x^l$$

式中，$0\leqslant k<\cdots m<l\leqslant r-1$，$r$为$g(x)$的次数，即接收码组$\boldsymbol{R}$应从$s_k,\cdots,s_m,s_l$各级输入端同时接入。这时，伴随式计算电路的状态将为

$$S'_i(x)=R_{g(x)}[f(x)R(x)]$$

而

$$f(x)=x^i+g(x)q(x)$$

$$f(x)R(x)=x^iR(x)+g(x)q(x)R(x)$$

故

$$S'_i(x)=Rg(x)[x^iR(x)]=Rg(x)[x^iS(x)]=x^iS(x)=S_i(x)$$

这说明缩短i位的$(n-i,k-i)$码，除法运算可以提前i拍完成。经$n-i$拍后的伴随式状态$S'_i(x)$等于$\boldsymbol{R}$从S_0输入端接入的情况下移位运算i拍后的状态$S_i(x)$。因此，如果将接收码组$\boldsymbol{R}$按$f(x)$的方式接入伴随式计算电路，同时将移位寄存器改为n-i级，那么原循环码的一般译码电路就可改成$(n-i,k-i)$缩短循环码译码电路。例如，(15,11)循环汉明码缩短5位便得到了(10,6)码，其生成多项式为$g(x)=x^4+x+1$，$f(x)=R_{g(x)}[x^5]=x^2+x$，图 8.4.1 是其译码电路。

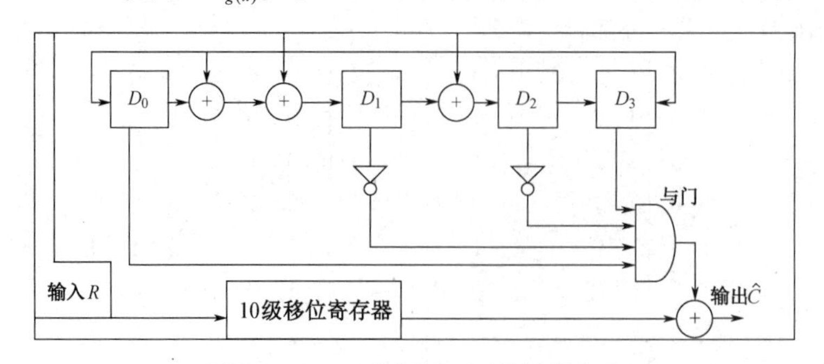

图 8.4.1 (10,6)缩短循环码的译码电路

总之，缩短循环码是在原循环码中选前 i 个信息位为 0 的码字组成。由于缩短的是信息元，缩短循环码的校验元数目与原循环码相同，因此缩短码的汉明距离和纠错能力不会低于原循环码，甚至会比原循环码更大些。

缩短循环码的译码器可在原 (n,k) 循环码译码器基础上做如下修正后使用。

（1）k 级缓存器改为 $k-i$ 级（或 n 级缓存器改为 $n-i$ 级）。

（2）为了与（1）的改动相适应，$R(x)$应自动乘以 x^i，然后输入伴随式计算电路。

8.4.3 删信循环码

删信是信息位向校验位的变相转化，也就是说，在保持长度 n 不变的情况下，维数 k 减小，奇偶校验符号的个数 $n-k$ 增加。

如果循环码的最小码距为奇数，生成子多项式乘以$(x+1)$会产生删信码、$d_{\min}$ 增加 1 的效果。例如：

$$g(x) = x^3 + x + 1$$

$$g(x)(x+1) = x^4 + x^3 + x^2 + 1$$

新的生成子的阶数增加了 1，使得校验位数也增加了。然而，对于任意的 n 值，$(x+1)$是 x^n+1 的因子，这样对于原始的 n 值来讲，新的生成子仍是 x^n+1 的因子，因而码长不变。

新码中的任意码字都由原始码乘以 $x+1$（也就是说，向左移位，然后与原始码相加）得到的码字构成。所得的结果一定是码重为偶数，因为相加的两个序列具有相同码重，模 2 加法运算不会将总体偶校验转变成奇校验。以码序列 1000101 为例，它向左移位后与其自身相加，即

$$1000101 + 0001011 = 1001110$$

相加的每个序列的码重都是 3，但是加法运算导致码字中的两个 1 被取消，剩下一个重量为 4 的码字。

假设原始码的最小码距离为奇数，因此包含了奇数码重的码字，删除的码字就是原始码中码重为偶数的码字。术语“删信”（Expurgation）的产生是因为所有码重为奇数的码字都被删除了。结果就是最小码距成为某个偶数值。

在该例中，生成子 x^3+x+1 被删除，成为 $x^4+x^3+x^2+1$，新的生成子码重为 4，很显然，新的 $d_{\min}$ 不能大于 4。由于最小码距必然由它的原始值 3 增加到了某个偶数值，因此现在这个值肯定是 4。在其他删信码中，生成子的码重可能更高，但是我们仍然可以看到该码中包含码重为 4 的码字，所以删信操作后 $d_{\min}=4$。

删信码可以按照以新的生成子为基础的一般方法进行解码，但由于码字也是原始汉明码的码字，因此可以根据以原始汉明码生成子为除数和以 $x+1$ 为除数两种情况来形成两个伴随式，如图 8.4.2 所示。如果两个伴随式都是 0，说明无误码。如果两个伴随式都是非零的，假设存在单个比特的误码，并按照一般方法用汉明伴随式电路来对其纠错。如果一个伴随式是零，另一个是非零，就说明存在着不可纠正的误码。这种方法有助于对不可纠正的误码进行检测。

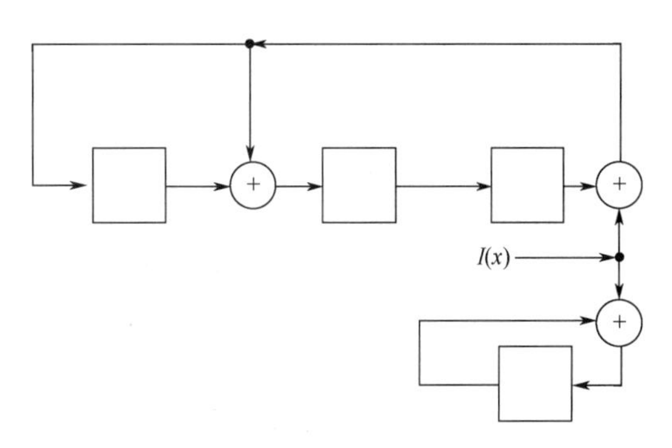

图 8.4.2 删信码伴随式的生成

【例 8.4.1】序列 0111010 是由 $x^4+x^3+x^2+1$ 生成的(7,3)删信码的码字。下面几种情况可以产生使用图 8.4.2 所示电路生成的伴随式。

① 接收序列 0110010（单个错误），伴随式为 101 和 1（可纠正的误码）。

② 接收序列 0110011（两个误码），伴随式为 110 和 0（不可纠正的误码）。

③ 接收序列 1011000（3 个误码），伴随式为 000 和 1（不可纠正的误码）。

在第一种情况中，对第一个伴随式移位一次得到 001、010、100，表明误码在第三比特。

8.5 BCH 码及 RS 码

8.5.1 BCH 码

BCH 码分别由 Hocquenghem 在 1959 年以及 Bose 和 Chaudhuri 在 1960 年独立提出。1960 年 Peterson 对二进制 BCH 码提出一种有效的译码方法。从那时起编码领域的学者们对 BCH 码的译码进行了深入研究。

BCH 码是一类纠正多个随机错误的循环码，它的参数可以在较大范围内变化，选用灵活，适用性强。最为常用的二进制 BCH 码是本原 BCH 码，其参数及其关系式为

码字长度 $n = 2^m - 1$

校验位数目 $n - k \leqslant mt$

最小距离 $d \geqslant 2t + 1$ （8.5.1）

式中，m 为正整数，一般 $m \geqslant 3$，纠错位数 $t < (2^m - 1)/2$。

BCH 码的生成多项式可以由如下得到。

令 α 是 GF(2^m)的本原元，考虑 α 的连续幂序列

$$\alpha，\alpha^2，\alpha^3，\alpha^4，\cdots，\alpha^{2t}$$

令 $m_i(t)$是以 α^i 为根的最小多项式，则满足式（8.5.1）所列参数要求的 BCH 码生成多项式为

$$g(x) = \mathrm{LCM}[m_1(x), m_2(x), m_3(x), \cdots, m_{2t}(x)]$$

式中，LCM 为最小公倍式。

利用共轭元具有相同最小多项式的特点，则生成多项式可以写成

$$g(x) = \mathrm{LCM}[m_1(x), m_3(x), \cdots, m_{2t-1}(x)]$$

表 8.5.1 给出了较小码长的 BCH 码相关参数和生成多项式。表中 n 表示码长，k 表示信息位长度，t 表示码的纠错能力，生成多项式 $g(x)$栏下的数字表示其系数。例如，表中生成多项式为 3551 时，该多项式序列的二进制表示为（11101101001），则其生成多项式为 $g(x) = x^{10} + x^9 + x^8 + x^6 + x^5 + x^3 + 1$，构成一个能纠两个错误的(31,21)BCH 码。

表 8.5.1 BCH 码的参数和生成多项式

n	k	t	$g(x)$（八进制表示）
15	7	2	721
15	5	3	2 461
31	21	2	3 551
31	16	3	107 657
31	11	5	5 423 325
63	51	2	12 471
63	45	3	1 701 317
63	39	4	166 623 567
63	30	6	157 464 165 547
127	113	2	41 567
127	106	3	11 554 743
255	239	2	267 543
255	231	3	156 720 665

【例 8.5.1】无线寻呼系统中的前向纠错方案。

无线寻呼系统是一种非语音的单向呼叫系统，目前民用较少，但在一些特殊领域仍然起着重要作用。国际寻呼系统采用 POCSAG（Post Office Code Standardization Advisory Group）码，具有地址容量大（超过 200 万）、能适用于数字 0～9，也可加标点符号或字母、数字等进行混合编码的优点，无论是随机差错还是突发差错都有一定纠、检错能力，因此是国际上公认的比较理想的编码格式。20 世纪 80 年代初英国首先使用该码，接着在大洋洲、欧洲各国推广使用，美国把它作为 2 号寻呼码。有时 POCSAG 码又称为无线寻呼国际 1 号码，或者称为 CCIR No.1 无线寻呼码。我国也已选用这种由国际无线电咨询委员会（Consultative Committee of International Radio，CCIR）推荐的 POCSAG 码作为公用无线寻呼标准码。寻呼信号编码过程如图 8.5.1 所示，采用 BCH(31,21) 码，再加 1 位偶校验码，使每个码字（32 位）中 1 的个数为偶数。

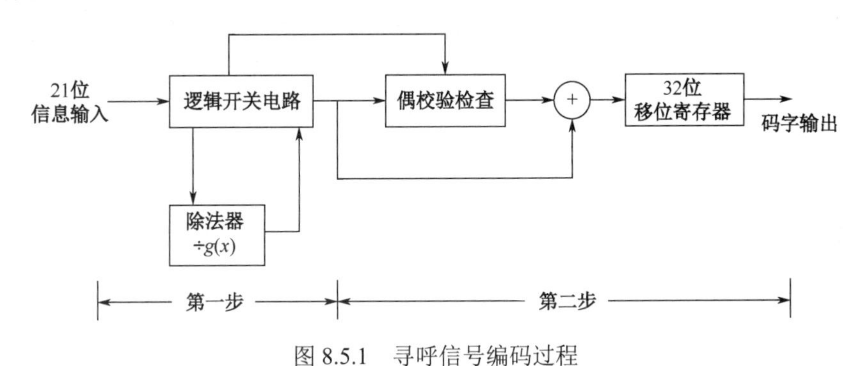

图 8.5.1　寻呼信号编码过程

若 21 位信息位为100001 100001 100001 100，生成多项式为

$$g(x) = x^{10} + x^9 + x^8 + x^6 + x^5 + x^3 + 1$$

则 POCSAG 编码的码字求解如下。

由给定的 21 位信息位，写出对应的信息码多项式为

$$m(x)= x^{20} + x^{15} + x^{14} + x^9 + x^8 + x^3 + x^2$$

用 x^{n-k} 乘 $m(x)$，即 $x^{10}m(x)$为

$$m_1(x)=x^{10}m(x)= x^{30} + x^{25} + x^{24} + x^{19} + x^{18} + x^{13} + x^{12}$$

上式除以生成多项式 $g(x)$，得余式 $r(x)$为

$$r(x)= x^9 + x^5 + x^4 + x^3 + x^2 + 1$$

将 $m_1(x)$和 $r(x)$两式相加，即得前 31 位的编码多项式 $T(x)$为

$$T(x)= x^{30} + x^{25} + x^{24} + x^{19} + x^{18} + x^{13} + x^{12} + x^5 + x^4 + x^3 + x^2 + 1$$

可知，$T(x)$项数为奇数，所以第 32 位（偶校验位）应加‘1’，这样得出该码字为

$$[\underbrace{100001\ 100001\ 100001\ 100}_{21\text{位信息}}\quad \underbrace{1000111101}_{10\text{位校验位}}\quad \underset{\text{偶校验位}}{1}\ ]$$

寻呼接收机中译码过程也分为两步。第一步检查每个接收矢量中‘1’的个数，若不为偶数，则判为接收矢量中出现了奇数个差错；若为偶数，则可能是矢量中没有差错，或者出现了偶数个差错，因此这一步只能检查误码。第二步为 BCH(31,21)码的译码，由于该码可以纠正两位随机错误，通过计算伴随式找出码字中误码的位置并予以纠正。

BCH(31,21,6)码的生成多项式为 $g(x)= x^{10} + x^9 + x^8 + x^6 + x^5 + x^3 + 1$，按照常规编码方法，只需用上述 $g(x)$构造一个模 2 除法电路或编制一个相应的模 2 除法软件即可实现编码。但其编码速度受串行操作的制约，对于一个具有上百万用户的大型寻呼系统来说这种编码方法不实用。我们可以用一种高速并行编码电路来实现编码，可选用 GAL 或 FPGA 来完成。硬件模型如图 8.5.2 所示。

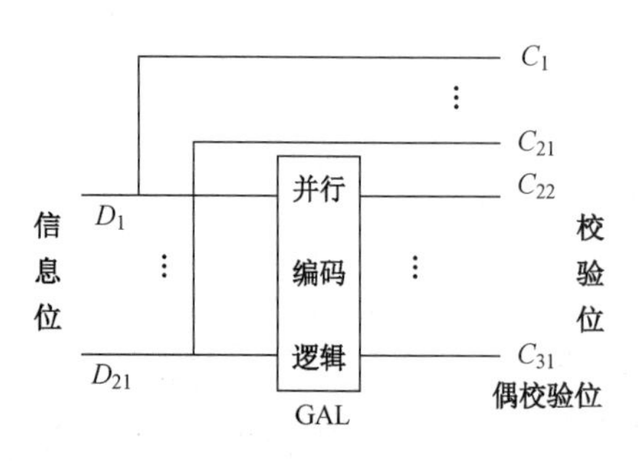

图 8.5.2　高速并行编码电路硬件模型

总之，POCSAG 码地址码容量较大，能传送较长信息，纠错能力强，最小汉明距离 $d = 6$，故能纠两个随机错误或 $b \leqslant 5$ 的突发错误。若能用于检错，可检 5 个以内的随机错误和突发长度 $\leqslant 11$ 的突发错误。可在小容量系统或混合系统中使用，它具有适应能力强、能与其他编码兼容等优点。

8.5.2　RS 码

RS 码是 Reed-Solomon 码的缩写，该码首先是由里德（Reed）和索罗蒙（Solomon）于 1960 年构造出来的，是一类具有很强纠错能力的非二进制 BCH 码。近年来，在许多通信系统中获得了应用。RS 码的码元符号取自有限域 GF(q)，它的生成多项式的根也是 GF(q)中的本原元，所以它的符号域和根域相同。由于 RS 码是以每符号 m 个比特进行的多元符号编码，在编码方法上与二元 (n,k) 循环码不同。分组块长为 $n = 2^m - 1$ 的码字比特数为 $m(2^m - 1)$ 比特，当 $m = 1$ 时就是二元编码。一般 RS 码常用 $m = 8$ 比特，这类 RS 码具有很大应用价值。能纠正 t 个错误的 RS 码具有如下参数。

码字长度　　　$n = q - 1$　（符号）
校验位数据　　$n - k = 2t$　（符号）
最小距离　　　$d = 2t + 1$　（符号）

由于线性码的最大可能的最小距离为校验位数目加 1，这就是 Singleton 限界，RS 码正好达到 Singleton 限，由 7.3 节可知 RS 码是一种极大最小距离可分码，在同等码率下其纠错能力最强。

若取 $q = 2^m$，则 RS 码的码元符号取自 GF(2^m)，码长为 $n = 2^m-1$。一个能纠正 t 位符号错误的 RS 码的生成多项式可表示为

$$g(x) = (x+\alpha)(x+\alpha^2)(x+\alpha^3)\cdots(x+\alpha^{2t})$$

其中，α 为 GF(2^m)上的本原元。

RS 码在深空通信、移动通信、军用通信、光纤通信、磁盘阵列及光存储等方面得到了广泛应用。例如，RS(255,223)码已成为美国国家航空航天局的深空通信系统中的标准信道编码；RS(31,15)码是军用通信中的首选信道编码；RS-PC(182,172) (208,192)则成为数字光盘（Digital Video Disc，DVD）系统的纠错标准。

【例 8.5.2】磁盘存储系统中的 RS 码。

磁盘存储系统中的突发错误主要是由表面不整齐（如缺陷或存在尘粒而使“读/写磁头和媒体”间隔发生变化）引起的。一个磁盘文件由一些磁道组成，但各磁道间无协作关系，因而每个磁道可独立进行存取。故对所用编码方案的要求为：能控制含有长记录的单个磁道的错误。RS 码为磁盘存储系统中控制错误最常用的分组码，用于 IBM3370 磁盘系统的是符号取自于 GF(2^8)的缩短 RS 码。

IBM3370 磁盘存储系统采用定长分组的数据格式。数据被加工成顺序排列的一些字节。每个数据分组由 512 字节（或 4 096 比特）组成。为了在读出过程中能控制错误，在记录时，每个数据分组附加 9 个校验字节，该系统采用 GF 域(2^8)上的缩短 RS(174,171)码。此域由本原多项式 $g(x) = 1 + x^2 + x^3 + x^4 + x^8$ 构成，固有长度为 $n = 2^8 - 1 = 255$ 字节，最小距离为 $d_{\min} = 4$，既能纠正单符号（一个字节）的错误，也能检测双符号（两个字节）的错误。在本系统中将 RS 码缩短到长为 174 个符号，每个符号代表一个字节，8 比特。

该(174,171)缩短 RS 码的编码方案为：先将 512 字节排成一行，并在右端加上一个 0 字节，使此数据分组的字节总数能被 3 除尽，即 $512 + 1 = 3 \times 171$。然后把这个数组分成由 171 字节组成的 3 个子组，分别对每个数据子组进行(174,171)缩短 RS 码编码，求得校验字节，形成码字。最后将 3

个码字交错编成一个编码的分组，故全码字为交错 3 次的(174,171)RS 码。此交错 RS 码能纠正限于 3 个连续字节的任何突发错误，并能检测限于 6 个连续字节的任何突发错误。

【例 8.5.3】 DVD 中的 RS 码的应用。

光存储的发展经过了 CD 时代，现在进入了 DVD 时代。光存储的纠错码一般是在 RS 码的基础上构造的，DVD 标准中应用 RS-PC（RS-Product Codes）码进行差错控制。RS-PC 码是在 RS 码的基础上进行乘积处理得到，具有 32KB，容量很大，在纠突发错误和随机错误的能力上比 CD 采用的 CIRC（Cross Interleaved Reed-solomon Code）纠错方式有了很大的提高，即使纠错前的误码率为 1%，纠错后也会降到 10^{-20} 以下。而在相同情况下，CIRC 纠错方式仅可达到 10^{-6} 的水平。在 DVD 系统中，RS-PC 码编码时先进行列编码，再进行行编码，译码时则先按行纠错，再按列纠错，而且可在行列纠错上进行迭代处理，以增强其纠错能力。

在 DVD 格式中，用户数据按扇区组织，但是这些数据要经过一系列处理，最后经过调制的通道码才直接被记录到盘片上。按照其组成方式和所处数据处理阶段的不同，一个扇区要依次经过用户扇区、数据扇区、记录扇区和物理扇区等几个步骤。ECC 编码是构成记录扇区过程的重要一步。用户扇区中包括 2 048 字节（2KB）的用户数据，在数据前面加上 12 字节的扇区头（包括 4 字节的扇区标示码 ID、2 字节的 ID 检错码 IED 和 6 字节的复制保护信息），后面加入 4 字节的扇区尾（检错码 EDC），一共 2 064 字节。将这 2 064 字节组成一个 12 行 172 列的块，而块中的 2 048 字节用户数据还要再经过扰频处理，最后得到的数据块就是数据扇区。如图 8.5.3 所示。

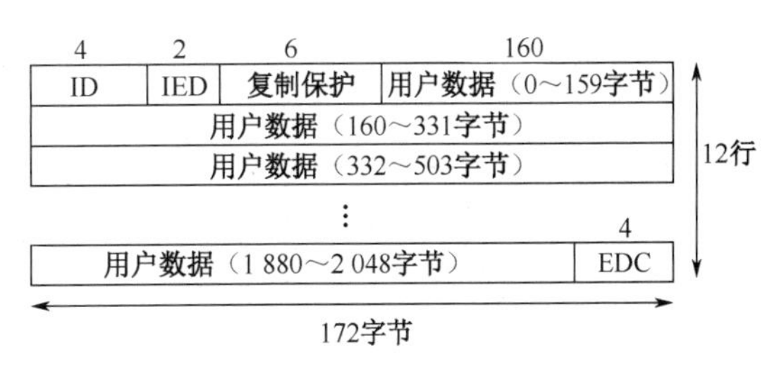

图 8.5.3　DVD 格式的数据扇区

连续 16 个数据扇区组合在一起，形成一个 192 行 172 列的 ECC 块，对该 ECC 块进行 RS-PC 编码：对每行进行 RS(182,172)编码，每列进行(208,192)编码，就形成一个 208×182 的 ECC 块。这个大的 ECC 块进行一次分拆：对前 192 行，按每 12 行分拆成 16 块；对后 16 行，将每行按顺序附加到前述 16 个小块中。最后得到的 16 个 13×182=2 366 字节的小块就是记录扇区。记录扇区经过调制编码，转化为物理扇区记录在盘片上。记录扇区为 2 366 字节，其中 2 048 字节是真正有用的主数据，除了 10 字节用作扇区标示和复制保护信息，其他的 308 字节中用于误码的检测和纠正。因此，为了达到所需的纠错能力，所付出的代价就是约 308/2 366≈13%的数据冗余。

本章小结

本章介绍了线性分组码重要子类——循环码的基本概念，详细描述了循环码的编码、译码电路原理及工作过程，讨论了循环汉明码及其派生码，并对通信系统中常用的循环码 BCH 码、RS 码进行了介绍与应用分析。

习题

8.1 已知(7,4)码的全部码字为

0000000，0001011，0010110，0011101，0100111，0101100，0110001，0111010，1000101，1010011，1011000，1100010，1101001，1110100，1111111，1001110。

（1）该码是否为循环码？为什么？

（2）试写出该码的生成多项式 $g(x)$，以及标准型的生成矩阵 $\boldsymbol{G}_0$。

（3）试写出标准型的一致校验矩阵 $\boldsymbol{H}_0$。

8.2 证明 $x^{10}+x^8+x^5+x^4+x^2+x+1$ 为(15,5)循环码的生成多项式，并写出信息多项式为 $M(x)=x^4+x+1$ 时的码多项式（按系统码的形式）。

8.3 一个(n,k)循环码，其生成多项式为 $g(x)$。假设 n 为奇数，且 $x+1$ 不是 $g(x)$的因式，试证全1码组是其中的一个码字。

8.4 在题8.3中，若$(x+1)$是 $g(x)$的一个因式，证明全1的 n 重不是码字，但若 n 是偶数，则全1的 n 重是一个码字。

8.5 已知 $g_1(x)=x^3+x^2+1$，$g_2(x)=x^3+x+1$，$g_3(x)=x+1$，试分别讨论

（1）$g(x)=g_1(x)\cdot g_2(x)$；

（2）$g(x)=g_3(x)\cdot g_2(x)$。

在两种情况下，由 $g(x)$生成的7位循环码能检测出哪些类型的单个错误和突发错误？

8.6 令(15,11)循环码的生成多项式为 $g(x)=x^4+x+1$。

试求：

（1）此码的一致校验多项式；

（2）此码的对偶码的生成多项式；

（3）此码的标准型的生成矩阵和一致校验矩阵；

（4）讨论其纠错能力。

8.7 设计题8.6的(15,11)循环汉明码的编译码电路，并计算。

（1）若信息序列多项式为 $M(x)=x^{10}+x^8+1$，试求其编码后的系统型码字。

（2）求接收码组 $R(x)=x^{14}+x^4+x+1$ 的伴随式，并列表说明 $R(x)$的译码过程。

8.8 若需构造码长为15的循环码，试问共有多少种？列出它们的生成多项式。

8.9 令 $g(x)$是一个长为 n 的二元循环码的生成多项式。

（1）若 $g(x)$中有（$x+1$）因子，证明此码不含有奇数重量码字。

（2）若 n 是 $g(x)$除尽 x^n+1 的最小整数，且 $n\geqslant 3$，证明此码的重量至少为3。

8.10 令 C_1 和 C_2 分别是 $g_1(x)$和 $g_2(x)$生成的两个长度为 n 的循环码，其最小距离分别为 d_1、d_2，证明既属于 C_1 码又属于 C_2 码的公共码多项式，形成了另一循环码 C_3，确定 C_3 码的生成多项式，试讨论 C_3 码的最小距离。

8.11 通过删除7个高阶信息位来缩短(15,11)循环汉明码，得到(8,4)缩短循环码。设计该码的译码器，使得伴随式寄存器不需要额外的移位。

8.12 下列码中哪些与BCH码的规则一致？

（1）$(32,21)d_{\min}=5$。

（2）$(63,45)d_{\min}=7$。

（3）$(63,36)d_{\min}=11$。

（4）$(127,103)d_{\min}=7$。

8.13 给出长度为15的可纠正3个错误的BCH码的生成子多项式。假设 $GF(2^4)$是用本原多项式 x^4+x^3+1 构造的。

8.14 构造一个 $GF(2^4)$上的长度为 n=15 的纠两个错误的RS码，找出它的生成多项式和 k，并对接收矢量 $R(x)=\alpha x^3+\alpha^{11}x^7$ 进行译码。

8.15 查阅资料，对BCH码、RS码在实际系统中的应用进行总结与分析，完成一篇研究报告。

相关小知识——汉明生平

理查德·卫斯里·汉明（Richard Wesley Hamming）是美国数学家，主要贡献在计算机科学和电信方面。

汉明于 1915 年 2 月 11 日出生在伊利诺伊州的芝加哥，1937 年芝加哥大学学士学位毕业，1939 年内布拉斯加大学硕士学位毕业，1942 年伊利诺伊大学香槟分校博士学位毕业，博士论文为《一些线性微分方程边界值理论上的问题》（*Some Problems in the Boundary Value Theory of Linear Differential Equations*）。

第二次世界大战期间在路易斯维尔大学当教授，1945 年参加曼哈顿计划，负责编写计算机程式，计算物理学家所提供方程的解。该程式是判断引爆核弹是否会燃烧大气层，结果是不会，于是核弹便开始试验。1946—1976 年在贝尔实验室工作。他曾和约翰·怀尔德·杜奇、克劳德·艾尔伍德·香农合作。1956 年，他参与了 IBM 650 的编程语言发展工作。以 1976 年 7 月 23 日起在海军研究院当兼任教授，1997 年成为名誉教授。1998 年 1 月 7 日逝世于加利福尼亚州蒙特利，享年 82 岁。

汉明一生主要的成就在于提出汉明码、汉明窗、汉明数、球填充、汉明距离等重要概念和方法，他还是国际计算机协会（ACM）的创立人之一，曾任该组织的主席。

汉明于 1968 年获 ACM 图灵奖，1979 年获 Emanuel R. Piore 奖，1980 年被评为美国国家工程院院士，1981 年获宾夕法尼亚大学 Harold Pender 奖。IEEE 于 1986 年设立以其名字命名的 Richard W. Hamming 奖，奖励对信息科学、系统和技术做出杰出贡献的人。

第9章　纠错码应用及分析

自1948年Shannon提出信道编码概念以来，该技术已成为现代通信系统中保证信息可靠传输的一项重要而有效的手段。它不仅成功地用于典型的AWGN信道，也成功地用于删除信道以及各类变参量的衰落信道中，成为深空通信、移动通信以及计算机通信中常用的抗干扰技术。

前几章分别介绍了各种基本的信道编码技术，主要侧重于码的结构分析及编译码方法介绍。本章将介绍纠错码在现代通信中的主要应用以及近年来出现的一些先进的信道编码技术。

9.1　卷积码及其应用

卷积码的定义及其应用

Elias在1955年最早引入了不同于分组码的卷积码。随后，Wozencraft和Reiffen提出了一种针对约束长度大的卷积码的有效译码方法，即序列译码，并且实验性研究很快开始出现。1963年，Massey提出了一种效率较低但易于实现的译码方案，称为门限译码。这一进展使卷积码在电话、卫星和无线信道的数字传输中得到了大量实际应用。而后维特比（Viterbi）于1967年提出了最大似然译码算法，它对约束长度小的卷积码实现软判决译码。维特比译码算法以及软判决序列译码的提出使卷积码在20世纪70年代就用于深空通信和卫星通信系统中。同时，基于卷积码的TCM、Turbo码均在通信领域得到了很好的应用。

9.1.1　卷积码的概念与描述方法

卷积码与分组码不相同。分组码编码时，本组中的$(n-k)$个校验元仅与本组的k个信息元有关，而与其他各组码元无关；分组码译码时，也仅从本码组中的码元内提取有关译码信息，而与其他各组无关。但是在卷积码编码中，本组的(n_0-k_0)个校验元不仅与本组的k_0个信息元有关，还与以前各时刻输入编码器的信息组有关。同样地，在卷积码译码过程中，不仅从此时刻收到的码组中提取译码信息，还要利用以前或以后各时刻收到的码组提取有关信息。此外，卷积码中每组的信息位k_0和码长n_0，通常也比分组码的k和n要小。

正是由于在卷积码的编码过程中充分利用了各级之间的相关性，且k_0和n_0也较小，因此，在与分组码同样的码率R和设备复杂性条件下，无论从理论上还是从实际上均已证明卷积码的性能至少不比分组码差，且实现最佳和准最佳译码也较分组码容易。但由于卷积码各组之间相互有关，因此在卷积码的分析过程中，至今仍未找到像分组码那样有效的数学工具，以至性能分析比较困难，从分析上得到的成果也不像分组码那样多，往往还要借助计算机的搜索来寻找好码。

从描述方法上看，卷积码也可以像分组码一样利用码多项式或者生成矩阵等形式来描述。此外，根据卷积码的特点，还可以利用状态图（State Diagram）、树图（Tree）以及格图（Trellis）等工具来描述，下面首先从卷积码的编码开始进行讨论。

卷积码一般用(n_0, k_0, m)来表示，n_0为码长，k_0为信息位，m为编码存储，m+1为编码约束长度，码率$R=k_0/n_0$。卷积码的编码可以通过由移位寄存器组成的网络结构实现。图9.1.1给出了一个二进制(2,1,2)非系统卷积码的编码器框图。

在图9.1.1中，$D_i(i=1,2)$为移位寄存器。编码时，在某一时刻k送入编码器一个信息比特m_k，同时移位寄存器中的数据（D_1和D_2中存储的数据分别是$k-1$时刻和$k-2$时刻的输入m_{k-1}和m_{k-2}）右移一位，编码器根据移位寄存器的输出（m_{k-1}和m_{k-2}）和编码器输入(m_k)，按照编码器中所确定的规则进行运算，生成该时刻的两个输出码元$c_k^{(1)}$和$c_k^{(2)}$。由图9.1.1所示的编码器框图可知，该卷积码的编码规则如下。

$$c_k^{(1)} = m_k + m_{k-2}$$
$$c_k^{(2)} = m_k + m_{k-1} + m_{k-2}$$

输出码字为

$$c_k = (c_k^{(1)}, c_k^{(2)})$$

可见，任一时刻 k 的编码输出 c_k 不仅与当前时刻的输入 m_k 有关，而且与 $k-1$ 时刻和 $k-2$ 时刻的输入 m_{k-1} 和 m_{k-2} 有关；同时，k 时刻的输入信息元 m_k 还影响接下来 $k+1$ 时刻和 $k+2$ 时刻的编码输出 c_{k+1} 和 c_{k+2}，例如

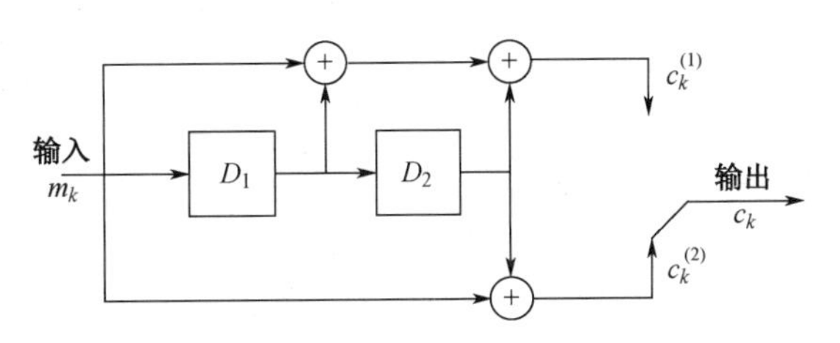

图 9.1.1　二进制(2,1,2)非系统卷积码的编码器框图

$$c_{k+1}^{(2)} = m_k + m_{k+1} + m_{k-1}$$
$$c_{k+2}^{(2)} = m_k + m_{k+1} + m_{k+2}$$

考虑一般的 (n_0, k_0, m) 卷积码，在每一时刻送至编码器的输入信息元为 k_0 个，相应的编码输出为 n_0 个码元。一般情况下，这 n_0 个码元组成的子码称为卷积码的一个子组或者码段。任一时刻 k 送至编码器的信息组记为 $m_k = (m_k^{(1)}, m_k^{(2)}, \cdots, m_k^{(k_0)})$，相应的编码输出码段 $c_k = (c_k^{(1)}, c_k^{(2)}, \cdots, c_k^{(n_0)})$ 不仅与前面的 m 个时刻的 m 段输入信息组 $m_{k-1}, m_{k-2}, \cdots, m_{k-m}$ 和输出码段 $c_{k-1}, c_{k-2}, \cdots, c_{k-m}$ 有关，还参与此时刻之后 m 个时刻的输出码段 $c_{k+1}, c_{k+2}, \cdots, c_{k+m}$ 的计算。

上述卷积码的输出实际上是 k_0 个输入信息元与编码寄存器中存储的 m 个信息元线性组合的结果（对于二进制码，输出是模 2 加的结果），因此这样的卷积码又称为线性卷积码。

卷积码的编码操作可以用多项式来表述，它代表了输入比特产生各自输出比特的原理。如上例码的多项式

$$\begin{aligned} g^{(2)}(D) &= D^2 + D + 1 \\ g^{(1)}(D) &= D^2 + 1 \end{aligned} \qquad (9.1.1)$$

算子D代表一个单位延迟。称式（9.1.1）中每个多项式为该卷积码的子生成元，其最高次数为 m。称$\boldsymbol{G}(D)$=[$g^{(2)}(D)$　$g^{(1)}(D)$]为码的生成多项式矩阵。

式（9.1.1）中两个多项式的意义为：第一个输出比特由记录两帧的比特（D^2 项）、记录一帧的比特（D）以及输入比特（1）三项模 2 加得到。第二个输出比特由记录两帧的比特（D^2 项）与输入比特（1）通过模 2 加得到。可见，只要码的子生成元确定，就容易得到其编码电路。这在图 9.1.1 中都有反映。一些文献经常将性能好的卷积码的生成子多项式以八进制或十六进制的形式列表表示。例如，第一个多项式具有系数 111，用 7 来表示，第二个多项式具有系数 101，用 5 来表示，其生成多项式可写成 $\boldsymbol{G}$=[7 5]的形式。

生成子多项式的概念也可以在若干信息比特同时输入的情况下使用。此时，生成子多项式描述的是输入的每一比特和它前面的值是如何影响每一输出比特的。例如，2比特输入、3比特输出的码需要6个生成子多项式，分别设为：$g_1^{(2)}(D)$、$g_1^{(1)}(D)$、$g_1^{(0)}(D)$、$g_2^{(2)}(D)$、$g_2^{(1)}(D)$、$g_2^{(0)}(D)$。

通常卷积码的编码电路可以看成一个有限状态的线性电路，因此也可以利用状态图来描述编码过程。编码器寄存器在任一时刻存储的数据取值称为编码器的一个状态，以 S_i 来表示。对于图 9.1.1 所示的二进制(2,1,2)卷积码，编码器中包含两个寄存器，因此，共有 $2^2 = 4$ 种可能状态，相应的取值和标记如表 9.1.1 所示。

表 9.1.1　约束长度为 3 的编码器寄存器状态表

状态 S	D_1D_2
S_0	00
S_1	10
S_2	01
S_3	11

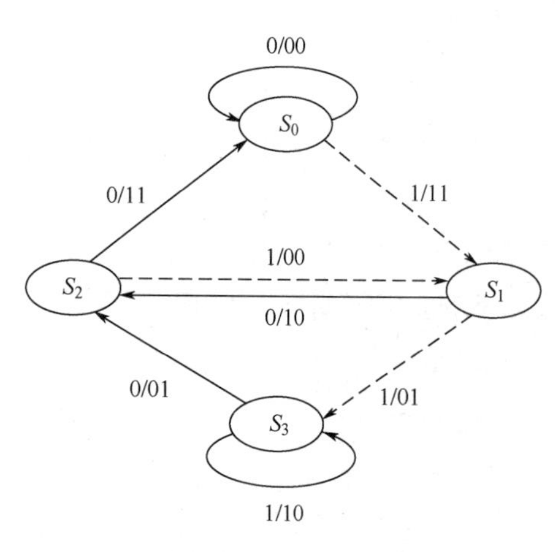

图 9.1.2 状态转移图

随着信息序列的输入，编码器中寄存器的状态在上述 4 个状态之间发生转移，并输出相应的码序列。将编码器随输入而发生状态转移的过程用流程图的形式来描述，即得到卷积码的状态图。以(2,1,2)卷积码为例，其状态图及相应的输入码元的关系如图 9.1.2 所示。

在图 9.1.2 中，对应每一条转移路径上的标记，斜线前的数码表示输入码元，斜线后面是相应的输出码元。例如，若当前编码器处于 S_0 状态，下一时刻输入为 1 时，编码器从 S_0 状态转移到 S_1 状态，同时编码器输出为 11。编码器的编码过程就是在状态图上转移的过程。例如，对于信息序列 m=（1011100），若卷积码的初始状态为 S_0，则在对 m 编码时的状态转移为 $S_0 \to S_1 \to S_2 \to S_1 \to S_3 \to S_3 \to S_2 \to S_0$，相应的编码输出为（11，10，00，01，10，01，11）。

将状态图按照时间的顺序展开，即得到卷积码的格图（又称篱笆图）表示。例如，考查长度 L=5 的输入信息序列，为使编码器在编码完成后回到初始 S_0 状态，需要在信息序列的尾端补存与编码器寄存器个数相等的零比特。由此，相应的格图表示如图 9.1.3 所示。其中每条路径转移分支对应的输入/输出码元与图 9.1.2 给出的状态图是一致的。图中粗线所对应的输入信息序列为（1011100），相应的编码输出为（11，10，00，01，10，01，11）。除了利用状态图和格图描述卷积码的编码过程，还可以利用树图来描述卷积码的编码过程，在卷积码的序列译码算法中采用的就是树图结构描述方法，有兴趣的读者可以参考相关书籍或文献。

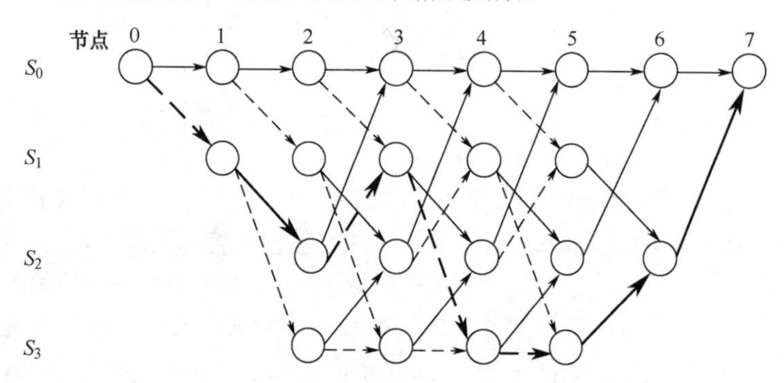

图 9.1.3 (2,1,2)卷积码（L=5）编码过程的格图表示

格图结构主要用于对卷积码编码过程的分析和 Viterbi 译码。

卷积码的篱笆图或格图，可表示出编码器状态转移与时间的关系。编码时，将信息元分段，每隔 L 段（k_0L 个）信息元后，跟着将 k_0m 个固定不变的（一般是 k_0m 个 0）码元送入编码器编码。译码时，每当这 k_0m 个确知码元所对应的码序列到达译码器并被译码器识别后，译码器就自动将其译为 k_0m 个原先发送的码元序列。这样就保证每隔 L 段必有连续 m 段的正确译码，因而使误差传播限制在 $L+m$ 段内。

编码器从 S_0(00)状态开始，并且结束于 S_0(00)状态，则最先的 m=2 个时间单位（0,1），相应于编码器由 S_0 状态出发往各个状态行进，而最后的 m=2 个时间单位（6,7），相应于编码器由各状态返回到 S_0 状态。因而，在开始和最后 m 个时间单位，编码器不可能处于任意状态中，而只能处在某些特定状态（如 S_0, S_1）中之一，仅仅从第 2 至第 5 时间单位，编码器可以处于任何状态之中（4 个状态 S_0, S_1, S_2, S_3 中之任一个）。

维特比（VB）译码算法是一种最大似然译码算法，其步骤简述如下。

（1）从某一时间单位 $j=m$ 开始，对进入每一状态的所有长为 j 段分支的部分路径，计算部分路径度量。对每一状态，挑选并存储一条有最大度量的部分路径及其部分度量值，称此部分路径为幸存路径。

（2）j 增加 1，把此时刻进入每一状态的所有分支度量，和同这些分支相连的前一时刻的幸存路径的度量相加，得到了此时刻进入每一状态的幸存路径，加以存储并删去其他所有路径，因此幸存路径延长了一个分支。

卷积码的译码

（3）若 $j < L + m$，则重复以上各步，否则停止，译码器得到了有最大路径度量的路径。

由时间单位 m 直到 L，篱笆图中 $2^{k_0 m}$ 个状态中的每一个有一条幸存路径，共有 $2^{k_0 m}$ 条。但在 L 时间单位（节点）后，篱笆图上的状态数目减少，幸存路径也相应减少。最后到第 $L+m$ 单位时间，篱笆图归到全为 0 的状态 S_0，因此仅剩下一条幸存路径。这条路径就是要找的具有最大似然函数的路径，也就是译码器输出的估值码序列 $\hat{C}$。

VB 译码算法分为软判决和硬判决两种，软判决性能优于硬判决，软判决中量化电平不同，性能不同。

从图 9.1.4 中可以看到，8 电平量化比 2 硬判决得到 2dB 的软判决增益，而大于 8 电平量化后，软判决增益增加很慢。因此，一般实际中均采用 8 电平或 16 电平量化，这时译码器也不太复杂，且有 2～3dB 的软判决增益。正由于软判决 VB 译码器比硬判决译码有 2～3dB 增益，且译码器的结构并不比硬判决复杂多少，因此一般用户均愿意采用软判决，而很少应用硬判决，特别是在卫星通信中更是如此。现在软判决的 VB 译码技术，几乎成为标准技术而广泛应用于卫星通信和其他通信系统中。

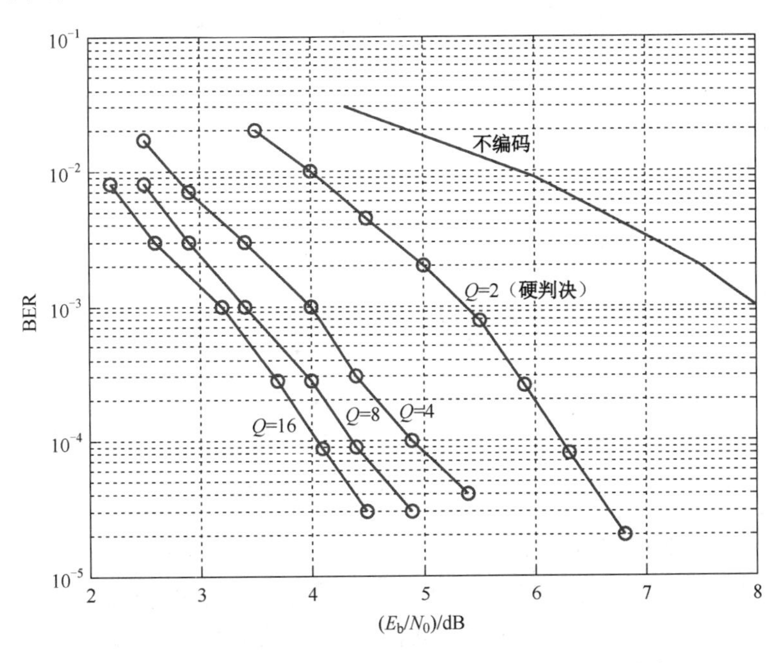

图 9.1.4 不同量化（Q）下 VB 译码器的性能仿真曲线

9.1.2 卷积码在移动通信中的应用

1. IS-95 中的卷积码

IS-95（Interim Standard-95）是由美国高通公司（Qualcomm）提出的一种码分多址（Code Division Multiple Access，CDMA）扩频通信标准，它跟 GSM 一样属于第二代移动通信技术的范畴，但是 IS-95

采用CDMA技术，而不是传统的时分多址（Time Division Multiple Access，TDMA）或频分多址（Frequency Division Multiple Access，FDMA），具有比较优越的语音通信质量。

IS-95有两种速率集，其中速率集1的传输速率可以是9600bit/s、4800bit/s、2400bit/s或1200bit/s，而速率集2的传输速率则分别等于14400bit/s、7200bit/s、3600bit/s和1800bit/s，这两种速率集对应于两种不同的声码器。

IS-95每帧的长度等于20ms，对应于速率集1的不同传输速率，移动台发射机接收的每帧数据的长度分别等于172bit、80bit、40bit和16bit。这些数据首先通过一个CRC编码器，不同的传输速率有不同长度的循环校验位：当传输速率等于9600 bit/s时，每帧数据的循环校验位长度等于12bit，相对应的生成多项式是$g(x)=x^{12}+x^{11}+x^{10}+x^9+x^8+x^4+x+1$；当传输速率等于4800 bit/s时，循环校验位的长度等于8bit，生成多项式为$g(x)=x^8+x^7+x^4+x^3+x+1$；当传输速率等于2400 bit/s或1200bit/s时不需要循环校验位。

随后在加了循环校验位后的数据末尾添加8个0，这时候每帧数据的长度分别等于192bit、96bit、48bit和24bit，与之相应的数据传输速率是9600bit/s、4800bit/s、2400bit/s、1200bit/s。对于速率集1，IS-95移动台发射机采用了约束长度等于9的卷积码，码率等于1/3，生成多项式分别为$\boldsymbol{G}$=[557 663 711]，如图9.1.5所示。对于速率集2，IS-95移动台发射机采用的是码率等于1/2的卷积码。通过卷积编码，IS-95移动台发射机每帧数据的长度分别为576bit、288bit、144bit和72bit。为了使不同速率的数据帧具有相同的长度，IS-95通过信号重复把这些数据帧的长度转换成576bit。

卷积码采用Viterbi算法。在IS-95中，上行和下行链路的业务数据帧输送给卷积码编码器，上行编码器码率为1/3，在速率低于9.6kbit/s时，输出比特经过重复，把一个20ms分组中的比特数扩展到576，总速率达到28.8kbit/s；下行编码器速率是1/2，在速率低于9.6kbit/s时，输出比特经过重复，把一个20ms分组中的比特数扩展到384，总速率达到19.2kbit/s。

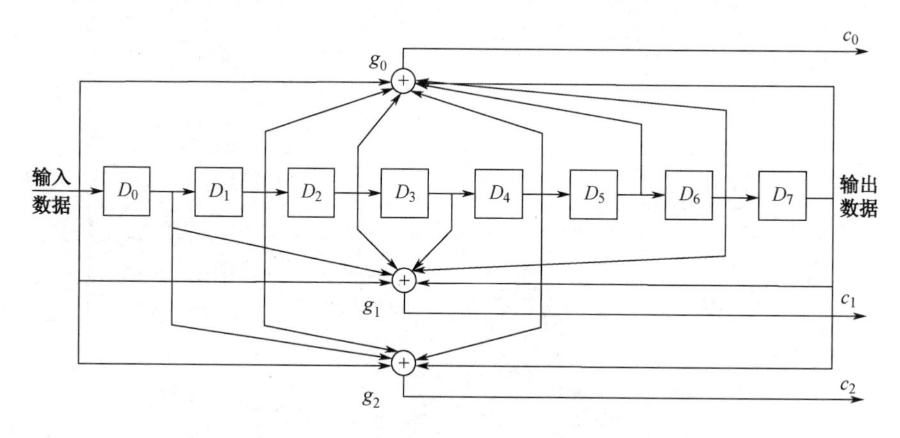

图9.1.5　IS-95码率为1/3的卷积码

2. WCDMA系统中的卷积码

WCDMA为欧洲ETSI提出的宽带CDMA技术，它与日本ARIB（Association of Radio Industries and Businesses）提出的宽带CDMA技术基本相同，双方的标准化组织经过进一步的融合形成了欧日统一的第三代移动通信无线接口建议WCDMA。

第三代系统与第二代系统相比，需要提供的业务种类大大增加，这就对信道编码提出了更高的要求。设计信道编码方案，不仅要从用户业务的要求考虑，如信息的准确度、允许的时延等，也应从提高系统增益的全局优化的角度出发，与分集接收、改进调制解调方法、系统的经济性等其他因素综合考虑。当然，决定信道编码性能最基本的问题是它的差错控制方案。WCDMA传输信道提供两类差错控制方案：前向纠错（FEC）和自动重发请求（ARQ）。FEC是无线业务最基本的差错控制方式，ARQ 作为一种补充方式。在 WCDMA 的提议中，建议采用 3 种纠错编码：卷积码、Turbo 码和业务专用编码。其中，卷积码用于误码率 BER = 10^{-3} 级别的业务，典型的有传统的语音业务。

卷积码采用(2,1,8)码，生成多项式为 $\boldsymbol{G}$ = [561 753]，该编码器如图 9.1.6 所示；同时，也支持卷积码(3,1,8)，生成多项式为 $\boldsymbol{G}$ = [557 663 711]，编码器与 IS-95 中的一致。这两种卷积码均是计算机搜索得到的好码。卷积码一般用于包括语音业务在内的速率相对较低的业务。

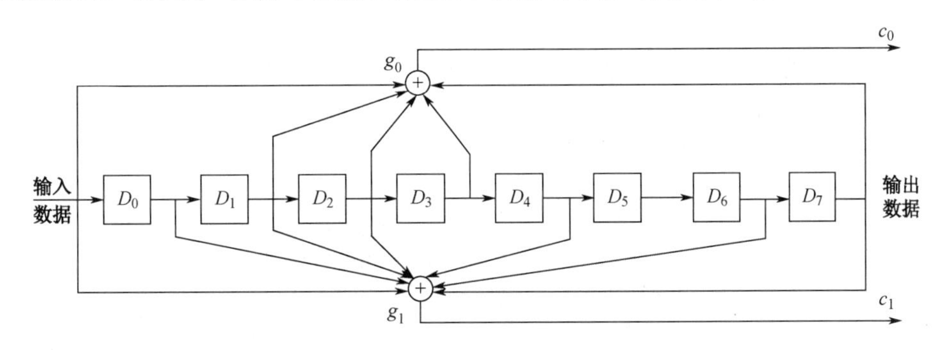

图 9.1.6　1/2 码率卷积码编码器

9.1.3　级联卷积编码系统在 NASA 系统中的应用

信道编码定理指出，随着码长 n 的增加，译码器错误概率按指数接近 0。因此，性能较好的码一般码长较长。但是，随着码长的增加，在一个码组中要求纠错的数目相应增加，译码器的复杂性和计算量也相应增加，以至难以实现。为了解决性能与设备复杂性的矛盾，1966 年福尼斯（Forney）提出了级联码的概念，把编制长码的过程分几级完成，通常分两级。

一种典型的方式如图 9.1.7 所示，假定在内信道上使用的码 $\boldsymbol{C}_1$ 称为内码，在外信道上使用的码 $\boldsymbol{C}_2$ 称为外码。所以这种码是（n_1,n_2,k_1,k_2）码，其中 n_1 、k_1 和 n_2 、k_2 分别是码 $\boldsymbol{C}_1$ 和 $\boldsymbol{C}_2$ 的长度和信息位数。而且，一般 $\boldsymbol{C}_2$ 采用的是 (n_2,k_2) 的多进制码，而 $\boldsymbol{C}_1$ 采用 (n_1,k_1) 的二元码。如果内码和外码的最小距离分别为 d_1 和 d_2，那么它们级联后的最小距离至少为 d_1d_2。这种单级级联码已广泛应用于通信和数据存储系统中。为获得较高的可靠性并减小译码复杂度，内码一般较短，使用软判决译码算法进行译码；非二进制的外码一般较长，使用代数译码方法进行译码。编码时，先将 k_2k_1 个信息数字分成 k_2 个 k_1 重，这 k_2 个 k_1 重按 $\boldsymbol{C}_1$ 码进行编码，将每个 k_1 重转换成 n_1 重。译码时，则先对 $\boldsymbol{C}_1$ 译码，再对 $\boldsymbol{C}_2$ 译码。这种码如果遇上少量的随机错误，那么内码 $\boldsymbol{C}_1$ 可以纠正；如果遇到较长的突发错误，内码则无能为力，则由纠正密集型突发错误很强的外码所纠正。另一种做法是，内码作检错码，外码作纠错码，使译码过程简化。如果还要提高纠正突发错误能力，那么可将交织技术用于级联码。

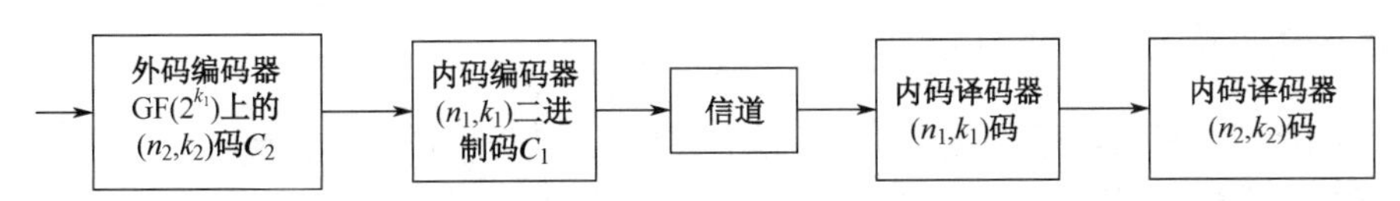

图 9.1.7　采用级联码的通信系统

有时将内码编码器、信道与内码译码器的组合称为超信道。同理，将外码编码器与内码编码器的组合称为超编码器，将外码译码器与内码译码器的组合称为超译码器。可以看到，所得级联码码字的总长度为 $N=n_1n_2$ 比特；其编码效率为 $\eta_r=\eta_1\eta_2=k_1k_2/n_1n_2$ 。虽然码字的总长度为 N，但由级联概念所提出的结构可以分别用两个长度为 n_1 与 n_2 的译码器来完成译码运算。故在相同的总差错率下这种方法比采用单级编码时所需的设备复杂程度要小得多。选用各种里德-索洛蒙（RS）码作为外码是最合适的，因为它们是极大最小距离码 $(d=n-k+1)$，并易于实现。在二级编码方案中

RS 码是级联码中外码 $\boldsymbol{C}_2$ 常用的，而内码 $\boldsymbol{C}_1$ 可以采用不同的线性分组码，如正交码、循环码等，当然也可以采用卷积码作为内码。为了进一步提高抗随机错误和突发错误的能力，还可以采用多级编码方案，同时交织码也可以结合到具体的多级编码方案中去。但是多级编码方案的缺点是编码器相当复杂，同时增长了译码时延，在某些场合并不适合。

NASA 的跟踪和数据中继卫星系统（Tracking Data Relay Satellite System，TDRSS）中使用的差错控制编码方案采用级联卷积编码系统。在该系统中，GF(2^8)上的(255, 233,33) RS 码被用作外码，由多项式 $g_1(D) = 1+D+D^3+D^4+D^6$ 和 $g_2(D) = 1 + D^3+D^4+D^5+D^6$ 生成的状态数为 64、编码效率为 1/2 的卷积码被用作内码。卷积内码的自由距离 $d_{\text{free}} = 10$。系统的整体编码效率为 0.437。该级联卷积编码系统性能如图 9.1.8 所示。

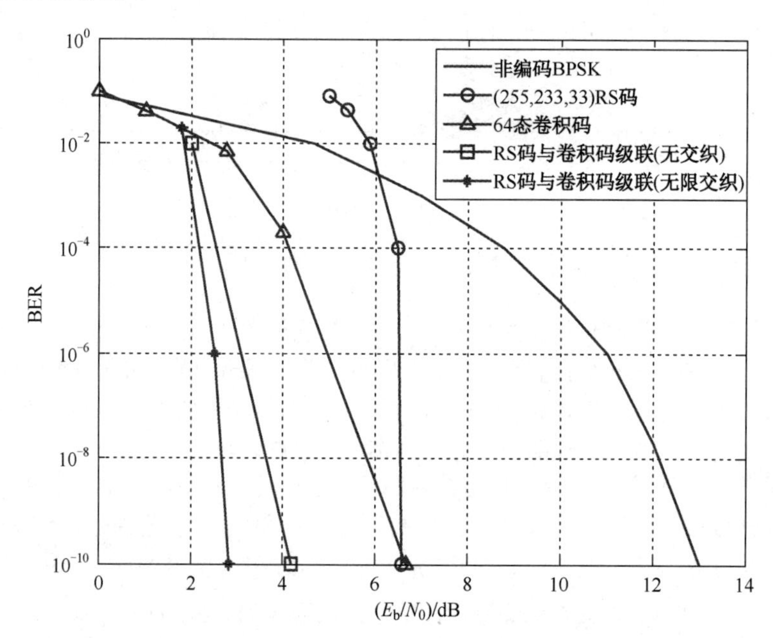

图 9.1.8　NASA 的 TDRSS 中使用的差错控制编码方案的系统性能

从图 9.1.8 中可以看出，该级联卷积编码系统在信噪比为 2.53dB 处，误比特率达到 10^{-6}，可获得近 8.5dB 增益。

同样，在微小卫星的链路中，采用空间数据系统咨询委员会（Consultative Committee on Space Data Systems，CCSDS）推荐的级联码（卷积码 + RS 码），使用级联码是为了以少于单个编码操作所需的整体实现的复杂度，来获得较低的错误概率。

9.1.4　宽带无线接入中的纠错编码

IEEE 802.16 工作组专门开发宽带固定无线技术标准，IEEE 802.16 标准是点对多点宽带固定无线接入系统的权威规范，它的颁布推动了宽带无线接入的发展。在该标准的物理层规范中，采用正交频分复用（Orthogonal Frequency Division Multiplexing，OFDM）调制，信道编码分为扰码、前向纠错（FEC）和交织三步。

FEC 包括级联的卷积码（内码）和 RS 码（外码），编码过程是首先数据以块的形式经过 RS 编码器，然后经过 0 截止的卷积码编码器。RS 码采用 GF(2^8)中的(255,239,8)码，编码生成多项式为

$$g(x) = (x+\alpha)(x+\alpha^2)\cdots(x+\alpha^{2t})，\quad \alpha = 02 \quad \text{HEX}$$

域生成多项式为 $g(x) = x^8 + x^4 + x^3 + x^2 + 1$。码字可以缩短或凿孔，以适应不同大小的数据块和不同的纠错能力。每个 RS 数据块进行卷积编码，采用(2,1,7)卷积码，生成多项式为 $\boldsymbol{G}$=[171 133]，

如图 9.1.9 所示。

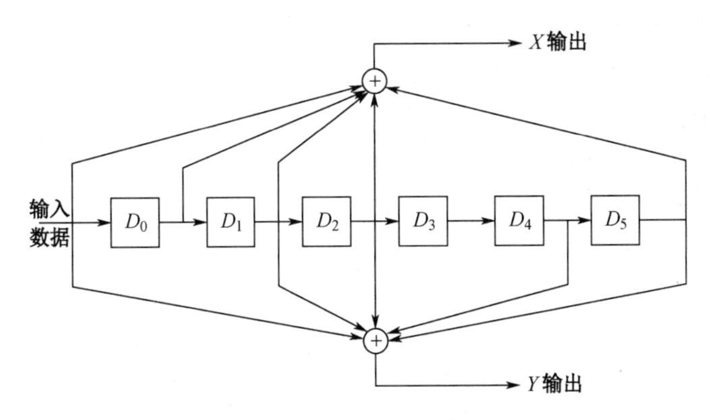

图 9.1.9　编码率为 1/2 的卷积编码器

表 9.1.2 列出了为实现不同编码码率而使用的凿孔模式和串联顺序，表中的 1 表示发送比特，0 表示删除比特。

表 9.1.2　内卷积编码及配置

	编　码　率			
Rate	1/2	2/3	3/4	5/6
d_{free}	10	6	5	4
X	1	10	101	10101
Y	1	11	110	11010
XY	X_1Y_1	$X_1Y_1Y_2$	$X_1Y_1Y_2X_3$	$X_1Y_1Y_2X_3Y_4X_5$

不同调制方式、编码块长度和编码率如表 9.1.3 所示。

表 9.1.3　不同调制方式的编码块长度和编码率

调制方式	未编码块长度/字节	编码块长度/字节	总编码率	RS 码	CC 编码率
BPSK	12	24	1/2	(12,12,0)	1/2
QPSK	24	48	1/2	(32,24,4)	2/3
QPSK	36	48	3/4	(40,36,2)	5/6
16QAM	48	96	1/2	(64,48,8)	2/3
16QAM	72	96	3/4	(80,72,4)	5/6
64QAM	96	144	2/3	(108,96,6)	3/4
64QAM	108	144	3/4	(120,108,6)	5/6

9.2　Turbo 码及其应用

Turbo 码是采用迭代译码的典型编码之一，其优异的性能来自巧妙的编码结构和迭代译码思想。本节将给出经典的 Turbo 码编码器结构，讨论 MAP（Maximum A Posteriori）、SOVA（Soft Output Viterbi Algorithm）两种常用的迭代译码算法，分析 Turbo 码的性能及应用现状，并对改进的双二进制 Turbo 码进行阐述。

Turbo 码是由两个或两个以上的简单分量编码器通过交织器并行级联在一起而构成的。信息序列先送入第一个编码器，交织后送入第二个编码器。输出的码字由三部分组成：输入的信息序列、第一个编码器产生的校验序列和第二个编码器对交织后的信息序列产生的校验序列，其结构如图 9.2.1 所示。

Turbo 码的主要特点之一是在两个编码器之间采用了交织器，它将信息序列进入第二个编码器之前进行置换，这样可以保证使第一个编码器产生小重量校验序列的输入序列，以很大的概率使第二个编码器产生大重量的校验序列。这样，即使分量码是较弱的码，产生的 Turbo 码也可能具有很好的性能，这就是所谓的 Turbo 码的“交织增益”。

Turbo 码的分量码主要采用的是递归系统卷积码（Recursive System Code, RSC），RSC 编码器就是指带有反馈的系统卷积编码器，如图 9.2.2 所示。这是一个 16 状态，生成多项式为 $\boldsymbol{G}$=[37 21] 的 RSC 编码器。

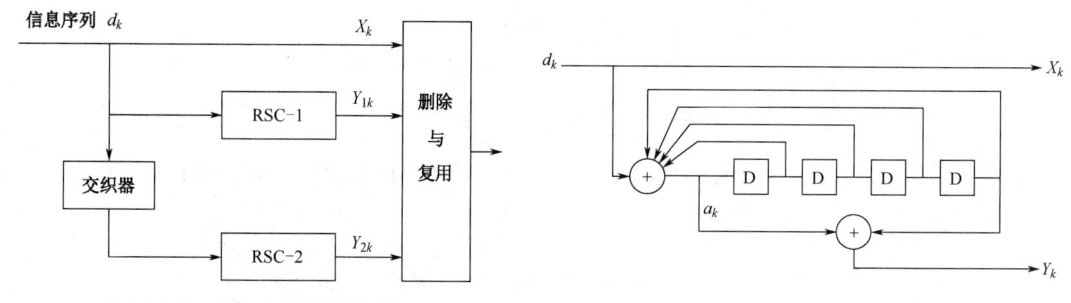

图 9.2.1 Turbo 码编码器结构　　　图 9.2.2 16 状态 RSC 编码器

讨论（二）

Turbo 码的另一个重要特点就是在译码时采用了迭代译码的思想，迭代译码的复杂性随着数据帧的大小增加而呈线性增长。与译码复杂性随码字长度增加而呈指数形式增长的 MLD 相比，迭代译码具有更强的可实现性。为使 Turbo 码达到好的译码性能，分量码译码必须采用 SISO 算法，从而实现迭代译码过程中软信息在分量译码器之间的交换。在前一节我们已提到，基于最优译码算法的迭代译码与 MLD 相比，是一种次最优译码。但对于 Turbo 码来说，采用迭代译码的方式可以保证在译码可实现的前提下，达到接近 Shannon 理论极限的译码性能。实际上，之所以称为 Turbo 码，是因为在译码器中存在反馈，类似涡轮机（Turbiner）的工作原理。在迭代过程中，分量译码器之间互相交换软比特信息来提高译码性能。Forney 等人已经证明了最优的软输出译码器应该是后验概率译码器，它取以接收信号为条件的某个特定比特传输的概率最大的结果为译码结果。16 状态 1/2 码率的 Turbo 码迭代译码如图 9.2.3 所示。

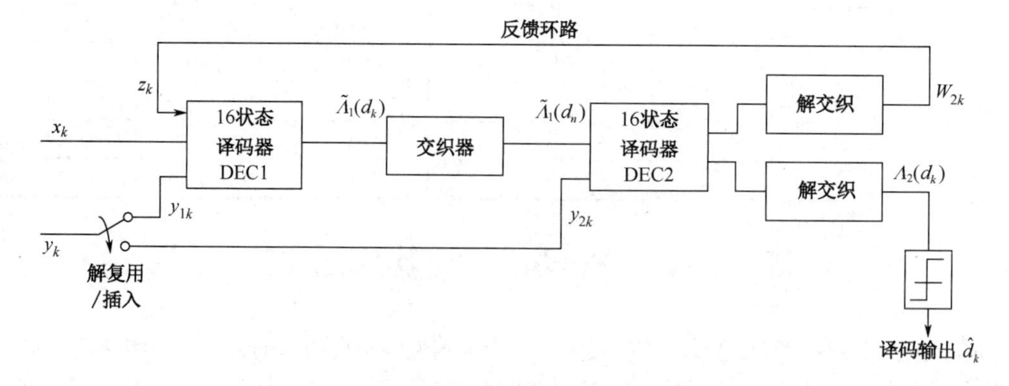

图 9.2.3 16 状态 1/2 码率的 Turbo 码迭代译码

可以看出，译码器 DEC1、DEC2 计算软信息（对数似然比 LLR：$\tilde{\Lambda}_1(d_k), \Lambda_2(d_k)$），并从中提取与信息位无关的外信息 W_{2k} 参与下一次迭代运算。这就形成了典型的软输入软输出（SISO）迭代译码。根据软信息计算方法的不同，译码方法有 MAP 算法、log-MAP 算法、Max-log-MAP 算法、SOVA 算法等，其中 MAP 译码算法又称为 BCJR 算法，译码的目标就是计算后验概率 $P_r(d_k = 1 \mid R_1^N)$

和 $P_r(d_k=0\mid R_1^N)$，而这两个后验概率可通过在 Trellis 图上对状态转移概率求和得到。

9.2.1 MAP 译码算法

假设信道为离散无记忆高斯信道，二进制调制，则译码器的输入为

$$x_k=(2d_k-1)+i_k$$
$$y_k=(2Y_k-1)+q_k$$

其中，i_k、q_k 为方差为σ^2且相互正交的噪声。y_k 进行解复用规则：当 $Y_k=Y_{1k}$ 时，y_k 送至译码器 1（DEC1）；当 $Y_k=Y_{2k}$ 时，送至译码器 2（DEC2）。$\{Y_{1k}\}$、$\{Y_{2k}\}$ 中被删除的部分补零。

假设 RSC 码的约束长度为 v，则状态为 v 维矢量，即

$$\boldsymbol{S}_k=(a_k,a_{k-1},\cdots,a_{k-v+1})$$

信息序列 $\{d_k\}$ 中各比特互不相关，且 0、1 取值等概分布。初始状态 $\boldsymbol{S}_0$、结束状态 $\boldsymbol{S}_N$ 均为 0，即

$$\boldsymbol{S}_0=\boldsymbol{S}_N=(0,0,\cdots,0)$$

编码器输出码字 $\boldsymbol{C}_1^N=\{C_1,\cdots,C_k,\cdots,C_N\}$，进入离散无记忆高斯信道，输出序列为

$$\boldsymbol{R}_1^N=\{R_1,\cdots,R_k,\cdots,R_N\},\quad R_k=(x_k,y_k)$$

比特 d_k 的后验概率（APP）值为

$$P_r\{d_k=i/R_1^N\}=\sum_m P_r\{d_k=i,S_k=m/R_1^N\}=\sum_m \lambda_k^i(m),i=0,1 \tag{9.2.1}$$

其中，m 为状态变量，取值为$\{0,1,\cdots,2^v-1\}$。

利用 BAYES 准则

$$\begin{aligned}\lambda_k^i(m)&=\frac{P_r\{d_k=i,S_k=m,R_1^k,R_{k+1}^N\}}{P_r\{R_1^k,R_{k+1}^N\}}\\&=\frac{P_r\{d_k=i,S_k=m,R_1^k\}}{P_r\{R_1^k\}}\cdot\frac{P_r\{R_{k+1}^N/d_k=i,S_k=m,R_1^k\}}{P_r\{R_{k+1}^N/R_1^k\}}\\&=\alpha_k^i(m)\cdot\beta_k(m)\end{aligned} \tag{9.2.2}$$

定义概率转移函数

$$\gamma_i(R_k,m',m)=P_r\{d_k=i,R_k,S_k=m/S_{k-1}=m'\}$$

其中，m' 和 m 均为状态变量，该函数可从离散无记忆高斯信道以及编码器格图来计算：

$$\begin{aligned}\gamma_i(R_k,m',m)&=p(R_k/d_k=i,S_k=m,S_{k-1}=m')\\&q(d_k=i/S_k=m,S_{k-1}=m')\pi(S_k=m/S_{k-1}=m')\end{aligned} \tag{9.2.3}$$

式(9.2.3)中，$p(./.)$表示离散无记忆高斯信道的转移概率，由于 x_k 和 y_k 是两个无关高斯变量，因此可得

$$p(R_k/d_k=i,S_k=m,S_{k-1}=m')$$
$$p(x_k/d_k=i,S_k=m,S_{k-1}=m')$$
$$p(y_k/d_k=i,S_k=m,S_{k-1}=m')$$

由于卷积码的特性，$q(d_k=i/S_k=m,S_{k-1}=m')$ 为 0 或为 1。

由于信息比特 0 和 1 取值等概，$\pi(S_k=m/S_{k-1}=m')$=1/2。

$\alpha_k^i(m),\beta_k(m)$ 可由概率 $\gamma_i(R_k,m',m)$ 递归运算得到：

$$\alpha_k^i(m)=\frac{\sum_{m'}\sum_{j=0}^{1}\gamma_i(R_k,m',m)\alpha_{k-1}^j(m')}{\sum_m\sum_{m'}\sum_{i=0}^{1}\sum_{j=0}^{1}\gamma_i(R_k,m',m)\alpha_{k-1}^j(m')} \tag{9.2.4}$$

$$\beta_k(m)=\frac{\sum_{m'}\sum_{i=0}^{1}\gamma_i(R_{k+1},m,m')\beta_{k+1}(m')}{\sum_{m}\sum_{m'}\sum_{i=0}^{1}\sum_{j=0}^{1}\gamma_i(R_{k+1},m',m)\alpha_k^j(m')} \tag{9.2.5}$$

1．译码流程

步骤一：初始化各变量。

$$\alpha_0^i(0)=1\alpha_0^i(m)=0\forall m\neq 0,i=0,1$$
$$\beta_N(0)=1\beta_N(m)=0\forall m\neq 0$$

步骤二：利用式（9.2.3）和式（9.2.4）计算 $\alpha_k^i(m)$ 和 $\gamma_i(R_k,m',m)$。

步骤三：当序列 R_1^N 完全接收到之后，利用式（9.2.5）计算 $\beta_k(m)$。

步骤四：利用式（9.2.2）计算 $\lambda_k^i(m)$。

步骤五：利用式（9.2.1）得到比特 d_k 的 APP 值，随后计算 LLR 值，从而得到最后的硬判决结果。

$$\Lambda(d_k)=\text{lb}\frac{\sum_{m}\lambda_k^1(m)}{\sum_{m}\lambda_k^0(m)} \tag{9.2.6}$$

$$\begin{cases}\hat{d}_k=1,\text{if }\Lambda(d_k)>0\\ \hat{d}_k=0,\text{if }\Lambda(d_k)<0\end{cases}$$

2．RSC 译码器的外信息计算

根据式（9.2.4）～式（9.2.6）可得

$$\Lambda(d_k)=\text{lb}\frac{\sum_{m}\sum_{m'}\sum_{j=0}^{1}\gamma_1(R_k,m',m)\alpha_{k-1}^j(m')\beta_k(m)}{\sum_{m}\sum_{m'}\sum_{j=0}^{1}\gamma_0(R_k,m',m)\alpha_{k-1}^j(m')\beta_k(m)} \tag{9.2.7}$$

由于编码器中 d_k 是信息位，概率 $p(x_k/d_k=i,S_k=m,S_{k-1}=m')$ 与状态 S_k 和 S_{k-1} 无关，因此式（9.2.7）可写成

$$\Lambda(d_k)=\text{lb}\frac{p(x_k/d_k=1)}{p(x_k/d_k=0)}+\text{lb}\frac{\sum_{m}\sum_{m'}\sum_{j=0}^{1}\gamma_1(y_k,m',m)\alpha_{k-1}^j(m')\beta_k(m)}{\sum_{m}\sum_{m'}\sum_{j=0}^{1}\gamma_0(y_k,m',m)\alpha_{k-1}^j(m')\beta_k(m)}=\frac{2}{\sigma^2}x_k+W_k$$

其中，W_k 为外信息，与信息位不相关，一般来讲，与 d_k 同符号。在迭代译码中，外信息会传递到下一次迭代中参与迭代。

3．迭代译码

如图 9.2.3 所示，DEC1、DEC2 都采用上述算法。DEC2 的输入为 $\Lambda_1(d_k)$ 和 y_{2k}，两者互不相关，则 DEC2 输出的 LLR 值可写成

$$\Lambda_2(d_k)=f(\Lambda_1(d_k))+W_{2k}$$

其中

$$\Lambda_1(d_k)=\frac{2}{\sigma^2}x_k+W_{1k}$$

DEC2 输出的外信息送到 DEC1，作为外信息 $z_k=W_{2k}$。这样，DEC1 具有 3 个数据输入，(x_k,y_{1k},z_k)，那么，在计算式（9.2.3）、式（9.2.4）时，将 $R_k=(x_k,y_{1k},z_k)$ 取代 $R_k=(x_k,y_{1k})$。考虑

到 z_k 与 x_k、y_{1k} 相关性弱，假设 z_k 可近似方差为 $\sigma_z^2 \neq \sigma^2$ 的高斯变量，则信道转移概率变为

$$p(R_k / d_k = i, S_k = m, S_{k-1} = m') = p(x_k / .)p(y_k / .)p(z_k / .)$$

DEC1 输出的 LLR 值为

$$\Lambda_1(d_k) = \frac{2}{\sigma^2}x_k + \frac{2}{\sigma_z^2}z_k + W_{1k}$$

在最后一次迭代时，利用 DEC2 输出的 LLR 值符号来做硬判决：

$$\hat{d}_k = \text{sign}[\Lambda_2(d_k)]$$

log-MAP 算法是 MAP 算法的一种转换形式，实现较 MAP 简单，它将 MAP 算法中的变量都转换为对数形式，从而把乘法运算都转换为加法运算。若将 log-MAP 算法中的 max*()简化为通常的最大值运算，即为 Max-log-MAP 算法。

9.2.2　SOVA 算法

MAP 算法性能最优，但其运算量以及所存储空间较大，译码时延较大，算法中的非线性运算不利于硬件实现。软输出维特比算法（SOVA）虽然译码性能不如 MAP 算法，但其译码计算量较低，并且有利于硬件实现。SOVA 译码算法是在维特比译码算法的基础上形成的，实质就是一个软输出的维特比译码算法。

对于上述典型 Turbo 码编码器结构中的编码存储级数为 m、码率为 $1/n$ 的 RSC 子编码器而言，格图中状态总数为 $S = 2^m$，每个状态都只有两个输入分支和两个输出分支。

传统的软判决维特比译码算法包括以下步骤。

（1）累积路径度量的计算。在每一时刻 k，子译码器先计算到达每一个状态 $s\,(0 \leqslant s \leqslant 2^m - 1)$ 的两条路径的累积路径度量：

$$M_{(k,s)}^v = M_{(k-1,s)}^v + \sum_{j=1}^{n} x_{k,j}^v L_c y_{k,j} + x_{k,1}^v L_0(u_k), v = 1,2 \tag{9.2.8}$$

式（9.2.8）中 x 和 y 分别为经 BPSK 调制后的编码输出的码字序列和对应的接收序列。$L_c = 2/\sigma^2$，仿真时可归一化为 1。

（2）软判决值的计算。时刻 k 状态 s 处路径判决的对数似然比为

$$L_k^s = (M_{(k,s)}^1 - M_{(k,s)}^2)/2 > 0$$

其中，$M_{(k,s)}^1$ 表示时刻 k 状态 s 的幸存路径的累积度量；$M_{(k,s)}^2$ 表示竞争路径的累积度量。

（3）软判决值的更新。在每一时刻 k，先前时刻的路径判决值根据以下规则进行更新。

$$u_j^1 \neq u_j^2 \Rightarrow L_j^{s1} = \min(L_j^{s1}, L_k^s), j < k$$

其中，$s1$ 是时刻 k 状态 s 处的幸存路径在时刻 j 上的状态。

（4）寻找最大似然路径和条件对数似然比的计算。在经典的维特比算法的格图上找出最大似然路径，存储最大似然路径上的硬判决序列 $\{\overline{u}_k\}$，于是 u_k 的 LLR 值可估为

$$L(u_k) = (2\overline{u}_k - 1) \cdot L_k^{sm}$$

其中，sm 是最大似然路径在 k 时刻的状态。

（5）外部信息值即软输出值的计算。用 LLR 值减去固有信息值，得到外部信息的估计值：

$$L_E(u_k) = L(u_k) - y_{k,1} - L_0(u_k)$$

其中，$y_{k,1}$ 为接收码字在 k 时刻的系统码元；$L_0(u_k)$ 为输入子译码器的先验信息值，由另一子译码器输出的外部信息提供。若用上标 t 表示迭代的级数，则两个子译码器的先验信息与外部信息的关系为

$$L_{01}^t = L_{E2}^{t-1}, L_{02}^t = L_{E1}^t$$

9.2.3 交织技术

在许多同时出现随机错误和突发错误的复合信道上，如短波、对流层散射等信道中，往往发生一个错误时，波及后面一串数据，导致突发误码超过纠错码的纠错能力，使性能变差。在信道编码中加入交织器，可以有效地减小数据传输中突发错误的影响。交织器和解交织器的引入，可以将接收数据中较长的突发错误分散到不同的码字中，从而可以更有效地利用纠错编码对其进行纠错。下面介绍 WCDMA、CCSDS 两个标准中 Turbo 编码的交织结构。

1. WCDMA 中 Turbo 编码的内部交织

可将 Turbo 编码的内部交织操作分为 4 个步骤。

（1）计算交织矩阵的行数 R 和列数 C。设输入的数据流为 K 比特，根据 K 来确定交织矩阵的行数 R 和列数 C；矩阵的行数 R 和列数 C 确定后，把数据逐行写入 $R\times C$ 的矩阵。

（2）进行行间交换。根据输入的比特长度 K 值的不同，选择相应的交换模式，下式中 $T(j)$指明了第 j 个被交换行的原来的位置。

$$T(j)=\begin{cases}\text{Pat}_4 & \text{如果}40\leqslant K\leqslant 159\\ \text{Pat}_3 & \text{如果}160\leqslant K\leqslant 200\\ \text{Pat}_1 & \text{如果}201\leqslant K\leqslant 480\\ \text{Pat}_3 & \text{如果}481\leqslant K\leqslant 530\\ \text{Pat}_1 & \text{如果}531\leqslant K\leqslant 2280\\ \text{Pat}_2 & \text{如果}2281\leqslant K\leqslant 2480\\ \text{Pat}_1 & \text{如果}2481\leqslant K\leqslant 3160\\ \text{Pat}_2 & \text{如果}3161\leqslant K\leqslant 3210\\ \text{Pat}_1 & \text{如果}3211\leqslant K\leqslant 5114\end{cases}$$

设 p 为满足 $K\leqslant(p+1)\times R$ 的最小素数。

上式中的 Pat_1、Pat_2、Pat_3 和 Pat_4 所代表的交换模式如下。

Pat_1：{19，9，14，4，0，2，5，7，12，18，10，8，13，17，3，1，16，6，15，11}

Pat_2：{19，9，14，4，0，2，5，7，12，18，16，13，17，15，3，1，6，11，8，10}

Pat_3：{9，8，7，6，5，4，3，2，1，0}

Pat_4：{4，3，2，1，0}

（3）进行行内交换。行内交换基本序列的初始值 $s(0)=1$；后续序列 $s(i)$由下式决定。

$$s(i)=[v\times s(i-1)]\bmod p,\ i=1,2,\cdots,(p-2)$$

然后根据矩阵的列数，选取行内交换模式，逐行进行交换运算。原根 v 的值与 p 对应（可查表），具体算法参考 3GPP TS25.212。

（4）数据输出。最后逐列读出矩阵数据。在读数据的同时，注意与比特对应的初始位置。如果该比特对应的是交织过程中插入的信息位，则删除之。因此，从矩阵输出的数据已经去掉了多余比特，使得输入和输出的比特数保持一致。去掉的多余比特为：$R\times C-K$。

2. CCSDS 标准中 Turbo 码的交织纠错方案

为了解决空间任务中存在的数据处理问题，1982 年成立了空间数据系统咨询委员会（CCSDS）。CCSDS 的第一套成熟建议（1982—1986 年制定的蓝皮书）是针对常规任务的空间数据系统而提出的。90 年代以来，为适应许多新的系统（包括载人空间站、无人空间平台、自由飞行器等）和新的空间任务的发展及其对数据系统的更高要求，CCSDS 拓展了原有的常规建议。

CCSDS 在 1999 制定的标准（CCSDS 101.0-B-4 蓝皮书）中，推荐使用 Turbo 码作为纠错编码方式。Turbo 码中采用的交织器是代数交织，其置换关系如下。

信息分组长度为 k，$k=k_1k_2$，k_1k_2 的长度如表 9.2.1 所示。

表 9.2.1　根据信息分组长度的参数 $k1$ $k2$

信息分组长度	k_1	k_2
1784	8	223
3568	8	223*2
7136	8	223*4
8920	8	223*5

从 $s=1$ 到 $s=k$，采用下面的操作，得到置换数 $\pi(s)$，p_q 表示 8 个初始整数。

$$p_1=31; p_2=37; p_3=43; p_4=47; p_5=53; p_6=59; p_7=61; p_8=67$$

$$m=(s-1) \bmod 2$$

$$i=\left\lfloor \frac{s-1}{2k_2} \right\rfloor$$

$$j=\left\lfloor \frac{s-1}{2} \right\rfloor - ik_2$$

$$t=(19i+1) \bmod (k_1/2)$$

$$q=t \bmod 8+1$$

$$c=(p_q j+21m) \bmod k_2$$

$$\pi(s)=2(t+ck_1/2+1)-m$$

9.2.4　Turbo 码的性能与应用

图 9.2.4 为 1/2 码率的 Turbo 码不同算法性能的比较，其交织长度为 256、512，RSC 的生成矩阵为(37,21)，迭代次数为 10。从图中可以看出，MAP 算法最优，Log-MAP 次之，SOVA 算法最差。Log-MAP 算法、MAP 算法性能相近。

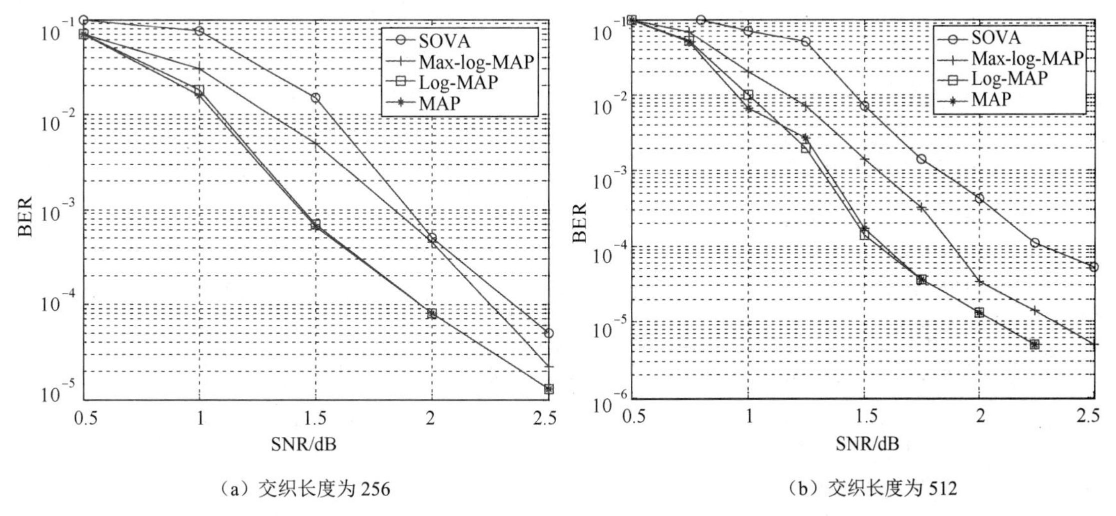

（a）交织长度为 256　　（b）交织长度为 512

图 9.2.4　不同交织长度下 4 种译码算法的性能比较

近些年来，Turbo 码应用相当广泛，在许多国际标准中都被作为首推的纠错编码。表 9.2.2 列出了一些主要应用及相关码参数。

表 9.2.2　Turbo 码在国际标准中的主要应用及相关码参数

应用	Turbo 码型	终止方式	多项式（八进制）	码率
CCSDS（深空通信）	二进制 16 状态	tail bits	23,33,25,37	1/6,1/4,1/3,1/2
3GPP(UMTS)	二进制 8 状态	tail bits	13,15,17	1/4,1/3,1/2
3GPP2(CDMA2000)	二进制 8 状态	tail bits	13,15,17	1/4,1/3,1/2
3GPP LTE(Long Term Evolution)	二进制 8 状态	tail bits	13,15,17	1/4,1/3,1/2
DVB-RCS（卫星返回信道）	Duo-binary, 8 状态	Circular(tail bits)	15,13	1/3～6/7
DVB-RCT（陆地返回信道）	Duo-binary, 8 状态	circular(tail bits)	15,13	1/2,3/4
DVB-SSP(Satellite Service to Portable)	二进制 8 状态	tail bits	15,13	
Inmarsat (Aero-H)	二进制 16 状态	no	23,35	1/2
Eutelsat (Skyplex)	Duo-binary, 8 状态	Circular(tial-biting)	15,13	4/5,6/7
IEEE 802.16(WiMAX)	Duo-binary, 8 状态	Circular(tail-biting)	15,13	1/2～7/8
IEEE 802.16e(Mobile WiMAX)	Duo-binary, 8 状态	Circular(tail-biting)	15,13	

从目前的研究来看，Turbo 码与空时码、TCM 的结合，以及在 MIMO 信道、协作通信中的应用均为研究热点。Turbo 码在学术界研究中的地位依然相当重要。

9.2.5　双二进制 Turbo 码

双二进制 Turbo 码在传统 Turbo 码的基础上进行了改进，符号间的交织有效抑制了传统 Turbo 码的错误平层，基于符号判决的译码算法在复杂度增加不大的情况下降低了译码时延，码字序列的双输入降低了高码率码字受删余的影响。本节将介绍 DVB-RCS 标准中的双二进制 Turbo 码。

双二进制 Turbo 码分量码编码器采用的是循环递归系统卷积码（CRSC），其编码结构如图 9.2.5 所示，标准中规定的生成多项式为[15 13 11]的卷积码。传统 Turbo 码编码器的初始状态为 0，为了保证终止状态也为 0，需要添加尾比特。但是由于交织器的作用，很难使得两个分量码编码器同时归零，WCDMA 采用的是单归零方案，而 CDMA2000 采用的是双归零方案。一般而言，从译码性能上比较，双归零方案优于单归零方案，单归零方案又优于不归零方案。但是添加尾比特降低了编码效率，并且数据包之间相互独立，大大降低了系统吞吐量，对于使用短帧数据的系统尤为严重。

循环递归系统卷积码基于自截尾机制，使得编码器的初始状态和终止状态相同，达到状态上的循环。根据图 9.2.5 所示的 Turbo 码编码器结构，可定义下列矢量和矩阵。

$$\boldsymbol{S}_i=\begin{bmatrix} s_{1,i} \\ s_{2,i} \\ s_{3,i} \end{bmatrix};\quad \boldsymbol{X}_i=\begin{bmatrix} A_i+B_i \\ B_i \\ B_i \end{bmatrix};\quad \boldsymbol{G}=\begin{bmatrix} 1 & 0 & 1 \\ 1 & 0 & 0 \\ 0 & 1 & 0 \end{bmatrix}$$

寄存器的状态迭代为

$$\begin{gathered} \boldsymbol{S}_i=\boldsymbol{G}\boldsymbol{S}_{i-1}+\boldsymbol{X}_i \\ \boldsymbol{S}_{i-1}=\boldsymbol{G}\boldsymbol{S}_{i-2}+\boldsymbol{X}_{i-1} \\ \boldsymbol{S}_1=\boldsymbol{G}\boldsymbol{S}_0+\boldsymbol{X}_1 \end{gathered}$$

因此，对于任一以 $\boldsymbol{S}_0$ 为起点的 $\boldsymbol{S}_i$ 状态，二者之间的状态可以写成

$$\boldsymbol{S}_i = \boldsymbol{G}^i \cdot \boldsymbol{S}_0 + \sum_{p=1}^{i} \boldsymbol{G}^{i-p} \cdot \boldsymbol{X}_p$$

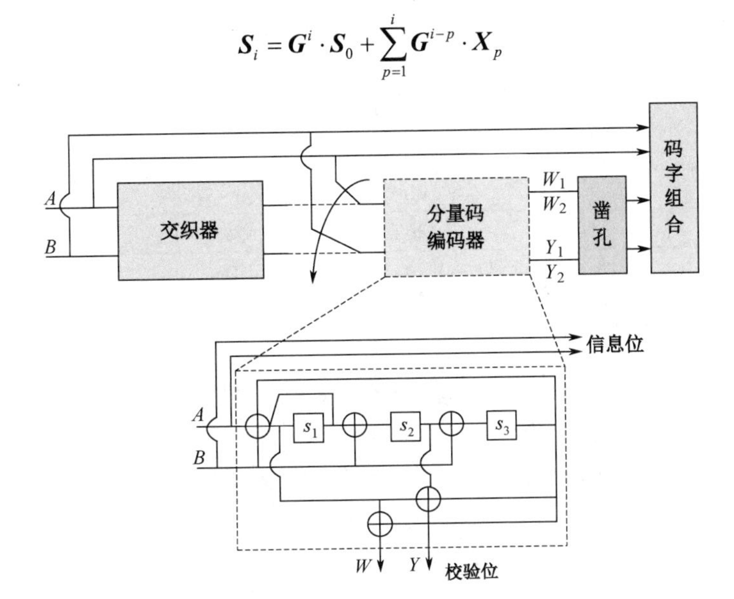

图 9.2.5　双二进制 Turbo 码的编码器结构

可以看出，编码器的状态具有循环特性，如果编码器起始于 S_c，经过 N 组数据编码后，其状态回到 S_c。循环状态如表 9.2.3 所示，S_N^0 为初始状态为 0 时 N 组比特编码后的状态。分量码编码器的状态转移图如图 9.2.6 所示。

表 9.2.3　循环状态

S_N^0 → ↓N mod.7	0	1	2	3	4	5	6	7
1	S_C=0	S_C=6	S_C=4	S_C=2	S_C=7	S_C=1	S_C=3	S_C=5
2	S_C=0	S_C=3	S_C=7	S_C=4	S_C=5	S_C=6	S_C=2	S_C=1
3	S_C=0	S_C=5	S_C=3	S_C=6	S_C=2	S_C=7	S_C=1	S_C=4
4	S_C=0	S_C=4	S_C=1	S_C=5	S_C=6	S_C=2	S_C=7	S_C=3
5	S_C=0	S_C=2	S_C=5	S_C=7	S_C=1	S_C=3	S_C=4	S_C=6
6	S_C=0	S_C=7	S_C=6	S_C=1	S_C=3	S_C=4	S_C=5	S_C=2

基于图 9.2.5 的编码结构可以看出，编码输出 Y、W 分量与输入 A、B 及当前状态之间的关系如下。

$$\begin{bmatrix} Y \\ W \end{bmatrix} = \begin{bmatrix} 1 & 1 \\ 1 & 1 \end{bmatrix} \cdot \begin{bmatrix} A \\ B \end{bmatrix} + \begin{bmatrix} 1 & 1 \\ 1 & 0 \end{bmatrix} \cdot \begin{bmatrix} s_{1,i-1} \\ s_{2,i-1} \end{bmatrix}$$

由此可得如下校验关系式。

$$Y + A + B + s_{1,i-1} + s_{2,i-1} = 0$$

$$W + A + B + s_{1,i-1} = 0$$

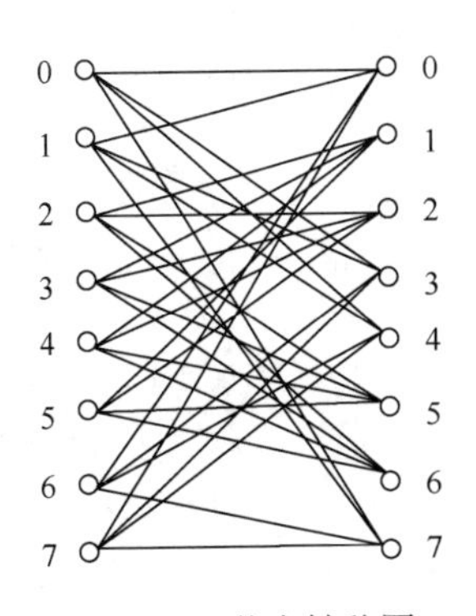

图 9.2.6　状态转移图

在 DVB-RCS 标准中，传输反向突发采用 ATM 或 MPEG 包进行封装。有学者给出了 AWGN 信道下 DVB-RCS 标准中双二进制 Turbo 码的硬件实现性能与理论性能的比较，如表 9.2.4 所示。该表给出了 Max-log-APP 译码算法下，8 次迭代，4 比特输入量化，FER=10^{-4} 时的 E_b/N_0 取值，括号内为理论值。

表 9.2.4　硬件实现性能与理论性能的比较

数据块大小	ATM	ATM
码率	53 字节	188 字节
1/2	2.3 dB (1.3dB)	1.8 dB (0.8dB)
2/3	3.3 dB (2.2dB)	2.6 dB (1.7dB)
3/4	3.9 dB (2.6dB)	3.2 dB (2.1dB)
4/5	4.6 dB (3.1dB)	3.8 dB (2.6dB)
5/6	5.2 dB (3.8dB)	4.4 dB (3.3dB)

9.3　喷泉码及其应用

喷泉码（Fountain Codes）常常被直接称为无码率码（Rateless Codes），它可以对有限的信息符号进行编码，得到无限的编码符号。在收端，无论从何处开始接收编码符号，只要数据量足够，就可以恢复出信息符号。根据信道条件的不同，发送的编码符号数量也不同。LT 码、Raptor 码是两种重要的实用喷泉码，LT 码由 Luby 提出，对于任意二进制删除信道（Binary Erasure Channel，BEC）都可以接近信道容量。然而，LT 码存在错误平层。随后，Shokrollahi 提出了 Raptor 码，将 LT 码作为内码，高码率的 LDPC 码作为外码。Raptor 码也可以达到 BEC 的信道容量，且错误平层较低。由于优异的性能及线性的译码复杂度，目前 Raptor 码已经被广泛应用于 3GPP TS 26.346（多媒体广播多播服务）、DVB-IPDC（IP 数据分发）、DVB-IPTV（IP 电视）等标准中。本节将介绍 LT 码、Raptor 码的编码结构和译码方法，并针对标准中的 Raptor 码进行结构分析。该节内容可为读者掌握喷泉码的基本概念，进一步开展相关研究提供良好的借鉴。

9.3.1　LT 码

LT（Luby Transform）码是第一种真正实用的喷泉码。图 9.3.1 给出了 LT 码的编码过程。圆圈代表输入节点，也就是待编码的信息符号。方块代表输出节点，即编码符号。输入节点与输出节点用边进行连接，与节点相连的边的数目称为度。

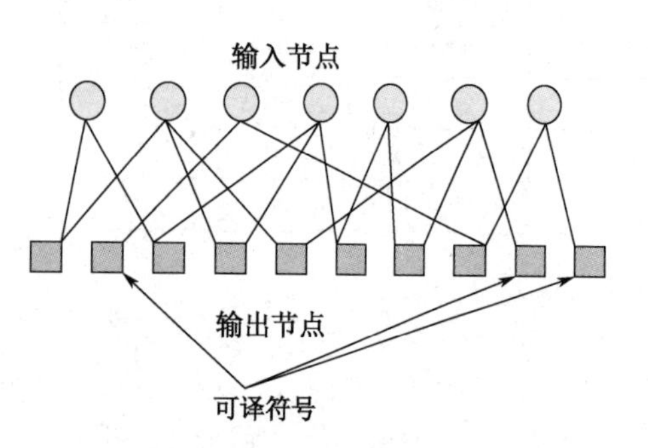

图 9.3.1　LT 码的编码过程

假设信息符号的长度为 K，基于输出节点的度分布，编码过程为：按照度分布的概率首先随机生成一个度 d（$1\leqslant d\leqslant K$），然后在输入的 K 个信息符号中随机选取 d 个不同的信息符号 $b_1,b_2,\cdots,b_d$，并进行异或运算（$\oplus$），即得编码符号 $c=b_1\oplus b_2\oplus\cdots\oplus b_d$。按照这样的过程，可以随机产生无限个编码符号。对于只有一条边的编码符号，称其为可译符号（Ripple），Ripple 集合（预译码集合）的大小对二进制的置信传播（Belief Propagation，BP）译码有着重要的影响。

BP 算法是 LT 码的重要译码算法。如图 9.3.2 所示，译码从可译符号（Ripple）开始，由于该编码符号只与一个信息符号相连，因此该信息符号即编码符号的取值，即 s_1=1[图 9.3.2（b）]。然后将与 s_1 相连的所有编码符号和 s_1 进行异或，即取消这些编码符号与 s_1 相连的边[图 9.3.2（c）]。按照上述过程继续译码，直到所有的信息符号被恢复。在译码过程中，存在可译符号是译码得以继续的必要条件。因此，Ripple 集合（预译码集合）的大小对于译码过程至关重要。

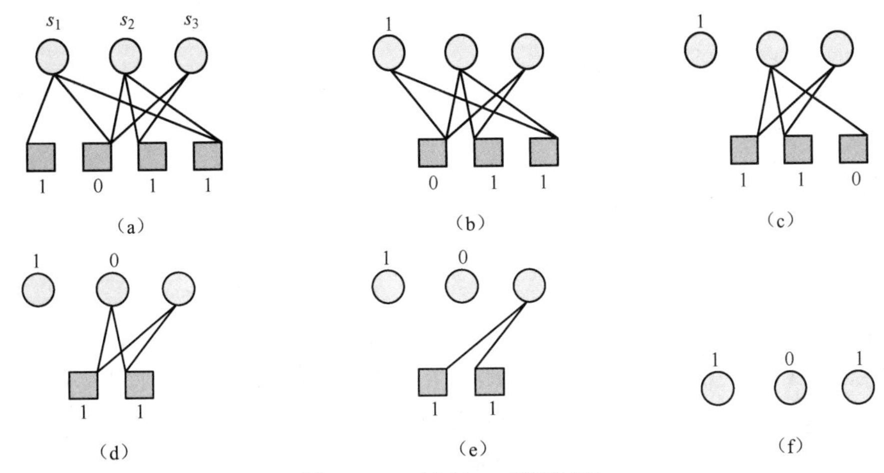

图 9.3.2　二进制 BP 译码过程

度分布是决定 LT 码性能的重要因素，经典的 LT 码度分布有两种，理想孤子分布（Ideal Soliton Distribution, ISD）和鲁棒孤子分布（Robust Soliton Distribution，RSD）。在实际应用中，ISD 具有较差的性能，主要原因是期望取值的波动很大程度上会使译码中无可译符号，即 BP 译码无法进行下去。鉴于此，RSD 进行了改进，在设计时就保证可译符号数目的均值为

$$S \equiv c\ln\left(K/\delta\right)\sqrt{K}$$

式中，δ 为期望的未恢复符号概率；c 为一常数，一般小于 1 会有较好的性能。

这样，根据不同的信息符号长度 K 及所期望的未恢复符号概率 δ，可以设计出不同的度分布，从而较好地适应系统传输的需求，具有较好的实用性。

9.3.2　编码计算中的 LT 码

通信、计算和缓存资源的协同融合是未来通信网络的发展方向之一。编码计算将编码理论融于分布式计算中，可提升分布式计算系统性能、保障系统安全，目前成为分布式计算领域的热门方向。

LT 码可用于编码计算中的矩阵-向量乘法系统（1 个主节点和 p 个工作节点），目标是分布式计算大小为 $m\times n$ 的矩阵 $\boldsymbol{A}$ 和 $n\times 1$ 的向量 $\boldsymbol{x}$ 的积：$\boldsymbol{b}=\boldsymbol{Ax}$。计算过程中，矩阵 $\boldsymbol{A}$ 的 m 个初始行视为源符号。通过经典 RSD 选择度 d，然后随机选择 d 个数据行相加生成编码行。原数据行与编码行之间的映射关系，即等效生成矩阵，需存储在主节点上，这对于成功译码至关重要。主节点将生成的编码行平衡分配给各个工作节点，工作节点计算编码行和向量 $\boldsymbol{x}$ 的乘积，并将结果返回给主节点。如果一个工作节点在主节点解码 $\boldsymbol{b}$ 之前完成了分配给它的所有向量积，那么它将保持空闲状态，主节点继续从其他工作节点收集更多的行向量积。一旦主节点获得了足够的结果可以解码 $\boldsymbol{b}=\boldsymbol{Ax}$，则它将向所有工作节点发送完成信号以停止计算。和其他方案相比，基于 LT 码的编码方案可以实现理想的负载平衡并且具有较低的解码复杂度。基于 LT 码的编码计算原理框图如图 9.3.3 所示。

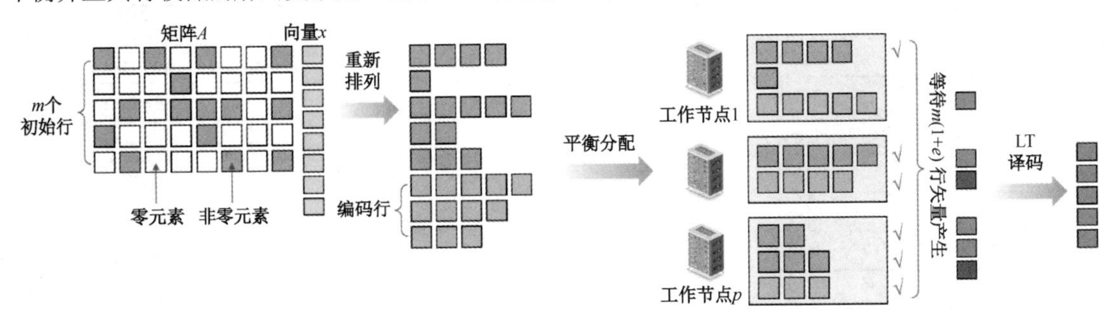

图 9.3.3　基于 LT 码的编码计算原理框图

9.3.3 Raptor 码

由于 LT 码的编码过程都是采用随机方式，可以用在 K 个格子中扔小球的游戏来模拟这一过程。假设已经有 N' 个小球扔到格子中，某一个格子没有小球的概率为

$$P_s = \left(1 - \frac{1}{K}\right)^{N'} \simeq e^{-N'/K}$$

在这个游戏中，格子表示信息符号，小球表示与信息符号相连的边。如果格子中没有小球，就表示该信息符号没有与之相连的边。如果没有被选择，该信息符号无法被恢复。这就涉及 LT 码的全选问题。由于编码过程中总存在一定比例的信息符号未选，无论采用何种算法也无法恢复这些未选符号。这也是 LT 码存在错误平层的主要原因。Raptor 码通过采用高码率的预编码来解决这个问题，其编码过程如图 9.3.4 所示。信息符号先通过预编码生成中间符号（信息符号+冗余符号），然后对中间符号进行 LT 编码，就得到了源源不断的编码符号。由于预编码码率较高，中间冗余符号的引入并不会带来效率的大幅下降。同时，通过合理的预编码设计，就算 LT 编码中存在一定比例的未选符号，信息符号仍可通过已恢复的中间符号进行译码得到。

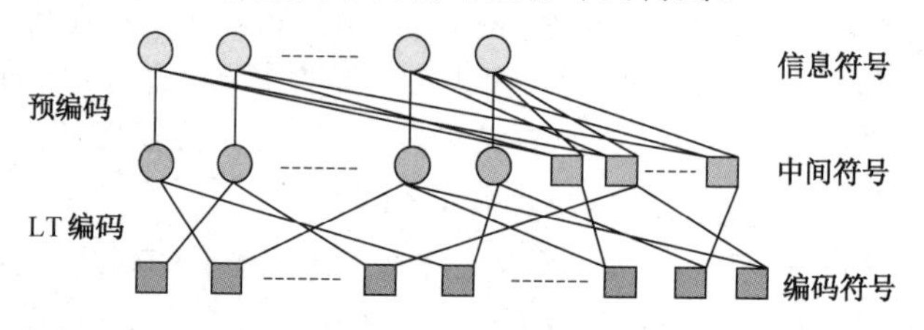

图 9.3.4 Raptor 码编码过程

对于 LT 编码的度分布（ISD、RSD），其平均度为 $o(\ln(K))$，即编译码复杂度随着信息符号长度 K 的增加而增加。而针对 Raptor 码，A.Shokrollahi 基于“与或树”提出了度分布的设计，可得到平均度恒定的度分布，其度分布求解的最优化问题如下。

$$\min \Omega'(1)$$

$$\text{s.t. } \Omega'(x) \geqslant \frac{-\ln\left(1 - x - c\sqrt{\dfrac{1-x}{K}}\right)}{1+\varepsilon}, x \in [0, 1-\delta]$$

式中，c 为一正数；δ 为期望的未恢复符号概率；ε 为译码开销；K 为输入信息符号的长度，输出编码符号的数目为 $N = K(1+\varepsilon)$。在求解上述最佳问题后，得到了如表 9.3.1 所示的度分布。

表 9.3.1 不同 K 值下的度分布

K	65 536	80 000	100 000	120 000
Ω_1	0.007969	0.007544	0.006495	0.004807
Ω_2	0.493570	0.493610	0.495044	0.496472
Ω_3	0.166220	0.166458	0.168010	0.166912
Ω_4	0.072646	0.071243	0.067900	0.073374
Ω_5	0.082558	0.084913	0.089209	0.082206
Ω_8	0.056058		0.041731	0.057471
Ω_9	0.037229	0.043365	0.050162	0.035951
Ω_{18}				0.001167
Ω_{19}	0.055590	0.045231	0.038837	0.054305
Ω_{20}		0.010157	0.015537	

续表

K	65 536	80 000	100 000	120 000
Ω_{65}	0.025023			0.018235
Ω_{66}	0.003135	0.010479	0.016298	0.009100
Ω_{67}		0.017365	0.010777	
ε	0.038	0.035	0.028	0.02
$\Omega'(1)$	5.78	5.91	5.85	5.83

在该表中，K=65536 的度分布已成为经典的 Raptor 码的度分布，在许多研究中使用。图 9.3.5 中给出了该度分布下不同信息符号长度的预译码集合大小（Ripple Size）变化曲线（ε=0.038）。从图中可以看出，相比于 K=5000 的情况，K=65536 的预译码集合大小不为 0 的概率更大，即信息符号的未恢复概率更小，性能更优。同时也说明，该度分布并不适用于信息符号较短的情况。在实际应用中，短码长喷泉码有着较好的应用前景，因此其度分布的设计也成为该领域的研究热点之一。

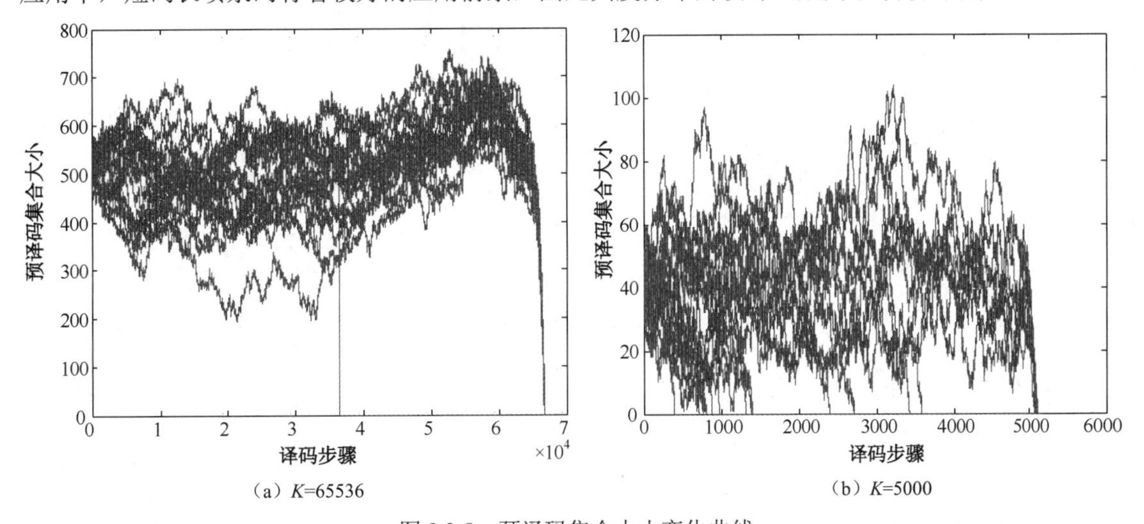

（a）K=65536　　（b）K=5000

图 9.3.5　预译码集合大小变化曲线

9.3.4　标准中的 Raptor 码

Raptor 10（R10）码已经在许多标准中得到推荐，主要应用于文件传输及数据流传输，主要标准如下。

①3GPP 多媒体广播多点传送服务（3GPP TS 26.346）。

②IETF RFC 5053。

③OMA 移动广播服务 V10-广播分布系统。

④BMCO 执行方面的讨论建议。

⑤DVB-H 及 DVB-SH 中 IP 数据广播（DVB-IPDC）（ETSI TS 102 472 v1.2.1）。

⑥IPTV（DVB-IPTV）（ETSI TS 102 034 v1.3.1）。

⑦MPE IFEC 卫星 Handleld（DVB-SH）（DVB 蓝皮书 A131）。

⑧DVB 蓝皮书 A054r4，“卫星分部系统的交互信道”（EN 301 790 V1.5.1- DVB-RCS+M 草案）。

⑨ATIS IIF 多媒体格式及协议规范（WT 18）。

也有一些标准将 R10 码与 RQ 码结合应用，如 ATSC NRT、3GPP2 BCMCS、IETF FECFRAME 工作组等。

1. R10 码

R10 码是一种系统的喷泉码，主要用于支持信息符号长度 K 在[4,8192]范围内的应用。经过 R10

的预编码，可以产生 $L = K + S + H$ 的中间符号，其中，S 为 LDPC 码的校验符号数目，H 为 HDPC 码的校验符号数目。HDPC 指的是“高密度奇偶校验”，即其校验符号取决于大量信息符号。R10 码预编码的约束矩阵如图 9.3.6 所示，包含两个子矩阵：上方 S 行矩阵表示 LDPC 的约束关系，下方的 H 行矩阵表示 HDPC 的约束关系。

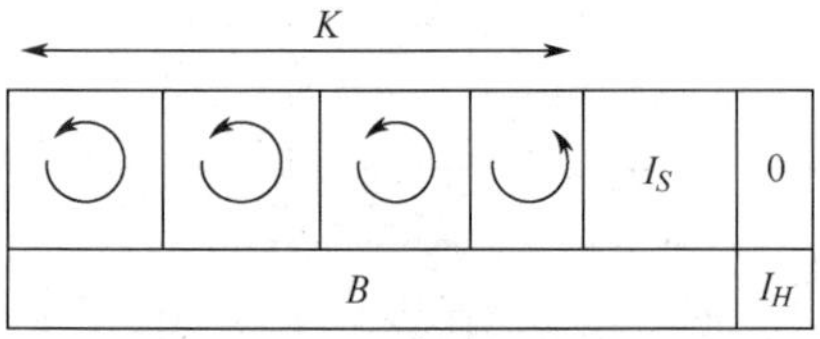

图 9.3.6 R10 码预编码的约束矩阵

上方矩阵的前 $K+S$ 列由 $\lceil K/S \rceil$ 个循环行列式矩阵及一个 S 阶单位阵组成。每个循环行列式矩阵（除了最后一个）都有 S 列。下方的 B 矩阵中，其元素可从 GF(2)中均匀独立地选取，列重一般选为最接近 $H/2$ 的值。图 9.3.7 给出了 K=10 时 R10 码预编码的约束矩阵。

1	0	0	0	0	1	1	1	0	0	1	0	0	0	0	0	0	0	0	0	0	0	0
1	1	0	0	0	0	1	0	1	0	0	1	0	0	0	0	0	0	0	0	0	0	0
1	1	1	0	0	0	0	1	0	1	0	0	1	0	0	0	0	0	0	0	0	0	0
0	1	1	1	0	0	0	0	1	0	0	0	0	1	0	0	0	0	0	0	0	0	0
0	0	1	1	1	0	0	1	0	1	0	0	0	0	1	0	0	0	0	0	0	0	0
0	0	0	1	1	1	0	0	1	0	0	0	0	0	0	1	0	0	0	0	0	0	0
0	0	0	0	1	1	1	0	0	1	0	0	0	0	0	0	1	0	0	0	0	0	0
1	1	0	1	1	0	0	1	0	1	1	0	0	0	1	0	0	1	0	0	0	0	0
1	0	1	1	0	1	0	0	1	1	0	1	0	0	0	1	0	0	1	0	0	0	0
1	1	1	0	0	0	1	1	1	0	0	0	1	0	0	0	1	0	0	1	0	0	0
0	1	1	1	1	1	1	0	0	0	0	0	0	1	1	1	1	0	0	0	1	0	0
0	0	0	0	1	1	1	1	1	1	1	1	1	1	0	0	0	0	0	0	0	1	0
0	0	0	0	0	0	0	0	0	0	1	1	1	1	1	1	1	0	0	0	0	0	1

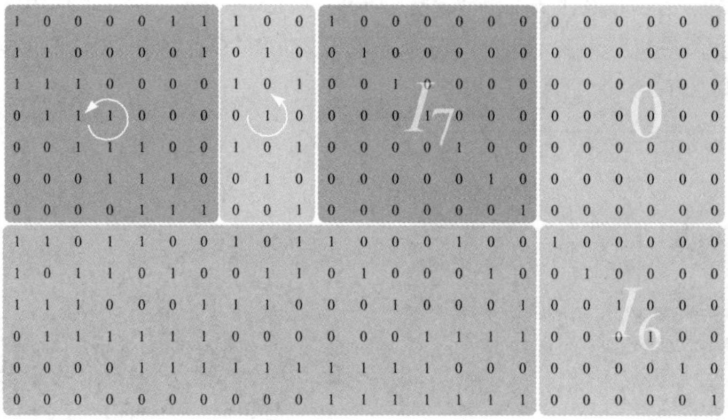

图 9.3.7 R10 码预编码的约束矩阵（K=10）

R10 码中的 LT 编码采用下面的度分布。

$$\Omega(x) = 0.00971x + 0.458x^2 + 0.21x^3 + 0.113x^4 + 0.111x^{10} + 0.0797x^{11} + 0.0156x^{40}$$

2. RQ 码

RaptorQ（RQ）码在 R10 码的基础上进行了改进，适用于源数据大小从 1 到 56 403 个符号的情况。其预编码的构造如图 9.3.8 所示。

令预编码后的中间符号数目为 $L = K + S + P$，K 为信息符号长度，S 为 LDPC 的校验符号数目，P 为 PI（Permanently Inactive）符号数目。PI 符号主要用于协助译码。从图 9.3.8 可以看出，RQ 码预编码的约束矩阵同样包含两个子矩阵。上方的矩阵包含前 S 行，均为二进制元素，前 $K+S$ 列与 R10 定义相同，最右边的 P 列矩阵每行包含两个连续的“1”。下方的矩阵包含后 H 行，是 GF(2^8)元素（Q 矩阵）与 GF(2)元素（I_H 矩阵）的混合。$\boldsymbol{Q}$ 矩阵的构造如下。

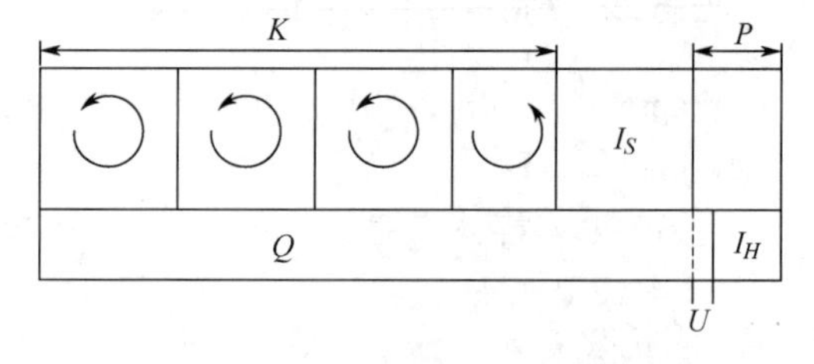

图 9.3.8 RQ 码预编码的构造

$$\boldsymbol{Q} = \left(\Delta_1 \mid \Delta_2 \mid \cdots \mid \Delta_{K+S-1} \mid \boldsymbol{Y}\right) \cdot \boldsymbol{\Gamma}$$

$$\boldsymbol{\Gamma} = \begin{bmatrix} 1 & 0 & 0 & \cdots & 0 & 0 \\ \alpha & 1 & 0 & \cdots & 0 & 0 \\ 0 & \alpha & 1 & \cdots & 0 & 0 \\ \vdots & \vdots & \vdots & & \vdots & \vdots \\ 0 & 0 & 0 & \cdots & 1 & 0 \\ 0 & 0 & 0 & \cdots & \alpha & 1 \end{bmatrix}$$

$$
\boldsymbol{Y}=\begin{bmatrix}\alpha^{0}\\ \alpha^{1}\\ \vdots\\ \alpha^{H-2}\\ \alpha^{H-1}\end{bmatrix}
$$

其中，α 为 GF(2^8)中本原多项式 $x^8+x^4+x^3+x^2+1$ 的根。$\Delta_1,\cdots,\Delta_{K+S-1}$ 为度为 2 的伪随机列。图 9.3.9 给出 K=10、S=7、H=10、P=10、U=0 的 RQ 码预编码的约束矩阵。

1	0	0	0	0	1	1	1	0	0	1	0	0	0	0	0	0	1	1	0	0	0	0	0	0	0	0
1	1	0	0	0	0	1	0	1	0	0	1	0	0	0	0	0	0	1	1	0	0	0	0	0	0	0
1	1	1	0	0	0	0	1	0	1	0	0	1	0	0	0	0	0	0	1	1	0	0	0	0	0	0
0	1	1	1	0	0	0	0	1	0	0	0	0	1	0	0	0	0	0	0	1	1	0	0	0	0	0
0	0	1	1	1	0	0	1	0	1	0	0	0	0	1	0	0	0	0	0	0	1	1	0	0	0	0
0	0	0	1	1	1	0	0	1	0	0	0	0	0	0	1	0	0	0	0	0	0	1	1	0	0	0
0	0	0	0	1	1	1	0	0	1	0	0	0	0	0	0	1	0	0	0	0	0	0	1	1	0	0
AF	3F	7F	5F	4F	4F	4F	A7	D3	09	84	42	21	90	40	20	10	1	0	0	0	0	0	0	0	0	0
79	5C	CE	67	5B	4D	A6	53	A1	D0	88	44	22	11	80	40	20	0	1	0	0	0	0	0	0	0	0
81	C0	60	30	F8	9C	AE	57	4B	A5	D2	89	C4	62	31	90	40	0	0	1	0	0	0	0	0	0	0
21	90	A8	54	CA	65	5A	CD	0E	07	83	C1	08	04	02	01	80	0	0	0	1	0	0	0	0	0	0
81	38	FC	76	DB	E5	F2	99	2C	FE	77	B3	D1	08	04	02	01	0	0	0	0	1	0	0	0	0	0
C2	61	58	CC	8E	47	A3	39	7C	DE	8F	C7	E3	F1	18	04	02	0	0	0	0	0	1	0	0	0	0
EE	77	5B	A5	D2	89	C4	62	31	78	DC	8E	47	A3	D1	08	04	0	0	0	0	0	0	1	0	0	0
03	81	C0	60	30	F8	9C	46	23	91	28	FC	9E	47	A3	D1	08	0	0	0	0	0	0	0	1	0	0
8A	45	A2	51	48	24	12	E9	F4	72	31	78	DC	8E	47	A3	D1	0	0	0	0	0	0	0	0	1	0
BE	57	A3	D1	08	04	02	01	80	40	20	10	E8	9C	AE	57	A3	0	0	0	0	0	0	0	0	0	1

图 9.3.9　RQ 码预编码的约束矩阵

RQ 码中的 LT 编码采用下面的度分布。

$$
\begin{aligned}
\Omega(x)=\,&0.005x+0.5x^2+0.1666x^3+0.0833x^4+0.05x^5+0.0333x^6+0.0238x^7+0.0179x^8+\\
&0.0139x^9+0.0111x^{10}+0.0091x^{11}+0.0076x^{12}+0.0064x^{13}+0.0055x^{14}+0.0048x^{15}+\\
&0.0042x^{16}+0.0037x^{17}+0.0033x^{18}+0.0029x^{19}+0.0026x^{20}+0.0024x^{21}+0.0022x^{22}+\\
&0.002x^{23}+0.0018x^{24}+0.0017x^{25}+0.0015x^{26}+0.0014x^{27}+0.0013x^{28}+0.0012x^{29}+0.0295x^{30}
\end{aligned}
$$

9.4　极化码及其应用

9.4.1　极化码的提出

1981 年，Massy 在研究四进制删除信道（Quaternary Erasure Channel，QEC）时发现：通过信道重组和信道拆分，能够提高离散无记忆信道的截止速率，并且不降低信道容量。

图 9.4.1 所示是将 QEC 的输入符号重新定义并拆分成两个关联二进制删除信道（Binary Erasure Channel，BEC）的过程，图 9.4.2 所示是 QEC 与 BEC 的信道容量及截止速率的曲线，可以看出，在任一删除概率下，拆分信道的截止速率之和均大于或等于原信道的截止速率。

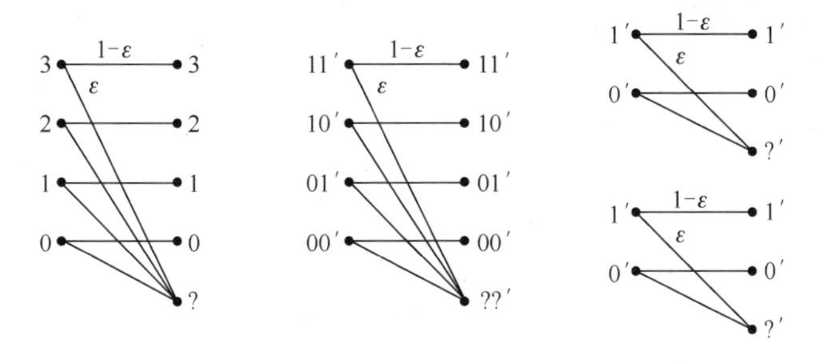

图 9.4.1　输入符号的重定义及信道拆分过程

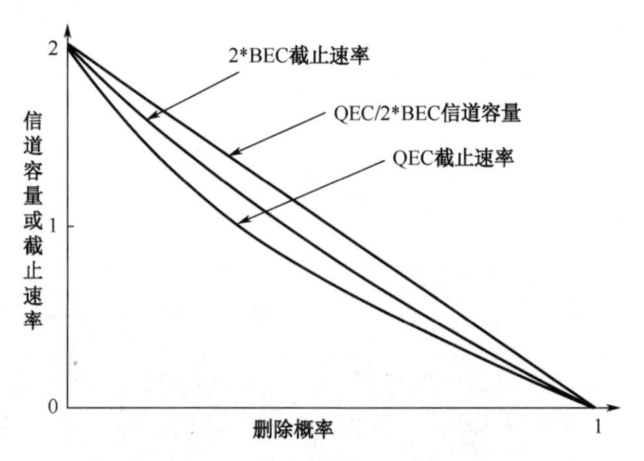

图 9.4.2 QEC 与 BEC 的信道容量及截止速率曲线

Massy 方案根据输入符号拆分信道，但实际物理信道的输入符号通常难以拆分。对此，Pinsker 提出了一个具体的信道重组及信道拆分方案，并表示在一定的平均译码复杂度下，能任意逼近信道容量。Pinsker 方案是在 BSC 信道中，编码端采用卷积码和分组码的级联编码方案，译码端对分组码和卷积码分别采用最大似然估计和序列译码，如图 9.4.3 所示。

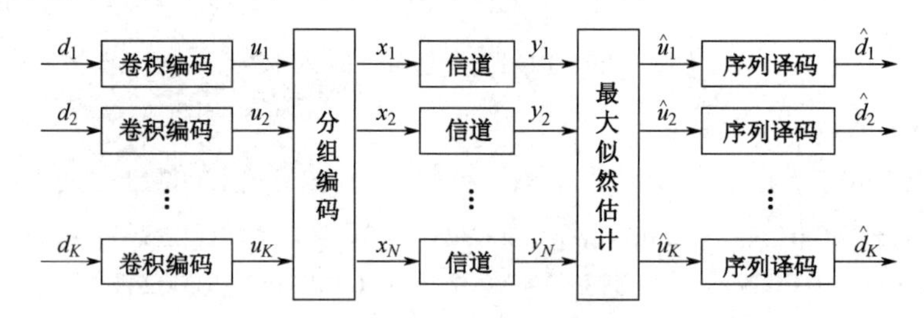

图 9.4.3 Pinsker 方案

Arikan 通过研究离散无记忆信道下的信道极化过程，设计了一套二进制对称信道的重组和拆分方案，即进行特定的“重组”和“拆分”，拆分后的“比特信道”将呈现极化现象：一部分“比特信道”的对称信道容量趋近 1，而其余部分“比特信道”的对称信道容量趋近 0。在发端将源信息比特放在“好信道”，固定比特（如 0）放在“坏信道”，在收端采用连续消除译码算法，则该码字的码率为

$$R=\frac{\text{源信息比特数量}(K)}{\text{源信息比特数量}\left(K\right)+\text{固定比特数量}\left(N-K\right)}$$

在码长 $N\rightarrow\infty$ 时可以达到信道容量。通过分析信道容量以及比特信道的截止速率，Arikan 提出了信道极化定理和极化码（Polar 码）。

定理 9.4.1（信道极化定理） 给定任意二进制离散无记忆信道（Discrete Memoryless Channel, DMC），其信道 $\{W_N^i, 1\leqslant i\leqslant N\}$ 随 N 增大将呈现极化特性。

①对于任意 $I\left(W_N^i\right)\in(1-\delta,1]$，存在 $\lim\limits_{N\to\inf} I\left(W_N^i\right)\rightarrow I(W)$。

②对于任意 $I\left(W_N^i\right)\in[0,\delta]$，存在 $\lim\limits_{N\to\inf} I\left(W_N^i\right)\rightarrow 1-I(W)$。

其中 $\delta\in(0,1)$，$I\left(W_N^i\right)$ 为 W_N^i 的对称容量。

图 9.4.4 所示是码长 $N=1024$ 时信道极化示意图，可以看出绝大多数“比特信道”的对称信道容量都为 0 或 1，只有少部分信道介于中间。

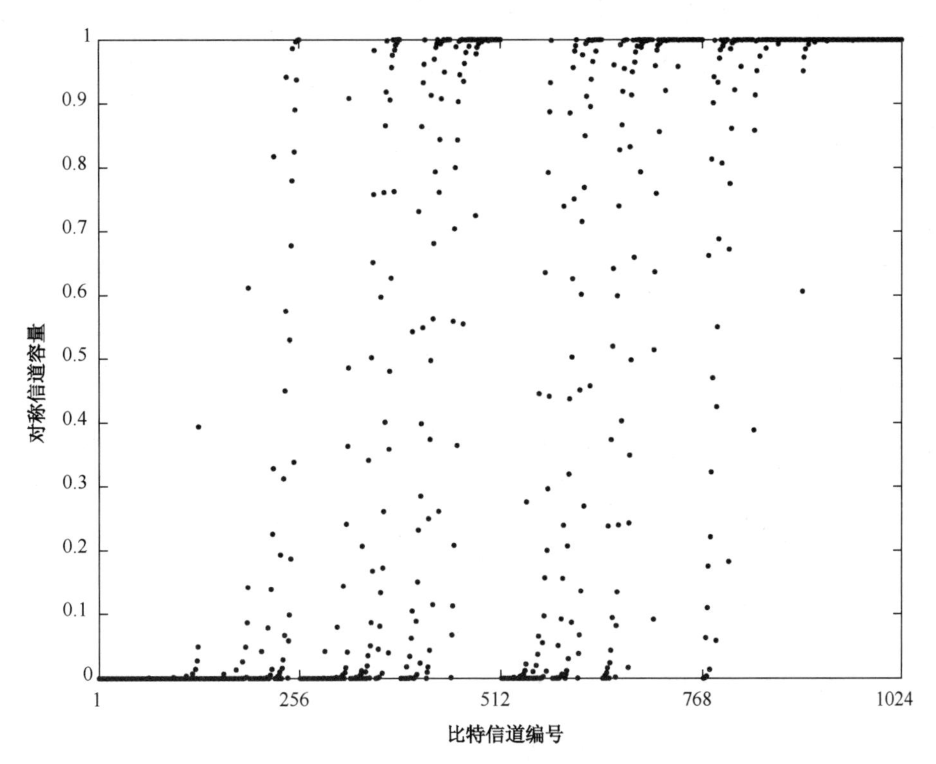

图 9.4.4　N=1024 时 BEC 信道极化示意图

9.4.2　经典构造法与编码原理

极化码的构造基于信道极化这一现象，目前主要的构造方法有等效巴氏参数、密度进化、Tal-Vardy 构造、高斯近似、极化重量、极化谱、蒙特卡洛等。码长为 N 、信息长度为 K 的极化码，依据上述方法可构造出信道极化现象，即各个子信道呈现出不同的可靠性，选出可靠性高的 K 个子信道存放信息序列，这 K 个子信道的索引编号构成一个集合，称为信息集。剩余 $N-K$ 个子信道存放固定序列（一般取 0）。下面简要介绍 3 种基本构造方法。

1. 等效巴氏参数

等效巴氏参数是经典构造方法，给定任意二进制 DMC 信道 W ，极化变换前后 $\left(W_N^i,W_N^i\right)\to\left(W_{2N}^{2i-1},W_{2N}^{2i}\right)$ ，各子信道的等效巴氏参数满足以下关系。

$$Z(W_{2N}^{2i-1})+Z(W_{2N}^{2i})\leqslant 2Z(W_N^i) \tag{9.4.1}$$

$$Z(W_{2N}^{2i-1})\leqslant 2Z(W_N^i)-\left[Z(W_N^i)\right]^2 \tag{9.4.2}$$

当且仅当，物理信道为 BEC 时，式（9.4.1）和式（9.4.2）等号成立，此时比特信道的等效巴氏参数可迭代计算。

对于连续信道 W ，其等效巴氏参数 $Z(W)$ 的定义为积分函数

$$Z(W)=\int\sqrt{W(y\,|\,0)W(y\,|\,1)}\mathrm{d}y \tag{9.4.3}$$

式中， $W(y\,|\,0)$ 和 $W(y\,|\,1)$ 为信道转移概率。

二进制 AWGN 信道的噪声方差为 σ^2 ，采用的调制方式是 BPSK，可计算其转移概率如下。

$$W(y\,|\,0)=\frac{1}{\sqrt{2\pi}\sigma}\mathrm{e}^{-\frac{(y+1)^2}{2\sigma^2}} \tag{9.4.4}$$

$$W(y|1)=\frac{1}{\sqrt{2\pi}\sigma}\mathrm{e}^{-\frac{(y-1)^2}{2\sigma^2}} \tag{9.4.5}$$

将式（9.4.4）与式（9.4.5）代入式（9.4.6），可得

$$\begin{aligned}Z(W)&=\int\sqrt{W(y|0)W(y|1)}\mathrm{d}y\\&=\int\frac{1}{\sqrt{2\pi}\sigma}\mathrm{e}^{-\frac{y^2+1}{2\sigma^2}}\mathrm{d}y\\&=\exp(-\frac{1}{2\sigma^2})\end{aligned} \tag{9.4.6}$$

2. 高斯近似

高斯近似（Gaussian Approximation，GA）最早用于在AWGN信道中构造LDPC码，但GA对于极化码非常适用，成为极化码在AWGN信道中的常用构造方法。假设对于一个噪声方差为σ^2的AWGN信道，采用BPSK调制，映射表达式为$y=(1-2x)+z$，其中$x\in\{0,1\}$，z为高斯白噪声。信道转移概率模型为

$$W(y|x)=\frac{1}{\sqrt{2\pi\sigma^2}}\mathrm{e}^{-\frac{(y-(1-2x))^2}{2\sigma^2}}$$

其中，$y\in\mathbb{R}$。接收符号y的LLR值表达式为

$$L(y)=\ln\frac{W(y|x=0)}{W(y|x=1)}=\frac{2y}{\sigma^2} \tag{9.4.7}$$

在一般情形下，假设输入全0码字，则接收符号满足均值为1、方差为σ^2的高斯分布，即$y\sim N(1,\sigma^2)$，进而可以得出LLR值同样服从高斯分布$L(y)\sim N(2/\sigma^2,4/\sigma^2)$。由高斯分布的定义可知，极化子信道的LLR值由给定的均值和方差确定。那么，在极化码的构造过程中，通过跟踪每个子信道LLR值的均值，并利用均值判断该子信道的可靠性。极化子信道LLR值的均值迭代计算公式如下。

$$\begin{cases}m_2^{(1)}=\phi^{-1}\{1-[1-\phi(m_1)][1-\phi(m_2)]\}\\m_2^{(2)}=m_1+m_2\end{cases}$$

式中，m_1、m_2表示极化前的信道LLR值的均值；$m_2^{(1)}$、$m_2^{(2)}$表示极化变换后的子信道LLR值的均值，并且函数ϕ表达式如下。

$$\phi(x)=\begin{cases}1-\frac{1}{\sqrt{4\pi x}}\int_{\mathbb{R}}\tanh\left(\frac{z}{2}\right)\exp\left(-\frac{(z-x)^2}{4x}\right),x>0\\1\qquad ,x=0\end{cases}$$

此处$\tanh(\cdot)$是双曲正切函数。由于ϕ计算复杂度很高，因此常用两段式近似函数$\varphi(x)$处理。

$$\varphi(x)=\begin{cases}\exp\left(-0.4527x^{0.86}+0.0218\right),0<x<10\\\sqrt{\frac{\pi}{2}}\exp\left(-\frac{x}{4}\right)\left(1-\frac{10}{7x}\right),x\geqslant 10\end{cases}$$

3. 蒙特卡洛

蒙特卡洛方法是研究信道编码技术重要的一类实验方法。蒙特卡洛方法是对编译码的过程进行大量重复，以获得信道的可靠性特征。若AWGN信道作为极化信道，该极化信道的可靠性估计可用下式的平均值作为第i个子信道的等效巴氏参数值。

$$Z\left(W_N^i\right)=\sqrt{\frac{W_N^i\left(Y_N^1,U_1^{i-1}|\ U_i\oplus 1\right)}{W_N^i\left(Y_N^1,U_1^{i-1}|\ U_i\right)}} \tag{9.4.8}$$

其中，$\oplus$ 表示模 2 加。采用 BPSK 调制，经过 AWGN 信道，采用串行抵消译码。根据信道输出符号可得到 LLR 值为 $L_N^i\left(y_1^N,\hat{u}_1^{i-1}\right)$，LLR 值的详细计算可根据式（9.4.7）计算，然后根据 LLR 值进一步判断可得当前位置的比特估计值，若当前比特估计值为 1，则有

$$Z(W_N^i)=\sqrt{\frac{W_N^i(Y_N^1,U_1^{i-1}\,|1\oplus 1)}{W_N^i(Y_N^i,U_1^{i-1}\,|1)}}=L_N^i(y_1^N,\hat{u}_1^{i-1})$$

极化码本质是属于线性分组码。其编码过程重点是生成矩阵和信息集。假设 $\boldsymbol{c}$ 为 N 比特长的编码码字，$\boldsymbol{u}_I$ 为 K 比特信源信息，$\boldsymbol{u}_F=0$ 是长度为 $N-K$ 的固定比特信息，则编码过程表达式为

$$\boldsymbol{c}=\boldsymbol{u}_I\boldsymbol{G}_{K\times N}=\boldsymbol{u}_I\boldsymbol{G}_{K\times N}+\boldsymbol{u}_F\boldsymbol{G}_{(N-K)\times N}=\boldsymbol{u}\boldsymbol{G}_{N\times N} \tag{9.4.9}$$

式中，$\boldsymbol{G}_{N\times N}$ 是生成矩阵；$\boldsymbol{G}_{K\times N}$ 是根据信息集 $\mathcal{A}$ 中元素从 $\boldsymbol{G}_{N\times N}$ 中挑选可靠性高的信道对应的行组成的矩阵。生成矩阵 $\boldsymbol{G}_N$ 通常以二维基矩阵 $\boldsymbol{F}=[1\,0;1\,1]$ 为基底构造，通过 Kronecker 内积迭代运算得出

$$\boldsymbol{G}_N=\boldsymbol{F}^{\otimes \mathrm{lb}N}$$

式中，$\otimes$ 为 Kronecker 内积；N 为码长。在生成矩阵中引入比特翻转置换操作，具体过程是对于任意正整数 i，定义 $(b_1,\cdots,b_n)$ 为其二进制表示，比特翻转操作 $rvsl(i)=(b_n,\cdots,b_1)$，对于任意向量 $(v_0,\cdots,v_{n-1})$，其比特翻转置换后的向量为 $(v_{rvsl(0)},\cdots,v_{rvsl(n-1)})$，该操作可以用 $N\times N$ 维的置换矩阵 $\boldsymbol{B}_N$ 表示。设 $\boldsymbol{B}_N$ 中第 i 行和第 j 列的元素为 $b_{i,j}$，则有

$$b_{i,j}=\begin{cases}1, & j=rvsl(i-1)+1\\ 0, & \text{其他}\end{cases}$$

因此生成矩阵的一般形式为

$$\boldsymbol{G}_N=\boldsymbol{B}_N\boldsymbol{F}^{\otimes \mathrm{lb}N}$$

信息集的选取与构造方法有关，此处不再赘述。

【例 9.4.1】以码长 $N=2$ 为例，描述其编码过程如下。

（1）假设：生成矩阵 $\boldsymbol{G}_2=\boldsymbol{F}=[1\,0;1\,1]$，信息集为 $\{2\}$，信息比特取 $\{1\}$，冻结比特设为 0，则待传输信息序列 $\boldsymbol{u}=[0,1]$。

（2）编码：利用式（9.4.9）计算得出编码码字 $\boldsymbol{x}=\boldsymbol{u}*\boldsymbol{G}_2=[1,1]$。

9.4.3　极化码的译码算法

自从 Arikan 提出极化码概念及其基本的译码算法以来，在众多学者的共同努力下，极化码的译码算法日趋完善，下面简要介绍各译码算法的思想和特点，以及经典串行抵消（Successive Cancellation，SC）译码算法原理。

1．译码分类

极化码的译码算法主要分为 3 类，第一类是以串行抵消（SC）算法为代表的串行译码算法及其改进算法，包括简化 SC（Simplified SC，SSC）算法、串行抵消列表（SC List，SCL）算法、SC 翻转（SC Flipping，SCF）算法。进一步衍生的算法有快速 SSC 算法、串行抵消堆栈（Successive Cancellation Stack，SCS）算法、动态翻转（Dynamic SCF，D-SCF）算法、CRC 辅助译码（CA-SCL/SCS）算法以及混合串行抵消（Successive Cancellation Hybrid，SCH）算法，该类算法具有 Shannon 限误码性能的理论基础，且占用较少的空间资源，但其译码时延较大。第二类是以置信传播（Belief Propagation，BP）算法为代表的并行译码算法及其改进算法，包括 BP 列表算法和软消除（Soft

Cancellation，SCAN）算法。该类算法需要较大的空间资源，但其运算可并行处理，可通过硬件实现获得较高的系统吞吐量。第三类译码算法有球译码（Sphere Decoding，SD）、线性规划（Linear Program，LP）以及神经网络译码等，其中 SD 和 LP 算法具有逼近最大似然估计的译码性能，但计算复杂度较高，仅适用于短码长的情况。现有主要极化码译码算法可用图 9.4.5 简要概括。

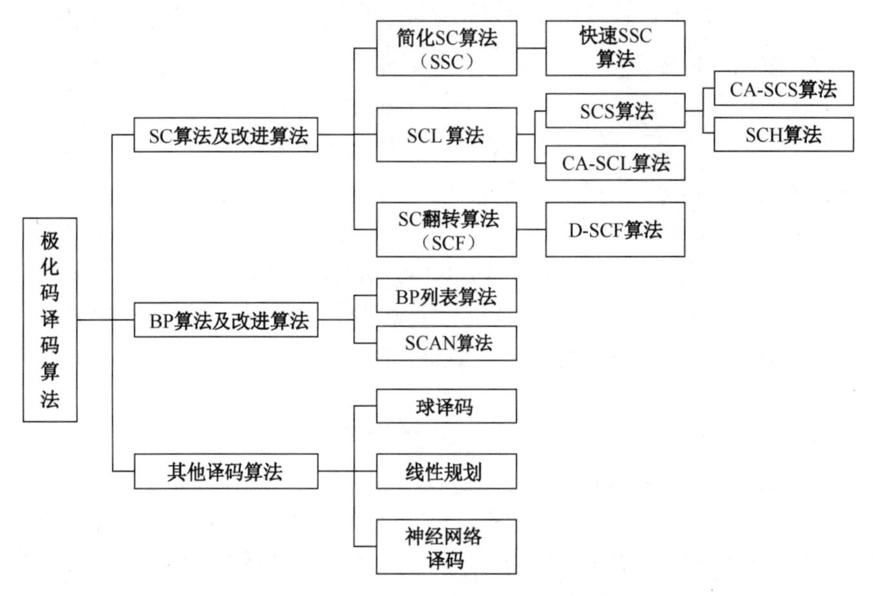

图 9.4.5 现有主要极化码译码算法

1）SC 及改进算法

极化码译码的主流算法是 SC 算法及其各种改进算法，此类算法的译码过程可归纳为在二叉树上进行搜索的过程。对于 SC 算法，在译码过程中需要访问二叉树上的每一个节点，进行软信息的迭代计算和硬判决信息的传递。SC 译码可看作在码树上的贪婪式搜索，是一种次优算法，当码长有限时，其性能并不优异。由此 SC 算法的改进方向是沿着提升性能、降低复杂度两条线展开。

在提升性能方面，目前主要有广度优先和深度优先两种搜索思想，各代表算法为串行抵消列表（SCL）算法和串行抵消堆栈（SCS）算法。其中，SCL 每次搜索不进行判决，保留一个幸存路径列表，直到最后的叶节点，然后从路径列表中按照一定的规则筛选出最终译码结果。SCS 是按照度量大小顺序，将路径压入堆栈，每次只扩展度量最大的路径，直到叶节点，然后根据一定的规则筛选出最优译码结果。串行抵消混合（SCH）算法是将 SCL 和 SCS 组合，达到复杂度和译码性能的折中方案。

在降低复杂度方面，代表性算法是 SSC 算法。其基本思想是将待译码序列进行分类，分出 $R=0$、$R=1$ 以及其他的三类子码，对码率确定的子码直接采用硬判决，节省软信息的运算量。从统计角度来看，SSC 算法相比标准 SC 算法，计算复杂度降低了至少 50%。

以上改进算法均可应用于 CRC 和极化码的级联码，构成 CRC 辅助的译码算法，即 CA-SCL/SCS 算法等。级联方法能够将 CRC 校验码和极化码的优势有机融合，使极化码的性能得到显著提升。其他串行类算法，感兴趣的读者可自行查阅文献进行研究。

2）BP 算法及其改进算法

极化码的并行译码算法以置信传播（BP）算法及其改进算法为主。BP 算法是在极化码的二叉树上进行软信息的迭代计算和传递，由于采用并行架构，译码吞吐率较高但纠错性能较差。近年来提出了一些改进算法，如 BP 列表算法和软消除（SCAN）算法。其中 BP 列表算法能够达到译码吞吐率与纠错性能的较好折中，SCAN 算法是对 SC 算法的修正，在二叉树上引入输出似然比计算，进而得到输出软信息用于译码判决。以上 3 种算法的特点是采用了软输入软输出（SISO）结构，通过系统迭代计算提升性能，但现有的软输出译码算法在纠错性能上均远低于 SC 改进译码算法。

3）其他译码算法

其他译码算法包括球译码（SD）、线性规划（LP）、神经网络译码等，其中 SD 和 LP 两种算法的共同点是复杂度较高，需要进一步研究低复杂度、高性能的短码译码算法。神经网络译码是近年来流行的热门研究方向，基于通用的神经网络模型或定制的加权神经网络，不仅提升 BP 或 SC 算法的纠错性能，而且提高译码吞吐率，但该种算法仍无法达到 SCL 算法和 SCS 算法的性能，有待进一步深入研究。

2．SC 算法原理

下面阐述经典串行 SC 算法的译码计算原理。在 SC 译码过程中，通过迭代计算比特信道的 LLR 值，进而对发送信息做出硬判决。硬判决准则为

$$u_i = \begin{cases} u_i, & i \in \mathcal{A}^c \\ h_i(y_1^N, u_1^{i-1}), & i \in \mathcal{A} \end{cases}$$

其中 $\{u_i, i \in \mathcal{A}^c\}$ 为固定比特。

$$h_i(y_1^N, u_1^{i-1}) \triangleq \begin{cases} 0, & L_N^i(y_1^N, u_1^{i-1}) \geqslant 1 \\ 1, & \text{其他} \end{cases}$$

其中 LLR 值定义为

$$L_N^i(y_1^N, u_1^{i-1}) = \ln \frac{W_N^i(y_1^N, u_1^{i-1} \mid 0)}{W_N^i(y_1^N, u_1^{i-1} \mid 1)}$$

式中，$W_N^i(\cdot)$ 为信道转移概率；y_1^N 表示长度为 N 的接收信号；$\hat{u}_1^{i-1}$ 表示前 $i-1$ 个译码估计比特。因此 SC 译码重点在于如何计算每一个比特信道 W_N^i 的转移概率，进而才能计算各比特信道的 LLR 值。比特信道转移概率 $W_N^i(\cdot)$ 表达式为

$$W_N^i\left(y_1^N, u_1^{i-1} \mid u_i\right) \triangleq \sum_{u_i^{N-1} \in \mathcal{X}^{N-i}} \frac{1}{2^{N-1}} W_N\left(y_1^N \mid u_1^N\right)$$

取 $N=2$，给定重组信道 W_2，通过信道拆分可得到两个组合信道 $W_2^1(y_1^2 \mid u_1)$、$W_2^2(y_1^2, u_1 \mid u_2)$，可计算其转移概率

$$W_2^1\left(y_1^2 \mid u_1\right) = \sum_{u_2 \in (0,1)} \frac{1}{2} W_2\left(y_1^2 \mid u_1^2\right) = \sum_{u_2 \in (0,1)} \frac{1}{2} W\left(y_1 \mid u_1 \oplus u_2\right) W\left(y_2 \mid u_2\right)$$

$$W_2^2\left(y_1^2, u_1 \mid u_2\right) = \frac{1}{2} W_2\left(y_1^2 \mid u_1^2\right) = \frac{1}{2} W\left(y_1 \mid u_1 \oplus u_2\right) W\left(y_2 \mid u_2\right)$$

如图 9.4.6 所示，可以看出两个 W 信道可以组成一对 $\left(W_2^1, W_2^2\right)$ 比特信道。

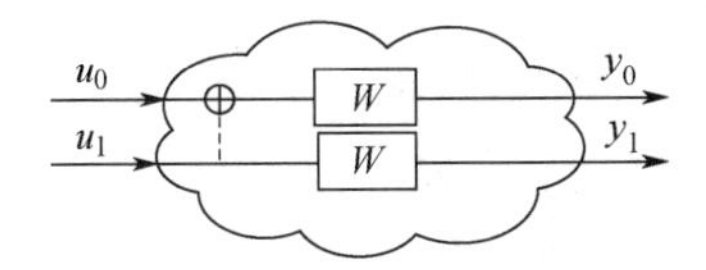

图 9.4.6　两个 W 信道重组示意图

对应的 LLR 值为

$$\begin{aligned} L_2^1(y_1^2, u_1) &= \ln \frac{W_2(y_1^2 \mid u_1 = 0)}{W_2(y_1^2 \mid u_1 = 1)} \\ &= \ln \frac{W(y_1 \mid 0)W(y_2 \mid 0) + W(y_1 \mid 1)W(y_2 \mid 1)}{W(y_1 \mid 1)W(y_2 \mid 0) + W(y_1 \mid 0)W(y_2 \mid 1)} = \ln \frac{1 + \exp(L_1 + L_2)}{\exp(L_1) + \exp(L_2)} \end{aligned} \tag{9.4.10}$$

$$L_2^2(y_1^2, u_1) = \ln \frac{W_2(y_1^2, u_1 \mid u_2 = 0)}{W_2(y_1^2, u_1 \mid u_2 = 1)} = \ln \frac{W(y_1 \mid u_1)W(y_2 \mid 0)}{W(y_1 \mid u_1 \oplus 1) + W(y_2 \mid 1)} = (1 - 2u_1)L_1 + L_2 \tag{9.4.11}$$

其中，$L_1=\ln\dfrac{W_2^1(y_1|0)}{W_2^1(y_1|1)}$，$L_2=\ln\dfrac{W_2^1(y_2|0)}{W_2^1(y_2|1)}$是接收信号$y_1$和$y_2$的 LLR 值；$\oplus$表示模 2 加。式（9.4.10）和式（9.4.11）在文献中常被称为f函数和g函数。在 AWGN 信道中，经过 BPSK 调制，得到接收信号的 LLR 值表达式为$\text{LLR}=2y/\sigma^2$。由于式（9.4.10）计算复杂，因此常采用近似计算：

$$\ln\frac{1+\mathrm{e}^{L_1+L_2}}{\mathrm{e}^{L_1}+\mathrm{e}^{L_2}}\approx\operatorname{sign}(L_1)\operatorname{sign}(L_2)\min\{|L_1|,|L_2|\}\tag{9.4.12}$$

可推出码长为$2N$的各比特信道$W_{2N}^1,W_{2N}^2,\cdots,W_{2N}^{2N}$的转移概率可由码长为$N$的各比特信道$W_N^1,W_N^2,\cdots,W_N^N$确定，即$\left(W_N^i,W_N^i\right)\to\left(W_{2N}^{2i-1},W_{2N}^{2i}\right)$，且满足如下关系。

$$W_N^{2i-1}\left(y_1^{2N},u_1^{2i-2}\,|\,u_{2i-1}\right)=\sum_{u_{2i}\in\{0,1\}}\frac{1}{2}W_{N/2}^i\left(y_1^{N/2},u_{1,o}^{2i-2}\oplus u_{1,\mathrm{e}}^{2i-2}\,|\,u_{2i-1}\oplus u_{2i}\right)\cdot W_{N/2}^i\left(y_{N/2+1}^N,u_{1,\mathrm{e}}^{2i-2}\,|\,u_{2i}\right)$$

$$W_N^{2i}\left(y_1^{2N},u_1^{2i-1}\,|\,u_{2i}\right)=\frac{1}{2}W_{N/2}^i\left(y_1^{N/2},u_{1,o}^{2i-2}\oplus u_{1,\mathrm{e}}^{2i-2}\,|\,u_{2i-1}\oplus u_{2i}\right)\cdot W_{N/2}^i\left(y_{N/2+1}^N,u_{1,\mathrm{e}}^{2i-2}\,|\,u_{2i}\right)$$

式中，$u_{1,o}^{2i-2}$表示序列$u_1^{2i-2}=\{u_1,u_2,\cdots,u_{2i-2}\}$中的所有奇数位组成的子序列；$u_{1,\mathrm{e}}^{2i-2}$表示序列$u_1^{2i-2}=\{u_1,u_2,\cdots,u_{2i-2}\}$中的所有偶数位组成的子序列。根据上述式子可以得到比特信道W_N^{2i-1}和W_N^{2i}的 LLR 值迭代公式：

$$L_N^{2i-1}\left(y_1^{2N},u_1^{2i-2}\right)=\frac{L_{N/2}^i\left(y_1^{N/2},u_{1,o}^{2i-2}\oplus u_{1,\mathrm{e}}^{2i-2}\right)\cdot L_{N/2}^i\left(y_{N/2+1}^N,u_{1,\mathrm{e}}^{2i-2}\right)+1}{L_{N/2}^i\left(y_1^{N/2},u_{1,o}^{2i-2}\oplus u_{1,\mathrm{e}}^{2i-2}\right)+L_{N/2}^i\left(y_{N/2+1}^N,u_{1,\mathrm{e}}^{2i-2}\right)}$$

$$L_N^{2i}\left(y_1^{2N},u_1^{2i-1}\right)=\left[L_{N/2}^i\left(y_1^{N/2},u_{1,o}^{2i-2}\oplus u_{1,\mathrm{e}}^{2i-2}\right)\right]^{1-2u_{2i-1}}\cdot L_{N/2}^i\left(y_{N/2+1}^N,u_{1,\mathrm{e}}^{2i-2}\right)$$

将其统一在对数域上进行计算，则

$$\begin{aligned}L_N^{2i-1}\left(y_1^{2N},u_1^{2i-2}\right)&=\operatorname{lb}\frac{\mathrm{e}^{L_{N/2}^i\left(y_1^{N/2},u_{1,o}^{2i-2}\oplus u_{1,\mathrm{e}}^{2i-2}\right)}\cdot\mathrm{e}^{L_{N/2}^i\left(y_{N/2+1}^N,u_{1,\mathrm{e}}^{2i-2}\right)}+1}{\mathrm{e}^{L_{N/2}^i\left(y_1^{N/2},u_{1,o}^{2i-2}\oplus u_{1,\mathrm{e}}^{2i-2}\right)}+\mathrm{e}^{L_{N/2}^i\left(y_{N/2+1}^N,u_{1,\mathrm{e}}^{2i-2}\right)}}\\&=2\tanh^{-1}\left(\tanh\left(\frac{L_{N/2}^i\left(y_1^{N/2},u_{1,o}^{2i-2}\oplus u_{1,\mathrm{e}}^{2i-2}\right)}{2}\right)\tanh\left(\frac{L_{N/2}^i\left(y_{N/2+1}^N,u_{1,\mathrm{e}}^{2i-2}\right)}{2}\right)\right)\end{aligned}$$

$$\begin{aligned}L_N^{2i}\left(y_1^{2N},u_1^{2i-1}\right)&=\operatorname{lb}\left(\left[\mathrm{e}^{L_{N/2}^i\left(y_1^{N/2},u_{1,o}^{2i-2}\oplus u_{1,\mathrm{e}}^{2i-2}\right)}\right]^{1-2u_{2i-1}}\cdot\mathrm{e}^{L_{N/2}^i\left(y_{N/2+1}^N,u_{1,\mathrm{e}}^{2i-2}\right)}\right)\\&=\left(1-2u_{2i-1}\right)\cdot L_{N/2}^i\left(y_1^{N/2},u_{1,o}^{2i-2}\oplus u_{1,\mathrm{e}}^{2i-2}\right)+L_{N/2}^i\left(y_{N/2+1}^N,u_{1,\mathrm{e}}^{2i-2}\right)\end{aligned}$$

其中$\tanh(\cdot)$和$\tanh^{-1}(\cdot)$分别为双曲正切函数和反双曲正切函数。

【例 9.4.2】编码条件同例 9.4.1，编码后得到的码字$\boldsymbol{x}=[1,1]$，经过 AWGN 信道的信噪比为$E_\mathrm{b}/N_0=4\mathrm{dB}$，其中$N_0=2\sigma^2$是加性高斯白噪声的单边功率谱密度。译码过程如下。

（1）BPSK 调制，$\boldsymbol{x}=[1,1]$经过调制后变成$\boldsymbol{s}=[-1,-1]$。

（2）加噪声，噪声方差计算为$\dfrac{E_\mathrm{s}}{RN_0}\overset{(a)}{=}\dfrac{1}{2R\sigma^2}=\dfrac{E_\mathrm{b}}{N_0}$，从而$\sigma=\dfrac{1}{\sqrt{2R}}\dfrac{1}{\sqrt{E_\mathrm{b}/N_0}}$。$\sigma$转化为线性值为$\sigma=\dfrac{1}{\sqrt{2R}}10^{-(E_\mathrm{b}/N_0)/20}$，其中等号$(a)$是因为$E_\mathrm{s}$已归一化为 1，$R$为码率，本例中$R=1/2$。由此可得$\sigma=10^{-4/20}$，用程序生成两个独立的零均值、方差为$\sigma^2$的高斯随机变量当作噪声，生成的两个噪声值为$(n_1,n_2)=(0.3392,1.1571)$。

（3）接收信号$\boldsymbol{y}=[y_1,y_2]=[-1+n_1,-1+n_2]=[-0.6608,0.1571]$，LLR 值为

$$\boldsymbol{L}=\left[L_1,L_2\right]=\left[\frac{2}{\sigma^2}y_1,\frac{2}{\sigma^2}y_2\right]=\left[-3.3195,0.7893\right]$$

（4）SC 译码，首先判决 u_1，使用近似表达式（9.4.12）计算的 LLR 值为

$$\text{sign}(L_1)\text{sign}(L_2)\min\{|L_1|,|L_2|\} = -0.7893$$

由于 u_1 为冻结比特，直接令 $u_1 = 0$。然后判决 u_2，根据式（9.4.11），u_2 对应的 LLR 值为 $(1-2u_1)L_1 + L_2 = -2.5302$，因此 u_2 判决为 1，译码结束并译码正确。

3. 性能仿真

图 9.4.7 给出了码长 $N = 1024$、码率 $R = 1/2$ 的极化码性能，在 AWGN 信道下，BPSK 调制，采用 4 种译码算法，包括 SC、SCL、CA-SCL、BP 算法，其中，SCL 算法的列表长度为 2 和 8，CA-SCL 算法的列表长度为 8，CRC 长度为 6，BP 算法的最大迭代次数为 50。对比多种译码算法的极化码纠错性能。可以发现，BP 算法略好于 SC 算法，相比 SCL 算法和 CA-SCL 算法仍有较大差距。对于 SC 和 SCL 两种算法，列表规模越大，串行译码性能越好。CA-SCL 算法相比其他算法在纠错性能上有显著提升。

图 9.4.8 给出了码长 $N = 1024$、码率 $R = 1/2$ 的极化码性能，在 AWGN 信道下，BPSK 调制，采用 CA-SCL 算法，其中 CRC 生成多项式为 $g(x) = x^6 + x^5 + 1$，对比在不同规模的列表下的误码率（BER）。由图可见，随着列表规模的增大，极化码的性能逐渐变好。

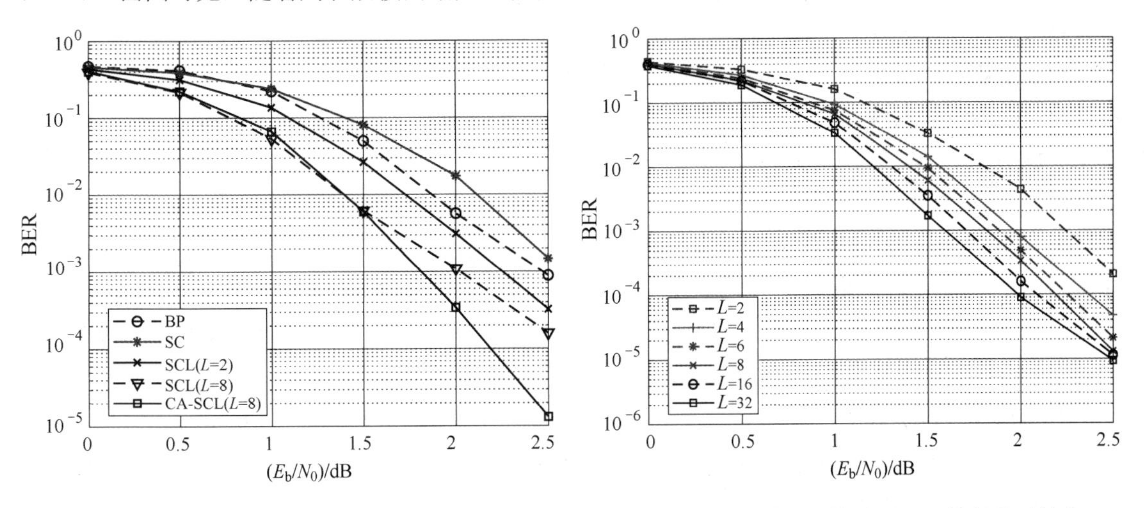

图 9.4.7　不同译码算法的极化码性能　　图 9.4.8　CA-SCL 算法不同 L 的极化码性能

9.4.4　极化码在 5G 系统中的应用

极化码实际应用的重要进展是第五代移动通信技术标准采用了极化码作为控制信道编码方案。在 5G 新空口（5G NR）标准中，对于下行链路，PDCCH 信道的下行控制信道 DCI 与 PBCH 信道都采用极化码编码，对于上行链路，PUCCH 和 PUSCH 信道的上行控制信息 UCI 都采用极化码编码。具体的编码流程如图 9.4.9 所示，包括 7 个部分：CRC 编码器、信息比特交织器、子信道映射、极化码编码器、子块交织器、速率匹配和信道交织。

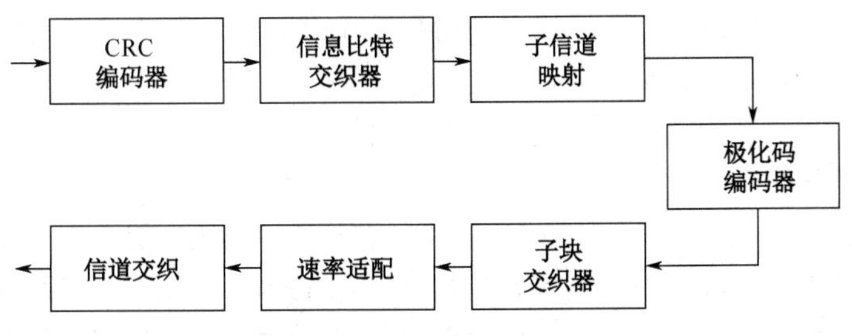

图 9.4.9　5G NR 标准中控制信道的编码流程

1．CRC 编码器

5G NR 标准中的 CRC 编码生成多项式有以下 3 种。

$g_{\mathrm{CRC24}}(D)=[D^{24}+D^{23}+D^{21}+D^{20}+D^{17}+D^{15}+D^{13}+D^{12}+D^{8}+D^{4}+D^{2}+D+1]$

$g_{\mathrm{CRC11}}(D)=[D^{11}+D^{10}+D^{9}+D^{5}+1]$

$g_{\mathrm{CRC6}}(D)=[D^{6}+D^{5}+1]$

其中，生成多项式 g_{CRC6} 和 g_{CRC11} 用于 UCI 编码，g_{CRC24} 用于 PBCH 信道和 PDCCH 信道。

2．交织器

5G NR 标准的极化码编码流程中涉及 3 种交织：信息比特交织、子块交织以及信道交织。下面分别简述各自的功能。

信息比特交织：针对 CRC 编码后的序列进行比特置乱，主要用于下行 PBCH 信道或 PDCCH 信道的 DCI。信息比特交织的设计思想是将 CRC 校验比特分布到整个信息比特序列中，每个校验比特与其约束信息比特相邻，从而方便 SCL 译码提前终止，降低广播信道或 DCI 盲检测的算法复杂度。

子块交织：将编码序列分成 32 个子块，每个码块长度为 $B=N/32$，根据子块交织图样进行置乱。

信道交织：主要用于对抗 Doppler 效应引起的时变衰落，并且用于提高比特交织编码调制的系统性能。这种交织应用在 PUCCH 与 PUSCH 的 UCI，下行链路不采用。5G NR 标准中采用了三角形交织结构，既保证了数据读写的高并行度，又具有较好的灵活性。

3．子信道映射

5G NR 标准中的极化码采用了与信道条件无关的子信道映射方案，标准中给出了最大长度为 $N=1024$ 个子信道的可靠性排序表。给定信息长度 K，可以从排序表中选择可靠性排序高的 K 个子信道承载信息比特，并且为了实现方便，子信道映射满足嵌套性，即高码率的信息比特集合包含低码率相应的子信道集合。

4．极化码编码器

5G NR 标准中的极化码采用了简化编码方式，即 $x_1^N=u_1^N\mathbf{F}_2^{\otimes n}$。其中，对于下行信道，$n=5\sim9$；对于上行信道，$n\leqslant10$。其编码过程不需要进行比特反序操作，但在译码端需要调整接收信号的顺序。

5. 速率适配

5G NR 标准中的极化码采用了 3 种速率适配模式：重复、凿孔和缩短。下面简述 3 种模式的应用条件。定义经过子块交织后的比特序列为 $y_0,y_1,\cdots,y_{N-1}$，极化码编码后的码字长度为 N，信息位长度为 K，速率适配后的序列长度为 E，经过比特筛选后的比特序列为 e_k，$k=0,1,2,\cdots,E-1$。

①重复模式。如果 $E\geqslant N$，那么采用重复模式，即子块交织后序列 y 的开头 $N-E$ 个比特重复发收两次，即传送序号为 $e_k=y_{\mathrm{mod}(k,N)}$ 的比特。

②凿孔模式。如果 $K/E\leqslant7/16$，那么采用凿孔模式，即删除子块交织后序列 y 的开头 $N-E$ 个比特，只传送序号为 $e_k=y_{k+N-E}$ 的比特。

③缩短模式。如果 $K/E>7/16$，那么采用缩短模式，即子块交织后序列 y 的末尾 $N-E$ 个比特不发送，只传送序号为 $e_k=y_k$ 的比特。

图 9.4.10（a）给出了 N 比特的凿孔原理，其中 0 表示将编码比特凿孔，1 表示保留原编码比特。在 5G NR 标准中采用简化编码形式，则只需要凿孔开头的 $N-E$ 个比特，保留后面 E 个比特，当采用原始编码形式时，需要经过比特反序操作，这样凿孔位置就能近似均匀分布在整个码字中，因此

可称为准均匀凿孔（QUP）。类似情况如图 9.4.10（b）所示，5G 编码形式只需要缩短尾部的 $N-E$ 个比特，保留开头的 E 个比特，而原始编码形式需要经过比特反序操作，缩短位置同样近似均匀地分散在整个码字中。

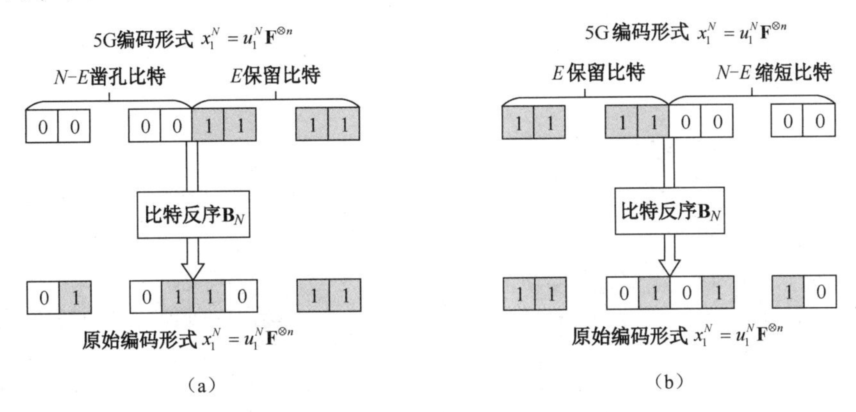

图 9.4.10　5G NR 中凿孔和缩短原理

9.5　编码调制技术及其应用

香农论文发表后的 25 年左右，编码理论方面的研究几乎无一例外地集中在针对二进制输入信道设计好的码和有效的译码算法。事实上，在 20 世纪 70 年代早期，人们相信编码增益只有通过带宽展宽（由于无失真地传输一个符号所需的带宽和传输速率成反比，因此将二进制调制和编码结合总需要带宽展宽 $1/R$ 倍）而获得，在频谱效率 $\eta\geqslant 1$ 比特/维时编码将无济于事。因此，在带宽受限、需要采用大的调制符号集来实现高频谱效率的通信应用中，编码被认为是不可行的方案。确实，调制系统设计的重点几乎无一例外地是在给定对平均和或峰值信号能量的某种限制条件下，在二维欧氏空间中构造大的信号集，使信号之间的最小欧氏距离最大化。

基于此，J.Massey 于 1974 年提出了将编码与调制作为一个整体看待可能会提高系统性能的设想。此后，许多学者研究了将此设想付诸于实践的途径。其中，最引人注目的是 Ungerboeck 于 1982 年提出的网格编码调制（Trellis-Coded Modulation，TCM）技术，它奠定了限带信道上编码调制技术的研究基础，被认为是信道编码发展中的一个里程碑。结合分组编码与信道信号集来构造带宽有效码被称为分组编码调制（Block Coded Modulation，BCM），其最有效的构造方法是由 Imai 和 Hirakawa 于 1977 年提出的多级编码（Multilevel Coding，MLC）技术。TCM 和 BCM 的主要优点是在提高系统功率效率的同时并不扩展系统所占带宽。随着现代通信的发展，一方面高数据率要求系统的带宽效率要高，另一方面移动性要求小天线与低发射功率，而这需要系统具有高的编码增益。TCM 技术为这些问题的解决提供了一条途径。此后，限带信道上的编码调制技术无论在理论研究还是在工程实践两方面都得到了迅速发展，取得了许多令人瞩目的成果。

目前，对于线性 AWGN 信道，系统传输速率已经接近 Shannon 信道容量。但是对于衰落信道，TCM 和 BCM 技术的研究进展则不像 AWGN 信道那样乐观。在 AWGN 信道中的最佳 TCM 码在衰落信道多数情况下是次佳的。基于系统在衰落信道中的性能很大程度地取决于信号分集这一特点，Divsalar 等人于 1987 年提出了衰落信道中 TCM 好码的设计准则。此后，人们在此准则指导下研究了多种适用于衰落信道的编码调制方案。Turbo 码的出现也为衰落信道上编码调制技术的研究提供了新的思路，许多新的 Turbo 类的 TCM 方案被提出。针对衰落信道条件，基于比特交织的编码调制方案通常有更低的错误平层。鉴于此，Zehavi 于 1992 年对 TCM 的结构进行了改革，提出用比特交织代替符号交织，Carier 等人于 1998 年对这项技术做了进一步理论分析与研究，提出了比特编码调制（Bit-Interleaved Coded Modulation，BICM）。Li 等人于 2002 年提出了一种迭代译码的 BICM，被称为 BICM-ID（Bit-Interleaved Coded Modulation with Iterative Decoding）技术。

本节将介绍 TCM、BCM、BICM-ID 这 3 种重要的技术，并探讨其应用。可帮助读者掌握其基本理论，为开展本领域研究奠定基础。

9.5.1 TCM 技术

TCM 技术是基于卷积码的，基本框图如图 9.5.1 所示。

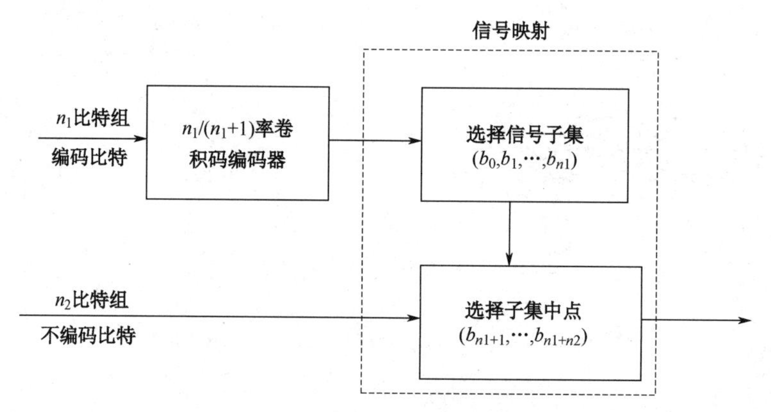

图 9.5.1 TCM 技术的基本框图

一个 n 比特信息组可分解为 $n=n_1+n_2$，其中 n_1 比特组被送入二进制卷积编码器并编成 n_1+1 比特组输出，而 n_2 比特组不参与编码。这样，从编码器得出的 n_1+1 比特可以在经过子集划分后的信号星座的 2^{n_1+1} 个子集中选取其中之一，而未编码的 n_2 比特则被送至在已划分的 2^{n_1+1} 的各子集中的 2^{n_2} 个信号点中选取其中之一（n_2 可以等于 1）。TCM 通过扩展信号的星座图的大小，而不是利用传统的扩展频带来获取编码增益，其频谱效率高，也称为高效编码调制。这种技术的关键是，编码引入的冗余比特不是和二进制调制中一样来发送额外的符号，而是用来扩展相对非编码系统的信号星座图大小。因此，编码调制涉及信号集拓展，而不是带宽展宽。

信号点的比特标注由星座图的分割来决定。一个 2^{n+1} 相调制的信号集 S 被分割为 $n+1$ 级。对于 $1\leqslant i\leqslant n+1$，在 i 级分割中，信号集被分成两个子集 $S_i(0)$和 $S_i(1)$，使得集内的距离 δ_i^2 最大。标注比特 $b_i\in\{0,1\}$ 与第 i 级分割中子集 $S_i(b_i)$的选择相关联。这个分割过程给出了信号点的标注。集中的每个信号点都有唯一的 $n+1$ 比特标注 $b_1,b_2,\cdots,b_n$，用 $s(b_1,b_2,\cdots,b_n)$表示。采用 2^{n+1} 相调制信号星座图的标准（Ungerboeck）分割，集内距离按照非递减顺序 $\delta_1^2\leqslant\delta_2^2\leqslant\cdots\leqslant\delta_{n+1}^2$ 排列。这个分割策略对应 MPSK 调制的自然标注。图 9.5.2 给出了 8PSK 调制下比特到信号的自然映射，其中，$n=n_1=2$，$n_2=0$，$\delta_1^2=0.586$，$\delta_2^2=2$，$\delta_3^2=4$。

Ungerboeck 将编码器简单地看作是“一个给定状态数目和指定状态转移的有限状态机”。其给出了将信号子集和信号点映射到网格中分支上的一系列实用的规则。这些规则概括如下。

规则 1：所有子集在网格中出现的频率相同。

规则 2：由最大的 Euclidean 距离分隔的子集应当被安排到起止于相同状态的状态转移。

规则 3：由最大 Euclidean 距离分隔的信号点（最高分割级）应当被安排到平行转移中。

对于一个 64 状态，2/3 码率，8PSK 的 TCM，与 QPSK 调制下的性能比较如图 9.5.3 所示。

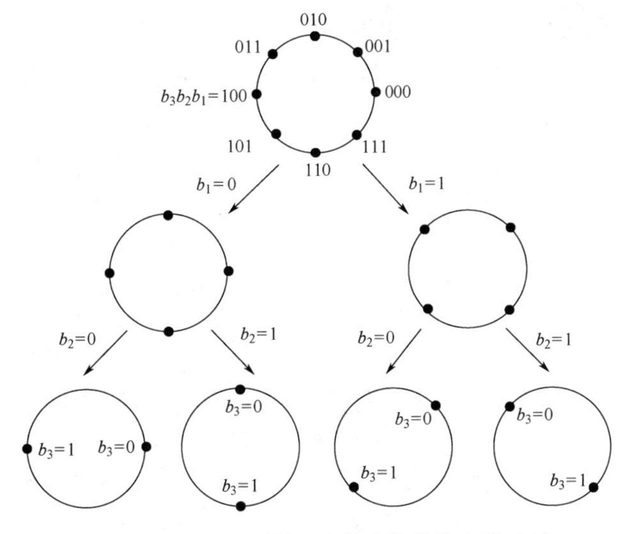

图 9.5.2　8PSK 调制下比特到信号的自然映射

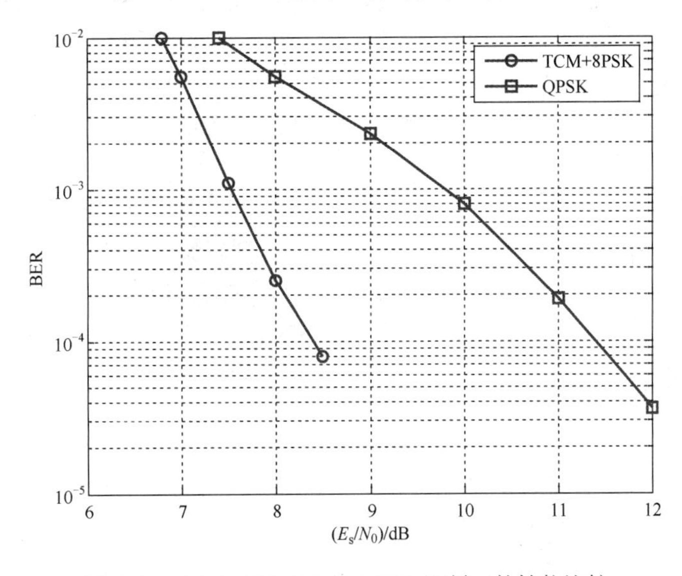

图 9.5.3　8PSK 的 TCM 与 QPSK 调制下的性能比较

从图中可以看出，在相同的频谱利用率下，误码率为 10^{-4} 时，TCM 可以获得近 3dB 的增益。

9.5.2　BCM 技术

与 TCM 不同，BCM 是将分组编码与信道信号集结合所构造的带宽有效码。本节主要讲述 BCM 的多级构造及多阶段译码方法。多级编码是一种系统地构造具有任意大的距离参数的带宽有效调制码的有力工具，它提供了对给定信道调整码的距离参数来得到最优性能的灵活性，允许使用多级译码过程，可实现误码性能和译码复杂度之间的良好折中。

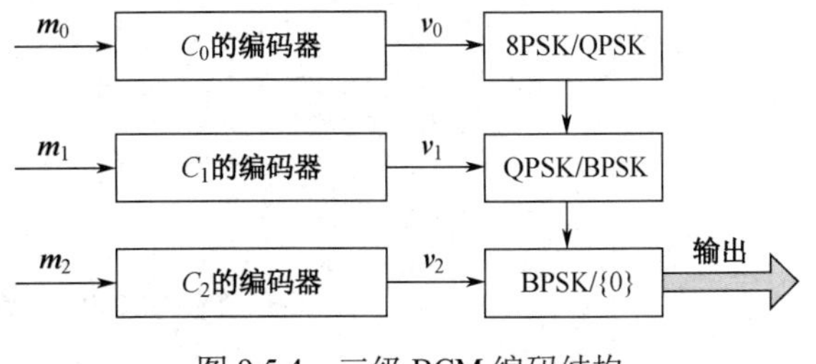

图 9.5.4　三级 BCM 编码结构

针对 8PSK，3 个比特映射为一个调制符号，其分割过程如图 9.5.2 所示。三级 BCM 编码结构如图 9.5.4 所示，调制符号的 3 个映射比特分别来自不同的编码器 $\boldsymbol{C}_i(i=0,1,2)$。

假设 $\boldsymbol{C}_i$ 是长度为 n，维数为 k_i 以及汉明距离为 d_i 的二进制 (n,k_i,d_i) 线性分组码。在编码过程中，第一个分量码字用于选择 n 个 QPSK 信号集，第二个分量码字用于选择 n 个 BPSK 信号集，第三个分量码字从上述 BPSK 序列中选择出 n 个信号点，从而形成 BCM 输出信号序列。

基于 8PSK 的三级 BCM 可以表示为

$$\boldsymbol{C} = f[\boldsymbol{C}_0 * \boldsymbol{C}_1 * \boldsymbol{C}_2] = \left\{ f(\boldsymbol{v}_0 * \boldsymbol{v}_1 * \boldsymbol{v}_2) : \boldsymbol{v}_i \in \boldsymbol{C}_i, 0 \leqslant i \leqslant 2 \right\}$$

其频谱效率为

$$\eta[\boldsymbol{C}] = \frac{k_0 + k_1 + k_2}{n} \text{ 比特/符号}$$

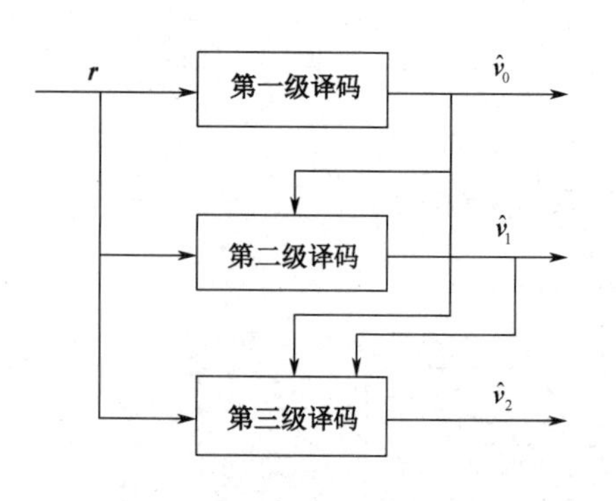

图 9.5.5　三级 BCM 译码过程

多级 BCM 可以使用多阶段译码来提供在误码性能和译码复杂度之间的有效折中。在多阶段软判决译码中，分量码可以采用软判决 MLD 译码，每次一个分量码，逐阶段进行。第一阶段的译码信息传递到下一阶段。译码过程从第一级分量码开始，结束于最后一级分量码。三级 BCM 译码过程如图 9.5.5 所示。第一级的译码结果将作为后续译码的先验条件，如第二级译码是在已知 $\hat{\boldsymbol{v}}_0$ 的前提下进行的，第三级译码则以 $\hat{\boldsymbol{v}}_0$、$\hat{\boldsymbol{v}}_1$ 为条件。

研究表明，三级 8PSK 的 BCM 的最小平方欧氏距离满足

$$d_E^2[\boldsymbol{C}] \geqslant \min\left\{0.586 \times d_0, 2 \times d_1, 4 \times d_2\right\}$$

因此，在进行设计时，3 个分量码 $\boldsymbol{C}_0$、$\boldsymbol{C}_1$、$\boldsymbol{C}_2$ 在保证码长一致的前提下，其最小汉明距离应该使 $d_E^2[\boldsymbol{C}]$ 的下界尽可能地大。例如，$\boldsymbol{C}_0$、$\boldsymbol{C}_1$、$\boldsymbol{C}_2$ 分别用(8,1,8)重复码、(8,7,2)奇偶校验码及(8,8,1)普通码（不编码，全信息位）。其频谱效率为 2 比特/符号，$d_E^2[\boldsymbol{C}] \geqslant 4$。图 9.5.6 给出了该码与具有相同频谱效率的非编码的 QPSK 系统的性能比较。当误比特率为 10^{-6} 时，BCM 可以获得 2dB 的编码增益。

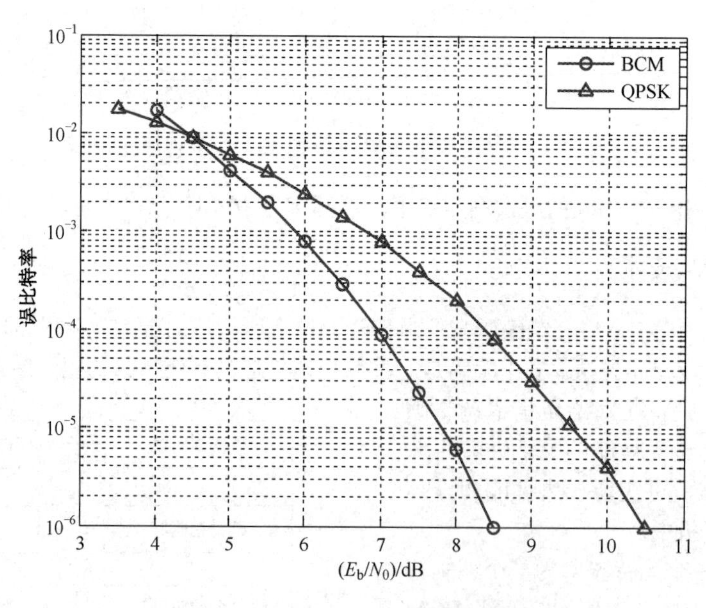

图 9.5.6　三级 8PSK BCM 码的性能比较

9.5.3 BICM-ID 技术

理论和实践表明 TCM、BCM 在 AWGN 信道中都是最佳方案，有着最佳的编码译码方法和最佳的映射规则，但在衰落信道中结果不理想，丧失了大量的编码增益。BICM 技术通过将比特交织代替符号交织的方法，打破了衰落序列之间的相关性，将分集阶数提高到不同比特位的最小数，可在适当的复杂度下获得较大的分集，在衰落信道中可获得很大的编码增益。BICM 原理框图如图 9.5.7 所示，发端由二进制编码器、比特交织器和调制器串联而成；收端则由解调器、解交织器和译码器组成。

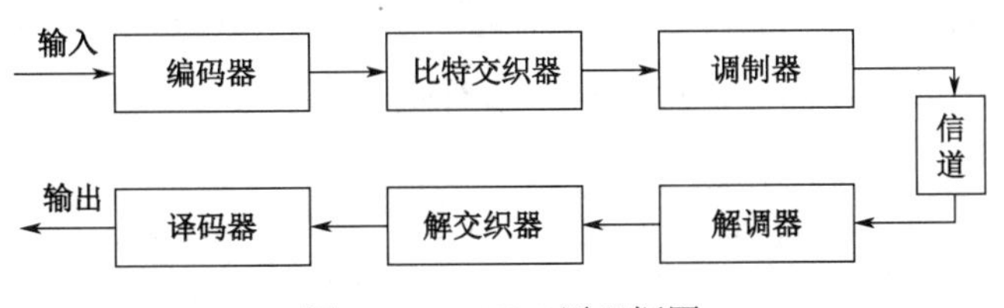

图 9.5.7 BICM 原理框图

BICM 可以灵活地设计编码器和调制器，其关注点主要在于优化设计交织器与调制器中的星座图，以提高信号的分集阶数，以及用现代编码技术设计 BICM 中的编译码器取代卷积码。星座图的设计就是在信道容量限下寻找最适合的信号集合，使 BICM 性能达到最优。随着现代编码技术的发展，特别是 LDPC 码、Turbo 码、Polar 码等这些接近或达到 Shannon 极限的高性能编码的提出，使纠错码性能得到大幅度的提高。

图 9.5.8 给出了 BICM-ID 的原理框图。它的编码过程与 BICM 相同，这里主要介绍其迭代解调译码原理。BICM-ID 有一个软输入软输出（Soft Input Soft Output，SISO）解调器和一个信道编码的译码器，通过内部软解映射器和外部译码器互相交换软信息实现。首先软解映射器根据接收信号 y 和先验值 $L_a(v)$ (初始化为 0)计算后验的信息 $L(v)$，然后减去先验值 $L_a(v)$，得到解调器的外部信息 $L_e(v)$；接着把外部信息 $L_e(v)$ 经过解交织器后作为先验 $L_a(c)$ 送入 SISO 译码器得到后验值 $L(c)$；最后用后验值 $L(c)$ 减去 $L_a(c)$ 得到译码器外部信息 $L_e(c)$，再反馈到解调器作为先验信息 $L_a(v)$，这样就完成一次迭代解调译码（以上数值皆为对数似然比）。

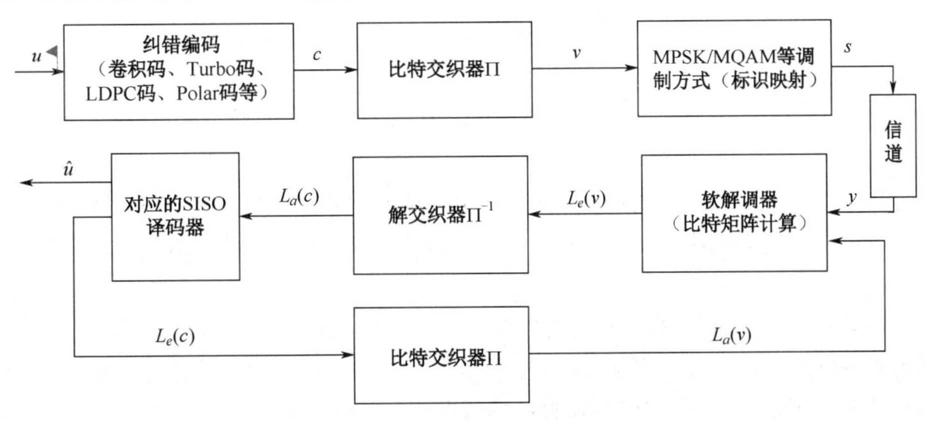

图 9.5.8 BICM-ID 原理框图

下面分析软解调算法，设在发端信号进行了 $M(M=2^m)$ 阶调制，发送信号 s 经过信道后，在收端得到输入信号 y，信道噪声为高斯白噪声 $z \sim N(0,N_O)$，信道衰落系数为 h。译码器输出的外部信息作软解映射器输入先验信息 $L_a = \Pi(L_e)$，首轮迭代由于没有先验信息，令 $L_a = 0$，软解映射器的输出为

$$L(v) = L_a(v) + L_e(v)$$

其中

$$L_e(v_k) = \ln \frac{\sum_{s \in \chi_1^k} p(y \mid s) \prod_{\substack{j=0 \\ j \neq k}}^{m-1} \mathrm{e}^{v_j \cdot L_a(v_j)}}{\sum_{s \in \chi_0^k} p(y \mid s) \prod_{\substack{j=0 \\ j \neq k}}^{m-1} \mathrm{e}^{v_j \cdot L_a(v_j)}}$$

这里 $v_k (v_k \in \{0,1\}, k = 0,1,\cdots,m-1)$ 表示符号的第 k 个比特，$\chi_{v_k}^i$ 表示在 v_k 位置的比特值是 i 的符号集。为分析 BICM-ID 的性能，假定理想无错误反馈。可定义调和中值为

$$d_h^2(\mu) = \left(\frac{1}{m2^m} \sum_{i=1}^{m} \sum_{b=0}^{1} \sum_{s_k \in \chi_b^i} \frac{1}{\| s_k - \hat{s} \|^2} \right)^{-1}$$

$$\tilde{d}_h^2(\mu) = \left(\frac{1}{m2^m} \sum_{i=1}^{m} \sum_{b=0}^{1} \sum_{s_k \in \chi_b^i} \frac{1}{\| s_k - \tilde{s} \|^2} \right)^{-1}$$

以及平均欧氏距离

$$\Delta_\mu = \frac{1}{m2^m} \sum_{i=1}^{m} \sum_{b=0}^{1} \sum_{s_k \in \chi_b^i} \| s_k - \hat{s} \|^2$$

$$\tilde{\Delta}_\mu = \frac{1}{m2^m} \sum_{i=1}^{m} \sum_{b=0}^{1} \sum_{s_k \in \chi_b^i} \| s_k - \tilde{s} \|^2$$

其中，μ 为标识映射关系；$\hat{s}$ 为 s_k 最邻近点且第 i 比特不同点；$\tilde{s}$ 为 s_k 仅第 i 比特不同点。

在信噪比较高时，可以写出其性能如下。

$$\mathrm{lb} P_b \approx \frac{-d(C)}{10} \left[\left(R d_h^2(\mu) \right)_{dB} + \left(\frac{E_\mathrm{b}}{N_0} \right)_{dB} \right] + \mathrm{const}$$

$$\mathrm{lb} \tilde{P}_b \approx \frac{-d(C)}{10} \left[\left(R \tilde{d}_h^2(\mu) \right)_{dB} + \left(\frac{E_\mathrm{b}}{N_0} \right)_{dB} \right] + \mathrm{const}$$

其中，P_b、$\tilde{P}_b$ 分别表示首轮迭代和渐近误比特率；$d(C)$ 表示码字间最小汉明距离；R 为频谱效率；const 为一常数。

$\mathrm{lb}P_b$ 与 $\mathrm{lb}\tilde{P}_b$ 有相同的形式，BER 曲线的斜率由 $d(C)$ 决定，调和中值、信噪比、R 的变化引起 BER 曲线的平移。信道编码决定 $d(C)$ 和 R，标识映射决定调和中值，故 BICM-ID 性能主要由纠错编码和标识映射两方面决定。

图 9.5.9 给出了 16QAM 调制下不同映射标识的星座图。表 9.5.1 给出了常见 16QAM 标识映射方式及其调和中值与平均欧氏距离参数。从中可以看出，Gray 映射具有最优的首次迭代性能，DRO 映射具有最佳的渐进性能，SP 映射则在首次迭代性能、渐进性能两方面有较好的折中。图 9.5.10 给出了 AWGN 信道下，上述 3 种映射的仿真性能。仿真中采用 1/2 码率的卷积码，生成多项式为 ***G***=[15 17]，数据帧长 500 比特。图中给出了第 1 次迭代与第 8 次迭代的性能比较。对于首次迭代性能，相对 DRO、SP 映射，Gray 映射可以获得约 2.2dB 的增益（BER=10^{-4}）；在第 8 次迭代时，相对 Gray 映射，DRO、SP 映射可以获得 2.8～3.0dB 的增益（BER=10^{-6}）。

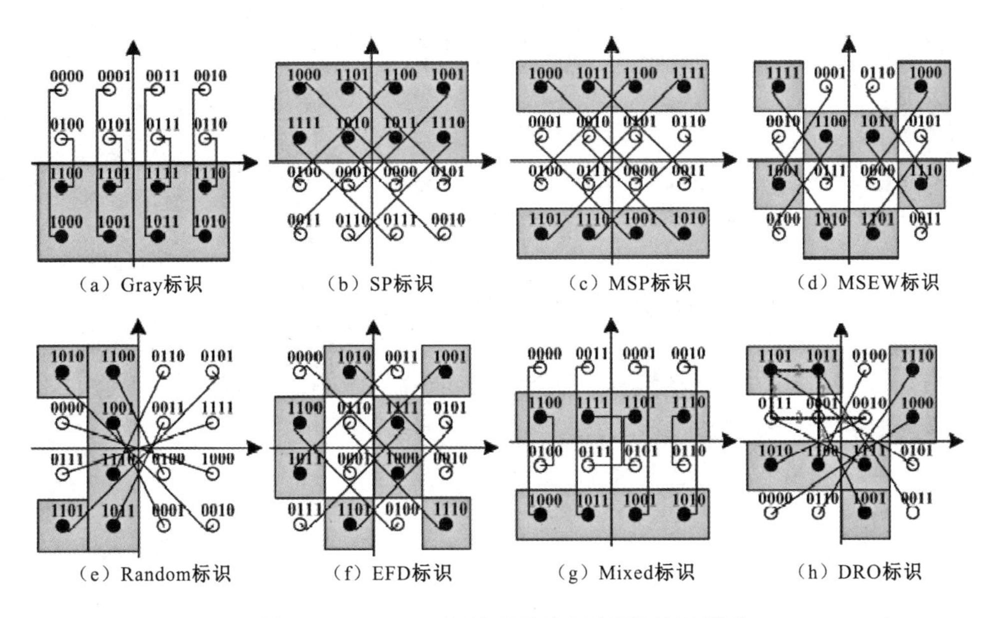

图 9.5.9　16QAM 调制下不同映射标识的星座图

表 9.5.1　常见 16QAM 标识映射方式及其参数

映射方式	$d_h^2(\mu)$	$\tilde{d}_h^2(\mu)$	Δ_μ	$\tilde{\Delta}_\mu$
Gray	0.4923	0.5143	0.7000	1.2000
SP	0.4414	1.1184	0.5500	1.9000
MSP	0.4197	2.2781	0.4750	3.1400
MSEW	0.4000	2.3636	0.4000	2.8000
Mixed	0.4000	0.9931	0.4000	1.8000
EFD	0.4197	2.6581	0.4750	3.1000
Random	0.4129	2.6023	0.4250	3.2000
DRO	0.4197	2.7145	0.4750	3.2000

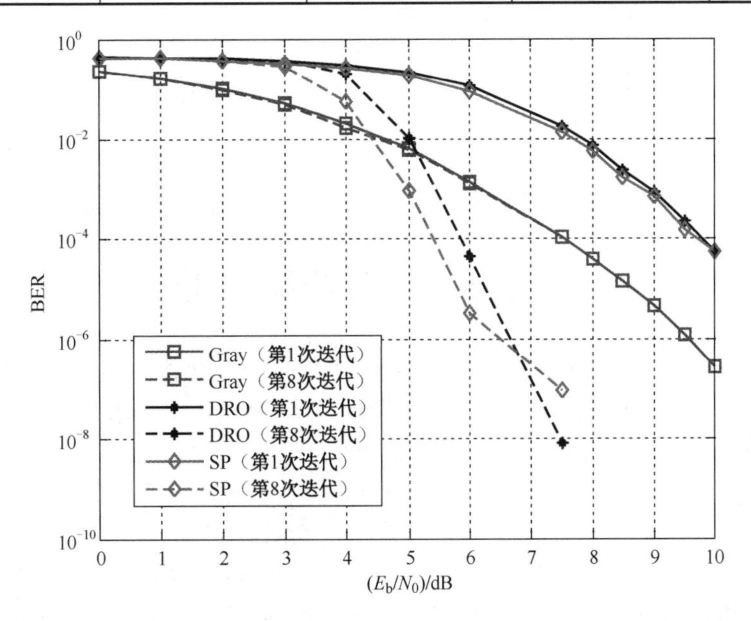

图 9.5.10　16QAM 调制下 Gray、DRO、SP 映射性能对比

本章小结

本章介绍了卷积码、Turbo 码、喷泉码等常用纠错编码技术及编码调制技术的基本概念，分析了其特征及性能，阐述了上述技术在卫星通信、深空通信、无线通信、移动通信、数据存储及编码计算等领域中的应用现状，进一步加深了对纠错编码发展动态的认知。

习题

9.1 设(2,1,3)二元卷积码的生成多项式矩阵 $\boldsymbol{G}(D)=[1+D^2+D^3,1+D+D^2+D^3]$。

（1）试画出编码电路。

（2）试画出 L=4 的信息序列的格图。

（3）若通过转移概率 p=0.01 的 BSC 传送，收到的序列为 11 10 00 01 10 00，试求译码序列。

9.2 码率 1/3 的 Turbo 码的最低码重是 24，它适用于 QPSK 调制。试估算明显处于错误平坦区时的 BER 为多少。

9.3 针对 AWGN 下的 LT 码（采用表 9.3.1 中度分布）进行性能仿真，给出不同码长性能的对比分析。

9.4 分析 LT 码存在错误平层的原因，探索解决方案，并通过仿真进行验证。

9.5 查阅相关资料，分析 Raptor 码的应用现状。

9.6 研究 5G 控制信道中 Polar 码的典型方案，包括 CRC-Polar 码、奇偶校验 PC-Polar 码、分布式 DCRC-Polar 码、Hash-Polar 码等，从中选出一种方案进行研究，完成 AWGN 下的性能仿真。

9.7 探讨 Polar 码与调制的结合，可以考虑 BICM、MLC 两种结构；设计编码调制的系统框架，并进行 AWGN 下的性能仿真。

9.8 构造一个三级 8PSK 码，采用如下的 GF(2)域上的分量码：$\boldsymbol{C}_1$ 是(7,1,7)重复码；$\boldsymbol{C}_2$ 是(7,4,3)汉明码；$\boldsymbol{C}_3$ 是(7,6,2)校验码。

（1）计算码的频谱效率。

（2）计算码的最小欧氏距离。

（3）分析该码在 AWGN 上的误码率性能，并进行仿真验证。

9.9 以 9.5.3 节为基础，构建一个通用的 BICM-ID 传输平台，可实现 QPSK、8PSK、16QAM 等调制方式在不同映射下的性能仿真（衰落信道条件）。

9.10 关注编码调制技术的研究现状，通过查阅近年来的相关文献，并结合教材中的相关章节，完成一篇有关编码调制技术的研究报告，从原理、应用与发展预测等方面进行阐述。

相关小知识——维特比简介

安德鲁·维特比（Andrew J.Viterbi），CDMA 之父，IEEE Fellow，高通公司创始人之一，高通首席科学家。他开发了卷积码编码的最大似然算法而享誉全球。

维特比于 1935 年 3 月 9 日出生在贝加莫（意大利北部的一个城市），1939 年随父母移民到美国。维特比就读于波士顿拉丁文学校，于 1952 年进入 MIT 电子工程专业。1957 年硕士毕业后获取南加利福尼亚大学数字通信方向博士学位。随后任加利福尼亚大学洛杉矶分校、圣迭戈分校电子工程专业教授。1967 年他发明维特比算法，用来对卷积码数据进行译码。该算法已经成功应用于蜂窝电话系统、DNA 分析，以及隐马尔可夫模型诸多应用中。维特比同时还帮助发展了 CDMA 标准。

1985 年维特比作为参与者之一创建了高通公司，该公司成立之初主要为无线通信业提供项目研究、开发服务，同时还涉足有限的产品制造。如今，高通已拥有 3 900 多项 CDMA 及相关技术的美国专利和专利申请；并向全球逾 130 家电信设备制造商发放了 CDMA 专利许可。高通 CDMA 技术也已成为全球 3G 标准的核心技术。

2007 年 6 月 19 日，维特比荣获首届 James Clerk Maxwell 大奖。此奖项是由欧胜微电子有限公司联合 IEEE 基金会共同设立的，它充分肯定了维特比在电子与电气工程领域，尤其是在无线技术领域所作出的杰出贡献。2008 年 9 月，由于发明维特比算法，以及对 CDMA 无线技术发展的贡献，维特比获得美国国家科学奖章。

第 10 章 应用案例

10.1 香农理论对于隐蔽通信的启示

10.1.1 案例简介

香农理论对于通信工程有着重要的指导意义。案例简介如图 10.1.1 所示，本案例基于相对熵、香农公式等理论，研究其对于隐蔽通信的指导意义，探索噪声式隐蔽传输解决方案，有助于学生连通“理论”与“实践”，让学生充分感受到科学理论对实践的指导意义，体会到课程的科学魅力，激发兴趣。从而培养学生的创新思维，提升其创新实践能力。本案例的相关知识见第 2 章和第 4 章。

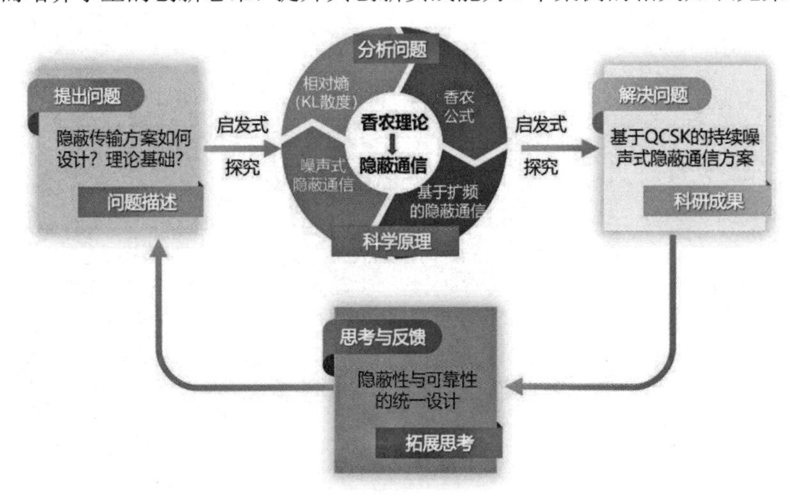

图 10.1.1 案例简介

10.1.2 背景与问题

无线通信带给人们更加便捷的生活方式，已经成为人类生活不可或缺的一部分。大量机密和私人的信息将通过无线的方式进行传输，信息的安全传输得到日益广泛的关注。在一些具有高安全等级的特殊无线通信场景中，通信行为的暴露可能会带来难以预估的风险和损失。此时，防止无线信号被第三方非法检测往往比对信息进行加密具有更重要的意义。隐蔽通信的目标是在两个用户之间实现无线传输，同时保证该传输在检测者处的检测概率足够小。政府和军事组织也非常需要这种通信，他们对隐藏通信行为感兴趣（例如，在战场上，侦察兵希望隐藏自身行踪并隐蔽地与战友或指挥部交流。同时还要防止敌人检测到该传输行为，以保护信息源发射位置的安全）。该如何设计隐蔽通信方案呢？其相应的理论基础又是什么呢？

10.1.3 研究与分析

隐蔽通信经典信道模型包含 3 个节点：合法发送者 Alice、合法接收者 Bob，以及检测者 Willie。在经典的低概率检测（Low Probability Detection，LPD）问题中，一般用“H_0”表示 Alice 未发送信号，Willie 只接收到公共信息与信道噪声；“H_1”则表示 Alice 发送了隐蔽信息，此时 Willie 接收到的是包含隐蔽信息的信号。假设 Alice 发射信号的先验概率等概，则检测者 Willie 的检测性能通常使用检测概率 P_D 衡量。

1. 从香农公式探索隐蔽通信

扩频通信是隐蔽通信的经典方案，其理论来源于信息论与通信的抗干扰理论。由 4.3 节的香农公式可以看出，当 C 给定时，B 与信噪比 $\dfrac{S}{N}$ 可以互换，即可通过增加频带来换取较低信噪比以实现信息的可靠传输。这就说明，当系统信噪比过低时，可通过增加信号带宽来提高信道容量，从而改善通信质量。因此，采用宽带系统可以获得较好的抗干扰性能。直接序列扩频就是一种有效的技术手段，它是利用高速伪随机序列（Pseudo Noise）调制待传输的信息序列来实现的。

单用户接收到的扩频信号可表示为

$$S_{SS}(t)=\sqrt{\frac{2E_s}{T_s}}m(t)p(t)\cos\left(2\pi f_c t+\theta\right)$$

式中，$m(t)$ 为信息序列，其周期为 T_s；$p(t)$ 为 PN 码序列；f_c 为载波频率；θ 为载波初始相位。

将信息序列和伪随机序列在时域相乘，则在频域等效于频谱相卷积。由于 PN 序列的码速率往往远大于信息序列的码速率，因此 PN 码序列的频谱宽度将远大于信息序列的频谱宽度。由卷积运算的原理可以得出直接序列扩频之后的信号将拥有远远大于原信息序列宽度的频谱，如图 10.1.2 所示。

收端处理增益为

$$PG=\frac{T_s}{T_c}=\frac{R_c}{R_s}$$

这表明，系统的处理增益越大，压制带内干扰的能力就越强。反之，借助于处理增益的影响，扩频技术可以让信号以极低的信噪比进行传输，即使所传输的信号淹没在其他信号或噪声之中，从而实现隐蔽传输。

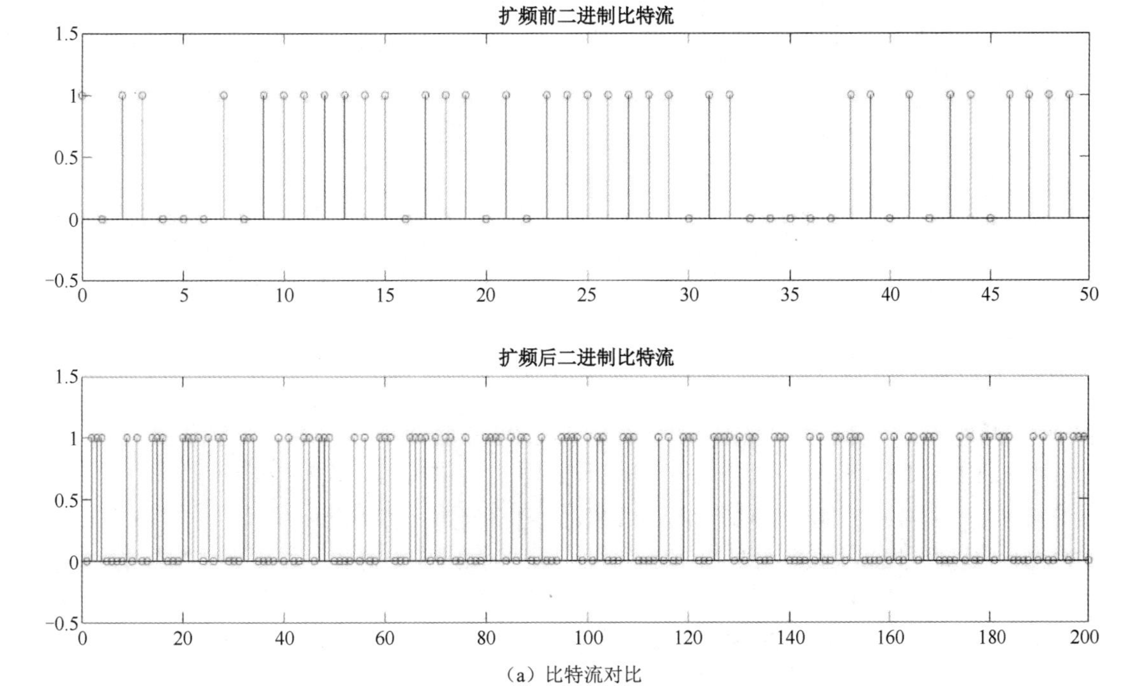

（a）比特流对比

图 10.1.2 扩频前后的时频对比

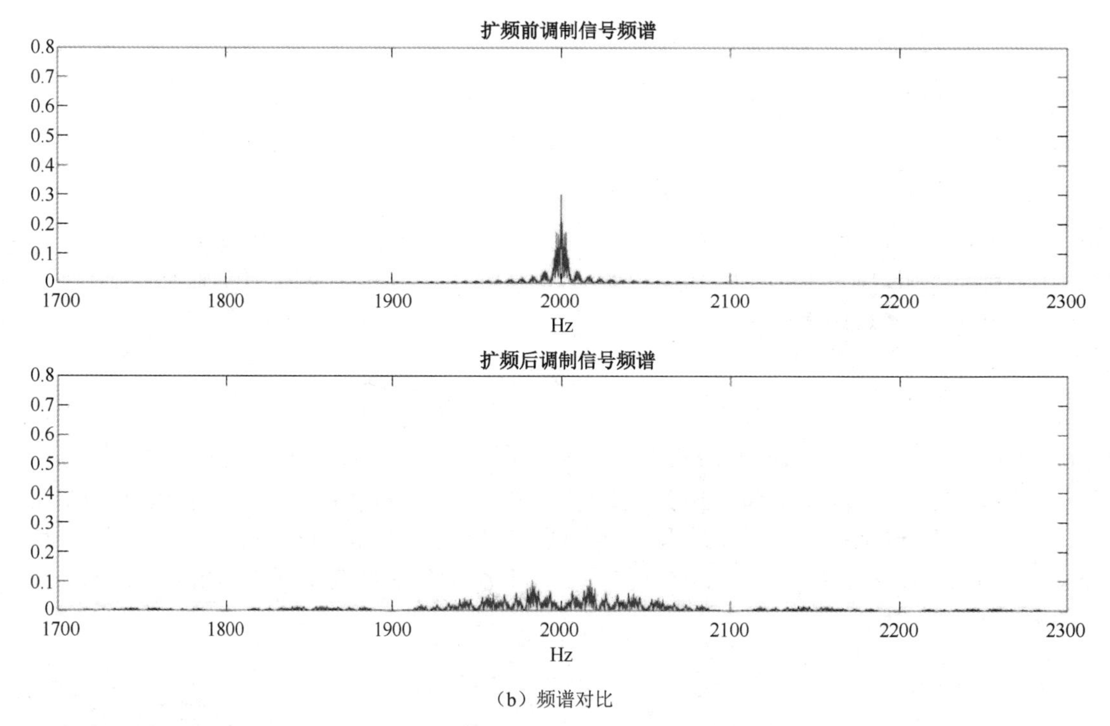

（b）频谱对比

图 10.1.2　扩频前后的时频对比（续）

2. 基于相对熵（KL 散度）谈噪声式隐蔽通信

相对熵又称 KL 散度（Kullback-Leibler Divergence），如果对于同一个随机变量 X 有两个单独的概率分布 $P(x)$和 $Q(x)$，可以使用 KL 散度来衡量这两个分布的差异。

相对熵用 D 表示，有

$$D(P \parallel Q)=\sum_{i=1}^{n} p(x_i)\,\mathrm{lb}\left(\frac{p(x_i)}{q(x_i)}\right)$$

一般用 P 来表示样本的真实分布，Q 表示模型所预测的分布。假设 Alice 发射信号的先验概率等概，则检测者 Willie 的检测性能通常使用检测概率 P_D 衡量。假设信源不发送隐蔽信息、发送隐蔽信息两种情形下 Willie 的接收信号概率分布分别是 Q_0、Q_1。Alice 保证隐蔽性的目标通常是，无论 Willie 使用何种策略，总有检测概率 $P_D \leqslant \varepsilon$，其中 ε 为任意小的正数。

隐蔽通信的目标准则为

$$\lim_{N\to\infty} D(Q_1 \| Q_0)=0\text{，}\quad \lim_{N\to\infty} P_{\text{err}}=0$$

其中，$D(Q_1 \| Q_0)$ 为 KL 散度；P_{err} 为隐蔽系统的误码率。一般用 KL 散度衡量隐蔽性能，用误码率衡量可靠性能。这种基于 KL 散度的准则可以很好地指导噪声式的隐蔽通信，也就是要使信源在不发送隐蔽信息和发送隐蔽信息两种情形下 Willie 接收到的数据分布相同。现实无线通信场景中信道总是伴随着噪声的，以 AWGN 信道为例，在信号经过 AWGN 信道下，信号会叠加高斯分布的白噪声 $n(t)\sim N(0,\sigma_n^{\ 2})$。结合 KL 散度和隐蔽性能的关系，如果可以使隐蔽信息的分布和信道噪声一致，那么 Willie 无法检测到隐蔽传输的存在。

课题组提出了基于 QCSK 的持续噪声式隐蔽通信方案。QCSK（Quadrature chaos-shift）是在非相关 DCSK 系统的基础上提出的调制方案，利用一组互相正交的混沌基函数在一个符号周期长度中传输 2bit 的信息。本方案中发端将包含隐蔽信息的 QCSK 信号与人工噪声交替发送，通过保持噪声的持续性有效对抗非法能量检测，同时在时域、频域均具有强隐蔽性。该方案不再要求隐蔽系统发射功率极低，在保证宿主性能的前提下允许增大隐蔽系统的发射功率，提升隐蔽传输的性能。通过对该方案进行仿真分析，当宿主系统误码率为 10^{-7} 时，隐蔽传输误码率较现有方案提升了 2 个数量级。图 10.1.3 展示了基于 QCSK 的持续噪声式隐蔽通信系统框图。图 10.1.4 给出了有无隐蔽信息传输时星座图对比。图 10.1.5 是误码率曲线。图 10.1.6 是宿主系统误码率曲线对比。

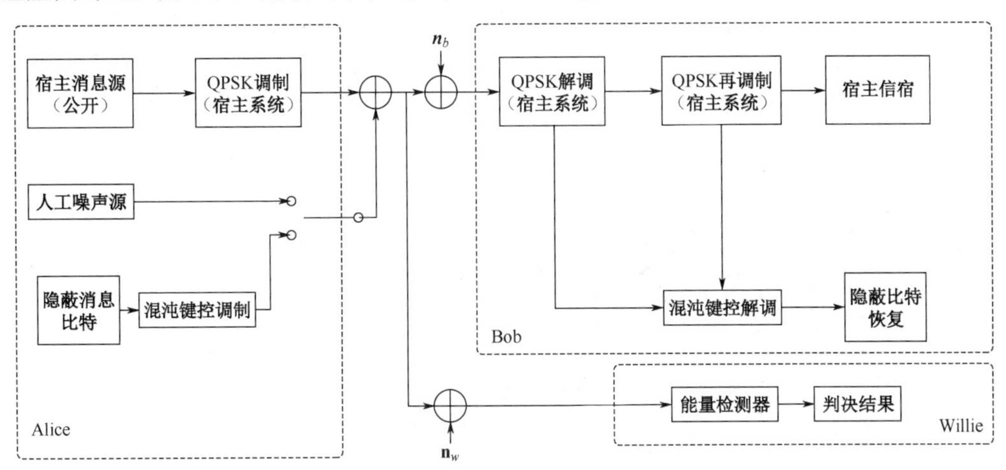

图 10.1.3　基于 QCSK 的持续噪声式隐蔽通信系统框图

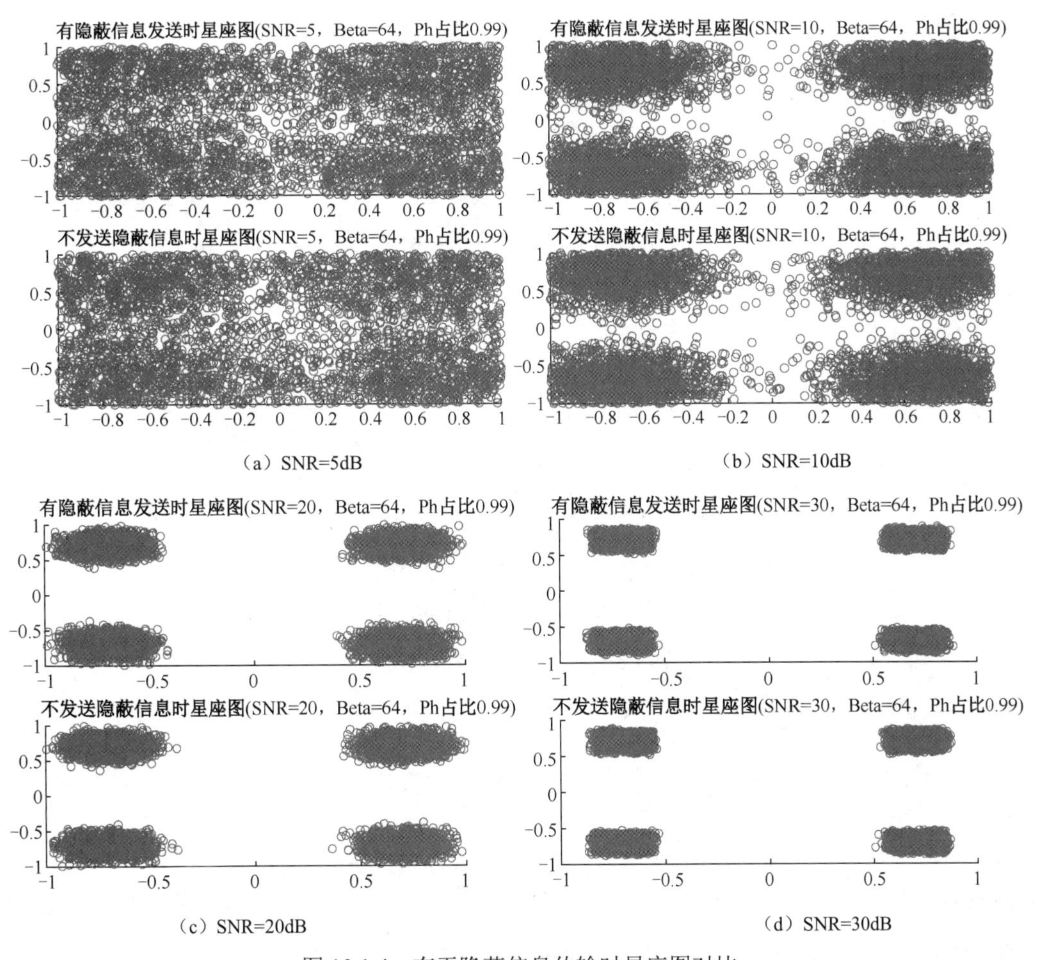

图 10.1.4　有无隐蔽信息传输时星座图对比

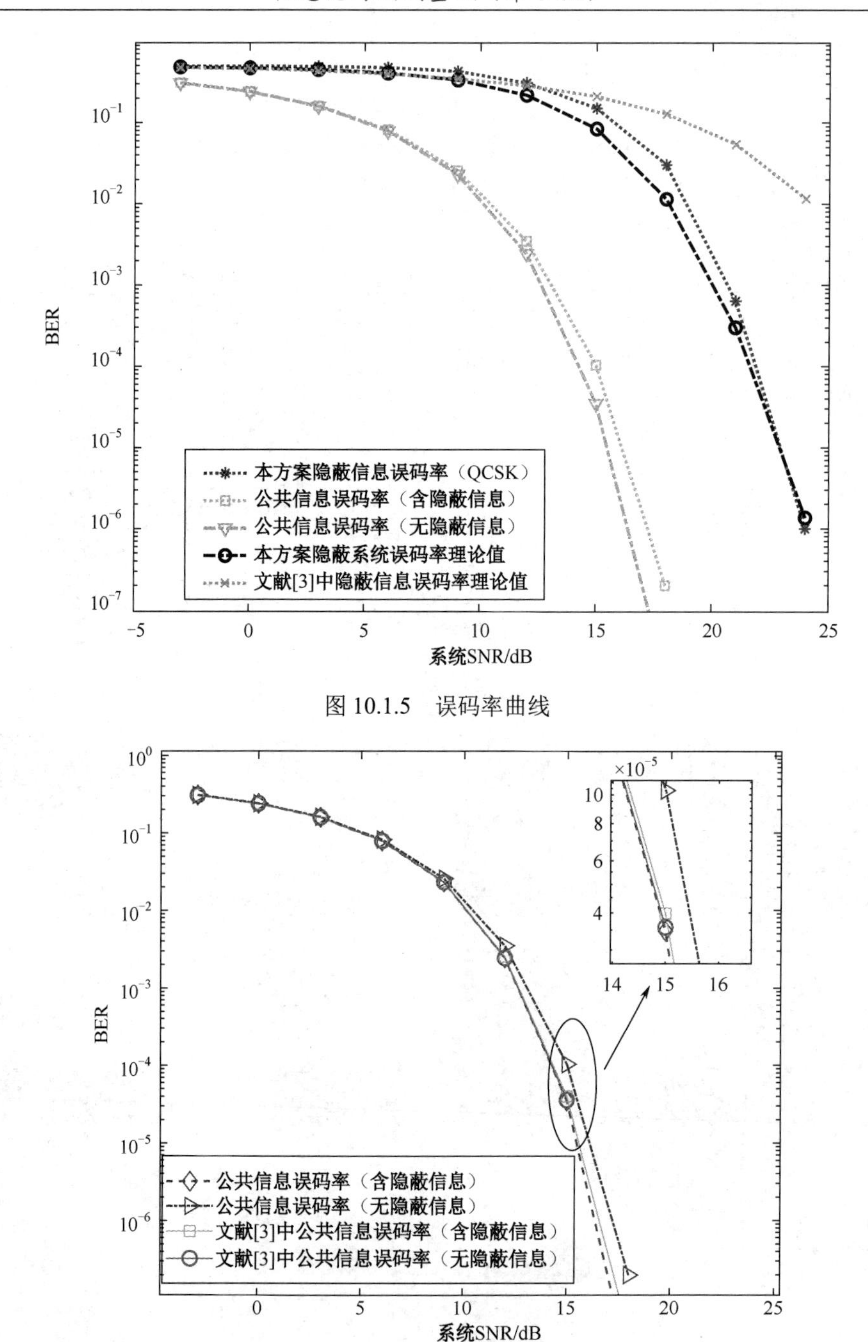

图 10.1.5　误码率曲线

图 10.1.6　宿主系统误码率曲线对比

10.1.4　总结与思考

案例基于香农公式、相对熵等相关信息理论，探索了基于扩频的隐蔽通信、噪声式隐蔽通信的理论基础。

现实无线通信场景中信道总是伴随着噪声的，当信号经过 AWGN 信道，信号会叠加高斯分布的白噪声 $n(t)\sim N\left(0,\sigma_n{}^2\right)$。如果隐蔽信息的分布和信道噪声一致，那么 Willie 无法检测到隐蔽传输的存在。现有的方案一般采用把隐蔽信息调制成噪声的方式，将隐蔽通信系统嵌入传统的数字通信系统中（这里称为“宿主系统”）。这就要求隐蔽系统的发射功率必须远小于宿主系统，从而使得隐蔽传输的可靠性较差，如何解决这个问题？如何实现隐蔽性与可靠性的统一设计？

10.2　雷达通信一体化中的信息论体系

10.2.1　案例简介

香农信息论是运用统计方法研究信息规律的基本理论，已经在通信、计算机、生物学、经济学等领域获得广泛应用。雷达作为一种信息探测系统，必然与“信息”有着密不可分的联系。本案例从探寻信息论与雷达的关系出发，探索通信雷达一体化设计中的信息论体系。首先，综合运用信息论研究范式以及相关概念，对雷达探测系统进行建模，深入讨论探测信息的量化度量，探索了距离信息、距离-方向信息、散射信息的计算思路。以最大化信息为目标，解决了功率、距离等约束条件下的最优化问题，探索了解决思路，通过仿真分析进行了验证。该案例有助于深入理解信息论基本概念，拓展信息思维。

10.2.2　背景与问题

信息论与雷达的关系是国际学术界长期关注，而未能解决的基础理论问题。雷达探测原理图如图 10.2.1 所示。雷达是一种典型的信息获取系统，利用目标对电磁波的反射来发现目标并从反射信号中获取距离、方向和散射等空间信息。雷达探测的主要任务是目标检测、估计与成像。除距离和散射信息之外，相控阵雷达和合成孔径雷达还可获得目标的方向信息，或者对观测区域进行成像；干涉合成孔径雷达甚至可以获得观测区域的三维空间信息。

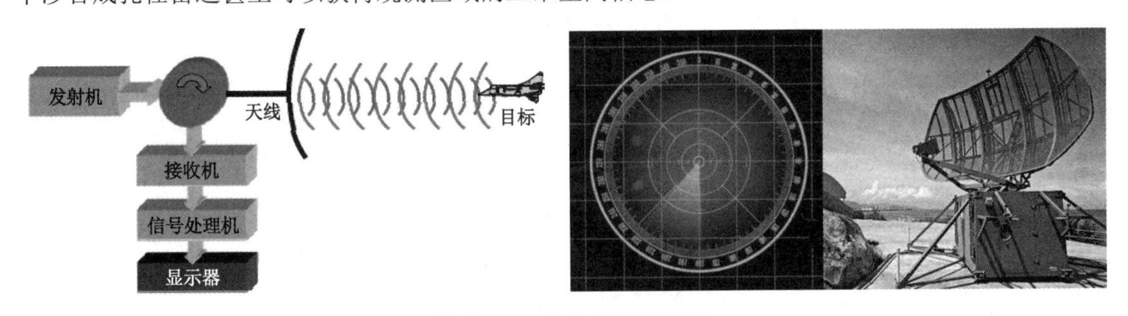

图 10.2.1　雷达探测原理图

信息论正是把信息作为研究对象，研究信息的传输、处理等一般规律，以及如何提高信息系统的可靠性、有效性、保密性等，以使信息系统最优化。1950—1953 年，Woodward 和 Davies 开创性地研究雷达信息理论，使信息理论广泛应用于雷达信号处理中。1988 年，Bell 以信息论测度自适应地设计发射波形，进而从接收的测量信号中提取更多的目标信息。可见，以“信息”为纽带，信息论能为雷达处理带来新的视角，并产生重要推动作用。

然而，由于在雷达和通信领域中“信息”概念的内在差异，对雷达应用中信息理论的研究并不如其在通信领域中深入。那么，雷达和通信两种信息系统能否在信息理论的基础上进行统一刻画？雷达通信一体化已经是目前的研究热点，其中蕴含的信息理论本质是什么？这是需要信息理论与雷达信号处理领域的学者共同探讨的前沿交叉课题。

10.2.3　研究与分析

1. 设计思路

以雷达通信系统为背景，建立雷达通信融合系统的信息论模型，以及基于信息模型的一体化设计方法。雷达执行目标探测任务，然后将获取的信息通过通信链路发送到控制中心。

图 10.2.2 为一个普通雷达探测系统，控制中心处的固定雷达发射电磁波信号，对相距为 R 的观测区间进行侦察，观测区间内的 N 个理想点目标反射电磁波，且相互之间不存在距离向上的遮挡，雷达接收机提取回波信号中的有用信息，并交由数据处理终端直接处理。

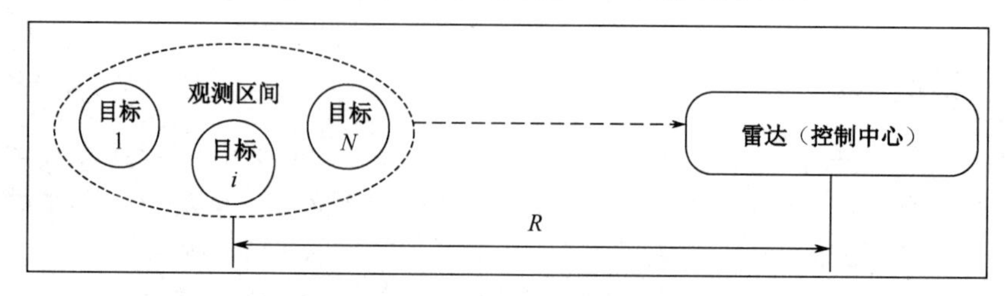

图 10.2.2 普通雷达探测系统

图 10.2.3 提出了一种雷达通信系统，其在纯雷达系统的基础上考虑雷达前置来获取信息量增益，探测过程与普通雷达系统一致，但此时雷达与观测区间中心的距离缩短至 R_1，接收机提取有用信息后，需传递给后方 R_2 处的数据处理终端。假设机载雷达平台飞行高度为 h，观测区间中心距离和通信传输距离有如下关系。

$$\sqrt{R_1^2-h^2}+\sqrt{R_2^2-h^2}=R$$

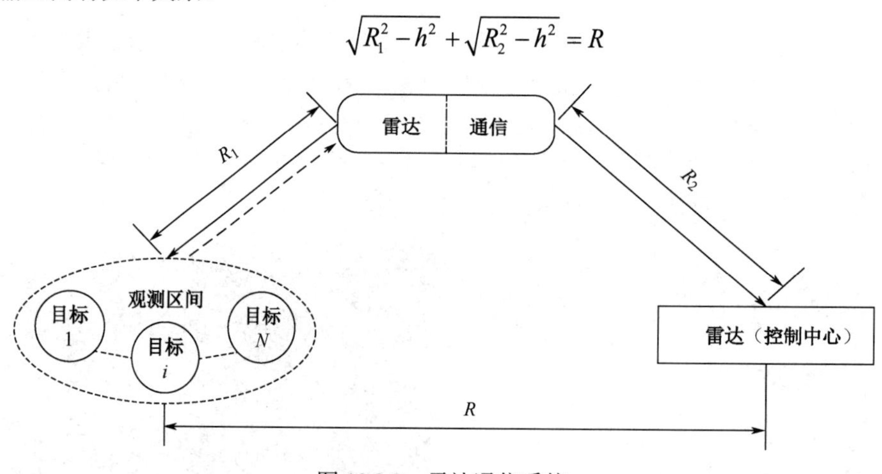

图 10.2.3 雷达通信系统

2. 内容描述

1）单目标探测雷达的信息度量

考虑单天线雷达的单目标探测系统，如图 10.2.4 所示。

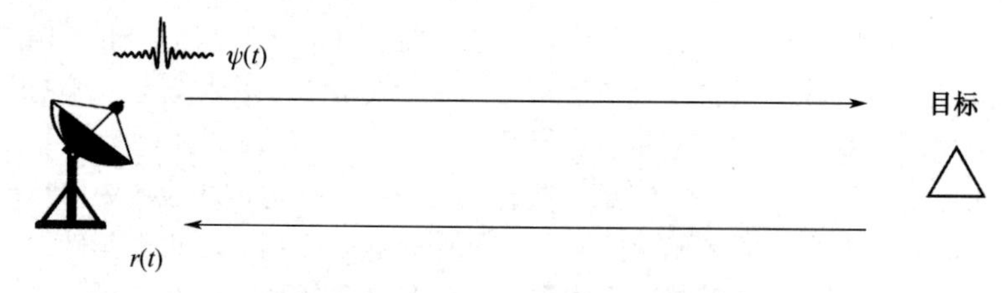

图 10.2.4 单天线雷达的单目标探测系统

其接收信号的表达式如下。

$$r(t)=\alpha\psi\left(t-\tau\right)\mathrm{e}^{j\left[2\pi f_c(t-\tau)+\varphi_0\right]}+\omega_c(t)$$

式中，$\psi(t)$ 表示发送的基带信号；载波频率为 f_c；初始相位为 φ_0；目标的散射系数幅值为 α；$\tau=2d/v$ 表示接收信号的时延；d 为目标与天线间的距离；$\omega_c(t)$ 是带限高斯白噪声过程。

将接收信号下变频到基带，则表述为

$$z(t)=\alpha\psi\left(t-\tau\right)\mathrm{e}^{j\left(-2\pi f_c\tau+\varphi_0\right)}+\omega(t)$$

或

$$z(t)=s\psi\left(t-\tau\right)+\omega(t)$$

式中，$s=\alpha\mathrm{e}^{j\varphi}$ 为目标的复散射系数。

下面采用香农信息论的思想方法研究雷达探测的信息获取过程。不管目标的位置和散射信号是固定的还是变化的，对探测者来说都是不确定的。获取接收序列可以显著地减小这种不确定性，从而获得关于目标的信息量。

目标的位置参数和散射信号是相互影响的，为了全面准确地反映这种影响，考虑接收数据与位置参数和散射信号之间的联合互信息，即“距离-散射信息”。

【距离-散射信息】 设 $p\left(x,s\right)$ 是目标归一化距离 X 和散射信号 S 的联合分布，$p\left(z\,|\,x,s\right)$ 是已知距离和散射时接收序列 $\boldsymbol{Z}$ 的条件概率密度函数。那么，借鉴信息论中平均互信息的物理含义，雷达探测信息可描述为从接收序列 $\boldsymbol{Z}$ 中获得的关于目标距离 X 和散射 S 的联合互信息，即

$$\boldsymbol{I}\left(\boldsymbol{Z};X,S\right)=h(X,S)-h(X,S\,|\,\boldsymbol{Z})$$

其中，$h(X,S)$ 是目标位置和散射的联合微分熵，称为先验微分熵，表示目标的先验不确定性；$h(X,S\,|\,\boldsymbol{Z})$ 是已知接收数据后目标位置和散射的联合微分熵，称为后验微分熵，表示目标的后验不确定性。先验微分熵和后验微分熵之差即雷达获取的空间信息。因此，联合互信息揭示了雷达信息获取系统的本质特征。

根据平均互信息的对称性和计算方法，联合互信息 $\boldsymbol{I}\left(\boldsymbol{Z};X,S\right)$ 可表示为

$$\boldsymbol{I}\left(\boldsymbol{Z};X,S\right)=\boldsymbol{E}\left[\mathrm{lb}\frac{p\left(z\,|\,x,s\right)}{p(z)}\right]$$

式中，$p(z)=\oiint p(x,s)p(z\,|\,x,s)\,\mathrm{d}x\mathrm{d}s$ 是 $\boldsymbol{Z}$ 的条件概率密度函数。

$$\begin{aligned}\boldsymbol{I}\left(\boldsymbol{Z};X,S\right)&=\boldsymbol{E}\left[\mathrm{lb}\frac{p\left(z\,|\,x,s\right)}{p(z)}\right]\\&=\boldsymbol{E}\left[\mathrm{lb}\frac{p\left(z\,|\,x,s\right)}{p(z\,|\,x)}\frac{p\left(z\,|\,x\right)}{p(z)}\right]\\&=\boldsymbol{E}\left[\mathrm{lb}\frac{p\left(z\,|\,x,s\right)}{p(z\,|\,x)}\right]+\mathrm{E}\left[\frac{p\left(z\,|\,x\right)}{p(z)}\right]\\&=I(\boldsymbol{Z};X)+\boldsymbol{I}\left(\boldsymbol{Z};S\,|\,X\right)\end{aligned}$$

由此可见，联合互信息是目标的距离信息 $I(\boldsymbol{Z};X)$ 与距离已知条件下目标的散射信息 $\boldsymbol{I}\left(\boldsymbol{Z};S\,|\,X\right)$ 之和。雷达目标探测可以分为两个步骤：第一步，确定目标的距离信息 $I(\boldsymbol{Z};X)$；第二步，在获取目标位置的条件下确定目标的散射信息 $\boldsymbol{I}\left(\boldsymbol{Z};S\,|\,X\right)$。

由平均互信息的性质，条件概率分布 $p\left(z\,|\,x,s\right)$ 给定时，空间信息 $\boldsymbol{I}\left(\boldsymbol{Z};X,S\right)$ 是目标距离与散射的联合概率密度函数 $p\left(x,s\right)$ 的上凸函数，故存在探测空间上联合互信息的最大值，称为目标的探测容量。

【探测容量】 在观测区间上，如果给定条件概率分布 $p\left(z\,|\,x,s\right)$，那么目标的探测容量定义为

$$\boldsymbol{C}=\max_{p(x,s)}\boldsymbol{I}\left(\boldsymbol{Z};S,X\right)$$

与信道容量只取决于信道一样，探测容量也只取决于探测信道，或探测系统的噪声干扰环境，与目标的先验分布无关。

雷达探测信息的定义具有以下两方面意义。

①雷达和通信两种信息系统理论基础的统一。雷达是信息获取系统，通信是信息传输系统，现在这两种系统在香农信息论的基础上统一起来了。

②雷达和通信两种信息系统定量方法的统一。探测信息使雷达与通信两种系统都以比特为单位进行定量，为两种系统的联合设计奠定了基础。

2）测距雷达的距离信息

由于测距雷达的散射信息远小于距离信息，因此测距雷达只考虑距离信息。

针对恒模散射目标，单个目标的距离信息量为

$$I = p_s \mathrm{lb}\frac{T\beta\rho}{\sqrt{2\pi \mathrm{e}}} + \left(1-p_s\right)\mathrm{lb}\frac{\mathrm{e}^{\frac{1}{2}\left(\rho^2+1\right)}}{\rho\sqrt{2\pi}} - H\left(p_s\right)$$

其中，$p_s = \dfrac{\exp\left(\dfrac{1}{2}\left(\rho^2+1\right)\right)}{T\beta\rho^2 + \exp\left(\dfrac{1}{2}\left(\rho^2+1\right)\right)}$，其物理意义是雷达发现目标的准确度，这里 ρ^2 表示信噪比；T 表示观测时间；$\beta = \dfrac{\pi}{\sqrt{3}}B_r$，表示均方根带宽，$B_r$ 为带宽；$H\left(p_s\right) = -p_s\mathrm{lb}p_s - (1-p_s)\mathrm{lb}(1-p_s)$，表示是否发现目标的不确定性。

假设观测区间内最多有 $N = B_r T$ 个目标，目标间相互独立，且每个目标的信噪比相同，则单位时间内获取的总距离信息为

$$\begin{aligned} I_R &= \frac{TB_r}{T_r}\left[p_s \mathrm{lb}\frac{T\beta\rho}{\sqrt{2\pi \mathrm{e}}} + \left(1-p_s\right)\mathrm{lb}\frac{\mathrm{e}^{\frac{1}{2}\left(\rho^2+1\right)}}{\rho\sqrt{2\pi}} - H\left(p_s\right)\right] \\ &= k_t B_r\left[p_s \mathrm{lb}\frac{T\beta\rho}{\sqrt{2\pi \mathrm{e}}} + \left(1-p_s\right)\mathrm{lb}\frac{\mathrm{e}^{\frac{1}{2}\left(\rho^2+1\right)}}{\rho\sqrt{2\pi}} - H\left(p_s\right)\right] \end{aligned}$$

式中，$T = k_t T_r (0 < k_t < 1)$，通常情况下，$T < T_r$。

3）成像雷达的距离-方向信息

成像雷达的像素间距离取决于距离向和角度向分辨率，因此不存在位置信息，只需考虑散射信息。成像对目标的观测更加直观，代表雷达技术的发展方向。为了得到清晰的图像，雷达必须同时具备较高的距离向和角度向分辨率。对于成像雷达，由于像素间距离是固定的，因此可以不考虑位置信息，只需考虑散射信息即可。

为使分析简单，我们考虑复高斯散射目标，单目标的散射信息为

$$I(\boldsymbol{Z};\boldsymbol{Y}\mid\boldsymbol{X}) = \mathrm{lb}(1+\rho^2)$$

单位时间内获取的散射信息为

$$\overline{I} = \frac{1}{T_r}\mathrm{lb}\left(1+\rho^2\right)$$

其中，T_r 表示雷达发射信号的脉冲重复周期。

假设距离向观测区间为 $T = k_t T_r (0 < k_t < 1)$，角度向观测区间为角度 $\varOmega$，则距离向上的目标数可以由信号时间带宽积表示为 $N_r = B_r T$，角度向上的目标数为 $N_a = \dfrac{\varOmega}{\Delta\theta}$（$B_r$ 为发射信号带宽，$\Delta\theta$ 为角度分辨率）。于是有二维观测区间内总目标数为

$$N = N_r N_a = k_t T_r B_r \frac{\varOmega}{\Delta\theta}$$

角度向的分辨率 $\Delta\theta$ 定义为阵列探测系统的角度分辨率，即

$$\Delta\theta = \frac{\varOmega}{\lambda/Md} = \varOmega M\frac{d}{\lambda}$$

式中，M 为均匀线性阵列的发射、接收雷达单元个数；d 为阵元间隔，通常取为波长 λ 的一半。则单位时间的 N 个目标总距离-方向信息为

$$I_R = N\left[\frac{1}{T_r}\mathrm{lb}\left(1+\rho^2\right)\right] = k_t B_r \frac{\Omega}{\Delta\theta}\mathrm{lb}\left(1+\rho^2\right)$$

I_R 即给定信噪比 ρ^2 下，观测区间内 N 个目标的总距离-方向信息，所获得的信息量越大，表明雷达对探测目标的成像效果越好。

4）雷达通信系统的联合设计

根据香农公式，在 AWGN 信道中，每个信道的单位时间容量为

$$C = B_c \mathrm{lb}\left(1+\mathrm{SNR}\right)$$

式中，B_c 为通信带宽；SNR 表示控制中心处的接收信噪比。

假设雷达通信采用频分复用方式，通信链路的带宽为 B_c，并令 $B_c = k_b B_r\left(0 < k_b \ll 1\right)$，则

$$C = k_b B_r \mathrm{lb}\left(1+\mathrm{SNR}\right)$$

式中，C 为通信链路的信道容量，即单位时间内信道允许通过的最大信息量。为保证雷达获取信息的正确传输，需满足 $I_R \leqslant C$。

假设雷达发射的探测信号为 $s_1(t) = \sqrt{E_{s_1}}\,\sin c\left(B_r t\right)$，通信信号为 $s_2(t) = \sqrt{E_{s_2}}\,\sin c\left(B_r t\right)$，接收信噪比可以用目标反射的有用信号功率与噪声实部功率的比值表示。由电磁波传播规律可知，雷达接收机收到的目标回波功率和探测距离的 4 次方成反比，此时目标反射系数可表示为

$$\alpha_1 = \sqrt{\frac{E_{s_1} G_t G_r \lambda^2 \sigma}{(4\pi)^3 R_1^4}}$$

式中，E_{s_1} 为发射信号能力；G_t 和 G_r 分别为发射、接收天线增益；λ 为发射信号的波长；σ 为雷达目标散射截面积（RCS）。

这样就可以将雷达处的回波信噪比表示为

$$\rho^2 = \frac{2E_{s_1} G_t G_r \lambda^2 \sigma}{(4\pi)^3 R_1^4 N_0}$$

而控制中心接收到的有用信号功率与通信距离的平方成反比，此时目标反射系数表示为

$$\alpha_2 = \sqrt{\frac{E_{s_2} G_t}{4\pi R_2^2}}$$

于是，控制中心处的接收信噪比为

$$\mathrm{SNR} = \frac{2E_{s_2} G_t}{4\pi R_2^2 N_0}$$

定义平均功率为单位时间的信号能量

$$P_t = \frac{E_s}{T_r} = E_s f_r$$

式中，T_r 为雷达脉冲重复周期；$f_r = 1/T_r$ 为脉冲重复频率。

将平均信噪比用平均功率形式表示，则有

$$\begin{cases} \rho^2 = \dfrac{2P_{t_1} G_t G_r \lambda^2 \sigma}{(4\pi)^3 R_1^4 N_0 f_r} \\ \mathrm{SNR} = \dfrac{2P_{t_2} G_t}{4\pi R_2^2 N_0 f} \end{cases}$$

上式描述了雷达探测、通信传输两个信噪比变量。SNR 越大，探索所获得目标互信息越大，雷

达探测的性能越好；SNR 越大，通信信道容量越大，表明此时通信网络可以传输更多的信息量。在实际的雷达通信场景中，由于系统资源有限，探测和通信的性能往往相互制约，因此不同的功率分配方法会对系统性能产生很大的影响。

若给定整个成像雷达通信系统的总功率约束

$$P_{t_1} + P_{t_2} + P_s = P$$

即探测、通信以及系统损耗的总功率之和恒定。为实现成像雷达通信系统所获取的感知信息最大，则需要以下约束优化模型

$$\max : I_R$$

$$\text{s.t.}\begin{cases} I_R < C \\ P_{t_1} + P_{t_2} + P_s = P \\ \sqrt{R_1^2 - h^2} + \sqrt{R_2^2 - h^2} = R \end{cases}$$

的最优解 $\{I_R, P, R\}$，其中感知信息 I_R 表示成像质量；P 表示功率分配；R 表示最佳探测位置。

3. 仿真分析

对雷达通信系统进行数值仿真，主要参数设置如表 10.2.1 所示。

表 10.2.1　雷达通信系统主要参数设置

参数	载波频率	目标反射截面积	发射天线增益	接收天线增益	最大不模糊距离	雷达带宽
取值	10GHz	0.1m^2	30dB	30dB	500km	2MHz

1）测距雷达通信系统的距离信息

图 10.2.5 中 k_t 为雷达观测区间占脉冲重复周期的比值，k_d 为探测距离与总距离比值。从图中可以看出，雷达通信系统的距离信息随着带宽比 k_b 变化曲线可以分为 3 个部分：①通信带宽不受限；②随通信带宽线性增长；③通信带宽受限。

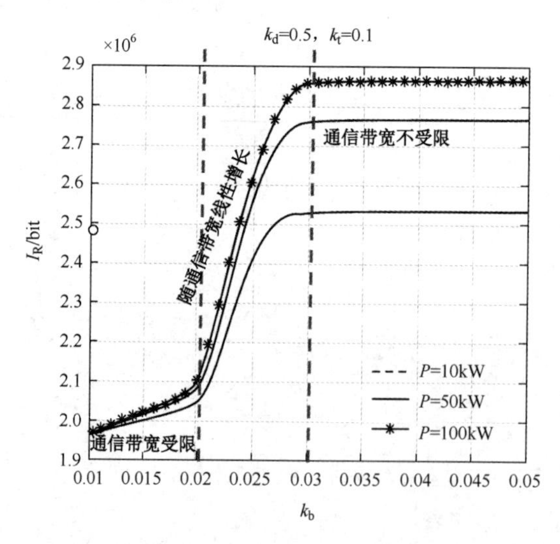

图 10.2.5　雷达通信系统位置固定时距离信息随带宽比的变化

当通信带宽占比 $k_b \geqslant 0.03$ 时，继续增大通信带宽无法提升距离信息，信息量基本稳定，这一带宽范围称为“通信带宽不受限范围”。从图 10.2.6（a）可以看出，当通信带宽足够大时，系统的功能基本全部用来进行雷达探测任务，通信传输几乎不占用系统资源。这就可以解释图 10.2.5 中，继续增大通信带宽也无法提升系统性能，因为此时通信带宽不再是限制系统容量的因素。在图 10.2.6（b）所

示这个阶段中，增加通信带宽可以明显地提升系统距离信息。当通信带宽占比 k_b<0.02 时[图 10.2.6（c）]，表明通信链路传输性能很差，增加通信带宽可以提升系统的信息容量，但效果不明显。此阶段，以实现距离信息最大化为目标的优化方案下，雷达通信系统通过牺牲探测性能，将大部分功率用来进行通信传输，使得控制中心能够获取尽可能多的距离信息。

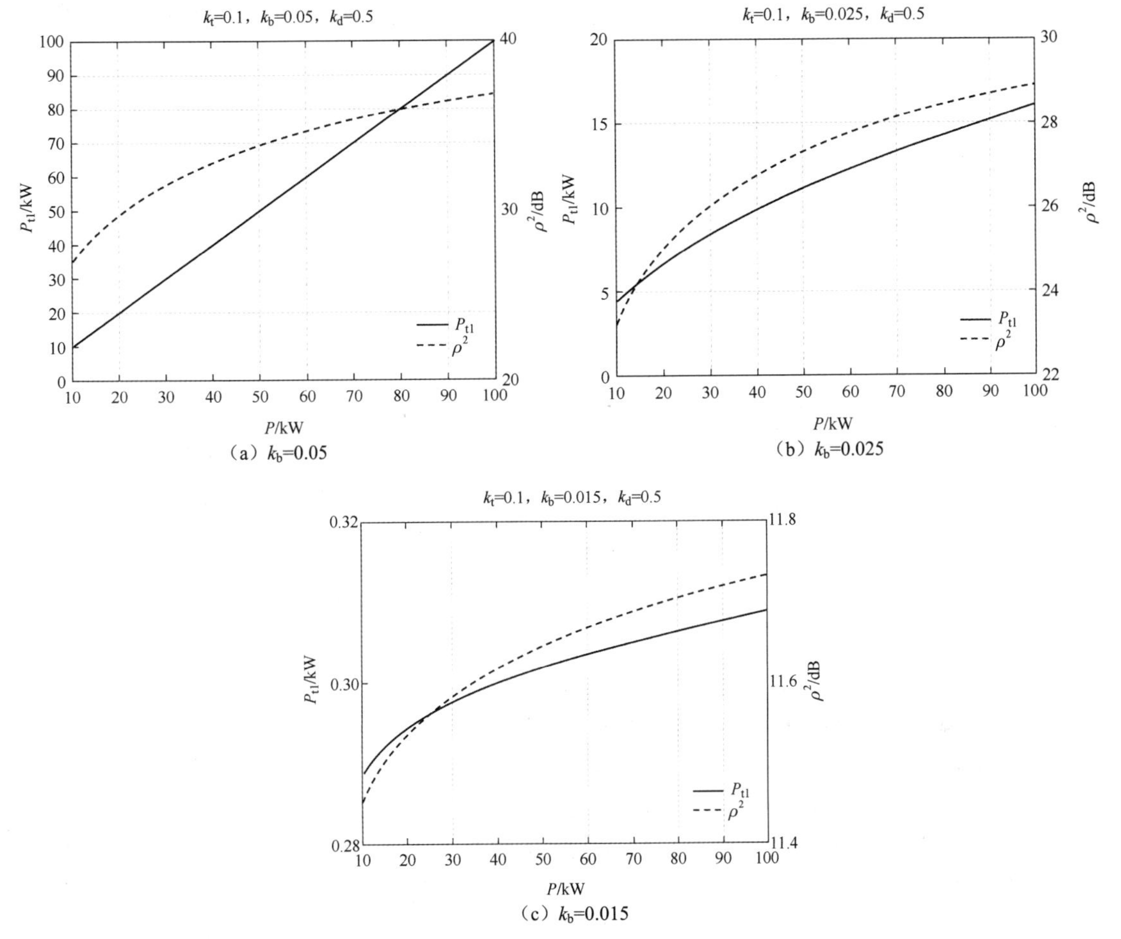

（a）k_b=0.05

（b）k_b=0.025

（c）k_b=0.015

图 10.2.6　雷达位置固定时的功率分配方案

从图 10.2.7 中可以看出，距离信息随探测距离的增加先增加后减小。这就意味着存在一个最优的雷达位置，能使控制中心获取最多的目标距离信息。

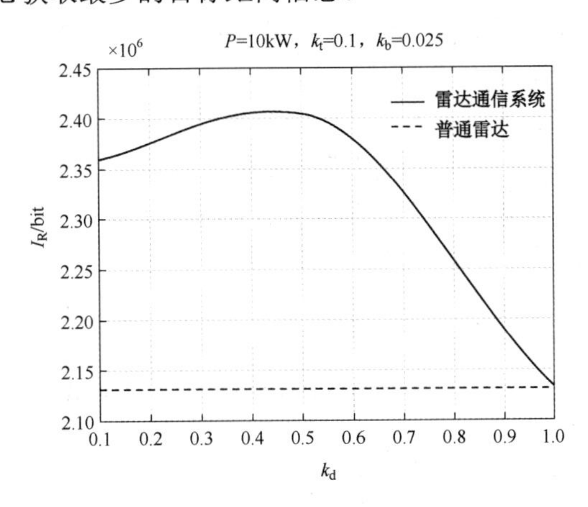

图 10.2.7　雷达通信系统距离信息随探测距离的变化

从图 10.2.8 中可以看出，距离信息随着系统总功率的增加而增大。当 $k_b = 0.05$ 时[图 10.2.8（a）]，通信带宽不受限。雷达固定位置（不考虑距离分配）时，雷达通信系统与普通雷达系统相比，可以获取大约 0.15Mbit 的信息量增益。如果考虑距离分配，当雷达位于最优探测位置时，系统感知信息增益可高达 0.8Mbit。从另外一个角度来看，在系统所需传输的数据量一定时，雷达通信系统可以节省更多的功率资源。传输 2.4Mbit 的距离信息，普通雷达系统需要消耗约 65kW 的功率；不考虑距离分配，雷达通信系统只消耗 28kW 左右的功率，节省了 3.6dB；若考虑距离分配，则可以节省更多功率。

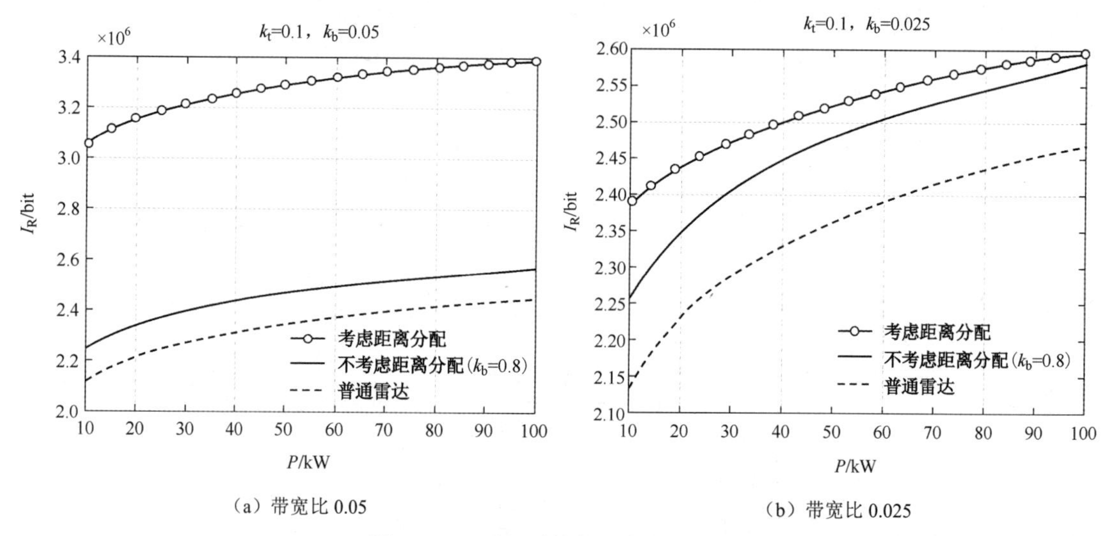

（a）带宽比 0.05　　（b）带宽比 0.025

图 10.2.8　不同系统的距离信息比较

当 k_b=0.025[图 10.2.8（b）]，近似线性增加阶段，不考虑雷达位置时，可获得信息增益大约 0.1Mbit。考虑距离分配与否，系统信息增益由 0.15Mbit 逐渐缩小至无差距，这是由于随着总功率的增加，雷达的最优位置逐渐靠近仿真时所选取的那个固定位置，因此两者之间的差距逐渐减小。传输 2.4Mbit 的距离信息，考虑距离配置的雷达通信系统和普通雷达系统相比，功率分别可节约 3.6dB 和 8.1dB。

对于图 10.2.8 所示的优化分配方案，包括功率分配和雷达最优位置规划。在通信带宽不受限阶段[图 10.2.9（a）]，通信带宽不再是限制系统信息量的因素，因此雷达可以尽可能地接近探测目标来获取更多的距离信息量，使控制中心对目标的位置估计更加准确。由于仿真参数设置为理想条件，因此结果表明，探测距离为 0，即雷达置于目标处，性能最优，但在实际探测情形下，机载雷达平台还需要考虑安全问题和隐蔽性要求。在确保电台安全的前提下，尽可能靠近目标，完成探测任务。

2）成像雷达通信系统的距离-方向信息

图 10.2.10 表示，当雷达假设在目标与控制中心的中间位置时，在不同的总功率约束下成像雷达通信系统的距离-方向信息与通信雷达信号带宽比 k_b 的关系。当 $k_b \geqslant 0.08$ 时，随着带宽比的继续增加，距离-方向信息几乎保持不变，维持稳定；当 $k_b<0.08$ 时，可以看出，此时增加通信带宽可以有效地提高系统距离-方向信息，如系统总功率为 50kW 时，带宽占比每增加 1/100，信息量提高 1Mbit。

从图 10.2.11（a）可以看出，如果雷达位置固定，通过优化的功率分配方法，可以获得大约 0.8Mbit 的信息增益。如果进一步考虑距离分配，信息量增益将增加至 8.8Mbit。从图 10.2.11（b）可以看出，是否考虑距离分配，系统信息增益分别为 0.8Mbit 和 1~2Mbit。或者从功率角度考虑，当系统中需要获取一定量的信息时，在该成像雷达通信系统的优化方法下，可以节省更多的功率。例如，当系统需要传输 4Mbit 的信息时，传统的雷达系统需要消耗约 28kW 的功率。即使不考虑距离分配，经过功率优化的成像雷达通信系统也仅需消耗 10kW 功率，可以看出，功率约节省了 4.5dB 甚至更高（当距离分配因素也纳入考虑时）。

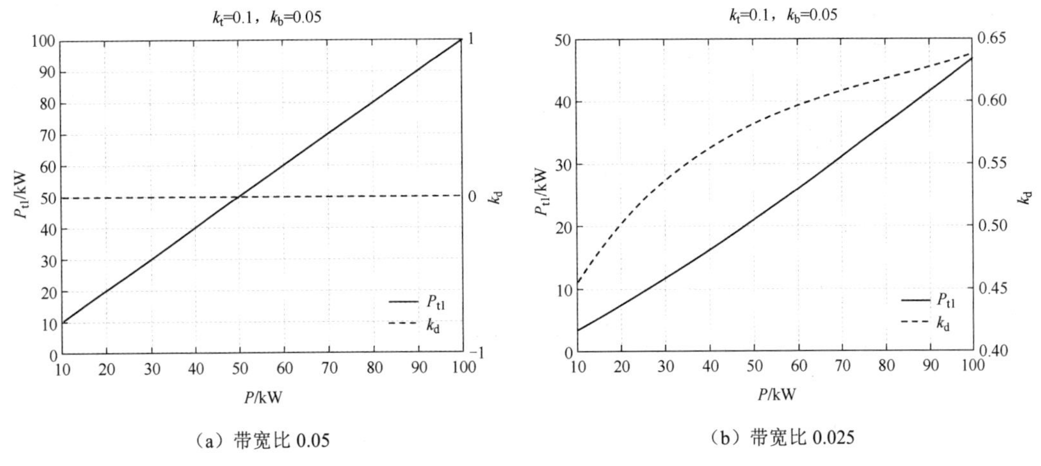

（a）带宽比 0.05　（b）带宽比 0.025

图 10.2.9　优化分配方案（1）

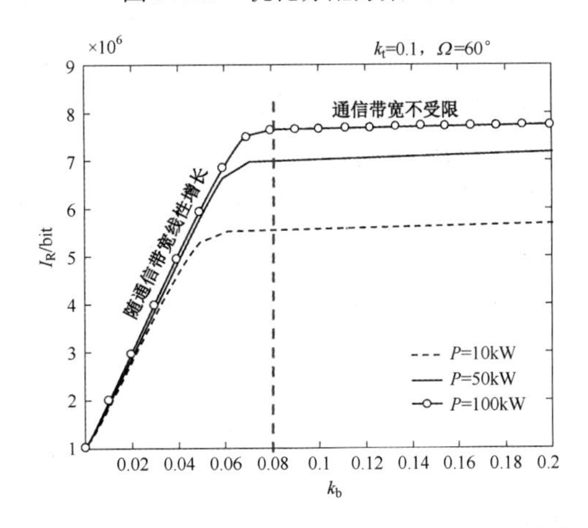

图 10.2.10　成像雷达通信系统位置固定时探测信息随带宽比的变化

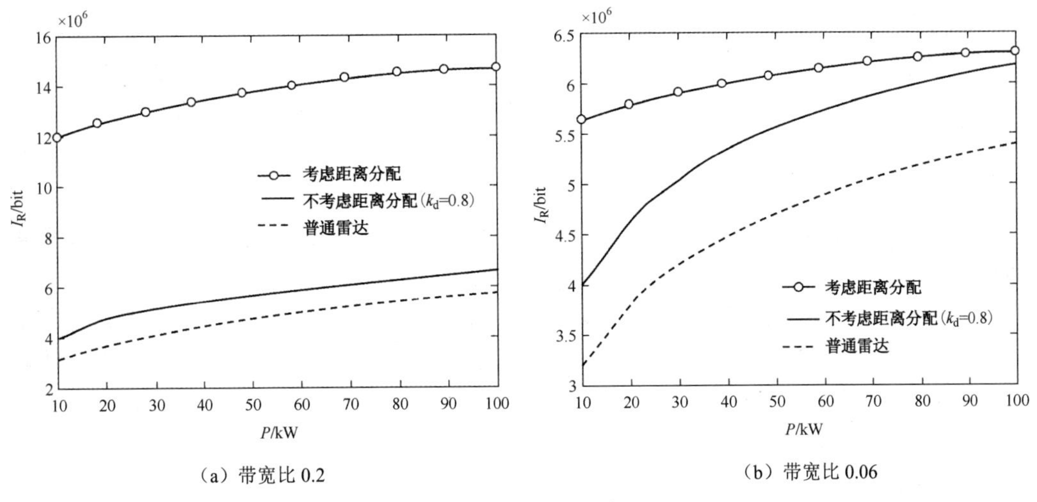

（a）带宽比 0.2　（b）带宽比 0.06

图 10.2.11　优化分配方案（2）

10.2.4 总结与思考

本案例以信息论视角研究雷达探测信息的相关问题，信息论主要研究更基础的信息层面的问题，这些问题往往与雷达系统的具体组成及信号处理方法无关。因此，有望得到关于雷达系统更本质、更一般性的规律和结论。在雷达探测的信息理论方面还存在一些重要的基础理论问题亟待解决，如 AWGN 信道的探测容量问题、目标检测的性能评价问题等，值得信息理论与雷达信号处理领域的学者共同研究，以期不断丰富和发展信息理论体系。

思考题

如何基于信息理论（KL 散度、互信息等）开展雷达通信一体化波形设计？

10.3 香农理论指导下的高效压缩编码设计

10.3.1 案例简介

本案例描述了基于香农理论来指导高效压缩编码设计的过程，践行了理论到实践的这一科学研究思路。从早期的摩尔斯电码入手，探索高效编码的特点；引出香农第一定理（可变长无失真信源编码定理），讨论它对于高效无失真编码的指导意义，从而指导 Shannon 码、Fano 码、Huffman 码的设计；基于最佳码的分析讨论，结合定理的指导思路，引出算术编码的设计思想。分析编码技术在压缩标准中的应用现状，突出“理论指导实践，技术面向应用”的科学技术发展思路。案例中融入 Huffman 码的提出及 AVS 压缩标准发展的故事，培养学生敢于挑战、敢为人先、敢于超越的创新意识；塑造学生求真务实的学术品德；激发学生不断探索的内在动力，感受中国自信。本案例的相关知识见第 5 章。

10.3.2 背景与问题

1837 年，摩尔斯发明了摩尔斯电码。它根据各个符号的统计概率进行了变长码的设计，开启了高效信源编码设计之路。1948 年，香农撰写 *A Mathematical Theory of Communication*，提出信息理论，给出了无失真可变长信源编码定理（香农第一定理），指出无失真压缩编码的极限就是信源的熵，为高效编码设计提供了理论依据和路线指导。同时，香农在论文中还给出了香农码的编码方法，为在该理论下探索编码设计提供了第一个解决方案。随后，在 50 年代初，Fano 与 Huffman 师生先后提出了各自的无失真编码，这均是在香农理论指导下的高效编码设计的研究成果。其中，Huffman 码被誉为“最佳编码”。最佳编码是不是就没有办法超越了呢？从实用和接近熵的极限目标等角度考虑，在 20 世纪 60 年代到 80 年代，P. Elias、J. Rissanen、G. G. Langdon 等人提出并发展了算术编码，该码利用了香农定理中针对扩展源进行编码的思想。目前，Huffman 码、算术编码已成功应用于各大压缩标准中。

本案例围绕“香农理论指导下的高效压缩编码设计”这一问题，带领学生走上香农理论引导下的高效压缩编码设计之路（问题设计如图 10.3.1 所示）。从摩尔斯电码引入讨论，以四大问题贯穿始终，按时间顺序探讨香农理论引导下高效的压缩编码技术，最后探讨其工程应用。

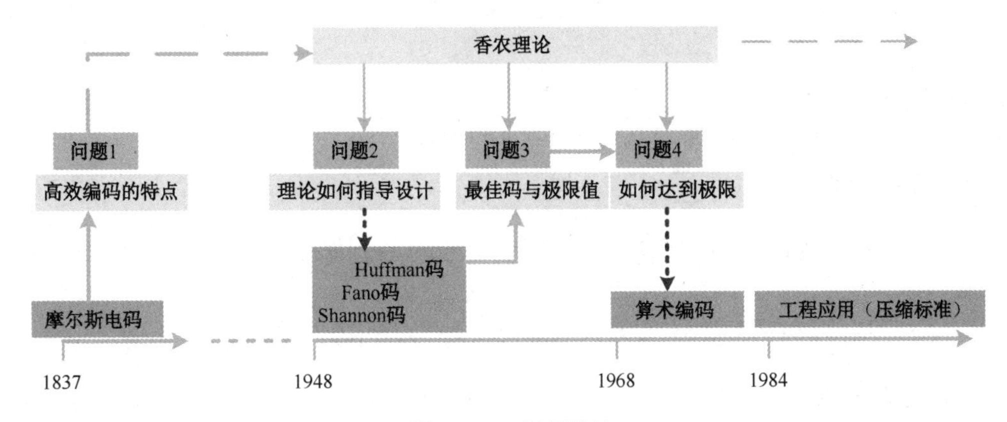

图 10.3.1　问题设计

10.3.3　研究与分析

案例的知识架构如图 10.3.2 所示。香农第一定理指出：要实现无失真的信源编码，编码后最小的平均码长为 r 进制熵 $H_r(S)$；此结论引导着编码技术的发展，按时间顺序提出了 Shannon 码、Fano 码、Huffman 码。围绕技术实用化目标，结合香农理论的指导，引出了算术编码的基本思想，并分析 Huffman 码、算术编码两种重要的高效编码的工程应用情况。

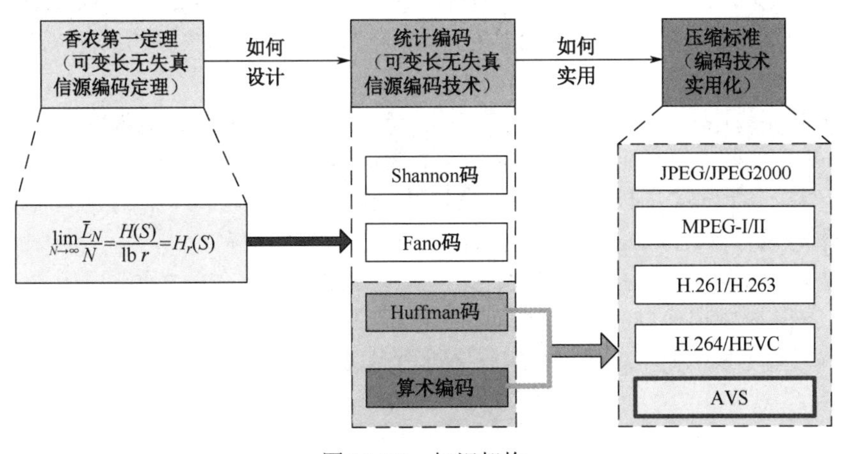

图 10.3.2　知识架构

1．摩尔斯电码

摩尔斯电码（Morse code）也被称作摩斯密码，是一种时通时断的信号代码，通过不同的排列顺序来表达不同的英文字母、数字和标点符号。

【问题 1】摩尔斯电码为什么是高效编码最早的实例呢，它的特点是什么？

2．香农第一定理分析

香农第一定理在 5.1 节进行了描述。

【问题 2】香农第一定理如何指导高效编码设计？

利用香农定理来指导高效压缩编码设计，我们需要利用定理中的几点内涵。

①采用可变长码。

②无失真编码的平均码长的极限是信源熵。

③为了达到极限值，不是对单个信源符号进行编码，而是对信源符号序列进行编码，即针对扩展源进行编码。

④无失真信源编码的实质就是对离散信源进行适当的变换，使变换后新的码符号信源尽可能等

概分布。

3．高效压缩编码设计

基于理论首先探索最佳码，即平均码长最短的前缀码。

【设计1】 结合平均码长$\overline{L}=\sum p_i l_i$与其约束条件$\sum r^{-l_i}\leqslant 1$（Kraft不等式），构建利用拉格朗日（Lagrange）乘子法的极值求解问题$\sum p_i l_i+\lambda\left(\sum r^{-l_i}\right)$，获得偏导$\frac{\partial J}{\partial l_i}=p_i-\lambda r^{-l_i}\ln(r)$为0的结论$r^{-l_i}=\frac{p_i}{\lambda\ln(r)}$，将此代入约束条件可求得$\lambda=1/\ln(r)$，因而$p_i=r^{-l_i}$，即产生了最佳码的码长$l_i^*=-\log_r p_i$。若可以取码字长度为非整数，则产生的平均码长为$\overline{L}^*=\sum p_i l_i^*=-\sum p_i\log_r p_i=H_r(X)$，则可达到理论中所说的极限值。

【设计2】 在香农理论的指导下，Fano提出了一种次优的编码方法。先将概率值以降序排列，然后选择k使得$\left|\sum_{i=1}^{k}p_i-\sum_{i=k=1}^{p}p_i\right|$达到最小值。这个操作将信源字符集划分成了概率几乎相等的两个集合。可将概率值较高的集合中的字符对应码字的第一位上标0，概率值较低的集合标1。然后对每个划分出来的子集重复此过程，最终每个信源字符均可得到一个相应的码字。Fano码虽然尽力保证每次分集合概率相近，但是并不能完全做到整体的等概分布。因此，它仍然不是最佳码。

【设计3】 以熵为理论极限，Fano的学生Huffman设计了一种无失真的最佳码，即Huffman码（见5.5节）。

【问题3】 采用最佳码，是不是任何时候平均码长都可以达到理论的极限值？

Huffman编码实际上很少能达到极限值，只有在信源符号的概率等于2的负整次幂时，才能使平均码长等于熵，达到理论的极限。其原因是采用了信源符号与码字一一对应的单符号编码。

【问题4】 有没有什么办法，能让平均码长达到或趋向信源熵？

【设计4】 从香农第一定理的内涵可以看出，可以对信源进行N次扩展后再编码，但是带来的复杂性太大。P.Elias提出可以只针对所出现的待编码的字符串进行编码，这就是算术编码的基本思路。算术编码基于累积概率，找到待编码字符串对应的概率区间，以其中的某值作为编码输出（图10.3.3）。

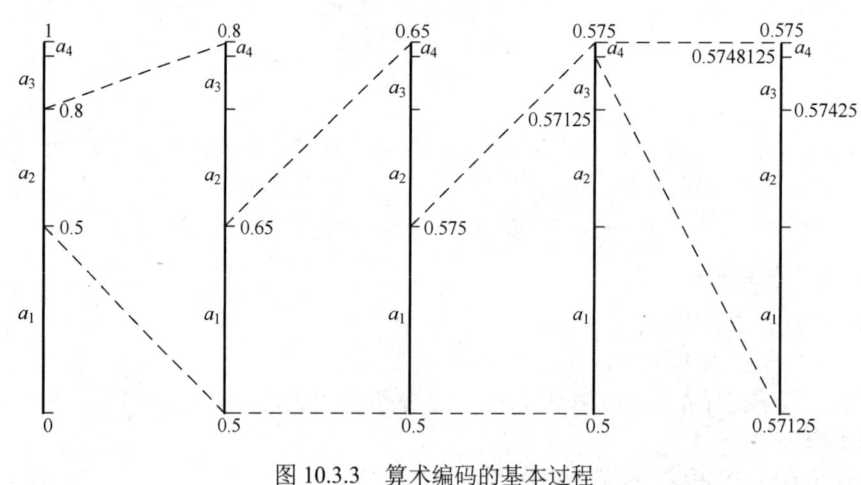

图10.3.3 算术编码的基本过程

AVS标准（Audio Video Coding Standard）是中国制定的第一个具有完全自主知识产权的视频编码标准，具有划时代的意义。它采用了传统的混合编码框架，编码过程由预测、变换、熵编码和环路滤波等模块组成，这和H.264是类似的。但是在每个技术环节上都有创新，因为AVS必须把不可控的专利技术去掉，换成自己的技术。AVS 与 H.264 相比，主要具有以下特点。

①性能高，与 H.264 的编码效率处于同一水平。

②复杂度低，算法复杂度比 H.264 明显低，软硬件实现成本都低于 H.264。

③我国掌握主要知识产权，专利授权模式简单，费用低。AVS 与 H.264 对比见表 10.3.1。

表 10.3.1　AVS 与 H.264 对比

技术模块	AVS	H.264
帧内预测	基于 8×8 块，5 种亮度预测，4 种色度预测模式	基于 4×4/16×16 块，9/4 种亮度预测模式，4 种色度预测模式
多参考帧预测	最多 2 帧	最多 16 帧，复杂的缓冲区管理机制
变块大小运动补偿	16×16、16×8、8×16、8×8 块运动搜索	16×16、16×8、8×16、8×8、8×4、4×8、4×4 块运动搜索
B 帧宏块对称模式	只搜索前向运动矢量	双向搜索
1/4 像素运动补偿	1/2 像素位置采用 4 阶滤波 1/4 像素位置采用 4 阶滤波、线性插值	1/2 像素位置采用 6 阶滤波 1/4 像素位置线性插值
变换与量化	解码端归一化在编码端完成	编解码端都需进行归一化
熵编码	2D-VLC，Exp-Golomb	CAVLC，CABAC
Interlace 编码	PAFF 帧级帧场自适应	MBAFF 宏块级帧场自适应 PICAFF 帧级帧场自适应
容错编码	简单的条带划分机制	数据分割、复杂的 FMO/ASO 等宏块、条带组织机制、强制 Intra 块刷新编码、约束性帧内预测等
档次级别	基准档次：4 个级别	Baseline 等个档次；15 个不同的 level
环路滤波	基于 8×8 块边缘进行：两种滤波强度，滤波较少的像素	基于 4×4 块边缘进行，4 种滤波强度，滤波边缘多

2021 年 2 月 1 日，我国首个 8K 电视超高清频道 CCTV8K 成功实验播出，CCTV8K 超高清频道首次采用第三代 AVS 视频标准（AVS3）。2022 年 7 月，AVS3 正式被纳入国际数字视频广播组织（DVB）核心规范，是中国标准“走出去”的里程碑进展之一。

10.3.4　总结与思考

本案例沿着历史的发展足迹，基于问题开展理论与技术的探索。围绕“香农理论指导下的高效压缩编码设计”这一问题，旨在提升学生理论联系实践的能力。香农信息是一种语法信息，在其指导下的通信传输技术已经日趋完善。例如，以 Huffman 编码、算术编码为代表的压缩编码技术已经逼近信源熵，以低密度奇偶校验（LDPC）码、极化码为代表的信道编码技术已经逼近信道容量，这些技术推动了现代通信科技迅猛发展。随着人工智能与算力技术的兴起与发展，探索未来通信系统新框架下的高效编码已成为研究热点。

10.4　保密语音中的预测编码技术

10.4.1　案例简介

本案例基于预测编码技术，探讨军用场景中保密语音的处理问题。案例从实际应用切入，基于 LPC-10 标准来探索解决方案，并结合实验给出了效果分析。实现了“应用需求—理论探索—实践分析”的完成过程，有助于学生理解知识的同时，拓展思维，提升能力。案例的相关知识见5.3节。

10.4.2 背景与问题

在现代化战场中，保密性已成为通信的重要特征。由于数字加密技术具有高度可靠性，在军事保密通信中都采用低速率语音编码器，以便对经过压缩编码后的语音数据进行加密处理，然后在窄带信道上进行传输。通信双方共享密钥，实现对语音数据进行加密。当通话结束时，密码失效。这样，即使敌方监听到通信内容，由于高强度的加密，也无法获取实际内容。在这种应用场景中，需要对语音信号进行数字化处理，且实现低速率。如何来完成这个过程呢？这是保密通信中较为关键的问题。

10.4.3 解决方案

20世纪90年代以来，语音编码研究主要集中在2.4kbit/s以上速率。1982年，美国国家安全局（NSA）将LPC-10声码器选为联邦标准（FS-1015）；1984年，美国国防部制定了STU-Ⅲ计划，采用LPC-10e增强型，1986年正式投入使用。1997年，美国又将混合激励线性预测MELP算法选为联邦标准，该算法综合线性预测编码LPC和多带激励MBE算法的优点，MOS得分达到3.4分，在低速率下保持了较好的清晰度和可懂度。由此可见，线性预测技术LPC是有效的解决途径。

1．编码器

图10.4.1是LPC-10的发端编码器框图。原始语音经过一个锐截止的低通滤波器之后，输入A/D转换器，以8kHz速率采样12bit量化得到数字化语音。然后每180个样点分为一帧（22.5ms），以帧为单元，提取语音特征参数并加以编码传送。分两个支路同时进行，其中一个支路用于提取基音周期和清/浊音判决，另一支路用于提取预测系数和增益因子。提取基音周期支路把A/D转换后输出的数字化语音缓存，经过低通滤波，2阶逆滤波后，再用平均幅度差函数（AMDF）计算基音周期。经过平滑、矫正得到该帧的基音周期。此同时，对低通滤波后输出的数字语音进行清浊音检测，经过平滑、矫正得到该帧的清浊音标志V/UV。

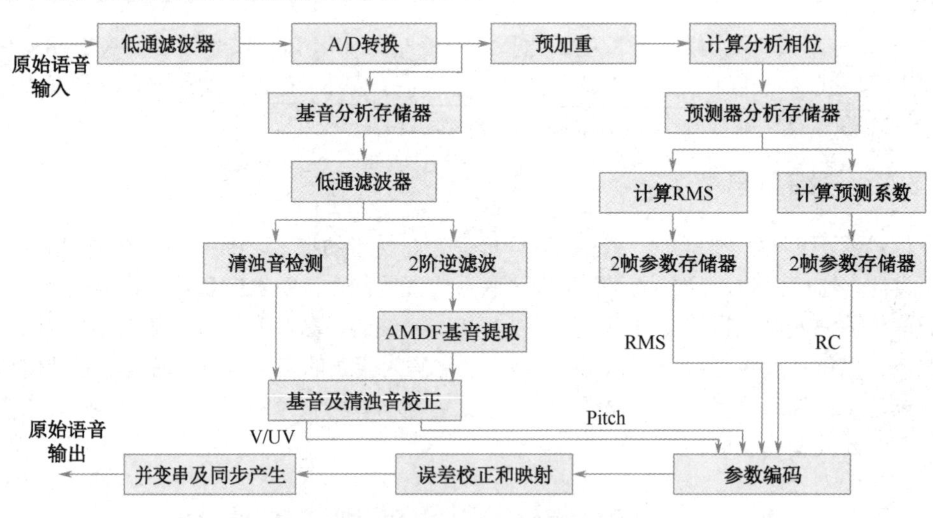

图10.4.1 LPC-10的发端编码器框图

在提取声道参数之前要先进行预加重处理。预加重滤波器的传输函数 $H_{PW}(Z)=1-0.9375Z^{-1}$。声道滤波器参数、增益RMS采用准基音同步相位的方法计算。

在LPC-10的传输数据流中，将10个反射系数（$K_1,K_2,\cdots,K_{10}$）、增益RMS、基音周期（Pitch/Voicing）、同步信号Sync总共编码成每帧为54bit。由于每秒传输44.4帧，因此总传输速率为2.4kbit/s。同步信号采用相邻帧1、0码交替的模式。表10.4.1是浊音帧和清音帧的比特分配。

反射系数的分布极不均匀，要对这些参数进行变换，以便按一种合理的方式最佳地配置固定数量的比特。如果采用谱灵敏度的测度准则，那么用对数面积比方法编码（Log-Area-Ratio-Encoded）最为合适。对数面积比公式为

$$g_i = f(k_i) = \lg\left(\frac{1+k_i}{1-k_i}\right) = \lg\left(\frac{A_{i+1}}{A_i}\right), 1 \leqslant i \leqslant p \quad (10.4.1)$$

其中 A_i、A_{i+1} 正好是声管第 i 节和第 i+1 节的面积，故称为对数面积比。式（10.4.1）的变换结果是使 g_i 具有相当均匀的幅度分布，而且参数之间的相关性很低，因此这组参数对于量化、传输是很有利的。用这组参数是，每个对数比只需要 5～6bit 即可使编码与未编码的语音质量基本相同。在 LPC 中，一般先将 k_i 参数变换成 g_i，再进行查表量化。

RMS 参数用查表法进行编码、解码。码表是对于在 2～512 之间的 RMS 值用步长 0.773dB 的对数码表，进行编码和解码。即序号为 $20\frac{\lg \text{RMS} - \lg 2}{0.773}$，序号除以 2 即为发送比特。60 个基音值用 Hamming 权重 3 或 4 的 7bit Gray 码进行编码。清音帧用 7bit 的全零矢量表示，过渡帧用 7bit 的全 1 矢量表示，其他基音值用权重 3 或 4 的 7bit 矢量表示。

表 10.4.1　浊音帧和清音帧的比特分配

	浊音	清音
Pitch/Voicing	7	7
RMS	5	5
Sync	1	1
K_1	5	5
K_2	5	5
K_3	5	5
K_4	5	5
K_5	4	—
K_6	4	—
K_7	4	—
K_8	4	
K_9	3	
K_{10}	2	
误差校正	0	20
总计	54	53

2. 解码器

图 10.4.2 是 LPC-10 的收端解码器框图。在收端，首先利用直接查表法，对数码流进行检错、纠错。经过纠错解码后即可得到基音周期、清浊音标志、增益以及反射系数的数值。解码结果延时一帧输出，这样输出数据就可以在过去的一帧、现在的一帧、将来的一帧三帧内进行平滑。由于每帧语音只传输一组参数，考虑一帧之内可能有不止一个基音周期，因此要对接收数值进行由帧到基音块的转换和插值。

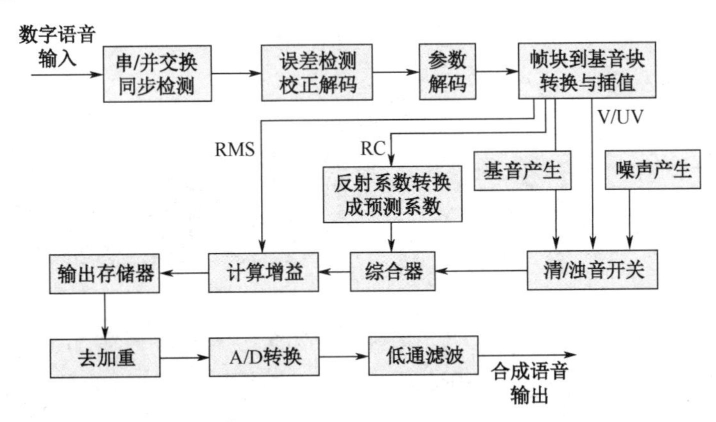

图 10.4.2　LPC-10 的收端解码器框图

10.4.4　总结与分析

我们按照 8kHz 采样，16bit 量化的标准录制了声音文件，对其进行 10 阶的 LPC 编解码。图 10.4.3、图 10.4.4 给出了男生和女生原始语音与预测语音的波形、语谱图以及误差之间的比较。从结果可以看出，10 阶 LPC 的恢复波形基本可模拟出原始语音的特征。由此可见，基于 LPC 的方案，不仅可以实现保密语音传输，语音效果也可以满足要求。

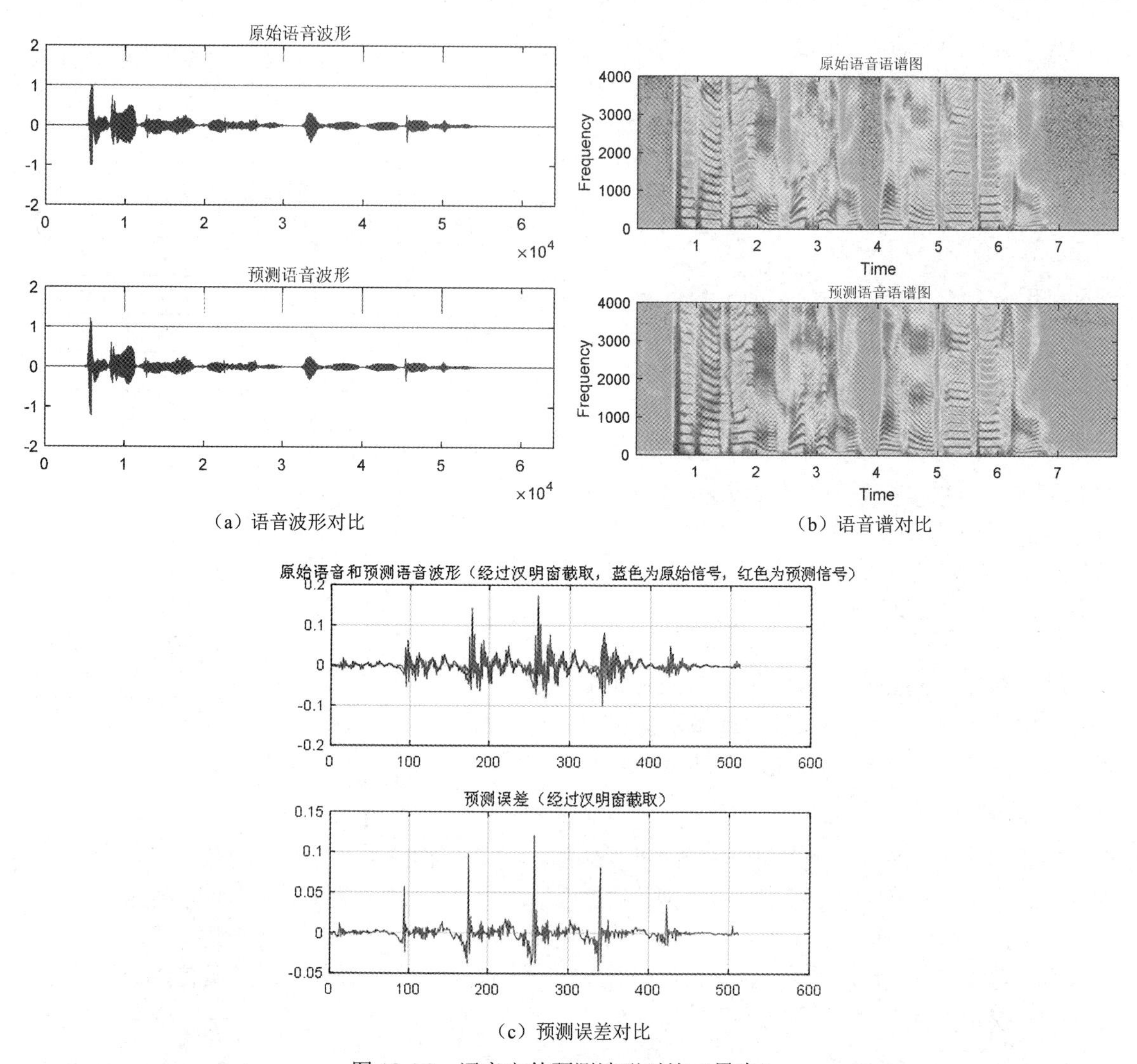

（a）语音波形对比

（b）语音谱对比

（c）预测误差对比

图 10.4.3　语音文件预测波形对比（男生）

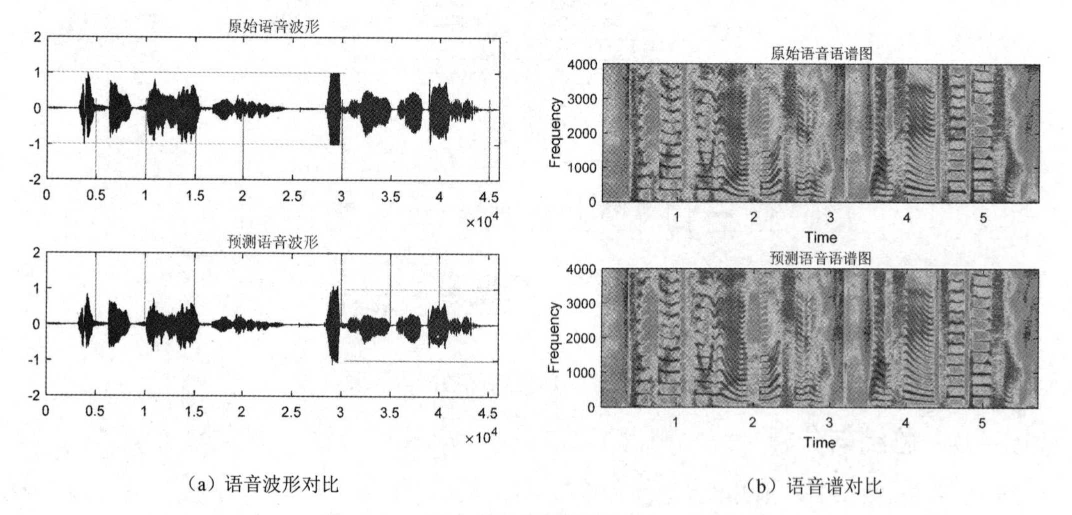

（a）语音波形对比

（b）语音谱对比

图 10.4.4　语音文件预测波形对比（女生）

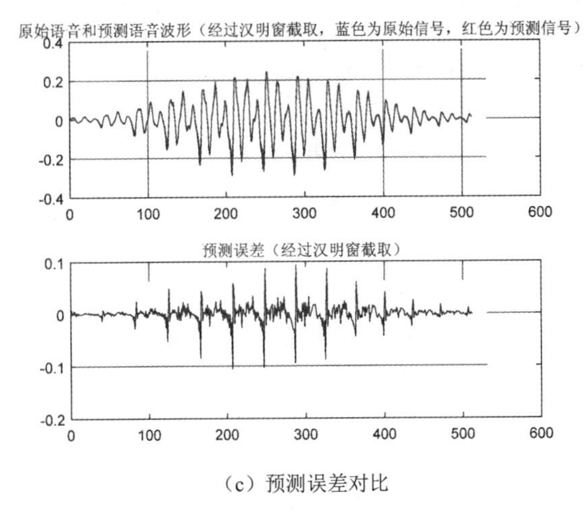

（c）预测误差对比

图 10.4.4　语音文件预测波形对比（女生）（续）

10.5　基于 Polar 码冻结位的物理层加密算法

10.5.1　案例简介

Polar 码在信道重组和拆分过程中选择信道容量大的信道用来传输信息，而信道容量小的位置传输全 0，这些位称为冻结位。冻结位由于没有传输信息而被浪费。针对该问题，本方案提出了基于 Polar 码冻结位的物理层加密算法，将“废置”比特加以利用，增强物理层信号的安全性。该方案利用信道密钥生成策略产生初始密钥再进一步得到混沌序列，利用 Polar 码不传输信息的冻结位传输混沌序列，减少加密密钥的应用数量，在编码的过程中进行加密，在保证纠错性能的前提下，具有较强的安全性。

10.5.2　背景与问题

在有密钥安全编码技术中，以 McEliece 公钥密码算法衍生出来的各种联合纠错加密方法需要的密钥体积往往很大。而在纠错编码技术中，可靠性需要加入冗余的校验元增强码字中的相关性以纠正和检测传输中的错误，从而降低错误概率；安全性需要加入随机冗余弱化信息之间的联系，使得窃听者无法从接收到的部分消息获知私密信息；有效性需要尽可能地减少各种冗余，以提高信息传输速率。它们之间相互影响，导致现阶段仍然存在以下问题亟待解决。

①合法信道有噪时，强安全编码方法的抗噪能力差。

②安全间隙减少程度有限，不利于安全编码的实际运用。

③当信道估计存在误差时，安全性得不到有效保证。

围绕以上问题，本方案利用 Polar 码的结构特点，设计新的安全编码方法以适应不同的窃听信道模型，从而降低误码率，提高系统可靠性；同时利用物理层无线信道自身固有的随机性、独立性、差异性来设计相应的编码和信号传输策略以实现信息在物理层的安全传输。针对信道编码层的安全，在分析编码加密通信模型的基础上，利用无线信道提取二进制密钥，并将其转化成混沌序列的初始值，产生混沌序列，对物理层编码信息进行加密保护，理论分析和仿真结果表明，该加密算法恢复了信道编码的纠错性能，并且具有更高的安全性，在密钥上也有明显的改善，可以保证数据的安全传输。将该安全编码技术应用在现有无线通信系统中，不仅可以保证无线通信可靠性不受影响，还可明显增强其传输安全性，从而确保无线通信中的安全传输。

10.5.3 研究与分析

1. Polar 码的冻结位

Polar 码的基本原理是信道组合和拆分，拆分后的比特信道$\left\{W_N^{(i)}\right\}$将会出现信道极化趋势，一部分比特信道变“好”，另一部分比特信道变“差”，并且随着 N 增大，极化趋势将更明显，即二进制对称信道进行“组合”和“拆分”的过程中，比特信道将采用极化形式：比特信道的一部分的对称信道容量趋于 1，而比特信道的另一部分的对称信道容量趋近于 0。发送方将源信息位放在“好比特信道”上，而在“坏比特信道上”放置固定比特，如 0。

则有信道极化定理：任意 B-DMC 信道W^N，其比特信道$\left\{W_N^i, 1\leqslant i\leqslant N\right\}$随 N 增大会呈现信道极化特性，当 $N\to\infty$ 时：

对于任意 $\delta\in(0,1)$，有 $\dfrac{\#\left\{I\left(W_N^{(i)}\right)\in(1-\delta,1]\right\}}{N}\to I(W)$；

对于任意 $\delta\in(0,1)$，有 $\dfrac{\#\left\{I\left(W_N^{(j)}\right)\in[0,\delta)\right\}}{N}\to 1-I(W)$；

$\sum\limits_{i=1}^{N} I\left(W_N^i\right)=NI(W)$。

其中 $I\left(W_N^{(i)}\right)$ 为对称信道容量，$\#\{\cdot\}$ 表示数目。

图 10.5.1 所示是 $N=8$，$\varepsilon=0.5$ 时，BEC 信道进行信道组合和拆分后所对应的各个“比特信道”的对称信道容量示意图。可以看出，“比特信道”已初步呈现极化趋势。图 10.5.2 所示是码长 $N=1024$ 时信道极化情况，可以看出绝大多数“比特信道”信道容量都为 0 或 1，只有少部分信道介于中间。

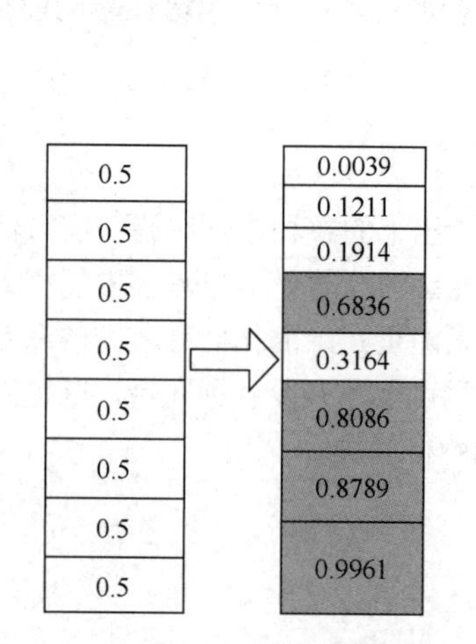

图 10.5.1 BEC 信道“比特信道”的对称信道容量示意图

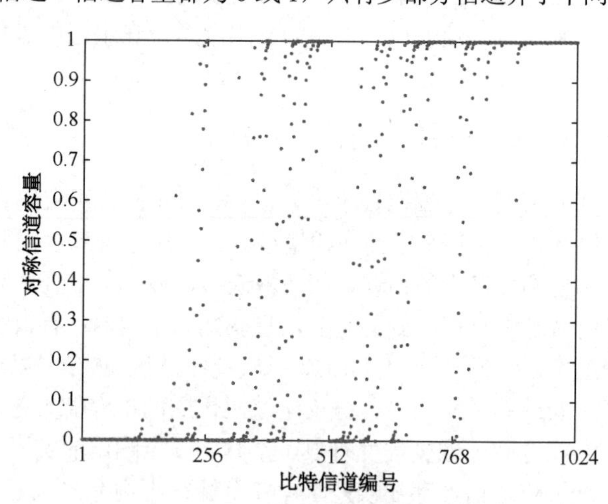

图 10.5.2 N=1024 时 BEC 信道极化示意图

由于 Polar 码选择在“比特信道”容量为 1 的比特信道上发送信源信息，“比特信道”容量为 0 的比特信道上发送固定信息，如 0。当码长为 N 并且 $N\to\infty$ 时，“比特信道”容量为 1 的比特信道数量有 $NI(W)$ 个，因此该码字所对应的信息量为 $NI(W)$。平均每个码元对应的信息量就为 $I(W)$。故 Polar 码是第一个能在理论上被证明达到信道容量的码字。

2. 基于 Polar 码冻结位的编码加密方案

该方案基本模型如图 10.5.3 所示，Alice 和 Bob 利用其主信道的信道状态信息和物理层密钥提取技术进行初始密钥提取，将初始密钥作为混沌序列发生器的种子从而产生混沌序列，将混沌序列放到 Polar 码的冻结位同时实现编码和加密。

1）方案对应的 Polar 编码过程

在 Polar 码编码中，其生成矩阵 $\boldsymbol{G}_N$ 可以表示为

$$\begin{aligned}\boldsymbol{Cx}_1^N &= \boldsymbol{u}_1^N \boldsymbol{G}_N \\ &= \boldsymbol{u}_1^K \boldsymbol{G}_{K\times N} + \boldsymbol{u}_F \boldsymbol{G}_{(N-K)\times N}\end{aligned} \tag{10.5.1}$$

其中 $\boldsymbol{G}_N = B_N F^{\otimes \mathrm{lb} N}$ 为生成矩阵。Polar 码由信息集 $\mathcal{A}$ 确定生成矩阵的某些行，$\boldsymbol{Cx}_1^N$ 为 N 比特长的码字，$\boldsymbol{u}_1^K$ 为 K 比特信源信息 $\boldsymbol{G}_{K\times N}$ 是根据信息比特集中元素从 $\boldsymbol{G}_{N\times N}$ 中挑选的行组成的矩阵，$\boldsymbol{u}_F$ 为 $N-K$ 比特固定信息，此处固定信息不再是全 0，而是用于加密的混沌序列 $\boldsymbol{k}$，则式（10.5.1）可表示为

$$\boldsymbol{Cx}_1^N = \boldsymbol{u}_1^K \boldsymbol{G}_{K\times N} + k\boldsymbol{G}_{(N-K)\times N}$$

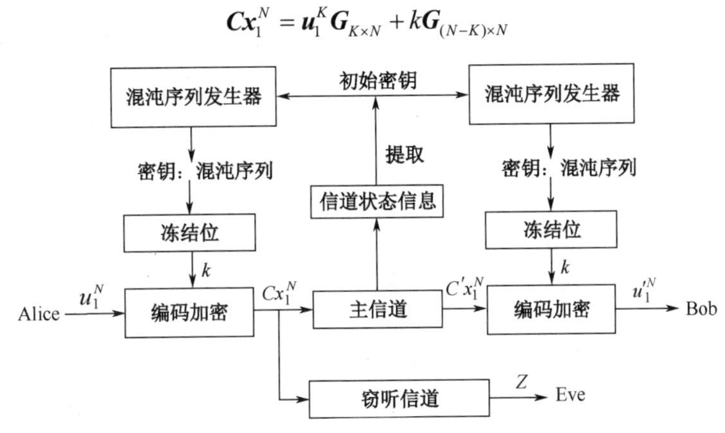

图 10.5.3　基于 Polar 码冻结位加密的基本模型

以码长 $N=8$ 的 Polar 码编码方案为例，基于 Polar 码冻结位方案流程图如图 10.5.4 所示，由于密钥生成技术的一次一密效果，假设每次产生的混沌序列加密密钥组 $k_j,(j=1,2,3\cdots)$，假设第一次产生的密钥组 k_1 中的 Q_1、Q_2、Q_3、Q_4 是产生的混沌序列值，将其放置在 Polar 码的冻结位上后再进行 Polar 码的编码操作，该方案在编码的同时实现了加密。

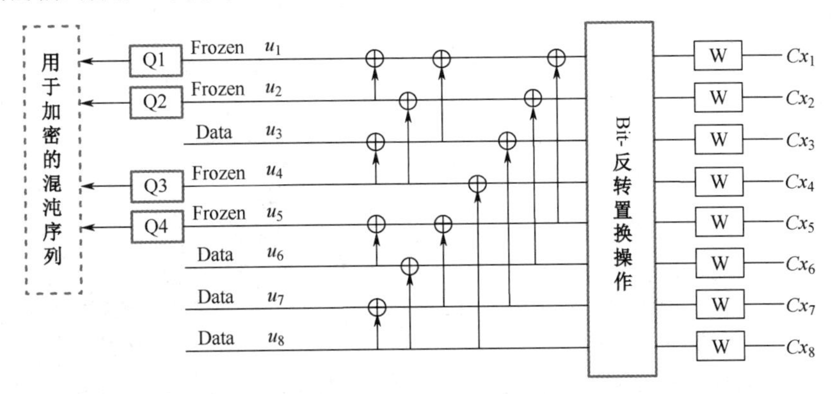

图 10.5.4　基于 Polar 码冻结位方案流程图

2）方案对应的 SC 译码过程

译码采用 SC 译码，经迭代得到比特信道的似然比概率，接着对其进行硬判决，比特信道 W_N^i 的似然比信息为

$$L_N^i(Cx_1^N,\hat{u}_1^{i-1}) = \mathrm{lb}\frac{W_N^i(Cx_1^N,\hat{u}_1^{i-1}\mid 0)}{W_N^i(Cx_1^N,\hat{u}_1^{i-1}\mid 1)}$$

判定准则为

$$\hat{u}_i = \begin{cases} u_i, & i \in A^c \\ h_i(Cx_1^N,\hat{u}_1^{i-1}), & i \in A \end{cases} \tag{10.5.2}$$

其中 $\{u_i, i \in A^c\}$ 为固定比特，本方案中则为所对应每次产生的混沌序列 k_j 对应加密序列值。此外，可由式（10.5.2）可得

$$h_i(Cx_1^N,\hat{u}_1^{i-1}) \triangleq \begin{cases} 0, & L_N^i(Cx_1^N,\hat{u}_1^{i-1}) \geqslant 1 \\ 1, & \text{其他} \end{cases}$$

因此需计算每一个比特信道的转移概率，进而计算各比特信道的似然比信息。

3. 仿真与分析

1）实验仿真

首先针对基于 Polar 码冻结位的编码加密方案，对不同码长 N 和码率 R 下是否进行混沌加密对通信可靠性的影响展开仿真分析。由 Polar 码编码原理可知冻结位的数目取决于码长和码率，图 10.5.5 是码率不变（码率 R 为 0.3），码长改变（码长 N 为 128，256，512，1024），其中实线是加密前不同码长的 Polar 码误码性能图，虚线（chaos）为混沌加密后不同码长的 Polar 码误码性能图。图 10.5.6 是码长不变（码长 N 为 1024），码率改变（码率 R 为 0.2，0.3，0.4，0.5），其中实线是加密前不同码率的 Polar 码误码性能图，虚线（chaos）为混沌加密后不同码率的 Polar 码误码性能图。

如图 10.5.5 和图 10.5.6 所示，无论是改变码长还是码率，加密前和混沌加密后的 BER 曲线均会重合，可见冻结位加密不会对原编码的可靠性造成影响，即该方案不影响通信双方的可靠性。但 Polar 码的码长和码率对其自身的误码率会带来影响，码长 N 越大，极化效应越明显，选择传输信息的信道的 Bhattacharyya 参数 Z 越小，则误码率越低。对于编码码率 R，当 R 增加时，由于其选择传输信息的信道数量会因此增加，同时会增加较差的信道，从而导致误码率增加。

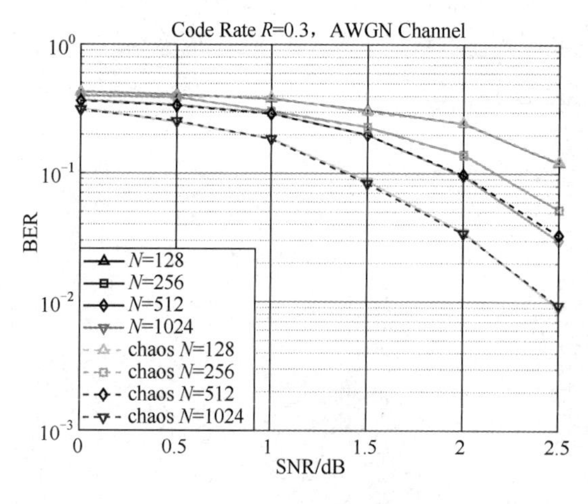

图 10.5.5　不同码长下混沌加密与否对通信双方误码性能影响图

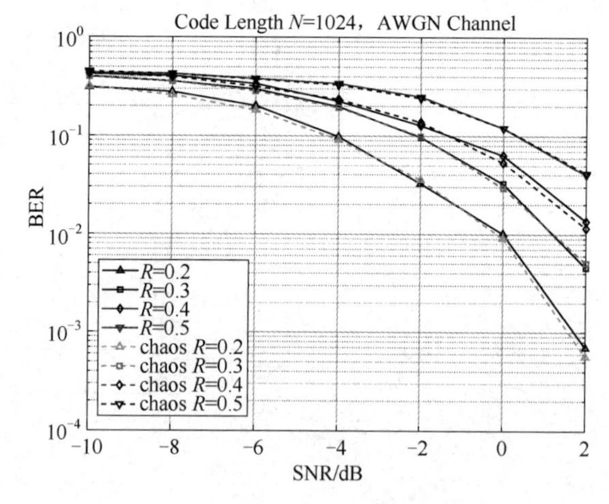

图 10.5.6　不同码率下混沌加密与否对通信双方误码性能影响图

2）安全性分析

此时假设窃听者 Eve 即使不知道混沌序列但可以采用以下译码方式。

Eve 译码方式Ⅰ：窃听者将窃取的码字中冻结位所放置的混沌序列依旧看作全 0 序列进行 SC 译码。

Eve 译码方式Ⅱ：窃听者不考虑冻结位是否为全 0 或者混沌序列，全部看作信息位并且对其进

行似然比计算，译码依旧使用 SC 译码器。

此时合法接收方采用本加密方案对应的 SC 算法进行译码，不同译码方式的误码率仿真结果如图 10.5.7 所示。由图可知，无论窃听者 Eve 采用何种译码方式，误码率都会大大增加，窃听者无法得到有效信息。因为无线信道的随机性，从信道提取出的初始密钥是随机变化的，再加上混沌序列的混沌性，使得 Eve 更加无法获得统计规律。此处窃听者若采取穷举法进行暴力破解，当加密密钥长度为 128 比特，而系统的密钥空间为 2^{128} 时，穷举破解十分困难。为了检测本方案经过加密后密文序列的随机性，从而确保是否可实现系统安全通信，采用 NIST 随机数测试方法，测试结果如表 10.5.1 所示，由表可知所有 $\boldsymbol{p}_{\text{value}}$ 值均大于 0.01，即密文可通过随机性测试，即采用延迟反馈物理层加密后的密文具有良好的不可预测性。

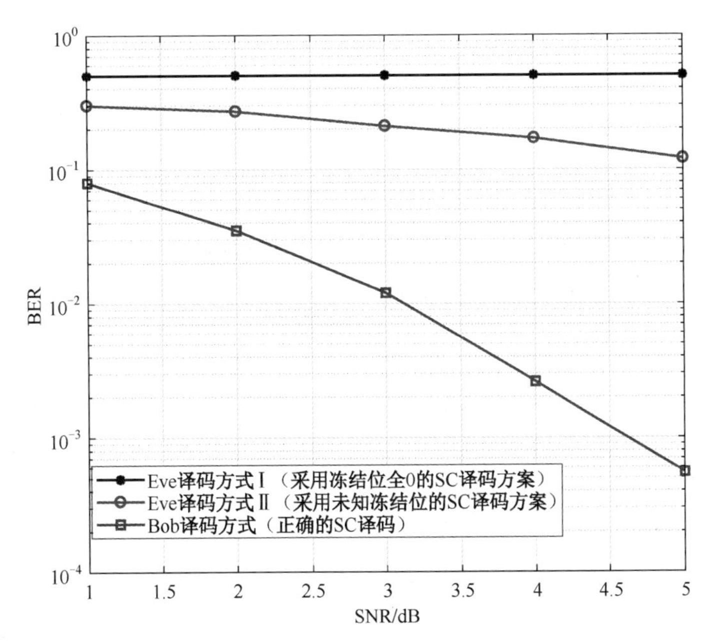

图 10.5.7　不同译码方式的误码率仿真结果

表 10.5.1　方案加密后的密文 NIST 随机数测试结果

测试指标	对应 p_{value} 值	测试指标	对应 p_{value} 值
频率测试	0.746730	全局性测试	0.2112106
基本块测试	0.4231722	Lempel Ziv 压缩检测	0.2344765
游程次数检测	0.3265392	线性复杂度检测	0.5987568
最长游程次数检测	0.9212637	连续性检测	0.6098543
二进制矩阵秩测试	0.2678534	近似熵检测	0.7102112
离散傅里叶变换检测	0.4322101	累积和检测	0.8975775
非重叠模板匹配检测	0.8934621	随机游动检测	0.2100877
重叠模板匹配检测	0.9562303	随机游动状态检测	0.6876519

10.5.4　总结与思考

针对 Polar 码冻结位因不传信息而被浪费的问题，本方案结合物理层加密基本原理提出了基于 Polar 码冻结位的物理层加密算法。其主要思想是利用 Polar 码的基本特性来完成编码和加密整体实现，通过利用不传输信息的冻结位来进行传输混沌序列，而混沌序列的初始值由信道产生。算法具有较强的密钥敏感性和较大的密钥空间，不仅保证了系统的纠错性能，而且提高了系统的安全性能，该方案在未来5G、6G移动通信系统以及未来军事通信都具有广阔的应用前景。

思考题

1．目前的安全编码存在哪些问题？

2．简要概括本方案的设计思路。

3．Polar码冻结位和信息位在编码中分别起到的作用是什么？

4．方案中所使用的密钥是怎么得到的?

5．为什么本方案可以在不影响传输可靠性的前提下可保证系统的安全性？

10.6 Link-16中的信道编码应用

10.6.1 案例简介

信息化战争的重要特征之一是战场信息量激增。在信息化战场上将大量数据信息实时传送，数据链扮演着不可或缺的重要角色，使武器平台之间相互“链接”，实现情报、侦察、监视等信息共享、态势共享；达成高效实时的战场指挥控制；完成实时精准的武器协同。在现代多次局部战争中，Link-16战术数据链得到了重要应用，显示出了作为“作战效能倍增器”的强大威力。本案例通过解读Link-16中的信道编码技术，来分析和认识多种检错、纠错编码的基本原理和抗干扰特性。了解其中涉及的循环冗余检验码（Cyclic Redundancy Check，CRC）、RS纠错编码以及伪随机交织器等的基本原理，探讨各种纠、检错码的技术思想及方法在信息化的联合作战和精准作战中发挥的作用，培养运用所学知识对实际工程问题进行分析和研究的能力。

10.6.2 背景与问题

由于作战形式与作战环境的变化，数据链的发展最早主要从防空与海、空作战的需求驱动而出现。数据链是链接数字化战场上的指挥中心、作战部队、武器平台的一种信息处理、交换和分发系统，采用无线网络通信技术和应用协议，实现机载、陆基和舰载技术数据信息交换，从而最大限度地发挥战术效能的系统。其中，Link-16是一种多用途保密抗干扰数据链，美军称为TADIL（Tactical Data Information Link），它的系统示意图如图10.6.1所示。由于以该数据链标准为基础的联合战术信息分发系统非常符合美军绝大多数战术平台的数据传输要求，Link-16成为美军现役装备量最大的一种航空数据链，在现代多次局部战争中，得到了重要应用，显示出了作为“作战效能倍增器”的强大威力。

早期的数据链如Link-4A、Link-11等，没考虑联合作战模式对通信、导航、网内识别等多功能融合的新要求，也没有充分考虑战场电磁环境中的强对抗性对保密、抗干扰和高速的作战需求。作为一个要兼顾全局利益的通信系统平台，必须能经受敌对方干扰、破坏、截获或使其拒绝服务的企图。该系统必须具有安全保密、入网可靠、抗干扰性能，并提供足够的功率以实现视距通信，利用中继实现超视距通信。其中，抗干扰能力是指系统提供持续通信服务、抵抗确定干扰对策的能力。Link-16对数据链的通信体制进行了较大改进，集通信、相对导航、网内识别三大功能于一体，并将波形的抗干扰能力作为研制中的关键性能要求之一，多种抗干扰技术被使用，包括信道编码、软扩频、高速跳频、脉冲冗余、数据封装以及增加发射功率等技术，极大提高了其抗干扰、抗截获、抗信道衰落等能力。可以将陆、海、空三军参战单位的终端设备连成一个统一的通信网络，也加快了情报传递、统一指挥和协同作战，据美国空军在20世纪90年代进行的作战特殊项目（OSP）研究，Link-16在昼夜作战中主要作战效能提升了150%以上。

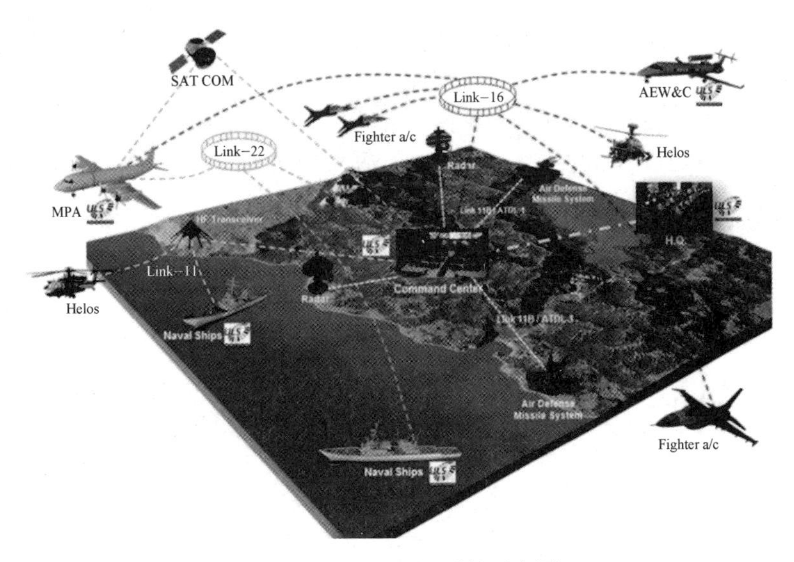

图 10.6.1　Link−16 系统示意图

图 10.6.2 列出了 Link−16 发射波形的基本流程。可以看到，针对固定格式消息的 Link−16 的物理层波形综合采用了循环冗余检验码（CRC）、RS 纠错编码、伪随机交织器等纠检错编码技术来保证波形的抗干扰能力，而其采用的软扩频技术（Cyclic Code Shift Keying，CCSK）实质是借用了循环码的设计思想，本节将围绕以下问题重点对这些技术原理进行解读。

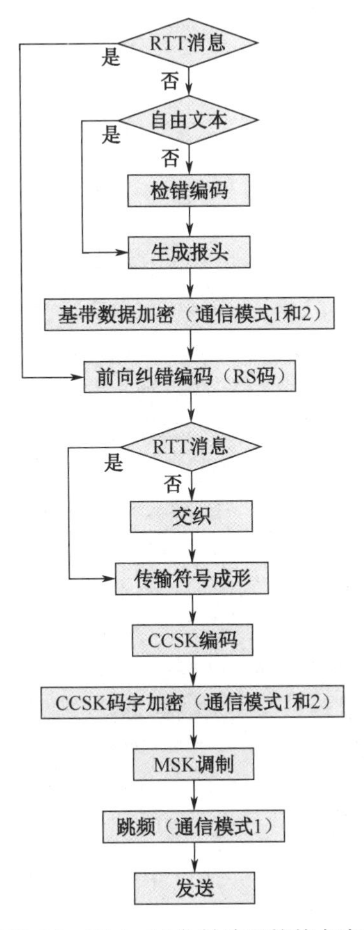

图 10.6.2　Link−16 发射波形的基本流程

（1）Link-16 的传输波形具体是通过哪些技术手段来达到抗干扰的目的，从而保证数据传输的可靠性？

（2）采取单一的编码技术或者采用多种技术级联的方式能否达到可靠数据链的传输要求？

（3）其中涉及的各种技术手段又是如何保证传输可靠性的？

10.6.3 研究与分析

与编码技术相关的 Link-16 物理层信号收发模型如图 10.6.3 所示。

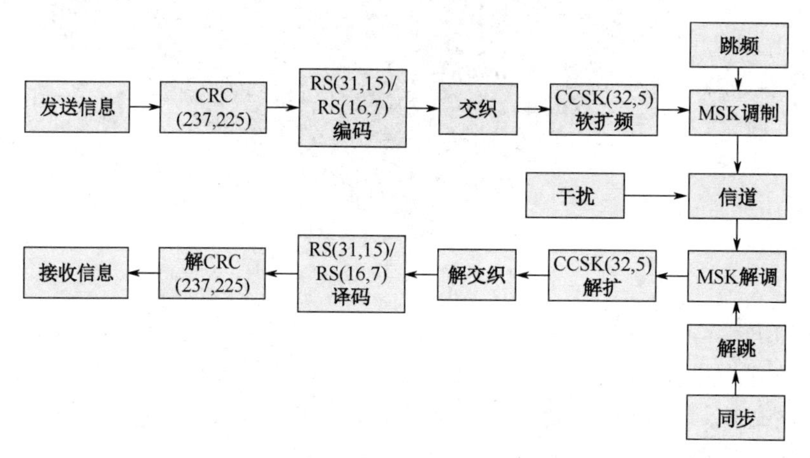

图 10.6.3 Link-16 物理层信号收发模型

1. Link-16 中的 CRC

1）CRC 码基本原理

循环冗余校验码（CRC）是一种非常适用于检错的信道编码。由于其检错能力强，它对随机错误和突发错误都能以较低冗余度进行严格检验，且编码和译码检错电路的实现都相当简单，因此在数据通信和移动通信中都得到了广泛的应用。

循环冗余校验码的“循环”表现在其生成基于某个循环码，即由某一循环码的生成多项式产生码；“冗余”表现为校验位长度一定。实际应用中的 CRC 码一般不是一个标准的循环码，更多的是循环码的缩短形式，即先设计一个循环码（基码），再缩短 i 位得到。CRC 码由于被缩短，失去了循环码的循环移位特性，但码字属于原循环码（基码）集中的部分码字，其纠、检错能力可以通过循环码来分析，编译码电路也可基于原循环码的编译码电路来实现。

在编码时，首先需要根据给定循环冗余(n,k)码的参数确定生成多项式 $g(x)$，也就是从 x^n-1 的因子中选一个 $n-k$ 次多项式；CRC 的编码与循环码一样，过程主要分为 3 步。

①用 x^{n-k} 乘 $m(x)$，其中 $m(x)$ 为信息序列多项式。

②利用多项式按模取余运算计算校验元多项式 $r(x)=x^{n-k}m(x)\bmod g(x)$。

③编码输出系统循环码的码多项式：$C(x)=x^{n-k}m(x)+r(x)$。

CRC 的译码十分简单，因此用来判断接收矢量多项式是否能被生成多项式 $g(x)$ 整除；若传输中发生了错误，则不能被 $g(x)$ 整除，告知发端重新发送信息序列。需要指出的是，当传输中出现的错误太多，超过了 CRC 码的检错能力时，错误的接收矢量也有可能被 $g(x)$ 整除，这种错误属于不可检出错误。不可检出错误的存在将使系统的误码率增大，需要通过选择检错能力更强的码进行改善。

表 10.6.1 给出了作为国际标准得到广泛应用的几种常用 CRC 码的生成多项式。

表 10.6.1　常用 CRC 码的生成多项式

CRC 码	生成多项式	校验位长度
CRC-12 码	$x^{12}+x^{11}+x^{3}+x^{2}+x+1$	12
CRC-16 码	$x^{16}+x^{15}+x^{2}+1$	16
CRC-CCITT 码	$x^{16}+x^{15}+x^{2}+1$	16
CRC-30 码	$x^{30}+x^{29}+x^{21}+x^{20}+x^{15}+x^{13}+x^{12}+x^{11}$ $+x^{8}+x^{7}+x^{6}+x^{2}+x+1$	30
CRC-32 码	$x^{32}+x^{26}+x^{23}+x^{22}+x^{16}+x^{12}+x^{11}+x^{10}$ $+x^{8}+x^{7}+x^{5}+x^{4}+x^{2}+1$	32

2）Link-16 中的 CRC 编码技术

Link-16 的 J 系列固定消息格式中，每个字包括 75bit，其中数据占 70bit，奇偶校验位占 5bit。每 3 个字合在一起，共计 225bit，其中 210bit 是要发送的数据，15it 是奇偶校验位。

15bit 的奇偶校验位按照图 10.6.4 所示方法产生。15bit 的源航迹号（报头的 4～18 位）连同 3 个字的 210bit 数据一起，共计 225bit，使用（237,225）CRC 编码实现检错编码，生成多项式为 $g(x)=x^{12}+1$，生成 12bit 奇偶校验位。12bit 奇偶校验位按照每组 4bit 分为 3 组，且在每组 4bit 的开始增加一个 0 形成 5bit 奇偶校验字节。5bit 奇偶校验字节与 70bit 字组合形成 75bit。奇偶校验位出现在每个字的 70～74 位。

2. Link-16 中的 RS 码

RS 码是一种能纠多维随机错误的多进制信道编码方案，它具有良好的纠错能力和极大最小距离特点，被广泛用于通信系统中纠正突发、随机错误，其基本原理已在 8.5 节介绍。

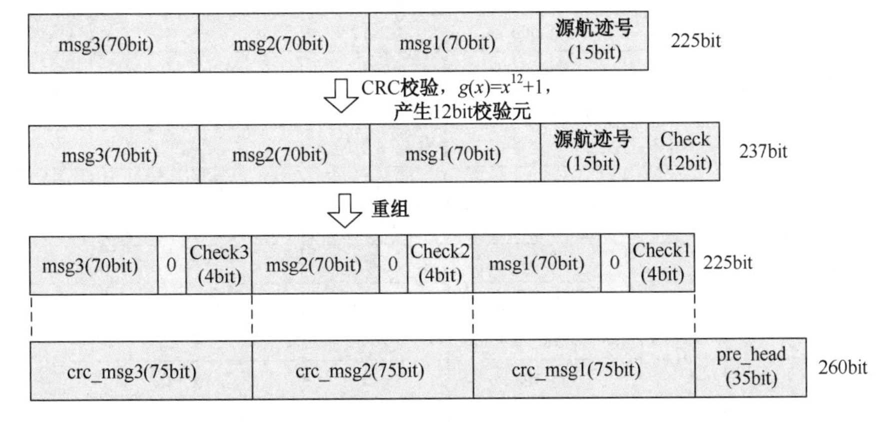

图 10.6.4　CRC 编码流程

在 Link-16 数据链系统中，报头、固定格式消息和可变消息格式消息以及自由文本消息采用 RS 码实现前向纠错。报头和有效数据部分采用了不同长度的 RS 码，(31,15)RS 码针对数据部分使用，而报头采用(16,7)RS 码，如图 10.6.5 所示。对于 35bit 的报头字，将 35bit 分为 7 组，每组 5bit，作为一个信息符号（多进制表示），因此，35bit 的报头共有 7 个信息符号。对这 7 个信息符号进行(16,7)RS 码，得到 16 个 5 维符号。因此，这 16 个符号（80bit）中，包含 7 个 5 维符号的信息（35bit 报头）和 9 个 5 维符号的校验字节（45bit）。通过(16,7)RS 码，即使在 7 个符号中出现了 4 个符号的错误，也可以得到纠正。

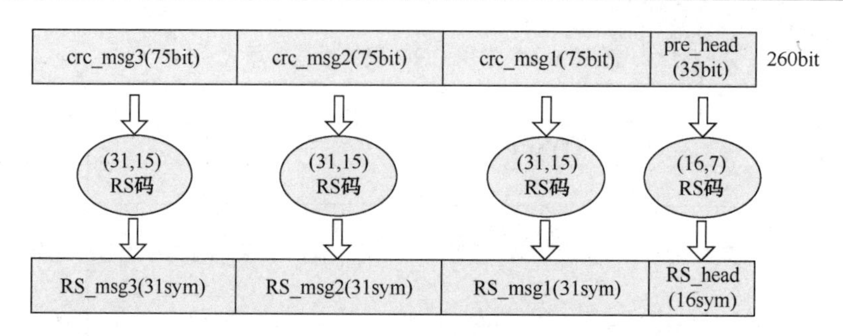

图 10.6.5 Link-16 中的 RS 码

对于 75bit 的消息字，将 75bit 分为 15 组，每组 5bit。这 5bit 作为一个信息符号，因此，75bit 的报头共可分为 15 个符号。对这 15 个符号进行(31,15)RS 码，得到 31 个多进制符号，组成一个 RS 码字。因此，这 31 个符号（155bit）中包含 15 个信息符号（75bit 的消息字）和 16 个符号的校验字节（80bit）。通过(31,15)RS 码，即使在 15 个符号中出现了 8 个符号的错误，也可以得到纠正。

RS 码的码元符号取自有限域 GF(q)，它的生成多项式的根也是 GF(q)中的本原元，所以它的符号域和根域相同。在 Link-16 中采用的是 q=2^5 域的本原元得到的生成多项式。如(31,15)RS 码的生成域本原元 α 是 x^5+x^2+1 的根，则 GF(2^5)上（表 10.6.2）的 RS(31,15)纠错码的生成多项式为

$$g(x)=\prod_{i=1}^{16}(x-\alpha^i)=x^{16}+\alpha^{23}x^{15}+\alpha^{13}x^{14}+x^{13}+\alpha^8x^{12}+\alpha^{13}x^{11}$$
$$+\alpha x^{10}+\alpha^{21}x^9+\alpha^{25}x^8+\alpha^7x^7+\alpha^4x^6+\alpha^{23}x^5+\alpha^{14}x^4+\alpha^{23}x^3+\alpha^{22}x^2+\alpha^{18}x+\alpha$$

表 10.6.2 GF(2^5)中元素

幂表示	多项式表示	向量表示	幂表示	多项式表示	向量表示
0	0	00000	α^{17}	$\alpha^4+\alpha^1+1$	10011
α^0	1	00001	α^{18}	α^1+1	00011
α^1	α^1	00010	α^{19}	$\alpha^2+\alpha^1$	00110
α^2	α^2	00100	α^{20}	$\alpha^3+\alpha^2$	01100
α^3	α^3	01000	α^{17}	$\alpha^4+\alpha^1+1$	10011
α^4	α^4	10000	α^{18}	α^1+1	00011
α^5	α^1+1	00101	α^{19}	$\alpha^2+\alpha^1$	00110
α^6	$\alpha^3+\alpha^1$	01010	α^{20}	$\alpha^3+\alpha^2$	00110
α^7	$\alpha^4+\alpha^2$	10100	α^{21}	$\alpha^4+\alpha^3$	11000
α^8	$\alpha^3+\alpha^2+1$	01101	α^{22}	$\alpha^4+\alpha^2+1$	00101
α^9	$\alpha^4+\alpha^3+\alpha^1$	11010	α^{23}	$\alpha^3+\alpha^2+\alpha^1+1$	01111

对照图 10.6.1 可知，由信源产生的信息经(237,225)CRC 编码和分组后，将 3 组 75bit 信息转换为对应的多进制序列，进行(31,15)RS 码，报头 部分的(16,7)RS 码将待编码序列补齐为 15 位再进行(31,15)RS 码（图 10.6.5），译码则是去掉对应的补位。(n,k)RS 码的译码过程比较复杂，因为是多进制编译码体制，译码时比二进制 BCH 码的译码要多一个步骤，即不仅要找到出错的位置，还要明确错误值大小。RS 码译码大致可分为 5 个步骤：计算伴随式各分量；由伴随式确定错误位置多项式；通过求错误位置多项式的根，找到错误位置；计算错误值大小；综合错误位置及其取值进行纠错。

3．Link-16 中的伪随机交织

1）基本概念

在许多同时出现随机错误和突发错误的复合信道上，如短波、对流层散射等信道中，往往发生

一个错误时，波及后面一串数据，导致突发误码超过纠错码的纠错能力，使性能变差。在信道编码中加入交织器，可以有效地减小数据传输中突发错误的影响。交织器和解交织器的引入，可以将接收数据中交叉的突发错误分散到不同的码字中，从而可以更有效地利用纠错编码对其进行纠错。

交织器一般分为两种类型：规则交织器和伪随机交织器。规则交织器包括分组交织器、循环移位交织器等。分组交织器是最简单的一类交织器，其交织过程为：将数据序列按行的顺序写入 $m\times n$ 矩阵，然后按列的顺序（或者其他某种顺序）读出。相应的解交织过程就是将交织后的数据序列按照读出顺序写入矩阵，然后按行的顺序读出即可。其交织映射函数可以表示为

$$I(i)=[(i-1)\bmod n]+\lfloor (i-1)/n \rfloor+1,\quad i=1,2,\cdots,N$$

式中，N 为交织长度。

2）Link-16 中的伪随机交织模块

经过(16,7)RS 码的报头 5bit 码元序列以及按照固定封装结构的数据消息 5bit 码元序列，按预先的伪随机顺序发送，报头码元和数据码元符号之间进行交织。

交织符号的数量取决于封装结构中的码字数。标准格式的 3 个(31,15)RS 码包含 93 个符号，2 倍封装格式的 6 个(31,15)RS 码包含 186 个符号，4 倍封装格式的 12 个(31,15)RS 码包含 372 个符号。对于每一种封装结构，报头的 16 个符号按照预定顺序同消息字数据符号交织排列。

以标准格式封装结构为例，对 RS 编码后的 109 个符号（93 个 RS 消息字和 16 个报头字）进行分组交织。具体做法为，在 109 个符号后添加一个 0，构成 110 个符号，再对这 110 个符号进行交织宽度为 5、交织深度为 22 的分组交织，按照行进列出的方式输入输出，交织结束后去掉所填的最后一个 0 即完成交织，图 10.6.6 整体展示了消息字从检错编码到交织的变换过程。解交织是交织的逆过程，先补 0 再以列进行出的方式进行解交织。

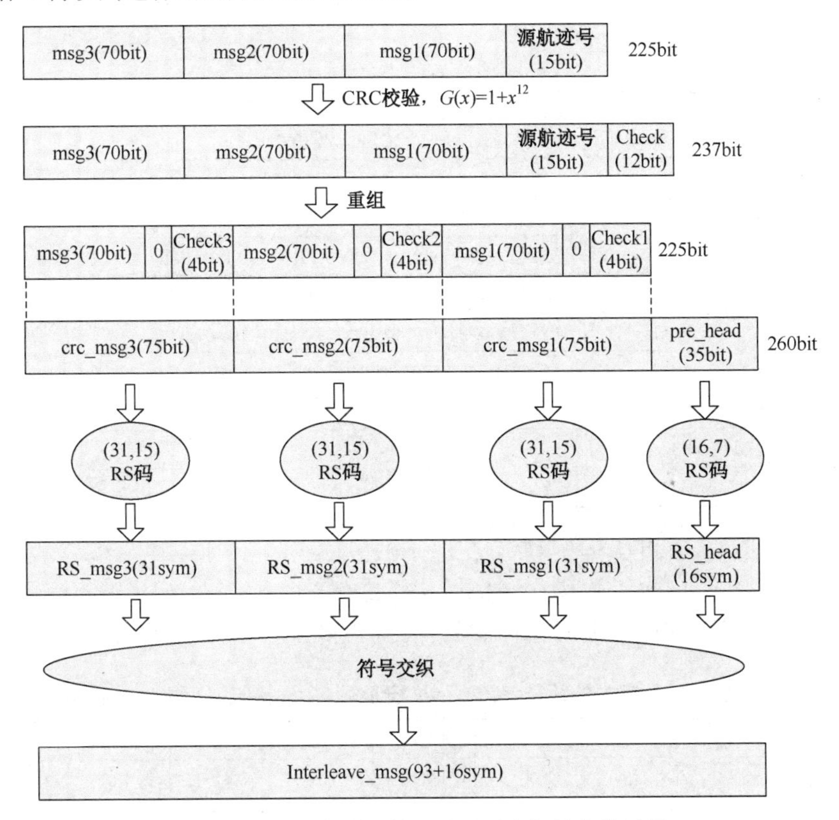

图 10.6.6　消息字从检错编码到交织的变换过程

4．Link-16 中的软扩频（CCSK 编码）

扩频通信是抗干扰、抗截获的最常用的通信手段，它要求传输信号所占用的带宽远远大于被传输的原始信号的带宽，且其带宽主要由伪随机码的带宽决定。直扩系统是目前广泛应用的一种扩频系统，通过频谱扩展，将有用信号的功率淹没在噪声之中，逃避敌方检测系统的检测。直扩系统具有信号隐蔽性好，截获概率低，容易实现码分多址和抗多径干扰等优点。通常情况下扩频设备将用户信息（待传输信息）的带宽扩展到数十倍、百倍甚至千倍，以获得尽可能高的处理增益。

与无线局域网和地面移动通信系统相比，战术数据链所使用的通信频带受限，一般为几百 MHz，如 Link-16 采用跳频式脉冲发送机制，工作频率在 960～1215MHz，因此扩频伪随机码速率不可能太高。针对此情况，采用了循环码移位键控（CCSK）编码技术，实现窄带扩频。

软扩频采用 n 位的伪随机序列与 k 位数据信息一一对应，可以看作是一种(n,k)编码。与直扩相比，软扩频的扩展倍数并不大，且倍数并不要求必须是整数。它具有频谱效率高、低截获、低检测的特性，具有优良的误码性能，能抗多径干扰，具有一定的多址能力，并且硬件实现简单、计算量小。

如图 10.6.3 所示，软扩频是针对被交织后的 RS 码字序列进行的处理，它将 RS 码（经交织处理后）的每 5bit 以一个 32bit 的伪随机码表示。这里的巧妙之处在于取一个自相关性良好的伪随机码（01111100111010010000101011101100）作为基码（设为 S_0），结合循环码的思想，将其依次循环左移 i 位，即可得到 32 个伪随机码 $S_i\ (i=0,1,\cdots,31)$，即码字 S_0 的 32 种不同位移序列可依次与对应的 5bit 信息（RS 码片段）的 32 个状态相对应（25=32），循环冗余键控（CCSK）由此得名。表 10.6.3 示出了 5bit 输入码元和 CCSK 码之间的关系。解扩环节则充分运用了 CCSK 编码良好的自相关特性，以 32bit 的 CCSK 码为基础与经过解调后的数字信号进行关系运算，并输出运算所得的最大值的码字对应的 5bit 码元信息。

表 10.6.3　CCSK 码与 5bit 输入码元的关系示意

码元（5bit）	CCSK 码字(32bit)
00000	S_0=[0111 1100 1110 1001 0000 1010 1110 1100]
00001	S_1=[111 1100 1110 1001 0000 1010 1110 1100 0]
00010	S_2=[11 1100 1110 1001 0000 1010 1110 1100 01]
00011	S_3=[1 1100 1110 1001 0000 1010 1110 1100 011]
00100	S_4=[1100 1110 1001 0000 1010 1110 1100 0111]
00101	S_5=[100 1110 1001 0000 1010 1110 1100 0111 1]
00110	S_6=[00 1110 1001 0000 1010 1110 1100 0111 11]
……	……
11111	S_{31}=[0 0111 1100 1110 1001 0000 1010 1110 100]

这种扩频方式实质上就相当于一组序列在进行(32,5)编码，相应扩频的系数为 32 / 5 =6.4，扩频产生的增益为 10lg(32/5) = 8dB。表 10.6.4 给出了在 MSK 下 CCSK 解扩码字中的符号差错率，可以看到，在每 32bit 接收序列中只要错误比特数小于 7 就可以保证无错误地恢复出 5bit 的信息。

表 10.6.4　CCSK 解扩码字中的符号差错率（N 表示每 32bit 接收码字中发生错误的比特数）

$N=j$	0	L	6	7	8	9	10	11	L	32
ζ_j	0	L	0	0.0015	0.0207	0.1166	0.4187	1.0	L	1.0

Link-16 数据链中，在 CCSK 编码之后，32bit 的 CCSK 码一般会与一个由保密数据单元（SDU）产生的 32 bit PN 码进行按位异或的逻辑运算，生成 PN 码加密消息，完成传输加密，这样能够增强

Link-16 信号的抗截获能力和传输保密性。整个过程如图 10.6.7 所示。

5．仿真与分析

基于通用软件无线电平台（Universal Software Radio Peripheral，USRP），搭建了 Link-16 物理层波形仿真试验平台（图 10.6.8），用来考察涉及的信道编码技术对于 Link-16 数据传输可靠性的影响。

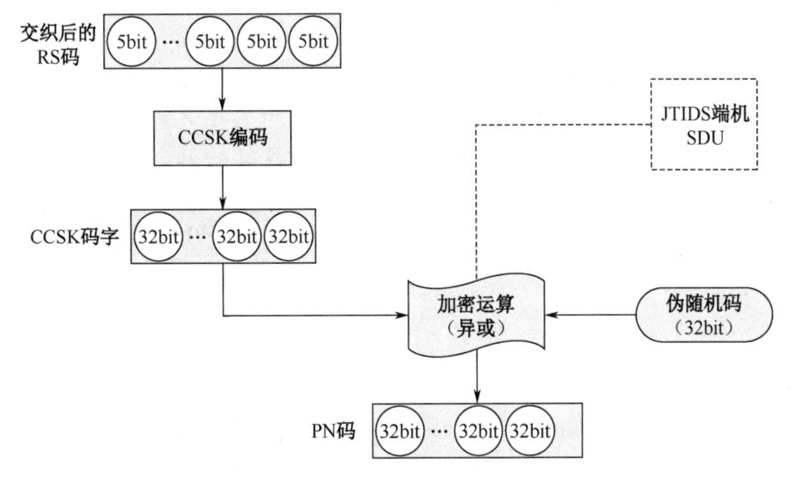

图 10.6.7　Link-16 CCSK 编码与伪随机码加密过程

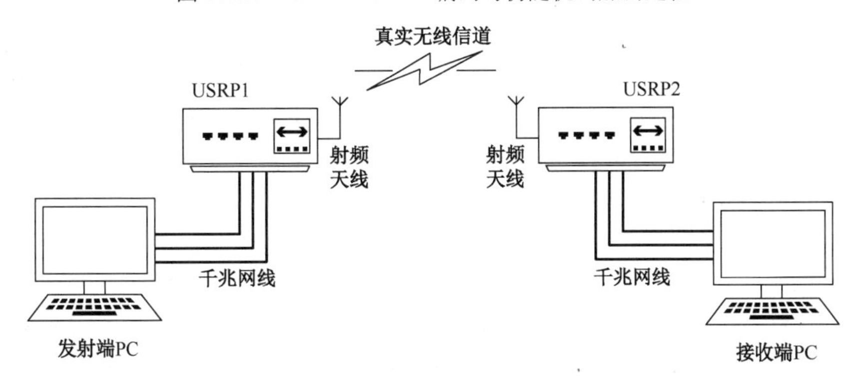

图 10.6.8　基于 USRP 的 Link-16 物理层波形仿真实验平台

1）原理框图及参数求解

结合前述波形参数和 USRP 设备的基本了解，我们提出如图 10.6.9 所示的基于 USRP 的 Link-16 数据链路仿真原理框图。

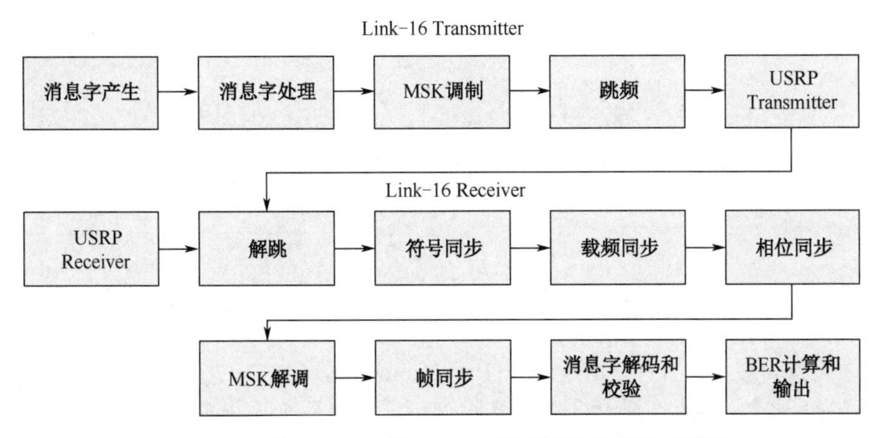

图 10.6.9　基于 USRP 的 Link-16 数据链路仿真原理框图

参数求解：对符号进行 CCSK 编码，则每个符号映射为 32bit 的脉冲，每个符号占据13μs 时间，其中符号持续时间为6.4μs，静默时间为6.6μs（图 10.6.10）。

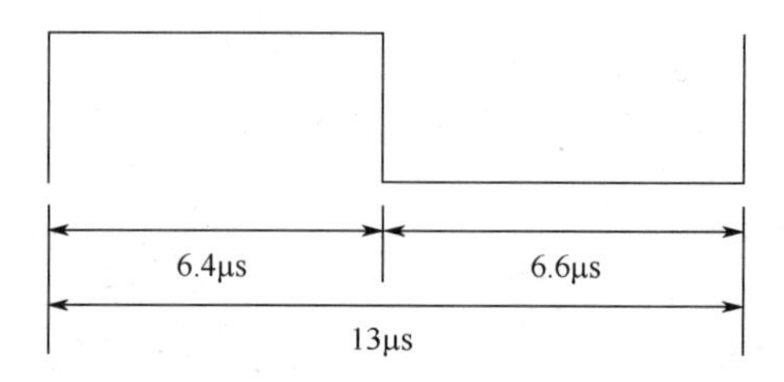

图 10.6.10 单脉冲符号包

则 CCSK 编码扩频后码流信息速率为 $\frac{32}{6.4\times10^{-6}}=5\times10^{6}\,\text{bit/s}=5\text{Mbit/s}$，扩频码周期为 $1/\left(5\times10^{6}\right)=200\text{ns}$。

考虑单脉冲情况。一个时隙内传输 $70\times3+35=245$ bit 原始信息，检错纠错编码完成后为 $\left(31\times3+16\right)\times5=545$ bit 码元，CCSK 编码扩频后为 $545\times32/5=3488$ bit 扩频码。

原始信息速率：$32\times245/3488/\left(6.4\times10^{-6}\right)=0.3512\times10^{6}\text{bit/s}=351.2\text{kbit/s}$。

编码后码元速率：

$32\times545/3488/\left(6.4\times10^{-6}\right)=0.78125\times10^{6}\,\text{bit/s}=781.25\text{kbit/s}$。

CCSK 编码扩频后码流信息速率：$32/\left(6.4\times10^{-6}\right)=5\times10^{6}\text{bit/s}=5\text{Mbit/s}$，扩频符号周期 T 为 $1/\left(5\times10^{6}\right)=200\text{ns}$，由 MSK 调制性质可知，两个载波频率间隔为 $1/2T=1/\left(0.4\times10^{-6}\right)=2.5\text{ MHz}$，考虑到上升下降沿，所以扩频后系统单边带带宽为3MHz。

扩频脉冲序列在 Lx 波段 960～1215MHz 上 51 个离散频点上均匀分布并以 76923 Hop/s 的跳频速率快速跳变，频点间隔为3MHz，跳频后带宽为 $1206-969=237\text{MHz}$。

2）仿真和试验结果

（1）MATLAB 软件仿真结果。图 10.6.11 和图 10.6.12 给出了 Link-16 在 AWGN 信道下单脉冲和双脉冲结构性能（横坐标分别为 E_b/N_0 和 SNR），其中双脉冲结构采用最大比合并。

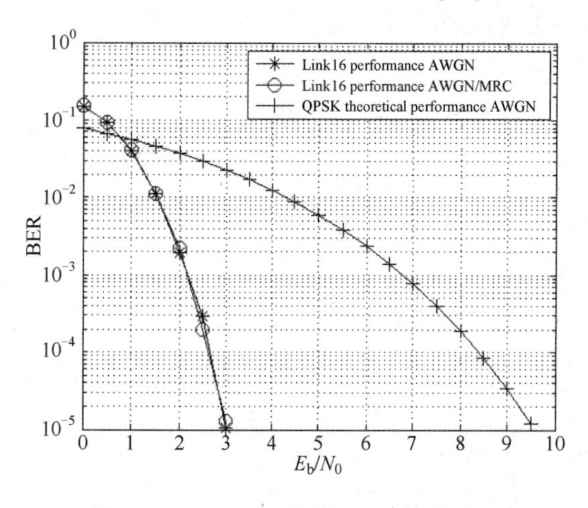

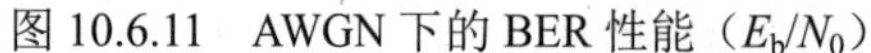
图 10.6.11 AWGN 下的 BER 性能（E_b/N_0）

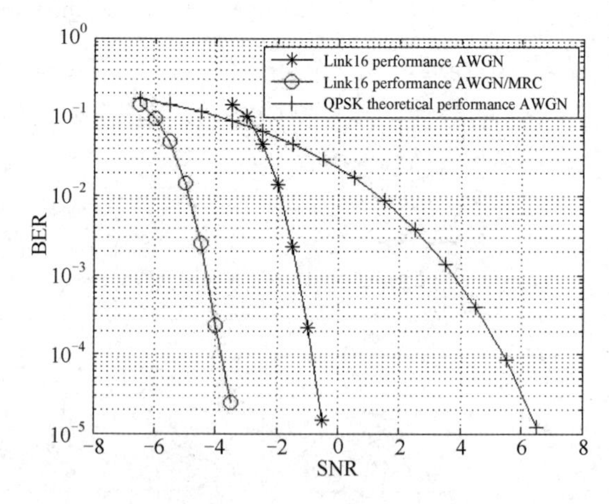

图 10.6.12 AWGN 下的 BER 性能（SNR）

对比普通接收和最大比合并（Maximum Ratio Combing，MRC）接收，系统的 E_b/N_0 性能相同，而 SNR 性能最大比合并接收性能优于普通接收 3dB，原因是双脉冲结构的最大比合并可以看作是一种重复码，E_b/N_0 和 SNR 的关系根据公式可得

$$E_b / N_0 = \mathrm{SNR} / R_c \eta$$

式中，R_c 为码率；η 为调制阶数。可以看出，在相同的 E_b/N_0 条件下，编码后 SNR 减小，意味着编码后的系统可以在更低的 SNR 条件下达到未编码时较高的 SNR 性能。另外，普通接收曲线在相同的误码率条件下 E_b/N_0 和 SNR 相差，这也是由检错纠错编码码率 245/545 引起的，其中 MSK（Minimum Shift Keying）调制 $\eta = 1$。

图 10.6.13 和图 10.6.14 展示了 Link-16 在衰落信道条件下单脉冲和双脉冲结构性能（横坐标分别为 E_b/N_0 和 SNR），其中各频点符号衰落系数服从均值为 0 方差为 1 的复高斯分布，单脉冲结构采用迫零均衡，双脉冲结构采用最大比合并。

可以看出双脉冲结构的最大比合并方法具有良好的分集增益，性能优于单脉冲结构的迫零均衡。由 E_b/N_0 和 SNR 之间关系导致的图 10.6.13 和图 10.6.14 差别原因与 AWGN 相同，不再做具体分析。

（2）基于 USRP 平台的试验仿真平台结果展示。基于 USRP 硬件平台和 Simulink 软件，试验仿真平台全局输出结果如图 10.6.15 所示。

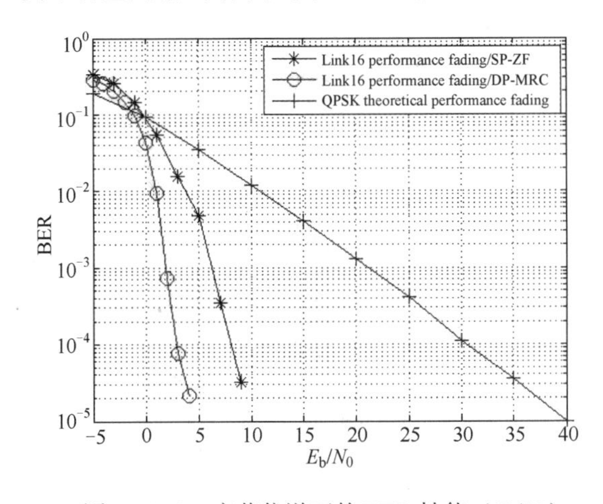

图 10.6.13　衰落信道下的 BER 性能（E_b/N_0）

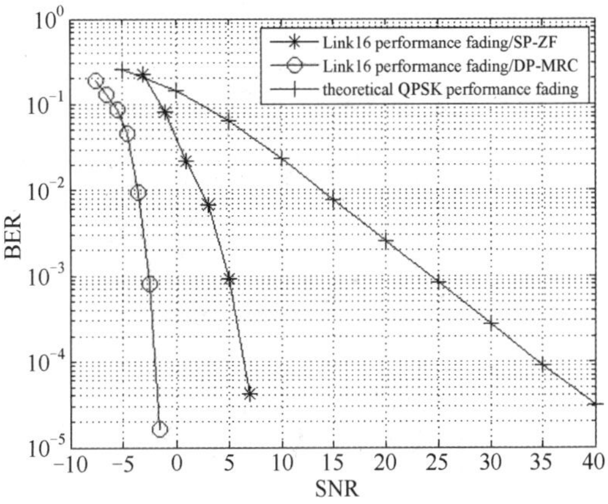

图 10.6.14　衰落信道下的 BER 性能（SNR）

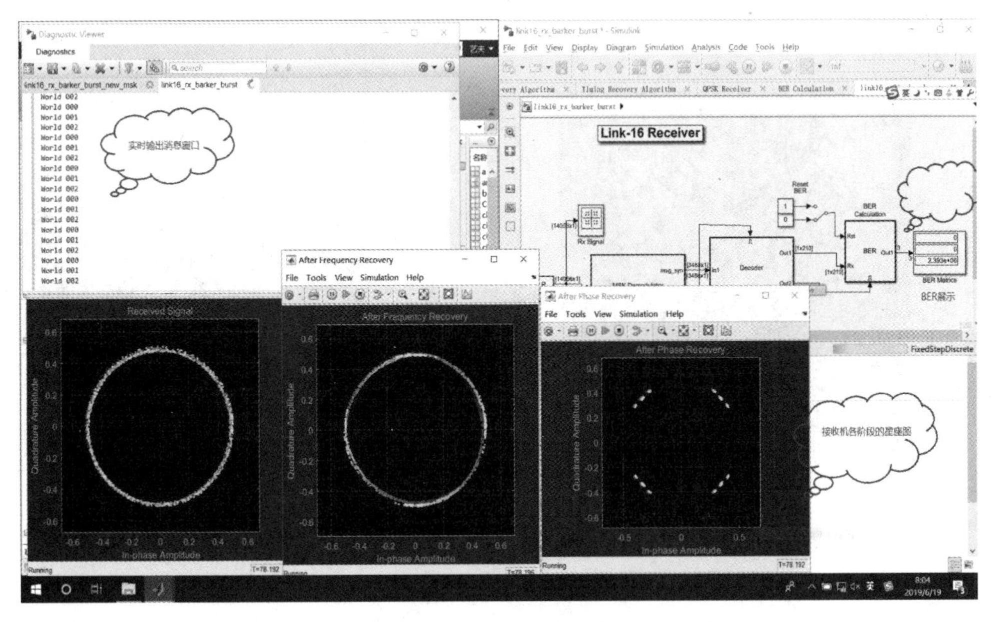

图 10.6.15　全局输出结果

接收机各阶段星座图展示如图 10.6.16～图 10.6.21 所示。

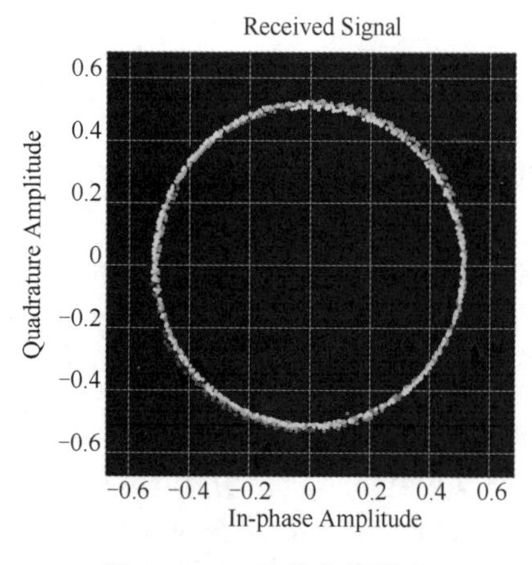

图 10.6.16 接收信号星座

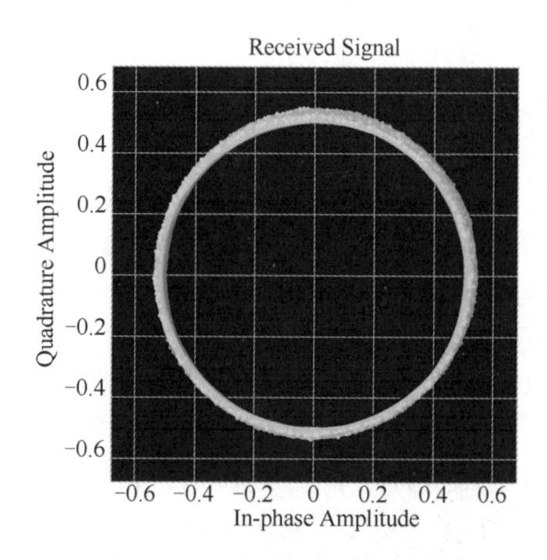

图 10.6.17 接收信号星座轨迹

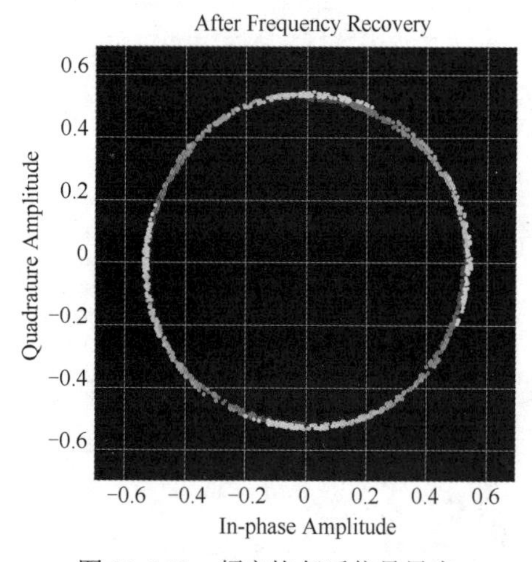

图 10.6.18 频率恢复后信号星座

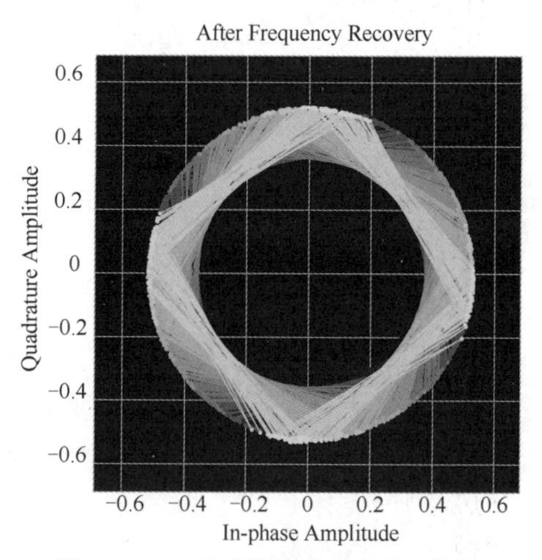

图 10.6.19 频率恢复后信号星座轨迹

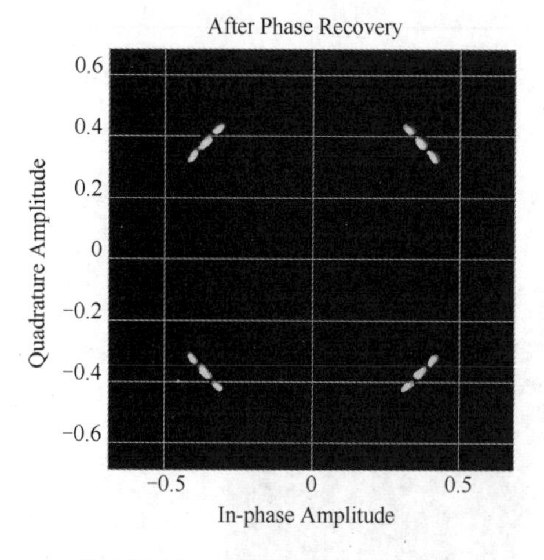

图 10.6.20 相位恢复后信号星座

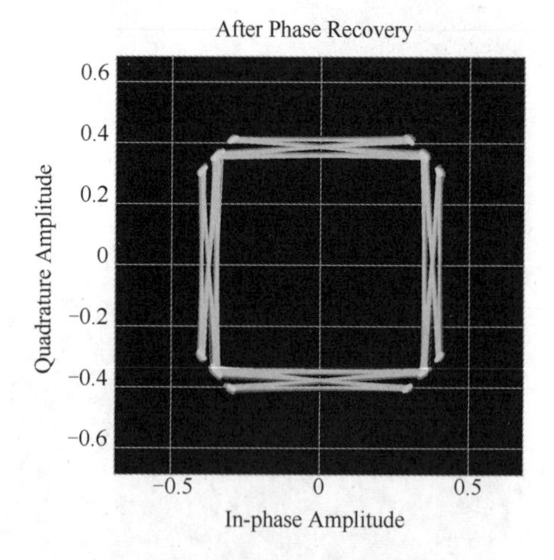

图 10.6.21 相位恢复后星座轨迹

可以看到经过 MSK 调制后的星座相位轨迹是连续变化的，呈现旋转的趋势（图 10.6.18、图 10.6.19）。其相位恢复后，相位只是在相邻的 $\pi/2$ 内变化，不会发生 π 的相位跳变（图 10.6.20、图 10.6.21）。

（3）消息实时输出窗口。在发端固定消息格式的消息字里面，我们填充了“World 000”“World 001”“World 002”字符。在收端能够正常解码显示，说明系统工作正常。

10.6.4　总结与思考

本案例以 Link-16 物理层波形设计为背景，探讨研究了 CRC 校验码、RS 纠错码和伪随机交织器等信道编码技术的原理，以及在保证通信链路数据传输可靠性方面的作用。CRC 检错码能够有效检出链路中可能发生的突发错误和随机错误，且编译码实现都十分简单；RS 纠错码编码参数灵活，纠错能力最强；伪随机交织器按照伪随机序列对编码后符号进行交织错乱，有效降低了突发错误发生的概率。

Link-16 战术数据链路将上述 3 种信道编码技术结合起来，使系统可靠性更强，具有强大的抗干扰能力，能够有效保障复杂的电磁干扰环境下的战场通信和指挥，并在多次实战中发挥出了实际效能。

思考题

1．Link-16 自 20 世纪 80 年代开始列装至今已经有 40 多年的时间了，这期间信息通信技术在不断发展。请思考，有没有可能采用一些新的信道编码技术应用在 Link-16 中以期获得更加可靠的性能呢？

2．Link-16 的一个值得关注的问题是其数据吞吐量受限，这就降低了它在传输块数据[如侦察 ISR（Intelligence, Surveillance, and Reconnaissance）图像或实时视频数据等]时的效率，限制了其在态势感知、命令和控制以及其他派生功能（如武器制导）中的应用。有文献指出，可以通过将卷积码与 RS 码级联的方式获得比原 Link-16 系统更好的吞吐量指标。能否验证这一点？或者能够找到其他的方式来增加系统的吞吐量吗？

3．分析 Link-16 的隐身技术及改进空间。

10.7　通信信号中的编码识别

10.7.1　案例简介

为对抗信道中噪声的影响，信道编码技术被广泛应用于现代数字通信系统中，能否快速准确地识别出截获信号的信道编码参数，对后续信号的进一步处理和分析具有十分重要的意义。在军事上，若能在恶劣信道环境下识别出信道编码参数，对于非合作通信侦察方而言能获得大量有利情报信息，获取战场主动，具有深远的现实意义；在民用上，实现收端信道编码参数识别意味着能够实现信号的自适应接收，提高频谱资源利用率。本案例主要围绕信道编码盲识别问题展开，着重针对使用广泛的线性分组码和 LDPC 码分别介绍了线性矩阵分析法和深度学习方法。首先介绍了线性分组码的基本原理和特征，根据这些特征来制定针对性的一种参数识别方法，来找到线性分组码的码长 n、码元数目 k 以及信号起点的位置 i，并给出了仿真示例；同时简要介绍了基于深度学习方法的 LDPC 码识别方法。

10.7.2　背景与问题

面向战场的电子侦察系统一般由雷达侦察系统和通信侦察系统协作而成。其中，通信侦察是指利用非合作接收机及其后端的盲信号处理系统，在获取无线电通信信号的时间域、频率域和空间域参数的基础上，分析和识别无线电信号辐射源的个体特征，获取其工作特征乃至通信内容，从而得到准确、实时的无线电信号辐射源的技术情报，为指挥决策和通信对抗服务。

通信信号复杂多样，对其截获的合理性与分析的正确性共同决定着通信干扰的精准性。对于截获的通信信号的分析，可借鉴图 10.7.1 所示的接收处理过程。我们需要进行参数估计，从而完成符号同步与载波同步；需要进行调制方式的识别，完成符号到比特的转换；随后还有编码识别、交织的识别等，最终恢复出需要的情报数据。

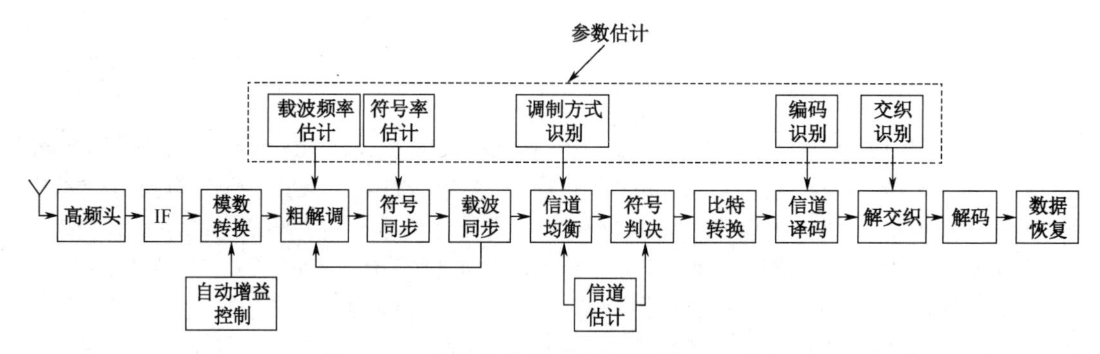

图 10.7.1 非协作数字通信系统接收处理过程

由于信道编码的应用，通信侦察的对象已经从传统信号层面的模拟信号扩展为信息层面的二进制比特流信号，传统的通信侦察手段从截获信号中仅仅能得到信号的频谱、载波、调制样式等，这只是停留在对截获信号的外在特征认识上，距离信源或密码的分析还远远不够，还需要进一步对信道编码参数进行分析和识别。由此可见，编码识别是恢复数据前至关重要的步骤，如何识别编码各参数，如何对有噪声的信号进行编码识别等问题都急需解决。

在军事上，编码识别对于通信侦察方而言具有十分重要的现实意义。由于信道编码是通向信源编码以及信息加密不可或缺的一步，因此只有从解调出的二进制比特流中识别出通信系统采用的信道编码参数，才能对数据进行译码，从而得到高质量的情报数据，为最终的信源译码以及密码分析提供可靠的素材；此外，非合作通信方只有正确识别出编码参数，才能真正完成数据帧结构以及传输协议的分析与识别，在战时，一旦完成上述目标，我方即可实现对敌方通信设备的控制，如对无人机的捕获，对军事卫星的攻击等，这可使我方迅速获取战争的主动权。同时在民用领域，编码识别对于通信等也有重要意义。例如，可以提高通信质量，实现智能通信，接收方可以自适应地调整通信策略，以适应不同的信道条件和环境变化，实现更高效的数据传输，提高频谱的使用效率等。因此本案例主要讨论通信信号中的编码识别问题。

10.7.3 研究与分析

当前编码识别方法较多，有些较为具有针对性。目前使用的信道编码基本为线性码，因此基于线性矩阵的识别方法具有一定的通用性，同时近年来 LDPC 码也逐渐占据了主流，本节对这两种编码的识别方法进行介绍。

1. 线性分组码的盲识别

1）基本原理

对于线性分组码，具有如下基本性质。

（1）(n,k)线性分组码是 GF(q)上的 n 维线性空间 $\boldsymbol{V}_n$ 中的 k 维子空间 $\boldsymbol{V}_{n,k}$。显然，在二进制下，2^n 个码字组成了一个 GF(2)上的 n 维线性空间，2^k 个码字集合构成了一个 k 维线性子空间。而这 2^k 个码字完全可由 k 个相互独立码字构成的一组基线性表示出来，如果把这个基写成矩阵形式 $\boldsymbol{G}$，即称为(n,k)码的生成矩阵，它的秩是 k。在这里，主要讨论 GF(2)上的码字。

（2）将信息组以不变的形式在码组的任意 k 位（通常是最前面）中出现的码称为系统码，否则称为非系统码。(n,k)系统码的生成矩阵表示为 $\boldsymbol{G}=[\,\boldsymbol{I}_k\,\boldsymbol{P}\,]$形式，$I_k$ 是大小为 $k*k$ 的单位阵，$\boldsymbol{P}$ 是大小为 $k*(n-k)$的校验阵。由它生成的码字，前 k 位是相互独立的信息位，后面 $n-k=r$ 位校验位对前面 k 位进行约束，换句话说，校验位是由前面的 k 位线性表示的。因此系统码的校验矩阵可以表示为 $\boldsymbol{H}=[\,\boldsymbol{P}^T\boldsymbol{I}_{n-k}\,]$。

（3）编码过程中相互约束的最少码元个数称为编码约束长度，(n,k)线性分组码的编码约束长度显然就是码长 n。

非系统码和系统码的性质基本相同，区别在于系统码可以由校验矩阵得到唯一生成矩阵，而非系统码不能得到唯一的生成矩阵。根据纠错编码的相关理论，可以进一步得到以下结论。

（1）在 GF(2)上，任何(n,k)非系统码的生成矩阵都可以通过矩阵初等变换转化成系统码生成矩阵形式，即 $\boldsymbol{G}=[\boldsymbol{I}_k\ \boldsymbol{P}]$。

（2）(n,k)线性分组码的 $n-k=r$ 位校验只对本码组的 k 位信息起到约束作用，和其他码组无关。任意完整的线性分组码所表示的线性约束关系完全相同，且等效于系统码生成矩阵形式$[\boldsymbol{I}_k\ \boldsymbol{P}]$。

（3）任何一个(n,k)线性分组码都可以由生成矩阵 $\boldsymbol{G}$ 的基线性表示，同样，如果将收到的一组码字排成 m 行 n 列（$m>n$）的矩阵形式，即每行是一个完整的码字，对这个矩阵进行初等行变换，矩阵的前 k 行可以转化成$[\boldsymbol{I}_k\ \boldsymbol{P}]$形式，余下的 $m-k$ 行全部化为 0，如图 10.7.2 所示。

2）识别方法

在信息发出前，为了提高信号对信道的适应能力等，需要对信息进行编码，编码的原理是 $\boldsymbol{C}=\boldsymbol{MG}$，其中 $\boldsymbol{C}$ 是许用码字（简称源码），$\boldsymbol{M}$ 是信息序列，$\boldsymbol{G}$ 是生成矩阵，那么对于截获信号来说，已知接收信号 $\boldsymbol{R}$（加噪的源码 $\boldsymbol{C}$），想要得到包含的信息序列 $\boldsymbol{M}$，但是并不知道生成矩阵 $\mathbf{G}$，那么编码识别的任务就是对 G 进行估计。在此介绍线性矩阵分析法。

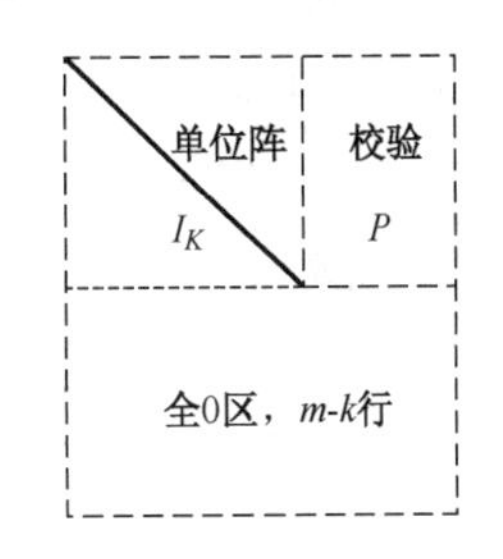

图 10.7.2　m 行分组码处理后结果($m>n$)

假设我们截获到一个未知(n,k)线性分组码的一段数据，我们并不知道 n 和 k 的具体参数，也不知道截获数据的起点位于码字的第几比特。这种情况下要想通过现有数据识别该分组码的码率、生成矩阵和校验矩阵将是一件异常困难的事情。通过对(n,k)线性分组码的定义和性质进行分析，基于分组码线性特征，可以构建一个快速有效的识别模型，来有效解决这个问题。识别模型的构造如下。

（1）对码长 n 进行估值。我们截获的(n,k)线性分组码数据是一串以 n 为分段的比特流，最关键的一个参数是码长 n。当不知道 n 的时候，可以根据一些先验知识给 n 假设一个估值 n_1（假设真实的 n 已经小于估值），并求出所有 2、3、…、n_1 的最小公倍数，记为 d。

（2）排列数据矩阵模型。建立一个 a 行 b 列的数据矩阵模型，具体做法是从未知分组码数据中任意起点取长度为 b 比特作为模型矩阵的第一行，记下起点，从该起点向后 d 比特再取 b 比特作为矩阵第二行；依次类推，直到建立一个 a 行 b 列的矩阵。这样得到的矩阵每行位置差必定是 n 的整倍数，所得矩阵每行必有相同的分组码码字起点，保证列上码组也是对齐的。参数 b 要求大于 n 估值 n_1 的 2 倍以上，a 大于等于 b 即可。

因为不知道 n 的具体值，因此取数据排列矩阵的时候并不知道矩阵第 1 比特是在(n,k)线性分组码的第几个位置，设码字起点为 i，$1\leqslant i\leqslant n$。因为该数据矩阵每行位置差必定是 n 的整倍数，所以每行以完整码字 n 划分，该模型矩阵隐含着若干子矩阵，最左边第一个子矩阵是 $a*[n-i\ a*(n-i+1)]$，中间若干个子矩阵是 $a*n$，最后一个子矩阵是 $\boldsymbol{a}*[(\boldsymbol{b}-\boldsymbol{n}+\boldsymbol{i}+1)-\left\lfloor\dfrac{\boldsymbol{b}}{\boldsymbol{n}}\right\rfloor*\boldsymbol{n}]$，其中$\lfloor\cdot\rfloor$为向下取整运算。

根据上述纠错编码相关结论，对这个模型进行初等变换单位化，第一个和最后一个子矩阵的列数小于 n，构不成完整的线性分组码，也就没有完整的线性约束关系，因此单位化后就会形成一个和列数相等的单位阵。中间的各个子矩阵每一行都是一个完整独立的码组，信息和校验构成了完整的约束关系，最终数据矩阵模型变为如图 10.7.3 所示的形式。

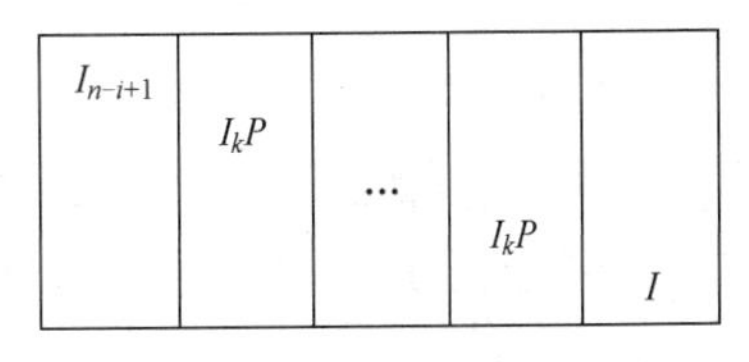

图 10.7.3　最终数据矩阵模型

单位化后矩阵开头会有秩为（n−i+1）的单位阵，单位阵下方和右侧都是全 0 区域。从最后的数据子矩阵分布结果能很容易地识别出 n、k、i，还有校验矩阵。如果是系统码，也就可以直接得到其生成矩阵。

在理想情况下，只要 n 估值大于真实值，就能用上面的方法得出码字的校验矩阵。如果 n 不在估计范围内，数据模型就排不出具有完整约束关系的子矩阵分布来，单位化的结果只是一个大的单位阵，不符合我们的要求。理论上此时只需要扩大估值直到它大于 n。当然随着 n_1 的增大，小于它的最小公倍数 d 也会急剧增大，这就需要足够的数据样本，在理论上这些都是可以做到的。当然在实际中接收到的信号往往都含有噪声，意味着在用上述方法处理中，可能无法很好地实现标准数据矩阵模型的样式，这就需要在数据的预处理中适当进行噪声抑制，同时要对处理方法进行适当调整，来弥补噪声带来的缺陷。

3）仿真及结果分析

以(7,4)汉明码为例，在无噪声情况下，码长估值 n_1=8（n_1>n）时数据矩阵模型如图 10.7.4 所示。

根据上述识别方法可以很容易看出，左上角为 I_{n-i+1} 矩阵，其中 n 为码长，i 为起点，中间为两个系统码生成矩阵形式，可以直接看出码长 n=7，k=4，为(7,4)汉明码，起点 i=n−1+1=7，即数据的第一位为码字的第 7 位，下一位即为汉明码码字的第一位。

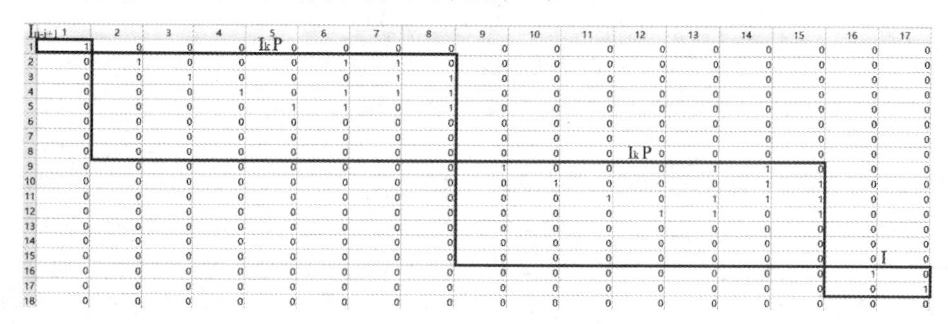

图 10.7.4　(7,4)汉明码识别的数据矩阵模型

图 10.7.5 展示了数据前 8 位及其对应的码字编号，图 10.7.6 为得出的生成矩阵，可以看出数据中第 2～8 位可以由生成矩阵的第 3、4 行相加得到，表明第 2～8 位为一个完整正确的码字，验证了结果的正确性。

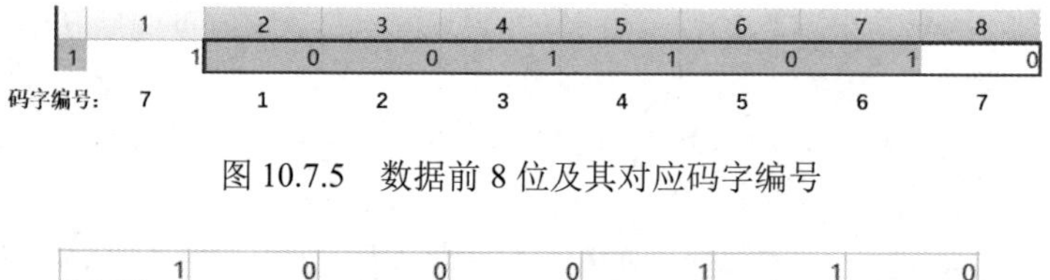

图 10.7.5　数据前 8 位及其对应码字编号

1	0	0	0	1	1	0
0	1	0	0	0	1	1
0	0	1	0	1	1	1
0	0	0	1	1	0	1
0	0	0	0	0	0	0
0	0	0	0	0	0	0
0	0	0	0	0	0	0

图 10.7.6　(7,4)汉明码生成矩阵

因为此时选取的数据矩阵模型大小符合要求，即列 b=17 > 2*n_1=16，且行 a=18>b，满足要求。若是不能满足其中某一要求，例如，当 b=7，a=10 时，数据矩阵模型如图 10.7.7 所示。

	1	2	3	4	5	6	7
1	1	0	0	0	0	0	0
2	0	1	0	0	0	0	0
3	0	0	1	0	0	0	1
4	0	0	0	1	0	0	0
5	0	0	0	0	1	0	1
6	0	0	0	0	0	1	1
7	0	0	0	0	0	0	0
8	0	0	0	0	0	0	0
9	0	0	0	0	0	0	0
10	0	0	0	0	0	0	0

图 10.7.7　不满足要求时的数据矩阵模型

此时可以看出不能出现完整的$[\boldsymbol{I}_k\ \boldsymbol{P}]$形式，因此必须满足要求才可以实现参数的识别。

2．LDPC 码的类型识别

上文介绍的是一种经典的基于矩阵的编码识别方法，随着人们对现代数字通信技术的要求逐渐提高，逼近 Shannon 极限、纠错性能优异且具有线性译码复杂度的低密度奇偶校验（Low-Density Parity-Check，LDPC）码顺应时代要求，成为目前极具影响力的纠错编码方式之一，考虑深度学习技术的应用日趋广泛，故在此介绍一种基于深度学习的 LDPC 码识别方法。在该方法中，接收到的 LDPC 编码序列被视为一个文本句子，利用一种特殊的卷积神经网络——TextCNN（Text Convolutional Neural Network）来理解序列并推断出采用的编码。具体步骤如下。

（1）数据预处理。首先对接收到的序列进行预处理，按照 4bit 长度将序列分成若干个部分，每一部分匹配一个单词向量，形成句子矩阵。

（2）进行模型训练。这里采用 TextCNN 网络来训练模型。整个网络由 4 个部分组成：嵌入层、卷积层、池化层和全连接层。嵌入层进行 word2vec 处理，生成二维句子矩阵 $\boldsymbol{X}$ 。在卷积层，$\boldsymbol{X}$ 经过处理，得到输出矩阵

$$a_i = f\left(\boldsymbol{W}\cdot\boldsymbol{X}_{i:i-p+1}+b\right)$$

式中，f 是网络选择的激活函数；$\boldsymbol{W}$ 是卷积核的权重矩阵；$\boldsymbol{X}_{i:i-p+1}$ 是 $\boldsymbol{X}$ 的第 i 个子矩阵；p 是卷积核的高度；b 是偏置项。池化层选择最大池化，以减少模型参数的数量并保证固定长度的输出。最后一层是全连接层，利用 Softmax 分类器生成分类结果。

将预处理后的数据集作为网络输入，并设定合适的超参数，之后 TextCNN 会对句子矩阵进行理解，从而训练出可以实现 LDPC 编码识别的模型。

为了展示算法识别不同类型 LDPC 码的能力，我们考虑候选集包括一个 QC-LDPC 和一个 SC-LDPC。QC-LDPC 的码长为 256，码率为 1/2，传播因子为 22。SC-LDPC 的码长和码率也分别为 256 和 1/2。SC-LDPC 的其他参数分别为 l=3、r=6 和 L=128。模型训练部分超参数设置如表 10.7.1 所示。

表 10.7.1　模型训练部分超参数设置

参数	值
学习率	0.001
迭代次数	25000
批次大小	128

当信噪比为 2dB 时，识别精度随序列长度 N（从 40 到 320）变化的曲线如图 10.7.8 所示，两种 LDPC 码的识别精度都随着序列长度的增加而增加。总体而言识别精度非常高，例如，即使序列长度只有 40，两条曲线的识别准确率都保持在 93%以上，而当序列长度超过 150 时，识别准确率接近 100%。这说明该算法在识别不同类型的 LDPC 码方面效果很好。

上述方法只识别出是哪种 LDPC 编码，想要进一步对数据进行处理，还需要进行参数识别、矩阵重建等。例如，针对校验矩阵重建，有学者利用 LDPC 码校验矩阵非常稀疏这一特点，提出了 LDPC 码稀疏校验矩阵重建算法，并在高误码率等条件下都表现出较好的效果，限于篇幅不再赘述。

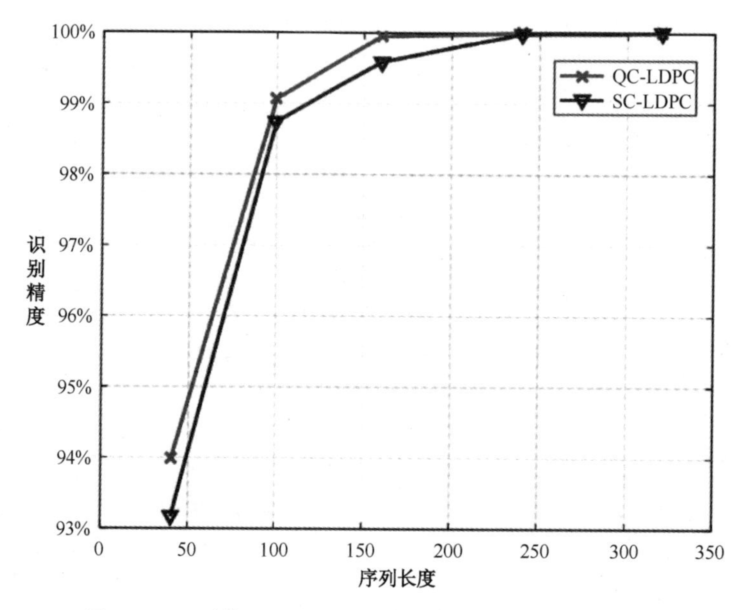

图 10.7.8　两种 LDPC 码识别精度随序列长度的变化曲线

10.7.4　总结与思考

面对复杂战场环境，可以通过对于通信信号的分析，来达到获取通信参数的目的。在现阶段的研究中，参数估计（符号速率、载频等）、调制识别、编码识别等关键技术是通信信号分析中的重要部分。上面所介绍的编码识别方法既有经典方法也有前沿方法，随着调制、编码的新体制的使用，以及对于分析指标要求的提升，这些解决方案也会不断改进。例如，第一个被理论证明可达到信道容量并且易于硬件实现的极化（Polar）码被确定为 eMBB 场景控制信息和广播信道的编码方案。在非合作信号处理领域，与之相伴而来的问题便是针对这些新的编码方案，如何进行编码参数识别分析。许多学者针对这一问题不断提出新的方法。相对于以往盲识别中需要大量截获数据，有学者提出了一种矩乘秩减算法，利用少量的截获数据，基于码字空间与其对偶空间的正交性、完整码字比特间的线性相关性和矩阵乘积秩的性质，在无误码和低误码率情形下恢复了 LDPC 长码的码长和起点，并取得了较好的效果；同时针对极化码盲识别问题，有学者证明了能表征实际极化码码长、码率关系及区别冻结比特位和信息比特位的 3 个定理，并且在仿真中验证了定理的正确性。限于篇幅不再赘述，请读者自行查阅。

未来随着编码技术的发展，编码识别技术也会面临越来越多的挑战，要有效快速针对新兴编码技术实现识别，仍需要继续不断努力。

思考题

1．什么因素会影响编码识别的效果？

2．对于有噪声影响的接收信号，可以采取什么措施来缓解噪声的影响？具体怎么做？

10.8　基于信道编码的隐蔽传输

10.8.1　案例简介

信道编码是提高传输可靠性的关键技术，也是通信系统核心模块。案例简介如图 10.8.1 所示。本案例面向通信传输的隐蔽安全问题，结合课程关键知识点——信道编码，探索隐蔽传输新思路。本案例的相关知识见第 7 章和第 9 章。

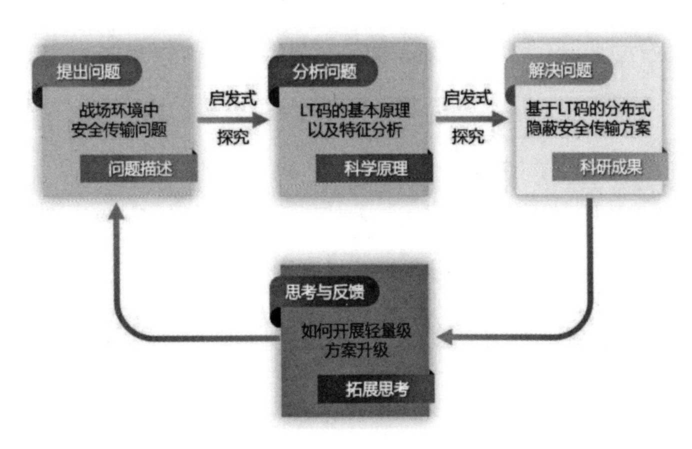

图 10.8.1　案例简介

10.8.2　背景与问题

通信安全始终是军用、民用通信领域关注的热点。随着 5G 时代的到来，万物互联已逐步成为可能，这就使得各类信息被窃取的威胁也成倍增长。无线通信系统具有天然的开放性，容易遭受恶意截获及攻击，尤其是面对一些新型的攻击方法（如信号的非法截获、特征分析及干扰），现有的基于密钥的上层加密技术也束手无策。同时，无线传输本身可能会暴露用户的源位置信息，传输模式和流量同样可被利用获取关键信息，这在军事对抗中是十分致命的。物理层安全技术利用无线信道的不确定性和不可预测性，最小化未经授权的窃听者获得的信息来保证通信内容的安全性，但无法完全解决上述问题，因为它并不提供对传输检测的保护。因此，如何根据无线通信的特征来设计更加安全的通信方式是未来无线通信亟待解决的重要问题。

10.8.3　研究与分析

隐蔽通信也被称为低概率检测（Low Probability of Detection，LPD）通信。无线隐蔽通信是信息隐藏技术与无线通信的交叉领域，可以基于噪声式信号设计、链路帧结构、信道编码、调制及波形设计来实现隐蔽消息传输。信道编码不仅能增强传输的可靠性，还具有天然的安全性。案例涉及的 LT 码基本理论可见 9.3 节。

1. LT 码的矩阵表示

无码率码是一种典型的随机性码，其中除 Spinal 码外都属于线性分组码。因此可以用生成矩阵或一致校验矩阵对其进行描述。LT 码是无码率码中复杂度最低的一种，其编码过程可以表述如下。

$$t_n = \sum_{i=1}^{k} s_i \boldsymbol{G}_{in}$$

式中，$s_1, s_2, \cdots, s_k$ 为待编码的符号；k 为信源信息符号的长度。

在每个时钟周期，编码器产生一个 k 阶随机二进制矩阵 $\boldsymbol{G}_{kn}$。为实现无码率特征，一般 $\boldsymbol{G}_{kn}$ 为一个半无限的二进制矩阵，如图 10.8.2 所示。

2. LT 码的编码

LT 码的编码过程如图 10.8.3 所示。度分布是影响码性能的重要参数。假设编码输入、输出的度分布用 $\Lambda(x)$、$\Omega(x)$ 表示，即

$$\Lambda(x) = q_1 x + q_2 x^2 + \cdots$$
$$\Omega(x) = p_1 x + p_2 x^2 + \cdots + p_k x^k$$

式中，q_i、p_i 表示度为 i 时的概率；k 为信源信息符号的长度，满足 $\sum_{i=1}^{k} p_i = 1$，且 $\sum_{i=1}^{\infty} q_i = 1$。

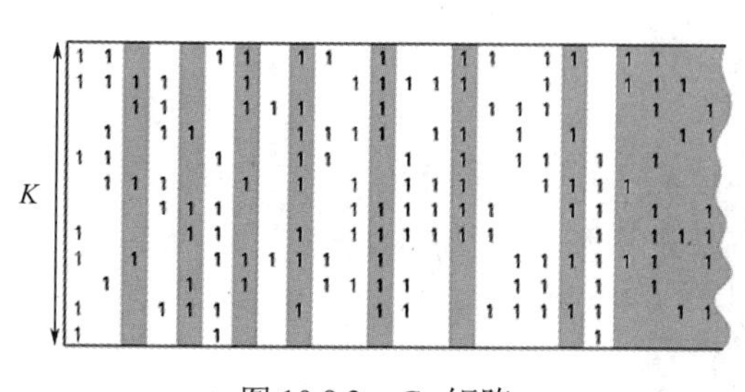

图 10.8.2 $\boldsymbol{G}_{kn}$ 矩阵

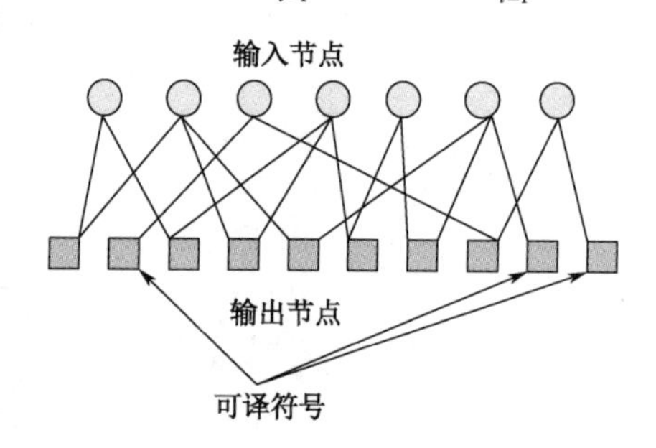

图 10.8.3 LT 码的编码过程

编码过程如下。

（1）基于 $\Omega(x)$，随机产生一个度 d（$1 \leqslant d \leqslant k$）。

（2）针对待编码的 k 个信息符号，随机选取 d 个不同的信息符号进行运算（$\oplus$）。

上述过程中，每次选取的信息符号对应于矩阵 $\boldsymbol{G}_{kn}$ 某列中非零元素所对应的符号。按照这样的方式，可以随机产生无限个编码符号。定义可译符号（Ripple）为只有一条边存在的编码符号；预译码集合（Ripple 集合）的大小对二进制的置信传播（Belief Propagation，BP）译码有着重要的影响。

3. LT 码的安全特性

基于上述分析，我们发现，LT 码的编码过程每一步都存在随机因素，如度 d 的随机选取、待编码的信息符号的随机选取等。这些随机因素在一定程度上有助于提升码的安全。因此，我们考虑提取其特征参数如下。

①度分布 $\Omega(x)$，该参数的设计可以依托信道的随机性。

②生成编码符号的度 d。

③随机产生的待编码的信息符号的索引序列 $\boldsymbol{I} = (i_1, i_2, \cdots, i_d)$。

不同的度分布下，其性能差距较大，如图 10.8.4 所示。如果已知上述所有参数（度分布 $\Omega(x)$、度 d、索引序列 $\boldsymbol{I}$），那么编码过程确定。任意一个参数未知，编码的生成矩阵都是未知的。码的随机性为隐蔽传输提供了较好的基础。

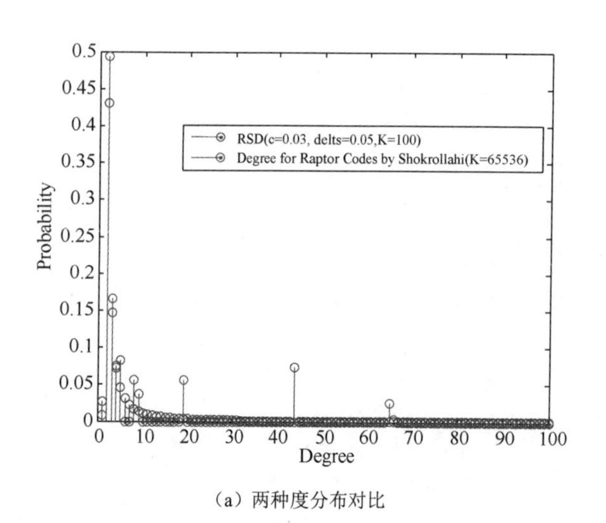

（a）两种度分布对比

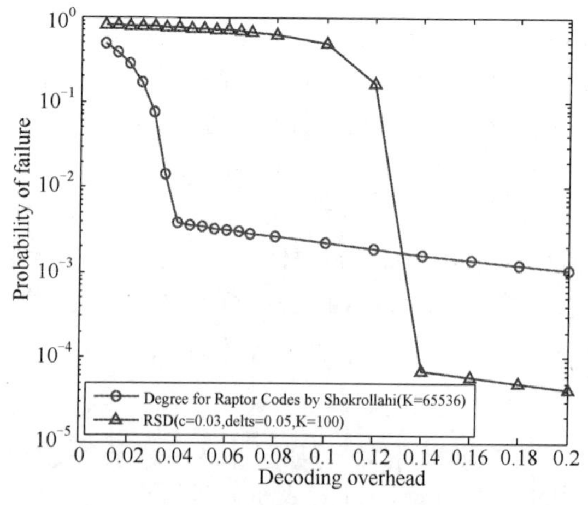

（b）渐进性能对比

图 10.8.4 不同的度分布及其渐进性能对比

另外，对于 LT 码来说，收端只要收到足够的编码符号就可以完成译码，而不关心该编码符号来自哪条链路具有较好的分布式特征（图 10.8.5）。其中 D_i 为经过不同链路收到了编码数据，利用这些数据进行译码恢复信息。

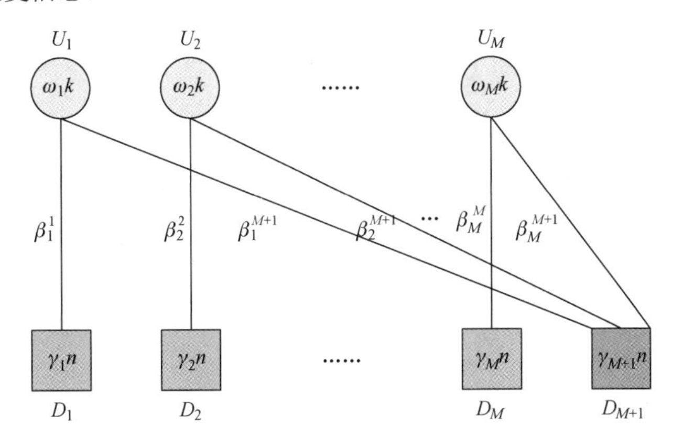

图 10.8.5 LT 码的分布式特征

4. 基于 LT 码的隐蔽传输方案

针对无线通信场景下的安全问题，课题组提出了一种分布式的隐蔽安全传输方案（图 10.8.6）。利用无码率的分布式特性，结合协作机制，将隐蔽帧嵌入常规帧中，实现传输的隐蔽与安全。同时，码的使用也提供了可靠的保证，方案可实现传输安全性与可靠性的统一。图 10.8.7 是随机性检测对比。图 10.8.8 是时间复杂度对比。

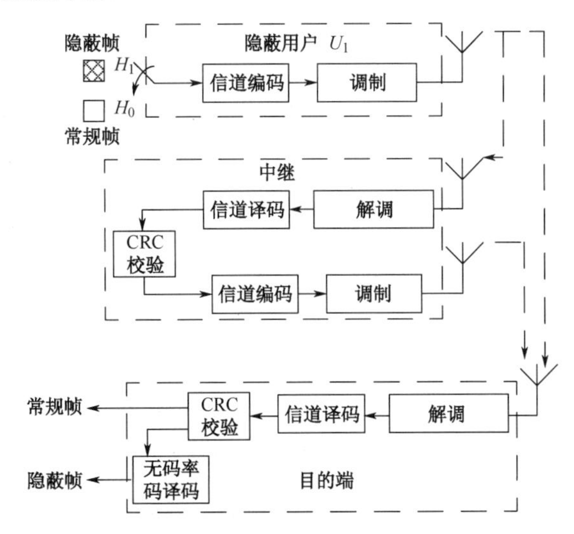

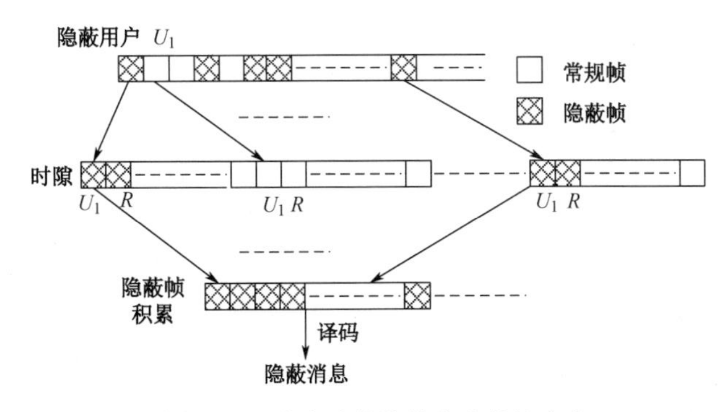

图 10.8.6 分布式的隐蔽安全传输方案

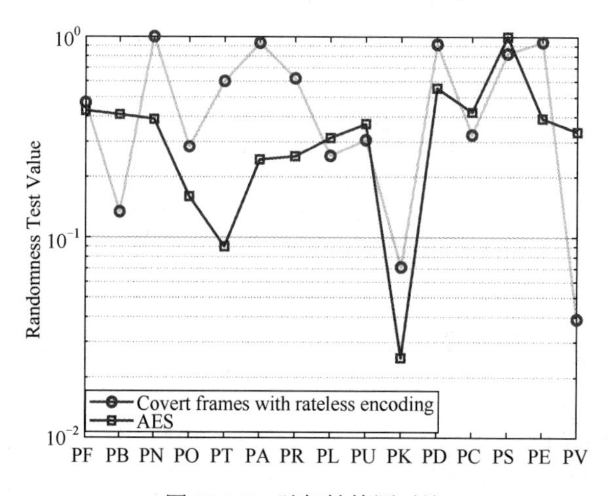

图 10.8.7　随机性检测对比

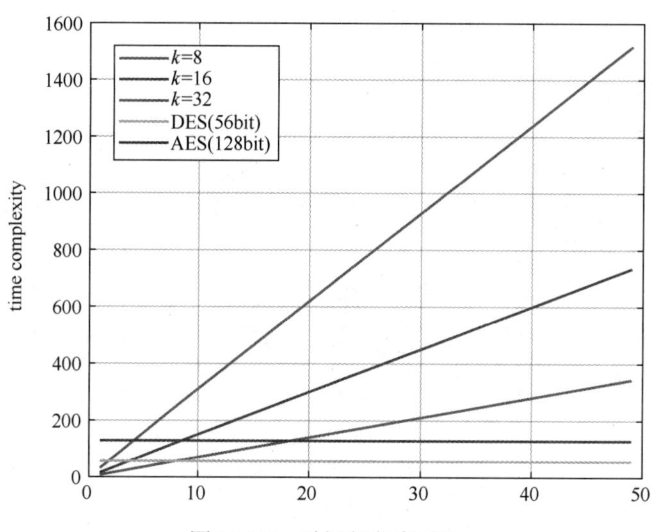

图 10.8.8　时间复杂度对比

10.8.4　总结与思考

传统的线性分组码具有较强的代数结构，收端可以通过编码识别等手段进行识别，从而获取传输的信息。对于 LT 码，其较好的随机性使其具备良好的安全特性，同时结合它的分布式特性，非常适合在多用户网络中开展安全传输的设计。本案例探索了将信道编码用于隐蔽传输方案设计的思路。针对 LT 码的安全特性展开分析，给出了隐蔽安全传输的设计方案，并进行了性能分析。

基于本案例的启发，以一种实用的通信系统（如卫星通信、深空通信等）为背景，给出基于信道编码的轻量级的隐蔽传输方案的设计思路，并进行验证和分析。

参考文献

[1] 王育民，李晖，梁传甲．信息与编码理论[M]．北京：高等教育出版社，2005.
[2] 周炯磐．信息论基础[M]．北京：人民邮电出版社，1983.
[3] 罗斯．信息与通信理论[M]．北京：人民邮电出版社，1979.
[4] 汉明．编码和信息理论[M]．北京：科学出版社，1984.
[5] 许织新．数据压缩[M]．北京：国防工业出版社，1990.
[6] 高文．多媒体数据压缩技术[M]．北京：电子工业出版社，1994.
[7] 戴善荣．数据压缩[M]．西安：西安电子科技大学出版社，1990.
[8] 周炯磐，丁晓明．信源编码原理[M]．北京：人民邮电出版社，1996.
[9] 林舒，科斯特洛．差错控制编码——基础和应用[M]．北京：人民邮电出版社，1986.
[10] 王新梅．纠错码与差错控制[M]．北京：人民邮电出版社，1989.
[11] 王新梅，肖国镇．纠错码——原理与方法[M]．西安：西安电子科技大学出版社，1991.
[12] 陈宗杰，左孝彪．纠错编码技术[M]．北京：人民邮电出版社，1987.
[13] 宋焕章．计算机纠错编码[M]．长沙：国防科技大学出版社，1990.
[14] 归绍升．纠错编码技术和应用[M]．上海：上海交通大学出版社，1990.
[15] 曹志刚，钱亚生．现代通信原理[M]．北京：清华大学出版社，1993.
[16] 吴伟陵．信息处理与编码[M]．北京：人民邮电出版社，1999.
[17] 朱雪龙．应用信息论基础[M]．北京：清华大学出版社，2001.
[18] 傅祖芸．信息论——基础理论与应用[M]．5 版．北京：电子工业出版社，2022.
[19] Roman S. Introduction to coding and information theory [J]. Springer, 1997.
[20] 仇佩亮．信息论与编码[M]．北京：高等教育出版社，2003.
[21] 田宝玉．信源编码——原理与应用[M]．北京：北京邮电大学出版社，2015.12.
[22] 吴乐南．数据压缩[M]．北京：电子工业出版社，2005.
[23] 邓华．MATLAB 通信仿真及应用实例详解[M]．北京：人民邮电出版社，2003.
[24] 马丁・德・普瑞克．异步传递方式：带宽 ISDN 技术[M]．北京：人民邮电出版社，1995.
[25] Theodore S.Rappaport．无线通信原理与应用[M]．北京：电子工业出版社，2001.
[26] 李振玉，卢玉民．现代通信中的编码技术[M]．北京：中国铁道出版社，1996.
[27] 王新梅．计算机中的纠错码技术[M]．北京：人民邮电出版社，1999.
[28] Kenneth D.Reed．协议分析[M]．7 版．北京：电子工业出版社，2004.
[29] Vijay K.Garg．第三代移动通信系统原理与工程设计 IS-95 CDMA and cdma 2000[M]．北京：电子工业出版社，2001.
[30] 张平，王卫东，陶小峰，王莹，等．WCDMA 移动通信系统[M]．北京：人民邮电出版社，2004.
[31] 邹莉萍．DVB-H 中循环码的算法研究和 ASIC 实现[D]．浙江大学硕士论文，2006.
[32] 曾德才．基于 DVD 应用的 RS 编译码器的研究和 FPGA 实现[D]．西北工业大学硕士论文，2007.
[33] Consultative Committee for Space Data Systems, TELEMETRY CHANNEL CODING[J]. CCSDS 101.0-B-4. 1999.
[34] Berrou C. Near Shannon limit error-correcting coding and decoding: Turbo-codes[J]. Proc. ICC93, 1993.
[35] 刘东华．Turbo 码原理与应用技术[M]．北京：电子工业出版社，2004.
[36] Pyndhar R. Near optimum decoding of product codes[J]. IEEE GLOBECOM'94, San Francisco, Nov. - Dec. 1994, 1.
[37] 雷菁．低复杂度的 LDPC 码构造及译码研究[D]．国防科技大学博士论文，2009.
[38] Robert H.Morelos-Zaragoza．纠错编码的艺术[M]．北京：北京交通大学出版社，2007.

[39] Thomas M.Cover, Joy A.Thomas．信息论基础[M]．北京：机械工业出版社，2005.
[40] ROBERT J.McELIECE．信息论与编码理论[M]．2 版．北京：电子工业出版社，2006.
[41] Peter Sweeney．差错控制编码[M]．北京：清华大学出版社，2004.
[42] 黄载禄，殷蔚华，黄本雄．通信原理[M]．北京：科学出版社，2007.
[43] C. E. Shannon. A mathematical theory of communication[J]. Bell Sys.Tech. Journal, 1948, 27(4): 623-656.
[44] C. E. Shannon. The zero-error capacity of a noisy channel[J]. IRE Trans. Inform. Theory, IT-2:8-19, 1956.
[45] Shu Lin, Daniel K. Costello, Jr．差错控制编码[M]．2 版．北京：机械工业出版社，2007.
[46] R. G. Gallager. Low-density parity-check codes[J]. MA: MIT Press, 1963.
[47] IEEE 802.16e. Air interface for fixed and mobile broadband wireless access systems[J]. IEEE P802.16e/D12 Draft. 2005.
[48] ETSI. EN 302 307, Second generation framing structure, channel coding and modulation systems for Broadcasting, Interactive Services, News Gathering and other broadband satellite applications[S]. 2005.
[49] 王炳锡．语音编码[M]．西安：西安电子科技大学出版社，2002.
[50] 马平．数字图像处理和压缩[M]．北京：电子工业出版社，2007.
[51] J. H. Chen, A. Dholakia, E. Eleftheriou, M.P.C. Fossorier, and X.Y. Hu. Reduced-complexity decoding of LDPC codes[J]. IEEE Trans. Common, 2005, 53(8): 1288-1299.
[52] J. H. Chen, M. P. C. Fossorier. Near optimum universal belief propagation based decoding of LDPC codes[J]. IEEE Trans. Communications, 2002, 50(3): 406-414.
[53] http://www.cs.ku/euven.be/~ade/www/WAVE/ezw/htmlinder.html.
[54] Tolga M.Duman, Ali Ghrayed．MIMO 通信系统编码[M]．北京：电子工业出版社，2008.
[55] 艾里克. G. 拉森，彼得. 斯托卡．无线通信中的空时分组编码[M]．西安：西安交通大学出版社，2006.
[56] 李为．无线协同通信资源分配和物理层安全技术研究[D]．国防科技大学博士学位论文，2012.
[57] 黄朝明．下一代视频压缩标准 HEVC 的模式选择快速算法研究[D]．西南交通大学硕士论文，2012.
[58] 沈晓琳．HEVC 低复杂度编码优化算法研究[D]．浙江大学博士学位论文，2013.
[59] 刘峻峰．基于 MPEG-7 与内容的图像检索技术的研究[D]．西安科技大学硕士学位论文，2008.
[60] 汤泽滢，卢汉清．MPEG 的新发展——多媒体框架标准 MPEG-21[J]．中国图象图形学报，vol.8(9), 2003.
[61] 谭维炽，顾莹琦．空间数据系统[M]．中国科学技术出版社，2004.
[62] CCSDS 231.0-B-2.Blue Book. Issue 2.TC Synchronization and Channel Coding[S]. 2010.
[63] Garie G, Taricco G, Biglieri E. Bit-interleaved coded modulation[J]. IEEE Trans. Inf. Theory, 1998, 44(5): 927-946.
[64] 宫丰奎．比特交织编码调制迭代译码系统的调制解调技术研究[D]．西安电子科技大学博士学位论文，2007.
[65] C. E. Shannon. Communication theory of secrecy systems[J]. Bell Sys. Tech. J, 1949.
[66] A. D. Wyner. The wiretap channel[J]. Bell Syst. Tech. J, vol. 54, pp. 1355-1387, 1975.
[67] I. Csiszar and J. Korner. Broadcast channels with confidential messages[J]. IEEE Trans. Inform. Theory, vol. IT-24, no. 3, pp. 339-348, 1978.
[68] S. K. Leung-Yan-Cheong and M. E. Hellman. The Gaussian wire-tap channel[J]. IEEE Trans. Inf. Theory, vol. 24, pp. 451-456, 1978.
[69] Y. Liang. Secure communication over fading channels[J]. IEEE Transactions on Information Theory, vol. 54.no.6, pp. 2470-2492, 2008.
[70] U. M. Maurer. Secret key agreement by public discussion from common information[J]. Information Theory, IEEE Transactions on, vol. 39, pp. 733-742, 1993.
[71] I. E. Telatar. Capacity of multi-antenna Gaussian channels[J]. Eur. Trans. Telecommun, vol. 10, no. 6, pp. 585-596, 1999.
[72] Youssouf Ould-Cheikh-Mouhamedou, Paul Guinand, Peter Kabal. Enhance Max-Log-APP and Enhanced Log-APP Decoding for DVB-RCS[J]. Proc, Rd Int. Symp. turbo Codes, 2003: 259-262.

[73] Amin Shokrollahi, Michael Luby. Raptor Codes[M]. The Netherlands: now Publishers, 2011.
[74] Amin Shokrollahi. Raptor Codes[J]. IEEE TRANSACTIONS ON INFORMATION THEORY, 2006, 52(6): 2551-2567.
[75] D. J. C. Mackay. Fountain codes[J]. IEE Proc.-Commun, 2005, 152(6): 1062-1068.
[76] 黄佳庆．网络编码原理[M]．北京：国防工业出版社，2012.4.
[77] 杨义先．网络编码理论与技术[M]．北京：国防工业出版社，2009.8.
[78] 黄英，万泽含，雷菁，赖恪．基于 QCSK 的持续噪声式隐蔽传输方案[J]．通信学报，2022, 43(04): 123-132.
[79] 徐志江，季宪瑞，陈芳妮等．基于随机噪声调制的新型隐蔽通信系统[J]．传感技术学报, 2019, 32(4): 586-590.
[80] 赵海武，李响，李国平，滕国伟，王国中.AVS 标准最新进展[J]．自然杂志，2019, 41(1): 7.
[81] 黄铁军．我视频编码国家标准 AVS 与国际标准 MPEG 的比较[J]．实用影音技术，2012(4):6.
[82] 海小娟．AVS 编解码器整数变换与环路滤波模块设计与实现[D]．西安电子科技大学硕士论文，2011.6.
[83] 马飞．基于保密通信的极低速率语音编码技术的研究[D]．中南大学硕士论文，2008.06.
[84] 冷丰麟．基于声码化技术的数字语音加密系统的研究[D]．大连海事大学硕士论文，2009.06.
[85] Koromilas I. Performance Analysis of the Link-16/JTIDS Waveform With Concatenated Coding[J]. Nps Outstanding Thesis Collection, 2009.
[86] 吕娜，杜思深，张岳彤．数据链理论与系统[M]．2 版．北京：电子工业出版社，2018.
[87] 杜佩艳．空空导弹数据链编码算法研究[D]．河南科技大学，2013.12.
[88] Chi-Hao Kao, Clark Robertson, Kyle Lin. Performance analysis and simulation of cyclic code-shift keying[C]. IEEE Military Communication Conference, San Diego, 2008:22-27.
[89] Kok Kiang Cham, Clark Robertson R.Performance analysis of an alternative Link-16/JTIDS waveform transmitted over a channel with pulse-noise interference [C]. IEEE Military Communication Conference, San Diego, 2008:29-34.
[90] S.H.Han, J.H.Lee. An overview of peak-to-average power ratio reduction techniques for multi-carrier transmission [J].IEEE Wireless Communications, 2005, 12(2):56-65.
[91] 王影．Link16 数据链的抗干扰性能分析与评估[D]．哈尔滨工程大学，2023.05.
[92] 陈文溪．Link16 数据链的速率增强波形设计与链路级仿真性能评估[D]．北京邮电大学，2023.05.
[93] Luby M. LTcodes[C]//Annual IEEE Symposium on Foundations of Computer Science. 2002.
[94] 戴跃伟．无线隐蔽通信研究综述[J]．南京信息工程大学学报（自然科学版），2020(1): 45-56.
[95] Ying Huang, Jing Lei. Distributed secure transmission for covert communication under multi-user network[J]. IET Communications, 2022, 16: 1901-1911.
[96] 徐大专，张小飞．空间信息论[M]．北京：科学出版社，2021.
[97] Woodward P M, Davies I L.A theory of radar information[J]. The London, Edinburgh, and Dublin Philosophical Magazine and Journal of Science, 1950, 41(321):1001-1017.
[98] Woodward P.Theory of radar information[J]. Transactions of the IRE Professional Group on Information Theory, 1953, 1(1):108-113.
[99] Woodward P M, Davies I L. Information theory and inverse probability in telecommunication [J].Proceedings of the IEE-Part III: Radio and Communication Engineering, 1952, 99(58):37-44.
[100] Bell M R.Information theory and radar: Mutual information and the design and analysis of radar waveforms and systems [D]. Pasadena: California Institute of Technology, 1988.
[101] 丁鹭飞，耿富录．雷达原理（修订版）[M]．西安：西安电子科技大学出版社，1984.
[102] R.J.McEliece.A Public-Key Cryptosystem Based On Algebraic Coding Theory[J]. The Deep Space Network Progress Report, vol.42, no.44.pp.114-116, 1978.
[103] T.R.N.Rao.An (n,k) code for residue arithmetic[J]. In Proceedings of the second annual Princeton conference on information sciences and systems, 1968, pp.154-157.
[104] Xinjin Lu, Jing Lei, Wei Li, Ke Lai and Zhipeng Pan.Physical Layer Encryption Algorithm Based on Polar

codes and Chaotic Sequences[J]. IEEE Access,vol.7, pp.4380-4390, 2019.

[105] Xinjin Lu, Yuxin Shi, Wei Li, Jing Lei, Zhipeng Pan.A Joint Physical Layer Encryption and PAPR Reduction Scheme Based on Polar codes and Chaotic Sequences in OFDM System[J]. IEEE Access, vol.7, pp.73036-73045, 2019.

[106] Xinjin Lu, Wei Li, Jing Lei and Zhipeng Pan.A Delayed Feedback Chaotic Encryption Algorithm Based On Polar codes[J]. 2018 IEEE International Conference on Electronics and Communication Engineering (ICECE), December 10th to 12nd, 2018.

[107] Xinjin Lu, Wei Li, Jing Lei, Yuxin Shi.A Physical Layer Encryption Algorithm Based on Partial Frozen Bits of Polar codes and AES Encrypter[J]. The 9th International Conference on Information Science and Technology (ICIST 2019), 2019.

[108] 周婉馨．面向雷达侦察和通信侦察的动态对抗仿真[D]．北京理工大学硕士论文，2016.

[109] J.Bringer and H.Chabanne.Code reverse engineering problem for identification codes[J].IEEE Transactions on Information Theory, 2012, 58(4):2406-2412.

[110] 刘倩，张昊，宋莹炯，王刚．小样本条件下基于矩阵乘法和秩分析的 LDPC 参数估计方法[J]．电子学报，2022，第 50 卷(5): 1075-1082.

[111] 吴昭军，钟兆根，张立民，但波．基于软判决下的不删余极化码参数识别[J]．通信学报，2020, 41(12): 60-71.

[112] Yanqin Ni, Shengliang Peng, Lin Zhou, Xi Yang. Blind Identification of LDPC Code Based on Deep Learning[C]//2019 6th International Conference on Dependable Systems and Their Applications (DSA), 2020.